# Springer-Lehrbuch

Uwe Hillebrand

# Stöchiometrie

Eine Einführung in die Grundlagen mit Beispielen und Übungsaufgaben

Zweite durchgesehene Auflage

 Springer

Prof. Dr. Uwe Hillebrand
Richard-Wagner-Weg 7
38302 Wolfenbüttel
Deutschland
uwe_hillebrand@gmx.de

ISSN 0937-7433
ISBN 978-3-642-00459-9        ISBN 978-3-642-00460-5 (eBook)
DOI 10.1007/978-3-642-00460-5
Springer Heidelberg Dordrecht London New York

Die Deutsche Nationalbibliothek verzeichnet diese Publikation in der Deutschen Nationalbibliografie;
detaillierte bibliografische Daten sind im Internet über http://dnb.d-nb.de abrufbar.

*Einbandentwurf:* WMXDesign GmbH, Heidelberg

Gedruckt auf säurefreiem Papier

Springer ist Teil der Fachverlagsgruppe Springer Science+Business Media (www.springer.de)

*Für Tom*

# Vorwort

Ausgangspunkt aller stöchiometrischer Betrachtungen in der Chemie ist die atomare Struktur der Materie. Denn die vielfältigen chemischen Reaktionen laufen stets direkt zwischen den Atomen, Molekülen oder Ionen ab. Nur eine solche Betrachtungsweise lässt sich nachvollziehen, denn sie ist sowohl systematisch als auch zugleich chemisch richtig. Demzufolge müssen also die Stoffmengen und die Stoffmengenrelationen die Basis für alle stöchiometrischen Berechnungen sein.

Das vorliegende Buch wendet sich an Studenten der Chemie im Haupt- und Nebenfach, der Biochemie, der Lebensmittelchemie und der Pharmazie an Hochschulen und Fachhochschulen. Es befasst sich ausschließlich mit der Stöchiometrie und deren Berechnungsmöglichkeiten. Soweit es für das Verständnis der stöchiometrischen Fragestellungen erforderlich ist, werden aber auch die diesbezüglichen chemischen Grundlagen erläutert. Darüber hinausgehende Zusammenhänge der Chemie, der physikalischen oder der analytischen Chemie werden in entsprechenden Lehrbüchern behandelt und sind dort enthalten. Grundlegende Sätze werden im Text grau unterlegt und dadurch hervorgehoben. Ein Pfeil ($\Rightarrow$) im fortlaufenden Text hat die Bedeutung „damit folgt". Die gekoppelten Gleichgewichte, wozu z.B. die Veränderung der Löslichkeit einer Verbindung in Säuren oder Basen gehört, werden durch die Einführung eines Nebenreaktionskoeffizienten behandelt, der in einfacher Form von tabellierten Konstanten abhängt. Damit kann der Leser die Beeinflussung von chemischen Gleichgewichten durch Nebenreaktionen auf einheitliche Weise lösen.

In den einzelnen Kapiteln werden die jeweiligen stöchiometrischen Zusammenhänge und Gesetzmäßigkeiten zunächst in der Theorie behandelt. Daran schließen sich stets ausführlich erläuterte Berechnungsbeispiele an, in denen der Lehrstoff auf stöchiometrische Problemstellungen angewendet wird. Dies wird sicherlich zum tieferen Verständnis des entsprechenden Kapitels beitragen. Darüber hinaus versetzen die Übungsaufgaben den Leser in die Lage, den vermittelten Lehrstoff praktisch anzuwenden. Dabei kann sich der Inhalt von Beispielen und Übungsaufgaben auch auf den Lehrstoff der vorherigen Kapitel beziehen. In diesem Sinne bauen die einzelnen Kapitel aufeinander auf. Am Schluss des Buches werden dann die

Lösungen der Übungsaufgaben angegeben, und es werden größtenteils Lösungswege aufgezeigt.

Da es sich bei den angegebenen Zahlenwerten der Beispiele und der Lösungen der Übungsaufgaben in den meisten Fällen um auf praktischem Wege erhaltene Ergebnisse handelt, werden dabei stets die in Kapitel 2.2 „Rechnen mit Dezimalzahlen" behandelten Rundungen der Ergebnisse durchgeführt. Dies gilt auch für alle Zwischenergebnisse, worauf in der Bemerkung, die den Lösungen der Übungsaufgaben vorangestellt ist, noch einmal hingewiesen wird. Die generelle Vorgehensweise bei Rundungen in diesem Buch wird am Ende des Kapitels 2.2 erläutert.

Herr Dr. rer. nat. Ulrich Elsenhans vom Institut für Anorganische und Analytische Chemie der TU Clausthal hat bis zu seinem viel zu frühen Tod das Manuskript des vorliegenden Buches kritisch durchgelesen. Auf seine Anregung hin entstanden die Kapitel „Rechnen mit Potenzzahlen" und „Rechnen mit Logarithmen". Die Fachgespräche mit ihm waren wichtig für mein Anliegen, die vielfältigen stöchiometrischen Fragestellungen in der Chemie aufzuzeigen und sie auf systematische Weise zu behandeln. Dafür möchte ich mich bei Herrn Dr. Elsenhans bedanken, ihm ist dieses Buch gewidmet. Herrn Dipl.-Ing. Frank Hoffmann danke ich für die Anfertigung der Abbildungen.


Wolfenbüttel, im Mai 2006                                    *Uwe Hillebrand*

# Symbolverzeichnis

| | |
|---|---|
| A | Ampere |
| $A$ | Ausbeute |
| $A_{rel}$ | relative Ausbeute |
| $A_r$ | relative Atommasse |
| $a$ | Aktivität |
| $b$ | Molalität |
| C | Coulomb |
| $c$ | Stoffmengenkonzentration oder auch Konzentration |
| $c^*$ | addierte Konzentration |
| $c_0$ | Ausgangskonzentration |
| $c_{eq}$ | Äquivalentkonzentration |
| $c_{tot}$ | Totalkonzentration |
| cd | Candela (Lichtstärke) |
| cm | Zentimeter |
| dm | Dezimeter |
| $E$ | Elektrodenpotenzial oder Redoxpotenzial |
| $E^0$ | Standardpotenzial |
| $EMK$ | elektromotorische Kraft |
| $F$ | Faraday-Konstante |
| $f$ | Aktivitätskoeffizient |
| g | Gramm |
| h | Stunde |
| $I$ | Ionenstärke |
| $I$ | elektrische Stromstärke |
| $I_V$ | Lichtstärke |
| J | Joule |
| K | Kelvin |
| $K$ | Verteilungskoeffizient |
| $K_a$ | thermodynamische Gleichgewichtskonstante |
| $K_B$ | Basekonstante |
| $K_B$ | Komplexbildungs- oder Stabilitätskonstante |
| $K_c$ | Gleichgewichtskonstante des Massenwirkungsgesetzes |
| $K_H$ | Henry-Konstante |
| $K_L$ | stöchiometrisches Löslichkeitsprodukt |

| | |
|---|---|
| $K_L^a$ | thermodynamisches Löslichkeitsprodukt |
| $K_p$ | Gleichgewichtskonstante bei Gasreaktionen |
| $K_S$ | Säurekonstante |
| $K_S^a$ | thermodynamische Säurekonstante |
| $K_W$ | stöchiometrisches Ionenprodukt des Wassers |
| $K_W^a$ | thermodynamisches Ionenprodukt des Wassers |
| $k_\rightarrow$ | Geschwindigkeitskonstante der Hinreaktion |
| $k_\leftarrow$ | Geschwindigkeitskonstante der Rückreaktion |
| kg | Kilogramm |
| Ko | Komponente |
| kWh | Kilowattstunde |
| $L$ | Löslichkeit |
| $l$ | Länge |
| $l$ | Liter |
| lg | dekadischer Logarithmus |
| ln | natürlicher Logarithmus |
| $M$ | molare Masse |
| $M_r$ | relative Molekülmasse |
| m | Meter |
| $m$ | Masse |
| $m_0$ | Ausgangsmasse |
| $m_A$ | absolute Atommasse |
| $m_L$ | Masse der Lösung |
| $m_{Lm}$ | Masse des Lösemittels |
| $m_M$ | absolute Molekülmasse |
| $m_{Ms}$ | Masse in der Mischportion |
| $m_p$ | Masse des Reaktionsproduktes |
| $m_R$ | Masse des Reaktanten |
| mA | Milliampere |
| mg | Milligramm |
| ml | Milliliter |
| mm | Millimeter |
| min | Minute |
| mmol | Millimol |
| MW | Megawatt |
| $N_A$ | Avogadro-Konstante |
| $n$ | Anzahl der Wiederholbestimmungen |
| $n$ | Stoffmenge |
| $n^*$ | addierte Stoffmenge |
| $n_0$ | Ausgangsstoffmenge |
| $n_D$ | Stoffmenge der Differenz |
| $n_{eq}$ | Äquivalentstoffmenge |

| | |
|---|---|
| $n_P$ | Stoffmenge des Reaktionsproduktes |
| $n_R$ | Stoffmenge des Reaktanten |
| $n_{ges}$ | gesamte Stoffmenge |
| $P$ | elektrische Leistung |
| Pa | Pascal |
| $p$ | Druck oder Partialdruck |
| $p_0$ | Druck bei $\vartheta = 0\,°C$ |
| $p_{ges}$ | gesamter Druck |
| $p_n$ | Normdruck |
| $p$H | negativer dekadischer Logarithmus der Wasserstoffionenaktivität |
| $pK_B$ | Baseexponent |
| $pK_S$ | Säureexponent |
| $pK_W$ | negativer dekad. Logarithmus des Ionenprodukts des Wassers |
| $p$OH | negativer dekadischer Logarithmus der Hydroxidionenaktivität |
| $Q$ | Ladungsmenge |
| $R$ | allgemeine oder molare Gaskonstante |
| $R$ | Spannweite |
| s | Sekunde |
| $s$ | Standardabweichung |
| $s_{rel}$ | relative Standardabweichung (Variationskoeffizient) |
| $T$ | thermodynamische Temperatur (früher: absolute Temperatur) |
| $T_0$ | thermodynamische Temperatur bei $\vartheta = 0\,°C$ |
| $T_n$ | Normtemperatur |
| t | Tonne |
| $t$ | Zeit |
| $U$ | Umsatz |
| $U_{rel}$ | relativer Umsatz |
| u | atomare Masseneinheit |
| V | Volt |
| $V$ | Volumen |
| $V_0$ | Volumen bei $\vartheta = 0\,°C$ |
| $V_L$ | Volumen der Lösung |
| $V_m$ | molares Volumen |
| $V_{m,n}$ | molares Normvolumen |
| $V_n$ | Normvolumen |
| $V_{ÜZ}$ | Volumen eines Übergangszustandes |
| $V_{ges}$ | gesamtes Volumen |
| W | Watt |
| $W$ | elektrische Arbeit |
| $w$ | Massenanteil |
| $w_{rel}$ | relativer Massenanteil |
| $w_{Ms}$ | Massenanteil in der Mischportion |

| | |
|---|---|
| $X_{eq}$ | Ionenäquivalent des Stoffes X |
| $x$ | Stoffmengenanteil |
| $x_{rel}$ | relativer Stoffmengenanteil |
| $\overline{x}$ | arithmetischer Mittelwert |
| $x_i$ | i-ter Einzelwert |
| $z$ | Anzahl der pro Teichchen ausgetauschten Elektronen |
| $z$ | Ladungszahl |
| $z^*$ | Äquivalenzzahl |
| | |
| $\alpha$ | Dissoziationsgrad |
| $\alpha_{rel}$ | relativer Dissoziationsgrad |
| $\alpha$ | Nebenreaktionskoeffizient |
| $\alpha$ | Protolysegrad |
| $\beta$ | Massenkonzentration |
| $\beta$ | Pufferkapazität |
| $\beta_0$ | Ausgangs-Massenkonzentration |
| $\Delta$ | Differenzzeichen |
| $\vartheta$ | Temperatur in Grad Celsius |
| µg | Mikrogramm |
| µm | Mikrometer |
| $\nu$ | Reaktionskoeffizient |
| $\nu_{\rightarrow}$ | Reaktionsgeschwindigkeit der Hinreaktion |
| $\nu_{\leftarrow}$ | Reaktionsgeschwindigkeit der Rückreaktion |
| $\rho$ | Dichte |
| $\rho_L$ | Dichte der Lösung |
| $\rho_{L,20}$ | Dichte der Lösung bei 20 °C |
| $\Sigma$ | Summenzeichen |
| $\sigma$ | Volumenkonzentration |
| $\sigma_{rel}$ | relative Volumenkonzentration |
| $\varphi$ | Volumenanteil |
| $\varphi_{rel}$ | relativer Volumenanteil |
| $<$ | kleiner als |
| $<<$ | sehr viel kleiner als |
| $>$ | größer als |
| $>>$ | sehr viel größer als |
| $\triangleq$ | äquivalent (entspricht) |

# Inhaltsverzeichnis

# 1 Einleitung

Die Stöchiometrie handelt von den Mengenverhältnissen bei chemischen Reaktionen und ermöglicht die Berechnung der umgesetzten Massen oder Volumina der Reaktionspartner.

Der Begriff der *Stöchiometrie* wird von den beiden griechischen Wörtern „stoicheion metron" abgeleitet, womit das Messen von Grundstoffen bezeichnet wird. Die stöchiometrischen Umsetzungen von chemischen Reaktionspartnern, die als Atome, Moleküle oder Ionen vorliegen können, folgen dabei den Gesetzen der chemischen Bindung. Solch eine Umsetzung lässt sich durch eine Reaktionsgleichung beschreiben, in der diejenigen Teilchen aufgeführt sind, die an der jeweiligen Reaktion teilnehmen. Aus dieser Reaktionsgleichung geht zum einen hervor, welche Stoffe reagieren, und zum anderen, in welchem Mengenverhältnis sie reagieren. Bei einer chemischen Reaktion entstehen dann neue Verbindungen, die zum Teil völlig andere Eigenschaften aufweisen als die Ausgangsstoffe. Da eine chemische Reaktion zwischen den Teilchen abläuft, kommt daher in ihrem Ergebnis direkt die Anzahl der Teilchen, die reagiert hat, zum Ausdruck. Will man demnach eine bestimmte chemische Verbindung herstellen, so kennt man zwar aufgrund ihrer *Molekularformel* das Atomverhältnis der Elementbestandteile. Aber um sicherzustellen, dass entsprechend der Zusammensetzung der Moleküle auch die dafür notwendigen Mengen der Reaktionspartner eingesetzt werden können, müsste man also nach dem zuvor Gesagten die reagierenden Teilchen abzählen können. Da dieses aber im Normalfall nicht möglich ist, wird deshalb in der Stöchiometrie mit der *Stoffmenge* eine neue Größe eingeführt, welche die Quantität einer bestimmten Stoffportion angibt. Sie ist direkt von der Anzahl der Teilchen abhängig und ermöglicht es dadurch, über eine Bestimmung der Massen oder der Volumina der Reaktionspartner die miteinander reagierenden Teilchen sozusagen abzuzählen. Auf diese Weise lassen sich dann die für

die Herstellung einer gewünschten Verbindung erforderlichen Mengenver-
hältnisse der Reaktionspartner berechnen und damit bei der praktischen
Durchführung einsetzen. Auch bei speziellen Reaktionsarten, wie z.B. bei
einer Säure-Base-Reaktion, einer Redoxreaktion oder einer Fällungsreaktion, lassen sich mit Hilfe von so genannten *Stoffmengenrelationen* die für
eine chemische Umsetzung notwendigen stöchiometrischen Massenverhältnisse der Reaktionspartner berechnen.

# 2 Angabe der Ergebnisse

Nach Abschluss einer stöchiometrischen Berechnung erfolgt die Angabe des Ergebnisses, das nach Größe und Einheit eindeutig definiert sein muss. Zum Beispiel besagt das Ergebnis 2,3 m, dass eine bestimmte Entfernung (Größe ist hierbei die Länge) den Zahlenwert 2,3 und die zugehörige Einheit Meter hat. Dabei lautet das Größensymbol für die Länge $l$ und das Einheitenzeichen für den Meter m. Die spezielle Art der Ergebnisangabe ist durch internationale Übereinkunft verbindlich festgelegt worden und wird in Kap. 2.1 erklärt.

## 2.1 Größen und Einheiten

Seit 1978 sind für den Bereich der Bundesrepublik Deutschland bei der Ergebnisangabe die Einheiten des Internationalen Einheitensystems (SI-Einheiten) vorgeschrieben. Dieses SI-Einheitensystem geht von 7 Basisgrößen aus, die in Tabelle 2.1 aufgeführt sind, und von denen dann alle übrigen verwendeten Größen abgeleitet werden können. Dabei ist eine Basisgröße durch sein Größensymbol, den Namen der zugehörigen SI-Einheit und das Einheitenzeichen genau festgelegt. Die Größensymbole werden durch entsprechende Buchstaben im *Kursivdruck* dargestellt, demgegenüber werden die Einheitenzeichen durch normale *senkrechte* Buchstaben gekennzeichnet. Größe und Einheitenzeichen werden dann in einer so genannten *Größengleichung* zusammengefasst. Nach dieser Regel lautet für die obige Angabe einer Entfernung die in dem Fall einfache Größengleichung:

$$l = 2 \text{ m}$$

Von den SI-Basisgrößen leiten sich dann weitere SI-Größen ab, in denen die Abhängigkeiten dieser abgeleiteten Größen von den entsprechenden Basisgrößen zum Ausdruck kommen. So wird z.B. der Druck (Name der SI-Größe) mit dem Größensymbol $p$ in der Einheit Pascal (Name der SI-Einheit) mit dem Einheitenzeichen Pa angegeben. Für diese Einheit gilt:

**Tabelle 2.1**   SI-Basisgrößen mit Einheiten

| Basisgröße | Größensymbol | Name der SI-Einheit | Einheitenzeichen |
|---|---|---|---|
| Länge | $l$ | Meter | m |
| Masse | $m$ | Kilogramm | kg |
| Zeit | $t$ | Sekunde | s |
| Elektrische Stromstärke | $I$ | Ampere | A |
| Thermodynam. Temperatur | $T$ | Kelvin | K |
| Stoffmenge | $n$ | Mol | mol |
| Lichtstärke | $I_V$ | Candela | cd |

$$1 \, \text{Pa} = 1 \, \text{kg} \cdot \text{m}^{-1} \cdot \text{s}^{-2}$$

Ein weiteres Beispiel für eine abgeleitete Größe soll die elektrische Spannung (Name der SI-Größe) mit dem Größensymbol $U$ sein, das in der Einheit Volt (Name der SI-Einheit) mit dem Einheitenzeichen V angegeben wird. Es gilt:

$$1 \, \text{V} = 1 \, \text{kg} \cdot \text{m}^2 \cdot \text{s}^{-3} \cdot \text{A}^{-1}$$

Darüber hinaus sind in Tabelle 2.2 die so genannten SI-Vorsätze aufgeführt, durch die dezimale Vielfache oder Teile der SI-Basiseinheiten oder auch der abgeleiteten Einheiten bezeichnet werden. Die Vorsilbe „Kilo" in der SI-Einheit Kilogramm der SI-Basisgröße Masse wird hier nicht als SI-Vorsatz betrachtet. Durch Kombination eines SI-Vorsatzes mit dem Namen einer entsprechenden SI-Basiseinheit oder einer abgeleiteten Einheit kann so für dieselbe Größe eine neue Einheit geschaffen werden, die dann dem angegebenen Zahlenwert besser angepasst ist. Dafür werden drei Beispiele angegeben.

$$0{,}060 \, \text{Meter (m)} = 6 \cdot 10^{-2} \, \text{m} = 6 \, \textbf{Zenti}\text{meter (cm)}$$

$$0{,}023 \, \text{Meter (m)} = 23 \cdot 10^{-3} \, \text{m} = 23 \, \textbf{Milli}\text{meter (mm)}$$

$$8600000 \, \text{Watt (W)} = 8{,}6 \cdot 10^6 \, \text{W} = 8{,}6 \, \textbf{Mega}\text{watt (MW)}$$

Dazu s. auch Kap. 2.3. Damit ergeben sich folglich für dieselbe Größe je nach der verwendeten Einheit verschiedene Zahlenwerte. Neben den SI-

**Tabelle 2.2**   SI-Vorsätze

| Faktor | SI-Vorsatz | Symbol |
|---|---|---|
| Dezimales Vielfaches | | |
| $10$ | Deka | da |
| $10^2$ | Hekto | h |
| $10^3$ | Kilo | k |
| $10^6$ | Mega | M |
| $10^9$ | Giga | G |
| $10^{12}$ | Tera | T |
| $10^{15}$ | Peta | P |
| $10^{18}$ | Exa | E |
| Dezimaler Teil | | |
| $10^{-1}$ | Dezi | d |
| $10^{-2}$ | Zenti | c |
| $10^{-3}$ | Milli | m |
| $10^{-6}$ | Mikro | µ |
| $10^{-9}$ | Nano | n |
| $10^{-12}$ | Piko | p |
| $10^{-15}$ | Femto | f |
| $10^{-18}$ | Atto | a |

Einheiten gibt es noch weitere abgeleitete Einheiten, die spezielle Bezeichnungen haben. In der Stöchiometrie werden davon häufig die drei Größen Masse, Volumen und Druck verwendet, die in Tabelle 2.3 aufgeführt sind. Dabei kann eine Größe wiederum verschiedene Einheiten haben, die dann im Namen ebenfalls durch die SI-Vorsätze unterschieden werden. Auch hierbei ergeben sich durch die Angabe dieser verschiedenen Einheiten bei derselben Größe im Ergebnis unterschiedliche Zahlenwerte, wie aus den nachfolgenden Beispielen ersichtlich ist.

**Tabelle 2.3**  Speziell verwendete Einheiten

| Größe | Einheitenname | Einheitenzeichen | Verhältnis zur SI-Einheit |
|---|---|---|---|
| Masse | Tonne | t | $1\,\text{t} \quad = 10^3\,\text{kg}$ |
| | Gramm | g | $1\,\text{g} \quad = 10^{-3}\,\text{kg}$ |
| | Milligramm | mg | $1\,\text{mg} = 0{,}001\,\text{g} = 10^{-6}\,\text{kg}$ |
| | Mikrogramm | µg | $1\,\text{µg} = 0{,}001\,\text{mg} = 10^{-9}\,\text{kg}$ |
| Volumen | Liter | l | $1\,\text{l} = 1000\,\text{ml} \quad = 1\,\text{dm}^3$ |
| | Milliliter | ml | $1\,\text{ml} = 0{,}001\,\text{l} \quad = 1\,\text{cm}^3$ |
| Druck | Bar | bar | $1\,\text{bar} \quad = 10^5\,\text{Pa}$ |

$$0{,}00467 \text{ Liter (l)} = 4{,}67 \cdot 10^{-3} \text{ l} = 4{,}67 \textbf{ Milli}\text{liter (ml)}$$

$$0{,}017 \text{ Gramm (g)} = 17 \cdot 10^{-3} \text{ g} = 17 \textbf{ Milli}\text{gramm (mg)}$$

$$0{,}312 \text{ Milligramm (mg)} = 312 \cdot 10^{-3} \text{ mg} = 312 \textbf{ Mikro}\text{gramm (µg)}$$

Die formale Umrechnung von verschiedenen Einheiten derselben Größe soll am Beispiel der obigen Volumenangabe gezeigt werden. Da gemäß Tabelle 2.3 1000 ml auf 1 l kommen, gilt:

$$0{,}00467 \text{ l} = 0{,}00467 \text{ l} \cdot \frac{1000 \text{ ml}}{1 \text{ l}} = 4{,}67 \text{ ml}$$

Entsprechendes gilt für die Umrechnung anderer Einheiten.

Für die verschiedenen Einheiten der Größe der Länge in Tabelle 2.3 gelten die folgenden Beziehungen:

$$1 \text{ dm} = 0{,}10 \text{ m} = 10^{-1} \text{ m}$$

$$1 \text{ cm} = 0{,}01 \text{ m} = 10^{-2} \text{ m}$$

## 2.2 Rechnen mit Dezimalzahlen

Das Stellenwertsystem mit der Grundzahl 10 (dekadisches System) wird als Dezimalsystem bezeichnet. Dabei ergibt sich der eigentliche Wert einer Ziffer (Eine Zahl besteht aus Ziffern, z.B. die Zahl 1,45 aus den Ziffern 1, 4 und 5) in einer Dezimalzahl aus seiner Stellung in dieser Dezimalzahl. Für die näheren Zusammenhänge im Dezimalsystem wird auf die Lehrbücher der Mathematik verwiesen.

Am Ende einer Auswertung steht ein Gesamtergebnis, das aus einem Zahlenwert (mit oder ohne Komma) und der zugehörigen Einheit besteht, und das sich häufig durch Anwendung einfacher Rechenoperationen aus Einzelergebnissen ergibt. Hierbei sind neben wenigen anderen vor allem die Rechenoperationen Addition, Subtraktion, Multiplikation sowie Division zu nennen. Bei der Kombination von mehreren Einzelergebnissen muss bei Dezimalzahlen aber stets noch deren Anzahl von Dezimalstellen (Nachkommastellen) berücksichtigt werden. Denn eine unterschiedliche Anzahl von Dezimalstellen bedeutet gleichzeitig auch eine unterschiedliche Genauigkeit der entsprechenden Zahlenangabe, weil die Genauigkeit einer Dezimalzahl mit zunehmender Anzahl der Dezimalstellen ebenfalls zunimmt.

---

Sollen Dezimalzahlen mit einer unterschiedlichen Anzahl von Dezimalstellen durch die Anwendung von Rechenoperationen kombiniert werden, so kann das Gesamtergebnis aber nicht genauer sein als die Einzelergebnisse.

---

Demnach kann die Genauigkeit eines Einzelergebnisses nicht einfach auf die Genauigkeit der übrigen Einzelergebnisse übertragen werden. Das bedeutet aber, dass nach Durchführung der jeweiligen Rechenoperationen das abschließende Gesamtergebnis nur so viele Dezimalstellen aufweisen darf wie das Einzelergebnis mit der geringsten Anzahl von Dezimalstellen. Aus diesem Grund muss abschließend das Gesamtergebnis auf die geringste Anzahl der bei den Einzelergebnissen vorliegenden Dezimalstellen gerundet werden. Unter dem Begriff der *Rundung* versteht man dabei die Angabe eines nach bestimmten mathematischen Regeln erhaltenen Näherungswertes.

Wenn z.B. Dezimalzahlen mit einer unterschiedlichen Anzahl von Dezimalstellen multipliziert werden sollen, so darf dabei das Ergebnis dieser Multiplikation nur so viele Dezimalstellen aufweisen wie diejenige multiplizierte Dezimalzahl mit der geringsten Anzahl von Dezimalstellen. Analog verhält es sich z.B. auch bei der Addition von Dezimalzahlen mit einer unterschiedlichen Anzahl von Dezimalstellen. Hierbei darf das Ergebnis der Summenbildung ebenfalls nur so viele Dezimalstellen aufweisen wie diejenige addierte Dezimalzahl mit der geringsten Anzahl von Dezimalstellen. Deswegen muss das Gesamtergebnis stets entsprechend gerundet werden. Für die Durchführung dieser Rundungen gelten dabei die nachfolgenden Regeln:

a)  Wenn in einer Dezimalzahl auf diejenige Dezimalstelle, die noch als letzte Stelle angegeben werden soll, eine Ziffer folgt, die < 5 (0 bis 4) ist, so wird die Dezimalzahl abgerundet, was bedeutet, dass die letzte anzugebende Dezimalstelle unverändert bleibt.

b)  Wenn in einer Dezimalzahl auf diejenige Dezimalstelle, die noch als letzte Stelle angegeben werden soll, eine Ziffer folgt, die ≥ 5 (5 bis 9) ist, so wird die Dezimalzahl aufgerundet, was bedeutet, dass die letzte anzugebende Dezimalstelle um Eins erhöht wird.

Beide Male fallen dadurch die betreffende Ziffer und alle nachfolgenden Ziffern weg. Nach den obigen Regeln ergibt sich beispielsweise für die Dezimalzahl 2,3625 bei Rundung auf

| | | | |
|---|---|---|---|
| 3 Dezimalstellen: | 2,3625 | ⇨ | 2,363 |
| 2 Dezimalstellen: | 2,3625 | ⇨ | 2,36 |
| 1 Dezimalstelle: | 2,3625 | ⇨ | 2,4 |
| keine Dezimalstelle: | 2,3625 | ⇨ | 2 |

Das bedeutet andererseits, dass z.B. für die Dezimalzahl 2,00 gilt, wenn vor der Rundung 3 Dezimalstellen vorgelegen haben:

$$1,995 \leq 2,00 \leq 2,004$$

Würde man aber nur 2 schreiben, so würde bei vorliegen von vor der Rundung ebenfalls 3 Dezimalstellen gelten:

$$1,500 \leq 2 \leq 2,499$$

Hierbei ist der überstrichene Bereich der möglichen Zahlenwerte vor Durchführung der Rundung größer. Die Angabe der Zahl 2,00 ist also entschieden genauer als die Angabe der Zahl 2, und die beiden Nullen als Dezimalstellen in dieser Dezimalzahl 2,00 haben somit eine Bedeutung, man sagt, sie sind *signifikant*.

Die Bedeutsamkeit einer angegebenen Dezimalstelle für den Wert der betreffenden Dezimalzahl wird als deren *Signifikanz* bezeichnet.

Die Zahl 2,00 hat damit insgesamt drei signifikante Stellen. Demnach darf an eine Dezimalzahl nicht ungeprüft eine Null angehängt werden, weil sich dadurch die Aussage des Zahlenwertes, bezogen auf eine eventuelle Rundung, ändern würde.

Eine Volumenangabe betrage 8,6 ml. Wenn es sich dabei um einen gerundeten Zahlenwert handelt, so gilt bei Annahme von zwei Dezimalstellen vor der Rundung:

$$8,55 \leq 8,6 \leq 8,64$$

Soll diese mögliche Streubreite bei der Ergebnisangabe ausgeschlossen werden, dann muss das Volumen mit 8,60 ml angegeben werden.

Sollen z.B. die auf der nachfolgenden Seite aufgeführten vier Dezimalzahlen addiert werden, so darf ihre anzugebende Summe nach den Rundungsregeln nur so viele Dezimalstellen aufweisen wie der addierte Einzelwert mit der geringsten Anzahl von Dezimalstellen. Folglich muss das Ergebnis der Addition auf- oder ab gerundet werden. Dabei ergibt sich für dieses Beispiel:

$$
\begin{array}{r}
4{,}38 \\
+\ 5{,}12 \\
+\ 3{,}4 \\
+\ 2{,}939 \\
\hline
\end{array}
$$

Summe:     15,839     ⇨     Rundung: 15,8

Für eine Multiplikation gilt z.B.:

$$13{,}71 \cdot 2{,}816 = 38{,}60736 \qquad ⇨ \qquad \text{Rundung: } 38{,}61$$

Um aber die Ergebnisse der Berechnungen nachvollziehbar zu machen, soll in diesem Buch jede Zahl einer Rechenvorschrift mindestens bis zu sechs signifikante Stellen besitzen. Das bedeutet zumeist, dass an die Zahlen einer Rechenvorschrift eine entsprechende Anzahl von Nullen angehängt werden muss, und zwar bis die Stellenzahl nach dem Komma bei allen Dezimalzahlen gleich geworden ist. Wenn z.B. eine Volumenangabe 4,3 ml beträgt, so kann man dadurch diese Zahl etwa mit 2 (hier jetzt 2,0) multiplizieren, und man erhält dann als Ergebnis 8,6 und nicht aufgerundet 9. Genauso bedeutet eine Massenangabe von 0,5 g damit im Höchstfall 0,500000 g. Hat eine Zahl aber sechs oder mehr als sechs signifikante Stellen, wie z.B. 210,863 oder 4283716, so darf in diesen Fällen keine Null mehr angehängt werden. Die beschriebene Vorgehensweise gilt aber nicht bei der Berechnung der molaren Masse einer Verbindung durch Summenbildung aus den molaren Massen der an der Verbindung beteiligten Elemente.

## 2.3 Rechnen mit Potenzzahlen

Durch das Schreiben von *Potenzzahlen* lassen sich die Multiplikationen gleicher Zahlen (Faktoren) in einfacher Weise darstellen. So kann z.B. die Rechenvorschrift $3 \cdot 3 \cdot 3 \cdot 3 \cdot 3$ als Potenzzahl $3^5$ (gelesen: „drei hoch fünf") geschrieben und dadurch abgekürzt werden. Hierbei wird die Zahl 3 als „Basis" und die Zahl 5 als „Exponent" bezeichnet. Man sagt, dass damit die Zahl 3 in die 5-te Potenz erhoben wird. Der Wert der Potenzzahl ist dann das Ergebnis der jeweiligen Rechenvorschrift, hier ergibt sich 243.

Der Exponent einer Potenzzahl gibt an, wie oft die gegebene Basis mit sich selbst multipliziert werden soll.

Für das Rechnen mit Potenzzahlen gibt es einige Regeln, die im Folgenden mit dazugehörigen Beispielen aufgeführt sind.

$$a^m \cdot a^n = a^{m+n} \qquad \Rightarrow \qquad 3^2 \cdot 3^5 = 3^7$$

$$\frac{a^m}{a^n} = a^{m-n} \qquad \Rightarrow \qquad \frac{10^8}{10^3} = 10^5$$

$$(a^m)^n = a^{m \cdot n} \qquad \Rightarrow \qquad (7^3)^6 = 7^{18}$$

$$(a \cdot b)^n = a^n \cdot b^n \qquad \Rightarrow \qquad (3 \cdot 5)^4 = 3^4 \cdot 5^4$$

$$\left(\frac{a}{b}\right)^n = \frac{a^n}{b^n} \qquad \Rightarrow \qquad \left(\frac{4}{7}\right)^2 = \frac{4^2}{7^2}$$

$$\sqrt[n]{a} \cdot \sqrt[n]{b} = \sqrt[n]{a \cdot b} \qquad \Rightarrow \qquad \sqrt[3]{5} \cdot \sqrt[3]{6} = \sqrt[3]{5 \cdot 6}$$

$$\frac{\sqrt[n]{a}}{\sqrt[n]{b}} = \sqrt[n]{\frac{a}{b}} \qquad \Rightarrow \qquad \frac{\sqrt[4]{18}}{\sqrt[4]{3}} = \sqrt[4]{\frac{18}{3}}$$

Ein Wurzelausdruck kann auch durch eine Potenzzahl mit einem gebrochenen Exponenten dargestellt werden, für diesen Fall gilt dann die Potenzregel:

$$\sqrt[n]{a} = a^{\frac{1}{n}} \qquad \Rightarrow \qquad \sqrt{15} = 15^{\frac{1}{2}}$$

$$\Rightarrow \qquad \sqrt[3]{23} = 23^{\frac{1}{3}}$$

$$\Rightarrow \qquad \sqrt[4]{146} = 146^{\frac{1}{4}} \qquad \text{usw.}$$

Bei Anwendung der dritten Potenzregel lässt sich demzufolge beispielsweise schreiben:

$$\sqrt[3]{10^{27}} = (10^{27})^{\frac{1}{3}} = 10^9$$

oder:

$$\sqrt{8^{12}} = (8^{12})^{\frac{1}{2}} = 8^6$$

Da die Angabe der Analysenergebnisse häufig in Form einer Dezimalzahl erfolgt, und da eine Dezimalzahl auf der Grundzahl 10 aufgebaut ist, kommt in stöchiometrischen Rechnungen den Potenzzahlen mit der Basis 10 eine besondere Bedeutung zu. Aus diesem Grund wird im Weiteren nur noch die Basis 10 verwendet. Beispiele für einfache Potenzzahlen mit dieser Basis sind:

$$100 = 10 \cdot 10 = 10^2$$
$$1000 = 10 \cdot 10 \cdot 10 = 10^3$$
$$10000 = 10 \cdot 10 \cdot 10 \cdot 10 = 10^4 \qquad \text{usw.}$$

Demnach lassen sich mehrstellige Zahlen auch als Produkte aus einer normalen Zahl und einer entsprechenden Potenzzahl mit der Basis 10 formulieren, z.B.:

$$120 = 12 \cdot 10^1$$
$$7300 = 73 \cdot 10^2 \qquad \text{oder} \qquad 730 \cdot 10^1$$
$$2630000 = 263 \cdot 10^4 \qquad \text{oder} \qquad 2630 \cdot 10^3 \qquad \text{usw.}$$

Wenn in einer Potenzrechnung die Zahl 10 nur für sich alleine steht, so lautet sie in der Potenzschreibweise:

$$10 = 10^1$$

Außerdem folgt aus der zweiten angegebenen Potenzregel (Divisionsregel, s. vorherige Seite) für die Basis 10:

$$1 = 10^0$$

Da der Exponent m auch kleiner als der Exponent n sein kann, ergeben sich in diesen Fällen nach der Divisionsregel Potenzzahlen mit negativen Exponenten. Generell lassen sich die obigen Regeln für das Rechnen mit Potenzzahlen auf negative Exponenten ausdehnen. Addition, Subtraktion, und Multiplikation von positiven und/oder negativen Exponenten werden dabei nach den bekannten mathematischen Gesetzen für das Rechnen mit positiven und/oder negativen Zahlen durchgeführt. Dafür werden im Folgenden einige Beispiele aufgeführt:

$$10^{-2} \cdot 10^{5} = 10^{3} \qquad 10^{-2} \cdot 10^{-5} = 10^{-7} \qquad 10^{2} \cdot 10^{-5} = 10^{-3}$$

$$\frac{10^{8}}{10^{-3}} = 10^{11} \qquad \frac{10^{-8}}{10^{-3}} = 10^{-5} \qquad \frac{10^{-8}}{10^{3}} = 10^{-11}$$

$$(10^{-3})^{6} = 10^{-18} \qquad (10^{-3})^{-6} = 10^{18} \qquad (10^{3})^{-6} = 10^{-18}$$

Nach der Divisionsregel bezeichnen Potenzzahlen mit negativen Exponenten bestimmte Bruchteile der Zahl 1. Wenn dabei die Zahl 1 mit ganzen Vielfachen des Faktors 1/10 multipliziert werden muss, um diese Bruchteile zu erhalten, dann ergeben sich bei dieser Rechenoperation beispielsweise die folgenden Potenzzahlen:

$$\frac{1}{10} = \frac{10^{0}}{10^{1}} = 10^{-1}$$

$$\frac{1}{100} = \frac{10^{0}}{10^{2}} = 10^{-2}$$

$$\frac{1}{1000} = \frac{10^{0}}{10^{3}} = 10^{-3} \qquad \text{usw.}$$

Daraus folgt die allgemeine Regel:

$$\frac{1}{10^{m}} = 10^{-m}$$

Auch der Wert einer Dezimalzahl kann durch eine Potenzzahl mit negativem Exponenten dargestellt werden. Dabei gilt zunächst:

$$0,1 = \frac{1}{10} = 10^{-1} \quad \text{oder} \quad 1 \cdot 10^{-1}$$

$$0,01 = \frac{1}{100} = 10^{-2} \quad \text{oder} \quad 1 \cdot 10^{-2}$$

$$0,001 = \frac{1}{1000} = 10^{-3} \quad \text{oder} \quad 1 \cdot 10^{-3} \qquad \text{usw.}$$

Demnach lässt sich beispielsweise die Dezimalzahl 0,006 auch noch durch die folgenden Produkte darstellen:

$$0,006 = 6 \cdot 0,001 = 6 \cdot 10^{-3}$$

Somit gelten z.B. für die Dezimalzahl 0,0046 alternativ die Gleichungen:

$$0,046 \cdot 10^{-1} = 0,46 \cdot 10^{-2} = 4,6 \cdot 10^{-3} = 46 \cdot 10^{-4} \qquad \text{usw.}$$

Oder auch:

$$0,0046 = 0,000046 \cdot 10^{2}$$

In welcher Form letztlich ein Produkt als Ergebnis der Berechnungen angegeben wird, hängt dann noch vom speziellen Fall ab und auch davon, welche Art der Zahlenangabe dem stöchiometrisch vorliegenden Problem besser angepasst ist. Dabei kann etwa für einen Vergleich von mehreren stöchiometrischen Ergebnissen die Angabe einer bestimmten Einheit, die bei allen Ergebnissen gleich ist, sinnvoll sein. Oder eine gewählte Einheit kann nur üblich sein und deswegen angegeben werden.

Der Exponent einer Potenzzahl kann auch eine Dezimalzahl sein. In diesem Fall gelten die angegebenen Potenzregeln entsprechend, z.B.:

$$10^{2,98} \cdot 10^{3,51} = 10^{6,49} \qquad\qquad 10^{1,34} \cdot 10^{-7,65} = 10^{-6,31}$$

$$\frac{10^{-0,839}}{10^{4,240}} = 10^{-5,079} \qquad\qquad \frac{10^{-4,83}}{10^{-6,22}} = 10^{1,39}$$

Die Dezimalschreibweise der Exponenten ermöglicht ferner die Angabe einer ganzzahligen Zehnerpotenz, was u.a. bei der Berechnung eines $p$H - Wertes wichtig ist. So gilt nach der Produktregel z.B.:

$$10^{-4,34} = 10^{0,66} \cdot 10^{-5} = 4{,}57 \cdot 10^{-5}$$

Umgekehrt kann für die nachfolgende Rechenvorschrift nach der Produktregel auch eine einzelne Potenzzahl angegeben werden.

$$6{,}31 \cdot 10^{-11} = 10^{0,8} \cdot 10^{-11} = 10^{-10,2}$$

Anmerkung: Der genaue Wert des Logarithmus (s. dazu Kap. 2.4) von 4,57 zur Basis 10 beträgt bei vier Dezimalstellen 0,6599. Generell ist aber bei praktischen stöchiometrischen Rechnungen der Einfluss von solchen Rundungen nur gering.

Abschließend werden noch einige der Potenzregeln auf einfache Zahlenbeispiele angewendet.

(a)  $3 \cdot 10^2 \cdot 5 \cdot 10^4 = 3 \cdot 5 \cdot 10^2 \cdot 10^4 = \mathbf{15 \cdot 10^6}$  oder  $\mathbf{1{,}5 \cdot 10^7}$

(b)  $\sqrt{9 \cdot 10^{-8}} = \sqrt{9} \cdot \sqrt{10^{-8}} = 3 \cdot (10^{-8})^{\frac{1}{2}} = \mathbf{3 \cdot 10^{-4}}$

(c)  $\sqrt{0{,}01 \cdot 10^{-4}} = \sqrt{10^{-2} \cdot 10^{-4}} = \sqrt{10^{-6}} = (10^{-6})^{\frac{1}{2}} = \mathbf{10^{-3}}$

(d) $\dfrac{10^{-31}}{(10^{-9})^3} = \dfrac{10^{-31}}{10^{-27}} = \mathbf{10^{-4}}$

(e) $\sqrt[3]{\dfrac{3{,}2 \cdot 10^{-11}}{4}} = \sqrt[3]{\dfrac{32 \cdot 10^{-12}}{4}} = \sqrt[3]{8 \cdot 10^{-12}} = \sqrt[3]{8} \cdot \sqrt[3]{10^{-12}} =$

$\Rightarrow \qquad 2 \cdot (10^{-12})^{\frac{1}{3}} = \mathbf{2 \cdot 10^{-4}}$

## 2.4 Rechnen mit Logarithmen

Obwohl heutzutage bei stöchiometrischen Berechnungen wegen der elektronischen Taschenrechner das mathematische Hilfsmittel des Logarithmus keine große Rolle mehr spielt, haben die logarithmischen Funktionen in der Stöchiometrie trotzdem immer noch ihre Bedeutung. Und zwar in den Fällen, in denen die zu bestimmende Größe die Funktion des Logarithmus einer anderen Größe ist, wie bei einem pH-Wert oder bei einem elektrochemischen Potenzial.

In der Potenzgleichung

$$N = c^x$$

ist nach Kap. 2.3 die Zahl N der Potenzwert, c die Basis und x der Exponent. Diese Potenzgleichung führt zur Definition des Logarithmus.

---

Der Logarithmus einer Zahl N (zur Basis c ) ist der Exponent x, mit dem die Basis c potenziert werden muss, um die Zahl N zu erhalten. N wird dabei auch als Numerus bezeichnet.

$$x = \log_c N$$

---

In Worten: „x ist der Logarithmus der Zahl N zur Basis c ".

So gilt z.B. für N = 125, c = 5 und x = 3:

$$125 = 5^3 \qquad \Rightarrow \qquad 3 = \log_5 125$$

Der Logarithmus der Zahl 125 zur Basis 5 beträgt also in diesem Beispiel 3. Bei stöchiometrischen Berechnungen verwendet man stets Logarithmen mit der Basis 10, die so genannten dekadischen oder *Briggs*schen Logarithmen. Statt des allgemeinen Ausdrucks $\log_{10}$ wird dann bei dieser Basis der spezielle Ausdruck lg geschrieben. Im Folgenden werden nur noch die dekadischen Logarithmen verwendet, für die zunächst einige Beispiele angegeben werden. Die Ergebnisse gehen aus Kap. 2.3 hervor.

$$1000 = 10^3 \qquad \Rightarrow \qquad \lg 1000 = 3$$

$$100 = 10^2 \qquad \Rightarrow \qquad \lg 100 \ = 2$$

$$10 = 10^1 \qquad \Rightarrow \qquad \lg 10 \quad = 1$$

$$1 = 10^0 \qquad \Rightarrow \qquad \lg 1 \quad = 0$$

$$0,1 = 10^{-1} \qquad \Rightarrow \qquad \lg 0,1 \ = -1$$

$$0,01 = 10^{-2} \qquad \Rightarrow \qquad \lg 0,01 = -2$$

usw.

Die Logarithmen ganzzahliger Potenzen von 10 lassen sich demnach ohne Schwierigkeiten angeben. Für die Ermittlung der Logarithmen von Potenzzahlen mit gebrochenen Exponenten benötigt man den Verlauf der logarithmischen Funktion $x = \lg 10^y$. Die Ergebnisse dieser Funktionsgleichung sind auf 4 oder 5 Dezimalstellen genau in einer so genannten Logarithmentafel tabelliert, wobei ihre dadurch vorgegebene Genauigkeit in den meisten Fällen völlig ausreicht. So gilt z.B. bei 4 Dezimalstellen:

$$1,9999 = 10^{0,3010} \quad \text{und damit gerundet:} \quad \lg 2 = 0,3010$$

Mit einem elektronischen Taschenrechner können die Logarithmen berechnet werden, wodurch dann mehr Dezimalstellen möglich sind. Deshalb wird in diesem Buch auf eine Logarithmentafel verzichtet. Es folgen einige Beispiele für Logarithmen von Potenzzahlen mit gebrochenen Exponenten. Generell enthalten hier und im Folgenden Logarithmen 4 Dezimalstellen.

$$5 = 10^{0,6990} \qquad \Rightarrow \qquad \lg 5 \ \ = 0,6990$$

$$78 = 10^{1,8921} \qquad \Rightarrow \qquad \lg 78 \ = 1,8921$$

$$124 = 10^{2,0934} \qquad \Rightarrow \qquad \lg 124 = 2,0934$$

$$865 = 10^{2,9370} \qquad \Rightarrow \qquad \lg 865 = 2,9370$$

usw.

Der ganzzahlige Anteil des Logarithmus (im letzten Beispiel 2) wird als Kennziffer bezeichnet, der dezimale Anteil (im letzten Beispiel 0,9370) in der Gesamtheit als Mantisse.

Ist der Numerus eine Dezimalzahl, so ist der Logarithmus ebenfalls definiert, wie z.B.:

$$7,273 = 10^{0,8617} \qquad \Rightarrow \qquad \lg 7,273 = 0,8617$$

usw.

Aus den bisherigen Beispielen lassen sich bei den nachfolgenden Zahlenbereichen die Wertebereiche für den Logarithmus angeben.

| Zahlen von 0,01 bis 1 | $\Rightarrow$ | Logarithmus: | - 2 bis 0 |
| Zahlen von 1 bis 10 | $\Rightarrow$ | Logarithmus: | 0 bis 1 |
| Zahlen von 10 bis 100 | $\Rightarrow$ | Logarithmus: | 1 bis 2 |
| Zahlen von 100 bis 1000 | $\Rightarrow$ | Logarithmus: | 2 bis 3 |

Mit der Definition des Logarithmus und mit den bekannten Regeln für das Multiplizieren, Dividieren, Potenzieren und Radizieren von Potenzzahlen (s. Kap. 2.3) leiten sich die Grundformeln für das logarithmische Rechnen ab.

a)  Der Logarithmus eines Produktes ist gleich der Summe der Logarithmen seiner Faktoren. Mit den einzelnen Faktoren p und q lautet diese Grundformel:

$$\lg (p \cdot q) = \lg p \ + \ \lg q$$

Dazu ein Beispiel für die Multiplikation zweier Potenzzahlen. Es gilt:

$$p \cdot q = 100 \cdot 1000 = 10^2 \cdot 10^3 = 10^{2+3} = 10^5 \qquad \Rightarrow \qquad \lg 10^5 = 5$$

Mit der Grundformel folgt ebenfalls:

$$\lg (100 \cdot 1000) = \lg (10^2 \cdot 10^3) = \lg 10^2 \ + \ \lg 10^3 = 2 \ + \ 3 = 5$$

Ein weiteres Beispiel:

$$\lg (3 \cdot 5) = 0{,}4771 \ + \ 0{,}6990 = 1{,}1761 \qquad \Rightarrow \qquad 10^{1{,}1761} = 15$$

b)  Der Logarithmus eines Quotienten ist gleich der Differenz aus dem Logarithmus des Zählers und dem Logarithmus des Nenners.

$$\lg \frac{p}{q} = \lg p \ - \ \lg q$$

Dazu ein Beispiel für die Division zweier Potenzzahlen.

$$\frac{p}{q} = \frac{10000}{100} = \frac{10^4}{10^2} = 10^{4-2} = 10^2 \qquad \Rightarrow \qquad \lg 10^2 = 2$$

Mit der Grundformel folgt ebenfalls:

$$\lg \frac{10000}{100} = \lg \frac{10^4}{10^2} = \lg 10^4 \ - \ \lg 10^2 = 4 \ - \ 2 = 2$$

Im umgekehrten Fall der Division gilt:

$$\lg \frac{100}{10000} = \lg \frac{10^2}{10^4} = \lg 10^2 \ - \ \lg 10^4 = 2 \ - \ 4 = -2$$

Ein weiteres Beispiel zur Division:

$$\lg \frac{153}{9} = 2{,}1847 - 0{,}9542 = 1{,}2305 \qquad \Rightarrow \qquad 10^{1{,}2305} = 17$$

c) Der Logarithmus einer Potenzzahl ist gleich dem Produkt aus dem Exponenten und dem Logarithmus der Grundzahl.

$$\lg (p^q) = q \cdot \lg p$$

Dazu das Beispiel einer dekadischen Zahl.

$$\lg 10^3 = \lg (10 \cdot 100) = \lg 10 + \lg 100$$
$$\downarrow$$
$$\lg 100 = \lg (10 \cdot 10) = \lg 10 + \lg 10$$

Damit ergibt sich insgesamt:

$$\lg 10^3 = \lg 10 + \lg 10 + \lg 10 = 3 \cdot \lg 10 = 3 \cdot 1 = 3$$

Ein weiteres Beispiel, bei dem die Anwendung der Grundformel schnell zum Ergebnis führt:

$$\lg 2^4 = 4 \cdot \lg 2 = 4 \cdot 0{,}3010 = 1{,}2040$$

d) Der Logarithmus des Wertes einer Wurzel ist gleich dem Produkt aus dem Kehrwert des Exponenten der Wurzel und dem Logarithmus des Radikanden.

$$\lg \sqrt[q]{p} = \frac{1}{q} \cdot \lg p$$

Da nach Kap. 2.3 die Gleichung

$$\sqrt[q]{p} = p^{\frac{1}{q}}$$

gilt, folgt die Grundformel für den Logarithmus des Wertes einer Wurzel damit aus der Grundformel für den Logarithmus einer Potenzzahl (c).

$$\lg (p^{\frac{1}{q}}) = \frac{1}{q} \cdot \lg p$$

Zunächst wieder ein Beispiel mit einer dekadischen Zahl.

$$\sqrt[q]{p} = \sqrt[4]{10000} = \sqrt[4]{10^4} = (10^4)^{\frac{1}{4}} = 10 \qquad \Rightarrow \qquad \lg 10 = 1$$

Und mit der Grundformel folgt ebenfalls:

$$\lg \sqrt[4]{10000} = \frac{1}{4} \cdot \lg 10^4 = \frac{1}{4} \cdot 4 = 1$$

Dazu ein weiteres Beispiel.

$$\lg \sqrt[3]{127} = \frac{1}{3} \cdot \lg 127 = \frac{1}{3} \cdot 2{,}1038 = 0{,}7013$$

Aus diesen Grundformeln des logarithmischen Rechnens ergeben sich einfache Zusammenhänge zwischen den Logarithmen. Ausgangspunkt der Betrachtungen sei hier die folgende Potenzgleichung:

$$3 = 10^{0{,}4771} \qquad \Rightarrow \qquad \lg 3 = 0{,}4771$$

Nach der Produktformel gilt weiterhin:

$$\lg 30 \quad = \lg (3 \cdot 10) \quad = \lg 3 + \lg 10 \quad = 0{,}4771 + 1 = 1{,}4771$$

$$\lg 300 \quad = \lg (3 \cdot 100) \quad = \lg 3 + \lg 100 \quad = 0{,}4771 + 2 = 2{,}4771$$

$$\lg 3000 = \lg (3 \cdot 1000) = \lg 3 + \lg 1000 = 0{,}4771 + 3 = 3{,}4771$$

usw.

Nach der Divisionsformel gilt:

$$\lg 0{,}3 \;\; = \lg \frac{3}{10} \;\; = \lg 3 \; - \; \lg 10 \;\; = 0{,}4771 - 1 \; = \; -0{,}5229$$

$$\lg 0{,}03 \;\; = \lg \frac{3}{100} \;\; = \lg 3 \; - \; \lg 100 \;\; = 0{,}4771 - 2 \; = \; -1{,}5229$$

$$\lg 0{,}003 \; = \lg \frac{3}{1000} \; = \lg 3 \; - \; \lg 1000 = 0{,}4771 - 3 \; = \; -2{,}5229$$

usw.

Diese Ergebnisse zeigen:

- Der Logarithmus einer Zahl lässt sich auf die beschriebene Weise in seine Mantisse und eine ganze Zahl zerlegen, z.B.:

$$\lg 0{,}04 = -1{,}3979 = 0{,}6021 - 2$$

  Ist der Numerus > 1, so sind der Logarithmus und diese ganze Zahl beide positiv, und zugleich ist die ganze Zahl identisch mit der Kennziffer. Ist der Numerus < 1, so sind der Logarithmus und die ganze Zahl beide negativ, aber zugleich ist der Absolutwert dieser Zahl um 1 größer als die Kennziffer.

- Zahlen, die aus einer gegebenen Zahl durch Multiplikation oder Division mit $10^n$ (n = 1, 2, 3, ....) hervorgehen, haben Logarithmen mit gleicher Mantisse. Dazu müssen aber die negativen Logarithmen in Form der Differenz zwischen der Mantisse und einer ganzen Zahl dargestellt werden.

- Hat die Kennziffer eines Logarithmus den Wert + m, so besitzt der zugehörige Numerus m + 1 Stellen vor dem Komma. Hat die Kennziffer den Wert - m hat, so besitzt der Numerus nach dem Komma m Nullen vor der ersten von Null abweichenden Ziffer.

Abschließend noch weitere Beispiele zu den Grundformeln.

(a)    $\lg (36 \cdot 274) = 1{,}5563 \; + \; 2{,}4378 = \mathbf{3{,}9941} \;\; \Rightarrow \;\; 10^{3{,}9941} = 9864$

(b)    $\lg (23 \cdot 0{,}0563) = 1{,}3617 \; + \; (-1{,}2495) = \mathbf{0{,}1122}$

(c)    $\lg \dfrac{0,0721}{0,2954} = -1,1421 - (-0,5296) = \mathbf{-0,6125}$

(d)    $\lg \dfrac{0,56 \cdot 4,21}{0,66} = -0,2518 + 0,6243 - (-0,1805) = \mathbf{0,5530}$

(e)    $\lg (13^{4,38}) = 4,38 \cdot \lg 13 = 4,38 \cdot 1,1139 = \mathbf{4,8789}$

## 2.5  Zufällige Fehler und Präzision

Bei einer mehrmaligen, stets auf gleiche Art und Weise durchgeführten, quantitativen Bestimmung (Wiederholbestimmung) eines Stoffes erhält man zumeist mehr oder weniger voneinander abweichende Einzelergebnisse, sie streuen. So ergeben sich z.B. bei der wiederholten Titration einer Analysenlösung verschiedene Ergebnisse, obwohl dabei immer gleich große Volumina eingesetzt wurden und die analytischen Bestimmungen alle vermeintlich identisch durchgeführt wurden. In diesem Zusammenhang spricht man von den unvermeidbaren *zufälligen Fehlern* und versteht darunter Schwankungen der Waage, Schwankungen des Analysengerätes, Ablesefehler, Dosierfehler und weitere Fehlerursachen. Diese zum Teil geringen Ungenauigkeiten bilden in der Summe den zufälligen Gesamtfehler, wodurch jedes Analysenergebnis prinzipiell fehlerbehaftet wird.

> Die zufälligen Fehler beeinflussen die *Präzision* eines Analysenergebnisses. Je größer dabei der sich ergebende zufällige Gesamtfehler ist, desto unpräziser ist das Analysenergebnis und umgekehrt.

Zwar lassen sich diese zufälligen Fehler minimieren, indem jeder Schritt des angewendeten Analysenverfahrens eingehend untersucht und entsprechend optimiert wird. Trotzdem bleiben sie erhalten, und seien sie auch noch so klein. Ein völlig fehlerfreies Analysenergebnis ist deswegen nicht möglich. Die zufälligen Fehler lassen sich aber statistisch erfassen und können somit quantifiziert werden.

Im Gegensatz zu den zufälligen Fehlern sind die *systematischen Fehler* grundsätzlich vermeidbar. Sie sind methodisch bedingt und beeinflussen die Richtigkeit der Ergebnisse stets im gleichen Sinne. Dadurch fällt ein Analysenergebnis je nach Richtung der systematischen Fehler höher oder niedriger aus, als dem tatsächlichen Gehalt an einem Stoff entspricht, es wird folglich falsch. So entsteht ein systematischer Fehler z.B. dadurch, dass eine Standardlösung nicht richtig angesetzt worden ist, auf die man sich dann bei jeder analytischen Auswertung bezieht. Die Ursache dafür können auch verunreinigte Reagenzien sein. Oder die Berechnung einer Standardlösung wird falsch und damit ebenfalls die Basis für die Auswertung. Weiterhin führen generell chemisch verunreinigte Proben oder Probenahmeflaschen häufig zu einer zu hohen Konzentration. Man spricht dann von einer Kontamination der Proben, wodurch ebenfalls ein systematischer Fehler entsteht. Eine Möglichkeit, einen fraglichen Gehalt bei vorliegen eines systematischen Fehlers trotzdem richtig zu bestimmen, ist das analytische Verfahren der *Standardaddition* (Aufstockverfahren).

Während also wegen der zufälligen Fehler eine punktgenaue Angabe des Analysenergebnisses nicht möglich ist und das Ergebnis dadurch - quantifizierbar - unsicher wird, sorgen systematische Fehler dafür, dass es falsch wird. Wenn ein unerkannter systematischer Fehler vorliegt, kann das Analysenergebnis nie richtig werden. Die zufälligen Fehler beeinflussen die Präzision eines Analysenergebnisses, die systematischen Fehler dessen Richtigkeit. Die systematischen Fehler können aber statistisch nicht erfasst werden, da sie keiner Gesetzmäßigkeit folgen.

## 2.5.1 Arithmetischer Mittelwert

Eine Messreihe besteht aus mehreren Einzelwerten. Dies können Messwerte oder daraus abgeleitete Analysenergebnisse sein. Dabei resultieren alle Einzelwerte aus identischen Analysenproben. So sind in Gas- oder Feststoffproben die zur Analyse eingesetzten Massen stets gleich, und bei Analysenlösungen sind die erhaltenen Einzelwerte stets der gleichen Konzentration des betreffenden Stoffes zuzuordnen. Die im vorigen Abschnitt betrachteten Einzelergebnisse stellen also Einzelwerte einer Messreihe dar.

Die Einzelwerte einer Messreihe streuen wegen der zufälligen Fehler um den so genannten *wahren Wert*, worunter der tatsächlich vorliegende Gehalt eines Analyten verstanden wird.

Wegen der Streuung bleibt dieser wahre Wert letztlich unbekannt. Denn auch nach einer Optimierung des gesamten Analysenverfahrens kann man sich diesem wahren Wert nur annähern. Eine gute praktische Näherung für den wahren Wert ist der *arithmetische Mittelwert* $\bar{x}$ (gelesen: „x-quer"), der aus den Einzelwerten einer Messreihe berechnet wird. Besteht nach Durchführung von $n$ Wiederholbestimmungen, wobei $n$ wegen der statistischen Aussage von $\bar{x}$ nicht zu klein sein sollte, die erhaltene Messreihe aus $n$ Einzelwerten $x_1$, $x_2$, $x_3 \cdots x_n$, dann folgt für den arithmetischen Mittelwert:

$$\bar{x} = \frac{x_1 + x_2 + x_3 + \cdots x_n}{n} = \frac{1}{n} \sum_{i=1}^{n} x_i \qquad (2.1)$$

Damit dieser arithmetische Mittelwert, in dem alle $n$ Einzelwerte berücksichtigt werden, aussagefähig ist, dürfen in die Mittelwertsbildung nur Einzelwerte einbezogen werden, die mit demselben Analysenverfahren ermittelt worden sind. Weiterhin darf dabei kein Einzelwert, der einem zu hoch oder zu niedrig erscheint, weggelassen werden. Andererseits muss aber ein definitiv als *Ausreißer* erkannter Einzelwert vor der Mittelwertsbildung aus dem Datenmaterial entfernt werden. Denn nur in dem Fall wird dann die Messreihe durch ihren Mittelwert repräsentiert. Aus diesem Grund darf in der Messreihe auch kein *Trend* vorliegen. Die Messreihe muss also ausreißer- und trendfrei sein. Dies lässt sich anhand der Einzelwerte statistisch prüfen, Näheres darüber findet sich in den Lehrbüchern der statistischen Analytik. Durch Wiederholbestimmungen und die Angabe eines aus den Einzelergebnissen berechneten arithmetischen Mittelwertes kann also die Aussagekraft einer Analyse erhöht werden. Bei einem arithmetischen Mittelwert sollte aber zusätzlich zum Analysenergebnis immer mit angegeben werden, aus wie viel Einzelergebnissen dieser Mittelwert gebildet worden ist.

**Beispiel 2.1**
Bei einer titrimetrischen Analyse eines Grundwassers wird aus Sicherheitsgründen eine Vierfachbestimmung ($n = 4$) durchgeführt, dabei werden von der Maßlösung folgende Volumina verbraucht: 12,62 ml, 12,69 ml, 12,65 ml und 12,56 ml. Für die ausreißer- und trendfreie Messreihe ergibt sich mit Gl. (2.1) als arithmetischer Mittelwert:

$$\bar{x} = \frac{12{,}62 \text{ ml} + 12{,}69 \text{ ml} + 12{,}65 \text{ ml} + 12{,}56 \text{ ml}}{4} = 12{,}63 \text{ ml}$$

## 2.5.2 Standardabweichung

Die zufälligen Fehler eines Analysenverfahrens können in ihrer Gesamtheit durch die *Standardabweichung* einer Messreihe erfasst werden. Je weiter in einer Messreihe ein Einzelwert vom arithmetischen Mittelwert $\bar{x}$ aller Einzelwerte entfernt ist, umso mehr streut folglich dieser Einzelwert. Demnach ist die Differenz zwischen einem Einzelwert und dem arithmetischen Mittelwert aller Einzelwerte ein Maß für die Streuung des betreffenden Einzelwertes in der vorliegenden Messreihe. Die Streuung der gesamten Messreihe, die also aus $n$ Einzelwerten $x_i$ besteht, wird durch die Standardabweichung $s$ beschrieben, die nach Gl. (2.2) berechnet wird. Diese Standardabweichung gibt die Präzision einer Messreihe wieder. Sie ist abhängig von der Anzahl der Einzelwerte und beschreibt die Streuung umso besser, je mehr Einzelwerte zu ihrer Berechnung vorliegen.

$$s = \sqrt{\frac{\sum_{i=1}^{n}(x_i - \bar{x})^2}{n-1}} \qquad (2.2)$$

Nach dieser Gleichung kann bei der Summenbildung innerhalb der Messreihe die Reihenfolge der Einzelwerte vertauscht werden, ohne dass sich dadurch etwas am Wert der Standardabweichung ändert. Auch bei der Standardabweichung sollte wie beim arithmetischen Mittelwert zusätzlich immer angegeben werden, aus wie viel Einzelwerten sie berechnet wurde. Aus Gl. (2.2) ist ersichtlich, dass ihre Einheit identisch ist mit der Einheit der jeweiligen Einzelwerte. Das Quadrat der Standardabweichung $s^2$ wird als *Varianz* bezeichnet. Weil die berechnete Standardabweichung - wegen der zufälligen Fehler der Einzelwerte - selbst eine Zufallsgröße ist, wird man bei Wiederholung der gesamten Messreihe stets mehr oder weniger unterschiedliche Zahlenwerte für $s$ erhalten. Erst bei theoretisch unendlich vielen Einzelwerten erhält man die *wahre Standardabweichung* $\sigma$, die eine Naturkonstante ist und das jeweilige Analysenverfahren kennzeichnet.

**Beispiel 2.2**
In einem Untersuchungslabor werden bei der Analyse eines industriellen Abwassers in einer Fünffachbestimmung ($n = 5$) die folgenden Konzentrationen an Blei festgestellt: 0,2874 mg/l, 0,2891 mg/l, 0,2949 mg/l, 0,2793 mg/l und 0,2821 mg/l. Mit dem daraus berechneten arithmetischen Mittelwert $\bar{x} = 0{,}2866$ mg/l folgt für die Standardabweichung dieser Messreihe nach Gl. (2.2):

$$s = \sqrt{\frac{(0{,}0008)^2 + (0{,}0025)^2 + (0{,}0083)^2 + (-0{,}0073)^2 + (-0{,}0045)^2}{5 - 1}} \text{ mg/l}$$

$$\Rightarrow \qquad s = 0{,}0061 \text{ mg/l}$$

Anmerkung: In der Praxis ist die Angabe der Einheit mg/l anstatt $\text{mg} \cdot \text{l}^{-1}$ üblich.

Die Differenz zwischen dem größten Einzelwert $x_{max}$ und dem kleinsten Einzelwert $x_{min}$ einer Messreihe wird als deren Spannweite $R$ bezeichnet.

$$R = x_{max} - x_{min}$$

Mit der Spannweite gewinnt man einfach und schnell eine Aussage über die Streuung einer Messreihe, allerdings sollte dabei die Anzahl der Einzelwerte nicht zu groß sein. Bei zwei Einzelwerten ($n = 2$) wird die Streuung naturgemäß durch die Spannweite vollständig beschrieben. Aber mit steigender Anzahl von $n$ wird ihre Aussage immer geringer, da bei der Spannweite nur die beiden Extremwerte berücksichtigt werden. Es gibt verschiedene Möglichkeiten, bei Kenntnis einer Spannweite die Standardabweichung abzuschätzen.

Die Standardabweichung ist ein wichtiges Kriterium zur Beurteilung von Ringversuchen. Dabei wird bei der festgelegten mehrfachen Wiederholung einer bestimmten Analyse die von einem Teilnehmerlabor erreichte Präzision als Wiederholstandardabweichung bezeichnet. Aus sämtlichen erhaltenen ausreißerfreien Einzelergebnissen aller Teilnehmerlabors eines Ringversuchs wird anschließend die Vergleichsstandardabweichung berechnet, wodurch die allen Teilnehmerlabors gemeinsame durchschnittliche Präzision beschrieben wird. Sie dient damit zur Kennzeichnung der Qualität eines Analysenverfahrens.

## 2.5.3 Relative Standardabweichung

Die Standardabweichung einer Messreihe ist als Kennzeichen für die Summe aus allen zufälligen Fehlern ein absolutes Streuungsmaß. Aber ohne eine ausreichende Erfahrung z.B. auf dem jeweiligen Konzentrationsniveau oder ohne spezielle Vorgaben für die Präzision fehlt für die Beurteilung einer Standardabweichung letztlich der Bezugspunkt. Eine Größe, die jedoch sofort etwas über die Präzision des angewendeten Analysenverfahrens aussagt, ist die *relative Standardabweichung* $s_{rel}$, die häufig auch als *Variationskoeffizient* bezeichnet wird. Ihre Angabe erfolgt zumeist in Prozent. Für diese Größe gilt:

$$s_{rel} = \frac{s}{\bar{x}} \cdot 100\ \%$$

(2.3)

**Beispiel 2.3**
Mit den in Beispiel 2.2 angegebenen Analysenergebnissen berechnet sich die relative Standardabweichung zu:

$$s_{rel} = 2{,}128\ \%$$

Ob die bei dieser Analyse erhaltene relative Präzision von gut 2 Prozent vom Analytiker akzeptiert werden kann, hängt dann im Rahmen der praktischen Labortätigkeit, wenn keine speziellen Vorgaben vorliegen sollten, u.a. von der analytischen Problemstellung ab.

# 3 Stöchiometrische Grundbegriffe

## 3.1 Atome

Grundlage für jede stöchiometrische Berechnung ist die atomare Struktur der Materie. Für die Atome gilt in dem Zusammenhang die nachfolgende Definition.

> Atome sind die kleinsten, mit chemischen und/oder normalen physikalischen Mitteln nicht mehr teilbaren Bausteine der Materie. Erst mit hohem Energieaufwand, wie er z.B. in einem Kernreaktor möglich ist, lassen sie sich durch Kernreaktionen weiter teilen.

Viele gleichartige Atome bilden in ihrer Gesamtheit ein chemisches Element. So besteht das Element Kohlenstoff nur aus Kohlenstoffatomen oder das Element Natrium nur aus Natriumatomen. Der biatomare Aufbau einiger Elemente wird hierbei nicht betrachtet. Beispielsweise sind die bei Normalbedingungen gasförmigen Elemente Chlor oder Sauerstoff fast ausschließlich aus Einheiten aufgebaut, die aus zwei Atomen bestehen. Man spricht in diesem Zusammenhang von Elementverbindungen, der Begriff der Verbindung wird in Kap. 3.2 erklärt. Die Atome werden außer durch ihren Namen auch durch ihre Elementsymbole gekennzeichnet, sie sind in Tabelle A 2 im Anhang aufgeführt. So steht etwa das Symbol Fe für das Element Eisen oder das Symbol H für das Element Wasserstoff.

## 3.2 Molekularformel

Eine chemische Verbindung ist aus vielen gleichartigen *Molekülen* aufgebaut. Ein Molekül besteht seinerseits aus einer bestimmten Anzahl von

Atomen der an der Verbindung beteiligten Elemente, die durch die Kräfte der chemischen Bindung miteinander verbunden sind.

---

Ein Molekül ist der kleinste Baustein einer chemischen Verbindung, die aus vielen gleichartigen Molekülen besteht.

---

Ein Molekül wird durch seine *Molekularformel* dargestellt, die Art und Anzahl der miteinander verbundenen Atome wiedergibt. Das Atom wird darin durch sein Elementsymbol gekennzeichnet. Die Angabe der Anzahl der Atome eines Moleküls erfolgt mit einem (fast immer) ganzzahligen Index, wobei der Index 1 weggelassen wird. So besagt beispielsweise die Formel $H_2O$, dass ein Molekül der Verbindung Wasser aus zwei Atomen Wasserstoff und einem Atom Sauerstoff besteht. Oder die Formel HCl bedeutet, dass ein Molekül der Verbindung Chlorwasserstoff aus einem Atom Wasserstoff und einem Atom Chlor gebildet wird. Der Index 1 wird hierbei, wie gesagt, weggelassen. Weitere Beispiele für Molekularformeln enthalten die folgenden Seiten. Dabei können an einem Molekül auch mehr als zwei Elemente beteiligt sein, wie z.B. im Fall der Schwefelsäure mit der Molekularformel $H_2SO_4$. Durch die Molekularformel wird nicht nur ein Molekül der betreffenden Verbindung gekennzeichnet, sondern auch die Verbindung selbst.

Die Anzahl der gebundenen Atome kann variieren. So geht Phosphor mit Chlor z.B. sowohl die Verbindung Phosphortrichlorid ($PCl_3$) als auch die Verbindung Phosphorpentachlorid ($PCl_5$) ein. In den Molekülen einer einzigen reinen chemischen Verbindung liegt aber zwischen den verbundenen Atomen ein konstantes Atomverhältnis und damit auch ein konstantes Massenverhältnis vor. Beispielsweise besteht in der Verbindung Ammoniak jedes Molekül $NH_3$ stets aus einem Atom Stickstoff (N) und drei Atomen Wasserstoff (H). Nach diesem *Gesetz der konstanten Proportionen* enthält demnach eine bestimmte chemische Verbindung die in ihr gebundenen Elemente immer in einem konstanten Massenverhältnis, das so charakteristisch für die jeweilige Verbindung ist. Bei Ionenverbindungen, in denen die chemische Bindung durch die gegenseitige elektrostatische Anziehung von Kationen und Anionen zustande kommt, spricht man statt von Molekülen von Formeleinheiten. Z.B. besteht beim Magnesiumfluorid die Formeleinheit $MgF_2$ aus einem $Mg^{2+}$- Kation und zwei $F^-$- Anionen.

## 3.3 Chemische Reaktionsgleichung

Wenn in einer vorliegenden Materiemenge eine *chemische Reaktion* abläuft, so wird dadurch diese Materie chemisch umgewandelt. Dabei bleibt aber die Gesamtmasse der Materie nach dem *Gesetz von der Erhaltung der Masse* stets erhalten. Durch die Umwandlung der Materie entstehen neue chemische Verbindungen, und die betreffende chemische Gleichung oder chemische Reaktionsgleichung beschreibt, welche Stoffe reagieren und in welchem Mengenverhältnis sie reagieren. Auf der Grundlage der Reaktionsgleichung lassen sich die Stoffumwandlungen, wie später gezeigt wird, quantitativ berechnen. Der Verlauf einer Reaktion kann durch Temperatur, Druck oder durch Verwendung eines speziell geeigneten Katalysators beeinflusst werden.

Die Reaktion erfolgt in der vorliegenden Materiemenge zwischen den Atomen, Molekülen oder Ionen, weshalb diese Teilchen auch in der entsprechenden Reaktionsgleichung stehen. In der Reaktionsgleichung wird die Anzahl der jeweiligen Reaktionsteilnehmer durch ihre so genannten *Reaktionskoeffizienten v* berücksichtigt, wobei der Koeffizient 1 im Allgemeinen weggelassen wird. Auf der linken Seite eines Reaktionspfeils stehen die *Reaktanten* (Ausgangsstoffe oder Edukte), auf der rechten Seite die *Reaktionsprodukte* (Endstoffe oder einfach Produkte). Dabei zeigt der Reaktionspfeil stets in Richtung auf die Produkte.

In einer chemischen Reaktion können die Atome weder entstehen noch verschwinden, aber ihr Bindungszustand ändert sich. Demzufolge muss also die Gesamtzahl der Atome für Reaktant- und Produktseite, unabhängig von ihrem Bindungszustand, jeweils gleich groß sein, da ja die Gesamtmasse bei einer Reaktion erhalten bleibt. Im Folgenden wird ein Beispiel für eine Reaktionsgleichung angegeben.

$$4\,NH_3 + 5\,O_2 \rightarrow 4\,NO + 6\,H_2O$$

Diese Reaktionsgleichung bedeutet, dass sich bei der Reaktion immer 4 Moleküle Ammoniak mit 5 Molekülen Sauerstoff zu 4 Molekülen Stickstoffoxid und 6 Molekülen Wasser umsetzen. Je nach der chemischen Reaktion können auf der Reaktant- und Produktseite auch weniger oder mehr chemische Stoffe stehen, wie beispielsweise:

$$3\,Ag + 4\,HNO_3 \rightarrow 3\,AgNO_3 + NO + 2\,H_2O$$

> Eine chemische Reaktionsgleichung beschreibt den kleinstmöglichen Umsatz, weswegen in ihr die geringste mögliche Anzahl von Atomen, Molekülen oder Formeleinheiten steht. Dadurch nehmen die Reaktionskoeffizienten einen möglichst niedrigen, normalerweise ganzzahligen, Wert an.

So wird etwa die Umsetzung der beiden molekular vorliegenden Elemente Wasserstoff und Sauerstoff nicht durch die Gleichung

$$4\,H_2 + 2\,O_2 \; \rightarrow \; 4\,H_2O$$

beschrieben, sondern durch Reaktionsgleichung

$$2\,H_2 + O_2 \; \rightarrow \; 2\,H_2O\,.$$

In diesem Beispiel ist also bei den Reaktionskoeffizienten der Faktor 2 nicht zulässig, weil eine chemische Reaktionsgleichung immer nur den kleinstmöglichen Umsatz beschreibt.

Eine chemische Reaktionsgleichung besagt aber nicht, dass die jeweilige Umsetzung im Sinne des Pfeils vollständig verlaufen muss. Denn viele Reaktionen enden in einem Gleichgewichtszustand, in dem dann sowohl Reaktanten als auch Produkte in einem bestimmten Mengenverhältnis nebeneinander vorliegen. Um dies zum Ausdruck zu bringen, wird eine unvollständige Reaktion in der Reaktionsgleichung häufig durch einen Doppelpfeil ($\rightleftharpoons$) gekennzeichnet. In diesem Buch wird aber in Reaktionsgleichungen, unabhängig vom Ausmaß der jeweiligen Umsetzung, in den meisten Fällen nur ein einfacher Reaktionspfeil gesetzt, der nach rechts zeigt. Der bei einer chemischen Reaktion erreichte Gleichgewichtszustand wird quantitativ durch das *Massenwirkungsgesetz* (MWG) beschrieben, das in Kapitel 6.1 behandelt wird. Aus einer Reaktionsgleichung allein lässt sich nur entnehmen, **wie** die Reaktanten reagieren, **wenn** sie reagieren. Die Vollständigkeit der Reaktion lässt sich dadurch nicht beurteilen.

Bei der Bildung einer chemischen Verbindung entstehen als Folge einer Reaktion Moleküle, die ihrerseits aus Atomen aufgebaut sind. Dabei können aber die Reaktionswege, die zu diesen Molekülen führen, durchaus verschieden sein. Moleküle können entstehen, indem sich die zugrunde liegenden Atome zusammenlagern (a), oder sie können durch Umsetzung von anderen Molekülen gebildet werden (b). Moleküle können auch zerfallen, und bei dem Zerfall können wieder Atome und/oder andere Moleküle entstehen (c).

$$N_2 + 3\,H_2 \;\rightarrow\; 2\,NH_3 \tag{a}$$

$$2\,NaCl + H_2SO_4 \;\rightarrow\; 2\,HCl + Na_2SO_4 \tag{b}$$

$$CaCO_3 \;\rightarrow\; CaO + CO_2 \tag{c}$$

Stets gelten dabei die Gesetze der chemischen Bindung. Das systematische Aufstellen und Auswerten von Reaktionsgleichungen ist durch die Anwendung von *Stoffmengenrelationen* möglich und wird in den entsprechenden Kapiteln behandelt. Bei einer Redoxreaktion ändert sich als Folge der Umsetzung der Oxidationszustand der Reaktionsteilnehmer. Aus dem Grund können Redoxgleichungen, zumal wenn sie einen komplizierteren Reaktionsverlauf beschreiben, besser unter Anwendung eines speziellen Formalismus hergeleitet werden, der auf dieser Änderung beruht. Dabei werden nach bestimmten Regeln zunächst Teilgleichungen für die Oxidation und die Reduktion aufgestellt, die dann zur gesamten Redoxgleichung addiert werden können (s. hierzu Kap. 8.3).

Da bei einer Reaktionsgleichung sowohl die Reaktanten als auch die Produkte bekannt sein müssen, lassen sich die Reaktionskoeffizienten der Reaktionsteilnehmer häufig durch eine einfache Bilanzierung ermitteln. Das gilt auch für relativ überschaubare Redoxgleichungen. Denn nach dem oben Gesagten ist bei jeder chemischen Reaktion die Anzahl der Atome eines Elementes auf beiden Seiten des Reaktionspfeils gleich, unabhängig von ihrem Bindungszustand. Demnach muss die Stoffbilanz für eine Reaktionsgleichung stets ausgeglichen sein. In den nachfolgenden Beispielen wird diese Methode der Stoffbilanz schrittweise durchgeführt. Dabei wird mit einem für die Bilanzierung geeigneten Element begonnen. Dieses sollte aber nicht der Sauerstoff oder der Wasserstoff sein. Erst mit dem letzten Schritt der Bilanzierung hat der Reaktionspfeil dann die Bedeutung eines Gleichheitszeichens.

**Beispiel 3.1**

Bei der Reaktion von Phosphorpentoxid ($P_2O_5$) mit Wasser ($H_2O$) entsteht Phosphorsäure ($H_3PO_4$). Wie lautet die Reaktionsgleichung?

*Lösung:*

1. Schritt:    Zunächst wird für die Reaktion die Grundgleichung aufgestellt, die nur die Reaktanten und die Reaktionsprodukte enthält. Die stöchiometrischen Koeffizienten werden dabei noch nicht berücksichtigt.

$$P_2O_5 + H_2O \rightarrow H_3PO_4$$

2. Schritt:    Weil auf der Reaktantseite durch das Molekül $P_2O_5$ 2 gebundene Atome P vorhanden sind, müssen auf der Produktseite auch 2 Moleküle $H_3PO_4$ gebildet werden. Damit ist die Anzahl der Phosphoratome auf beiden Seiten des Reaktionspfeils, unabhängig von der Bindungsform, gleich geworden.

$$P_2O_5 + H_2O \rightarrow 2\,H_3PO_4$$

3. Schritt:    Für die beiden Moleküle $H_3PO_4$ werden dadurch auf der Reaktantseite 6 Atome H benötigt, die von drei Molekülen $H_2O$ geliefert werden. Damit stehen jetzt auf der Reaktantseite zugleich insgesamt 8 Atome O zur Verfügung, so dass auch die Sauerstoffbilanz ausgeglichen ist. Da die Stoffbilanz insgesamt ebenfalls ausgeglichen ist, lautet die endgültige Reaktionsgleichung damit:

$$P_2O_5 + 3\,H_2O \rightarrow 2\,H_3PO_4$$

**Beispiel 3.2**

Die Verbindung Siliciumtetrachlorid ($SiCl_4$) reagiert an feuchter Luft zu Orthokieselsäure ($Si(OH)_4$) und Chlorwasserstoff (HCl). Nach welcher chemischen Gleichung läuft diese Reaktion ab?

*Lösung:*

1. Schritt:    Zunächst wird für diese Reaktion wieder die Grundgleichung aufgestellt.

$$SiCl_4 + H_2O \rightarrow Si(OH)_4 + HCl$$

2. Schritt:  Die Bilanzierung kann danach mit Si oder mit Cl begonnen werden. Da die Bilanz des Siliciums aber bereits ausgeglichen ist, wird mit dem Element Cl begonnen. Auf der Reaktantseite sind in dem Molekül $SiCl_4$ 4 Atome Cl vorhanden , also müssen auf der Produktseite auch 4 Moleküle HCl entstehen.

$$SiCl_4 + H_2O \rightarrow Si(OH)_4 + 4\,HCl$$

3. Schritt:  Für diese 4 Moleküle HCl werden auf der Produktseite gemeinsam mit der Orthokieselsäure insgesamt 8 Atome H benötigt, die auf der Reaktantseite von 4 Molekülen $H_2O$ geliefert werden. Dadurch wird zugleich die Sauerstoffbilanz ausgeglichen, denn auf beiden Seiten des Reaktionspfeils sind jetzt 4 Atome O vorhanden. Da die Stoffbilanz auf diese Weise insgesamt ausgeglichen ist, lautet damit die endgültige Reaktionsgleichung:

$$SiCl_4 + 4\,H_2O \rightarrow Si(OH)_4 + 4\,HCl$$

**Beispiel 3.3**
Nach welcher Reaktionsgleichung verbrennt Butan ($C_4H_{10}$) in einem Sauerstoffstrom vollständig zu Kohlenstoffdioxid ($CO_2$) und Wasser ($H_2O$)?

*Lösung:*

1. Schritt:  Die Grundgleichung für diese Reaktion lautet:

$$C_4H_{10} + O \rightarrow CO_2 + H_2O$$

2. Schritt:  Da auf der Reaktantseite im Molekül des Butans 4 Atome C vorhanden sind, entstehen daraus bei der Verbrennung 4 Moleküle $CO_2$.

$$C_4H_{10} + O \rightarrow 4\,CO_2 + H_2O$$

3. Schritt:  Andererseits müssen die 10 Atome H des Butans auf der Produktseite als Wasser gebunden werden, es werden also auch 5 Wassermoleküle gebildet.

$$C_4H_{10} + O \rightarrow 4\,CO_2 + 5\,H_2O$$

4. Schritt:    Insgesamt werden demnach für diese Verbrennung des Gases Butan 13 Atome O benötigt.

$$C_4H_{10} + 13\,O \;\rightarrow\; 4\,CO_2 + 5\,H_2O$$

5. Schritt:    Da das Element Sauerstoff fast ausschließlich molekular auftritt, muss noch die gesamte Reaktionsgleichung des 4. Schrittes mit dem Faktor 2 multipliziert werden. Damit lautet dann die vollständige Reaktionsgleichung:

$$2\,C_4H_{10} + 13\,O_2 \;\rightarrow\; 8\,CO_2 + 10\,H_2O$$

**Beispiel 3.4**

Bei der Aufbereitung oxydischer Erze des Bismuts ($Bi_2O_3$) kann durch eine Reduktion mit Koks (C) elementares Bismut (Bi) hergestellt werden. Außerdem entsteht dabei noch Kohlenstoffdioxid ($CO_2$). Wie lautet die chemische Reaktionsgleichung?

*Lösung:*

1. Schritt:    Ausgangspunkt für diese Umsetzung ist die nachfolgende Grundgleichung.

$$Bi_2O_3 + C \;\rightarrow\; Bi + CO_2$$

2. Schritt:    Die Bilanzierung ließe sich jetzt mit Bi oder mit C beginnen. Da aber die Bilanz des Kohlenstoffs bereits ausgeglichen ist, wird mit dem Metall Bi begonnen. Weil auf der Reaktantseite im $Bi_2O_3$ 2 Atome Bi vorhanden sind, müssen daher auf der Produktseite ebenfalls 2 Atome Bi gebildet werden.

$$Bi_2O_3 + C \;\rightarrow\; 2\,Bi + CO_2$$

3. Schritt:    Aus dem Sauerstoffgehalt des $Bi_2O_3$ entsteht $CO_2$, folglich müssen aus den 3 Atomen O rechnerisch 1,5 $CO_2$ gebildet werden.

$$Bi_2O_3 + C \;\rightarrow\; 2\,Bi + 1,5\,CO_2$$

4. Schritt:    Damit werden auf der Reaktantseite auch 1,5 Atome C benötigt.

$$Bi_2O_3 + 1,5\,C \;\rightarrow\; 2\,Bi + 1,5\,CO_2$$

5. Schritt:    Weil es üblich und chemisch sinnvoll ist, gebrochene Reaktionskoeffizienten zu vermeiden, wird diese Gleichung am Schluss noch mit dem Faktor 2 multipliziert. Somit lautet die endgültige Reaktionsgleichung:

$$2\,Bi_2O_3 + 3\,C \;\rightarrow\; 4\,Bi + 3\,CO_2$$

**Beispiel 3.5**

Eine Mischung, die aus Calciumphosphat ($Ca_3(PO_4)_2$), Quarzsand ($SiO_2$) und Koks (C) besteht, wird im Elektroofen auf über 1000 °C erhitzt. Dabei erhält man weißen Phosphor. Daneben werden noch Calciumsilikat ($CaSiO_3$) sowie Kohlenstoffmonoxid (CO) gebildet. Nach welcher Gleichung läuft die Reaktion ab?

*Lösung:*

1. Schritt:    Zunächst wird wieder die Grundgleichung für diese Reaktion aufgestellt.

$$Ca_3(PO_4)_2 + SiO_2 + C \;\rightarrow\; CaSiO_3 + P + CO$$

2. Schritt:    Da die Stoffbilanz für Si und C in der Grundgleichung ausgeglichen ist, kann die Bilanzierung mit Ca oder mit P begonnen werden. Beide Wege führen zum selben Ziel. Hier soll mit Ca begonnen werden. Im Calciumphosphat sind 3 Atome Ca gebunden, also müssen daraus 3 Calciumsilikat entstehen.

$$Ca_3(PO_4)_2 + SiO_2 + C \;\rightarrow\; 3\,CaSiO_3 + P + CO$$

3. Schritt:    Dadurch werden jetzt auf der Reaktantseite 3 Atome Si benötigt.

$$Ca_3(PO_4)_2 + 3\,SiO_2 + C \;\rightarrow\; 3\,CaSiO_3 + P + CO$$

4. Schritt:    Um die Stoffbilanz des Phosphors auszugleichen, müssen auf der Produktseite aus dem reagierenden Calciumphosphat 2 Atome Phosphor gebildet werden.

$$Ca_3(PO_4)_2 + 3\,SiO_2 + C \rightarrow 3\,CaSiO_3 + 2\,P + CO$$

5. Schritt:   Am Schluss wird noch die Sauerstoffbilanz ausgeglichen. Auf der Reaktantseite stehen insgesamt 14 Atome gebundener Sauerstoff zur Verfügung. Davon werden auf der Produktseite 9 Atome im entstandenen Calciumsilikat gebunden, so dass zur weiteren Bindung des Sauerstoffs außerdem 5 Moleküle Kohlenstoffmonoxid gebildet werden müssen.

$$Ca_3(PO_4)_2 + 3\,SiO_2 + C \rightarrow 3\,CaSiO_3 + 2\,P + 5\,CO$$

6. Schritt:   Dadurch sind auf der Reaktantseite 5 Atome C erforderlich. Also lautet die vollständige Reaktionsgleichung für diese Umsetzung:

$$Ca_3(PO_4)_2 + 3\,SiO_2 + 5\,C \rightarrow 3\,CaSiO_3 + 2\,P + 5\,CO$$

Wird der Verlauf einer Redoxreaktion komplizierter, dann empfiehlt es sich, zur Aufstellung der Redoxgleichung über Teilgleichungen zu gehen, welche die Änderungen der Oxidationszahlen berücksichtigen. Dies gilt besonders für Disproportionierungen und Symproportionierungen. Eine Disproportionierung ist eine Redoxreaktion, bei der ein reagierendes Element von einer mittleren Oxidationsstufe sowohl in eine höhere als auch in eine niedrigere Oxidationsstufe übergeht. Bei einer Symproportionierung entsteht durch die Redoxreaktion zwischen einer niedrigeren und einer höheren Oxidationsstufe desselben Elementes das jeweilige Element in einer einzigen mittleren Oxidationsstufe.

## 3.4 Stoffmenge

Wenn durch die Umsetzung von Wasserstoff und Stickstoff nach der Reaktionsgleichung

$$N_2 + 3\,H_2 \rightarrow 2\,NH_3$$

die Verbindung Ammoniak hergestellt werden soll, so stellt sich die Frage, wie sichergestellt werden kann, dass die dafür notwendigen Mengen der beiden reagierenden Elemente Wasserstoff und Stickstoff auch eingesetzt werden. Eigentlich müsste man dazu in der Lage sein, die erforderliche Anzahl der miteinander reagierenden Moleküle abzählen zu können. Das Problem wäre gelöst, wenn bekannt wäre, wie viel Moleküle in einer bestimmten Stoffportion, z.B. in 0,6 g $H_2$, enthalten sind. Denn dann könnte man offensichtlich über die genaue Einwaage eines Stoffes auch seine Teilchenzahl bestimmen. Aus diesem Grund ist die Größe *Stoffmenge* geschaffen worden. Sie hat das Größensymbol *n* und wird in der Einheit Mol (großes M) mit dem Einheitenzeichen mol (kleines m) angegeben. Die Definition der Stoffmenge lautet:

> 1 mol ist diejenige Stoffmenge eines Systems, das aus ebenso vielen Einzelteilchen besteht, wie Atome in 0,012 kg des Kohlenstoffisotops $^{12}C$ enthalten sind.

Dieser Stoffmengenbegriff bezieht sich auf ein System und gilt damit generell für eine bestimmte Anzahl von Teilchen. Dabei können die Einzelteilchen Atome, Moleküle, Ionen, Elektronen oder auch definierte funktionelle Gruppen bei organischen Verbindungen oder andere spezielle chemische Bindungen sein. Für die Stoffportion von 0,012 kg $^{12}C$ folgt damit nach der Definition der Stoffmenge mit dem Größensymbol *n* die Größengleichung:

$$n(^{12}C) = 1 \text{ mol}$$

In Worten: „Die Stoffmenge von C-12 beträgt ein Mol."

Der tausendste Teil von einem Mol ist das Millimol mit dem Einheitenzeichen mmol.

$$1 \text{ mmol} = 0,001 \text{ mol}$$

Dass die Stoffmenge 1 mol gerade als die Stoffportion von 0,012 kg des Kohlenstoffisotops $^{12}C$ definiert wurde, hat historische Gründe. Mit dem Begriff der Stoffportion wird ein abgegrenzter Materiebereich (Festkörper, Flüssigkeit, Gas) eines Stoffes oder Stoffgemisches beschrieben, z.B. 126 g Eisen oder wie hier 0,012 kg des Kohlenstoffisotops $^{12}C$.

Diejenige Stoffportion eines beliebigen Stoffes, die der Stoffmenge von 1 mol entspricht, enthält also stets die gleiche Anzahl von Einzelteilchen. Abhängig davon, wie der betreffende Stoff vorliegt, können diese Einzelteilchen z.B. Atome oder Moleküle sein. So besteht etwa 1 mol atomarer Sauerstoff (O) aus ebenso vielen Einzelteilchen (hier Atome) wie 1 mol molekularer Sauerstoff ($O_2$), bei dem die Einzelteilchen also Moleküle sind. Die Größensymbole dieser beiden Stoffmengen lauten somit entsprechend $n$(O) bzw. $n$($O_2$). Durch Anwendung physikalischer Methoden hat *Avogadro* die Teilchenzahl in der Stoffmenge 1 mol bestimmt.

---

Die Teilchenzahl in der Stoffmenge 1 mol bezeichnet man als die *Avogadro*-Konstante $N_A$. Sie beträgt:

$$N_A = 6{,}022 \cdot 10^{23} \text{ mol}^{-1}$$

---

In Worten: „$N_A$ beträgt $6{,}022 \cdot 10^{23}$ Teilchen pro Mol."

Damit lässt sich die Anzahl $N$ der Teilchen auch generell in einer Stoffmenge $n$ des Stoffes X, die von der Stoffmenge 1 mol abweicht, berechnen. Dafür gilt die Beziehung:

$$N(\text{X}) = N_A \cdot n(\text{X}) \tag{3.1}$$

Der genaue Wert von $N_A$ beträgt zur Zeit $6{,}0221367 \cdot 10^{23}$ mol$^{-1}$. Dies ist generell bei einer Berechnung der Teilchenzahl einer bestimmten Stoffportion zu berücksichtigen. Aus praktischen Gründen wird aber im vorliegenden Buch stets mit dem obigen abgerundeten Wert gerechnet.

In einer Reaktionsgleichung stellen die Reaktanten und Produkte zunächst Teilchen dar (s. Kap. 3.1), Atome, Moleküle oder bei Ionenverbindungen auch Formeleinheiten. So beschreibt etwa die nachfolgende Reaktionsgleichung die Umsetzung von Aluminiumoxid mit Chlorwasserstoff.

$$Al_2O_3 + 6\,HCl \;\rightarrow\; 2\,AlCl_3 + 3\,H_2O$$

Diese Gleichung besagt, dass stets 1 Teilchen $Al_2O_3$ mit 6 Teilchen HCl reagiert. Da eine Reaktionsgleichung genauso für ein Vielfaches dieser Teilchenzahlen gelten muss, wobei nur das Verhältnis der Teilchenzahlen, in diesem Beispiel 1 : 6, konstant bleibt, stehen in Reaktionsgleichungen sowohl Teilchenzahlen als auch Stoffmengen. Denn nach Gl. (3.1) ist die vorliegende Anzahl der Teilchen über die Avogadro-Konstante mit der jeweiligen Stoffmenge verknüpft. Deswegen besagt die obige Reaktionsgleichung auch, dass 1 mol $Al_2O_3$ maximal 6 mol HCl binden kann. Oder dass z.B. 0,16 mol $Al_2O_3$ mit 0,96 mol HCl reagieren werden, wobei immer vorausgesetzt wird, dass dieser Umsatz vollständig ist. Unabhängig von den eingesetzten Stoffmengen der Reaktionsteilnehmer reagiert also stets 1 Teilchen $Al_2O_3$ mit 6 Teilchen HCl.

**Beispiel 3.6**
Wie viele Bleiatome enthält eine Stoffportion von 0,48 mol Blei?

*Gesucht:* $N(Pb)$                                      *Gegeben:* $n(Pb)$

*Lösung:*

$$N(Pb) = N_A \cdot n(Pb) = 6{,}022 \cdot 10^{23} \text{ mol}^{-1} \cdot 0{,}48 \text{ mol} = 2{,}891 \cdot 10^{23}$$

*Ergebnis:*

Die Stoffportion Blei enthält $2{,}891 \cdot 10^{23}$ Bleiatome (Teilchen).

Anmerkung: Eine stöchiometrische Aufgabe sollte zunächst immer in Form von Größensymbolen formuliert und nach den Begriffen „Gesucht" und „Gegeben" unterteilt werden. Dadurch bekommt man Hinweise auf die zu verwendenden stöchiometrischen Formeln, was gerade bei umfangreicheren Aufgaben wichtig ist, und der Lösungsweg wird vorgezeichnet.

**Beispiel 3.7**
Eine Glasampulle, in die für präparative Zwecke gasförmiges Chlor abgeschmolzen wurde, enthält $2{,}5 \cdot 10^{20}$ Moleküle Chlor. Wie groß ist die Stoffmenge dieser Stoffportion? (Hinweis: Der Stoffmengenbegriff bezieht sich hier auf Moleküle als Einzelteilchen)

*Gesucht:* $n(\mathrm{Cl}_2)$                                                    *Gegeben:* $N(\mathrm{Cl}_2)$

*Lösung:*

$$n(\mathrm{Cl}_2) = \frac{N(\mathrm{Cl}_2)}{N_\mathrm{A}} = \frac{2{,}5 \cdot 10^{20}}{6{,}022 \cdot 10^{23}\,\mathrm{mol}^{-1}} = 0{,}415 \cdot 10^{-3}\,\mathrm{mol}$$

*Ergebnis:*

Die Glasampulle enthält 0,415 mmol molekulares Chlor.

## 3.5 Molare Masse

Nach der Definition der Stoffmenge (s. Kap. 3.4) besteht eine Stoffportion von 12 g des Kohlenstoffisotops $^{12}\mathrm{C}$ aus $6{,}022 \cdot 10^{23}$ Atomen, und sie enthält damit 1 mol dieses Stoffes. Generell wird für einen Stoff X die Masse der Stoffmenge 1 mol als seine *molare Masse* $M(\mathrm{X})$ bezeichnet. Da X in diesem Fall das Kohlenstoffisotop $^{12}\mathrm{C}$ bedeutet, gilt demnach für seine molare Masse die folgende Größengleichung:

$$M(^{12}\mathrm{C}) = 12\,\mathrm{g} \cdot \mathrm{mol}^{-1}$$

In Worten: „Die molare Masse von C-12 beträgt 12 Gramm pro Mol."

In einem Experiment werden jetzt 12 g des Kohlenstoffisotops $^{12}\mathrm{C}$ mit reinem molekular vorliegenden Sauerstoff erhitzt und damit vollständig zu Kohlenstoffdioxid umgesetzt. Dafür lautet die Reaktionsgleichung:

$$^{12}\mathrm{C} + \mathrm{O}_2 \;\rightarrow\; {}^{12}\mathrm{CO}_2$$

Nach Beendigung dieser Reaktion wird ein Sauerstoffverbrauch von 31,9988 g gemessen. Da die Umsetzung vollständig verlaufen ist, muss also die Masse des verbrauchten molekularen Sauerstoffs gemäß der Reaktionsgleichung die gleiche Anzahl von Einzelteilchen (Moleküle) enthalten haben, wie in den 12 g $^{12}\mathrm{C}$ Atome gewesen sind. Denn stets reagierte dabei ein Teilchen $^{12}\mathrm{C}$ mit einem Teilchen $\mathrm{O}_2$ zu einem Teilchen $^{12}\mathrm{CO}_2$. Nach der Definition der Stoffmenge wurde somit 1 mol an molekularem Sauerstoff umgesetzt, es gilt: $n(\mathrm{O}_2) = 1$ mol. Seine molare Masse beträgt daher 31,9988 g, und die Größengleichung dafür lautet:

$$M(\mathrm{O}_2) = 31{,}9988\,\mathrm{g} \cdot \mathrm{mol}^{-1}$$

In Worten: „Die molare Masse von $O_2$ beträgt 31,9988 Gramm pro Mol."

Da die Masse $M(O_2) = 31,9988$ g $\cdot$ mol$^{-1}$ definitionsgemäß der Stoffmenge $n(O_2) = 1$ mol entspricht, enthält sie nach *Avogadro* die Anzahl von $N_A = 6,022 \cdot 10^{23}$ Molekülen. Trennt man in einem Gedankenexperiment jedes Molekül dieser Stoffportion in die beiden Atome auf, so werden dadurch aus den $N_A$ Einzelteilchen (Moleküle) jetzt 2 $N_A$ Einzelteilchen (Atome) gebildet. Aus 1 mol $O_2$ sind damit 2 mol O entstanden. Weil aber bei dieser Auftrennung die Gesamtmasse des Sauerstoffs erhalten geblieben ist, beträgt deswegen die molare Masse des atomar vorliegenden Sauerstoffs genau die Hälfte der molaren Masse des molekular vorliegenden Sauerstoffs. Also gilt:

$$M(O) = 0,5 \cdot 31,9988 \text{ g} \cdot \text{mol}^{-1} = 15,9994 \text{ g} \cdot \text{mol}^{-1}$$

Da der natürlich vorkommende Sauerstoff ein Gemisch aus den Isotopen mit den Massenzahlen 16, 17 und 18 darstellt, ergibt sich für die molare Masse $M(O)$ des atomaren Sauerstoffs ein Durchschnittswert, der sich nach der relativen Häufigkeit der genannten Isotope richtet. Deswegen beträgt die durchschnittliche molare Masse des natürlich vorkommenden (atomaren) Sauerstoffs auf vier Dezimalstellen genau $M(O) = 15,9994$ g $\cdot$ mol$^{-1}$.

Durch die Anwendung verschiedener physikalisch-chemischer Methoden lassen sich auch die molaren Massen aller übrigen Elemente bestimmen. Sie sind für die praktisch wichtigen chemischen Elemente im Anhang dieses Buches in Tabelle A 2 ohne Angabe der Einheit aufgeführt.

In einem Gedankenexperiment wurden alle Moleküle ($O_2$) eines Mols molekular vorliegenden Sauerstoffs in ihre Atome (O) aufgetrennt. Damit konnte von der molaren Masse $M(O_2)$ der Elementverbindung auf die molare Masse $M(O)$ des Elementes Sauerstoff geschlossen werden. Daraus lässt sich aber gleichzeitig auch ersehen, dass umgekehrt die molare Masse einer beliebigen Verbindung durch Summenbildung aus den molaren Massen der Elementbestandteile der jeweiligen Verbindung gebildet werden kann.

**Beispiel 3.8**

Wie groß ist die molare Masse der Verbindung Eisen(III)-oxid?

*Gesucht:* $M(\text{Fe}_2\text{O}_3)$                    *Gegeben:* $M(\text{Fe})$ , $M(\text{O})$

*Lösung:*

$$M(\text{Fe}_2\text{O}_3) = 2\,M(\text{Fe}) + 3\,M(\text{O})$$

$$= 2 \cdot 55{,}845\ \text{g} \cdot \text{mol}^{-1} + 3 \cdot 15{,}9994\ \text{g} \cdot \text{mol}^{-1}$$

$$= 159{,}688\ \text{g} \cdot \text{mol}^{-1}$$

*Ergebnis:*

Die molare Masse von Eisen(III)-oxid beträgt $159{,}688\ \text{g} \cdot \text{mol}^{-1}$.

**Beispiel 3.9**

Welche molare Masse hat die Verbindung Calciumsulfat-Wasser (1/2)?

*Gesucht:* $M(\text{CaSO}_4 \cdot 2\,\text{H}_2\text{O})$        *Gegeben:* $M(\text{Ca})$ , $M(\text{S})$ , $M(\text{O})$ , $M(\text{H})$

*Lösung:*

$$M(\text{CaSO}_4 \cdot 2\,\text{H}_2\text{O}) = M(\text{Ca}) + M(\text{S}) + 6\,M(\text{O}) + 4\,M(\text{H})$$

$$= 40{,}078\ \text{g} \cdot \text{mol}^{-1} + 32{,}065\ \text{g} \cdot \text{mol}^{-1} +$$

$$6 \cdot 15{,}9994\ \text{g} \cdot \text{mol}^{-1} + 4 \cdot 1{,}0079\ \text{g} \cdot \text{mol}^{-1}$$

$$= 172{,}171\ \text{g} \cdot \text{mol}^{-1}$$

*Ergebnis:*

Die molare Masse von Calciumsulfat-Wasser (1/2) beträgt $172{,}171\ \text{g} \cdot \text{mol}^{-1}$.

Anmerkung:  In Tabelle A 2 des Anhangs werden die molaren Massen der Elemente auf 3 Dezimalstellen bzw. auf 4 Dezimalstellen genau angegeben. Deswegen muss in beiden Beispielen beim Ergebnis der Addition die molare Masse der Verbindung auf 3 Dezimalstellen gerundet werden, s. dazu auch Kap. 2.2.

Häufig benötigt man für eine stöchiometrische Berechnung die molare Masse eines ionogen vorliegenden Stoffes. So lautet beispielsweise die schematische Reaktionsgleichung für die Bildung der Kationen des Metalls Calcium aus dem Element:

$$Ca \ \rightarrow \ Ca^{2+} + 2\,e^{-}$$

Wenn man die molare Masse $M(Ca^{2+})$ angeben will, dann muss folglich die molare Masse des elementaren Calciums $M(Ca)$ um die molare Masse der beiden abgegebenen Elektronen vermindert werden. Dabei hat die Stoffmenge von 1 mol Elektronen, die also $6{,}022 \cdot 10^{23}$ Elektronen enthält, eine Masse von $0{,}0005486$ g. Für die molare Masse eines Elektrons gilt demzufolge:

$$M(e^{-}) = 0{,}0005486 \ g \cdot mol^{-1}$$

Verglichen mit $M(Ca) = 40{,}078 \ g \cdot mol^{-1}$ ist damit der Anteil der insgesamt 2 mol Elektronen an der molaren Gesamtmasse sehr gering, denn er beträgt in diesem Fall nur ca. $0{,}003\,\%$. Da bei der Bildung von Ionen aus den übrigen Elementen der relative Anteil der abgegebenen (bei Kationen) oder aufgenommenen (bei Anionen) Elektronen an der jeweiligen molaren Gesamtmasse stets ähnlich gering ist, spielt es bei praktischen stöchiometrischen Berechnungen keine Rolle, ob die betreffenden Teilchen neutral oder als Ionen vorliegen. Man verwendet daher normalerweise in beiden Fällen die molare Masse des neutralen Elementes. So gilt dann z.B. für die molare Masse des Sulfitions:

$$M(SO_3^{2-}) = M(S) \ + \ 3\,M(O)$$

Eine bestimmte Stoffportion eines Elementes oder einer Verbindung stellt zugleich eine bestimmte Stoffmenge dar. Dividiert man die Masse dieser Stoffportion durch die betreffende Stoffmenge, dann wird dadurch die Masse auf die Stoffmengeneinheit von 1 mol bezogen. Das bedeutet aber, dass man auf diese Weise die molare Masse $M(X)$ des jeweiligen Stoffes erhält. Daraus folgt für einen Stoff X (Element oder Verbindung) mit seiner Masse $m$ und seiner Stoffmenge $n$ die Grundgleichung der Stöchiometrie.

$$M(X) = \frac{m(X)}{n(X)} \tag{3.2}$$

**Beispiel 3.10**

Wie groß ist die Masse von 0,4 mol Bleisulfid?

*Gesucht:* $m\,(\text{PbS})$ $\qquad\qquad\qquad\qquad$ *Gegeben:* $n\,(\text{PbS})$ , $M\,(\text{PbS})$

Anmerkung: Die molare Masse einer Verbindung ist immer gegeben, weil sie stets durch Summenbildung aus den molaren Massen der betreffenden Elemente gebildet werden kann. Hier gilt nach Tabelle A 2: $M\,(\text{PbS}) = 239,3\ \text{g} \cdot \text{mol}^{-1}$.

*Lösung:*

Gl. (3.2) lautet für die Verbindung Bleisulfid:

$$M\,(\text{PbS}) = \frac{m\,(\text{PbS})}{n\,(\text{PbS})} \qquad \Rightarrow \qquad m\,(\text{PbS}) = n\,(\text{PbS}) \cdot M\,(\text{PbS})$$

$$= 0,4\ \text{mol} \cdot 239,3\ \text{g} \cdot \text{mol}^{-1} = 95,7\ \text{g}$$

*Ergebnis:*

$$\text{Die Masse von 0,4 mol Bleisulfid beträgt 95,7 g.}$$

**Beispiel 3.11**

Aus wie vielen Molekülen bestehen 45 g Methan?

*Gesucht:* $N\,(\text{CH}_4)$ $\qquad\qquad\qquad$ *Gegeben:* $m\,(\text{CH}_4)$ , $M\,(\text{CH}_4)$ , $N_A$

*Lösung:*

Nach Gl. (3.1) gilt:

$$N\,(\text{CH}_4) = N_A \cdot n\,(\text{CH}_4)$$

Mit $M\,(\text{CH}_4) = 16,0423\ \text{g} \cdot \text{mol}^{-1}$ folgt nach Gl. (3.2) für die Stoffmenge der gegebenen Stoffportion:

$$n\,(\text{CH}_4) = \frac{m\,(\text{CH}_4)}{M\,(\text{CH}_4)} = \frac{45\ \text{g}}{16,0423\ \text{g} \cdot \text{mol}^{-1}} = 2,8051\ \text{mol}$$

Damit ergibt sich:

$$N(\text{CH}_4) = 6{,}022 \cdot 10^{23} \text{ mol}^{-1} \cdot 2{,}8051 \text{ mol} = 1{,}6892 \cdot 10^{24}$$

*Ergebnis:*

45 g Methan bestehen aus $1{,}6892 \cdot 10^{24}$ Molekülen.

## 3.6 Molares Volumen

Die molare Masse eines Stoffes X (s. Kap. 3.5) ist die Masse von einem Mol dieses Stoffes, und ihr Betrag ist somit von Druck und Temperatur unabhängig. Hingegen wird das Volumen eines Stoffes X bei Änderung von Druck und/oder Temperatur ebenfalls verändert. Dies wirkt sich vor allem auf seinen flüssigen und in noch stärkerem Maße auf seinen gasförmigen Zustand aus. Wird das Volumen $V$ eines Stoffes X durch die vorliegende Stoffmenge $n$ dividiert, so wird dadurch - analog zu der molaren Masse - das Volumen auf die Stoffmengeneinheit 1 mol bezogen. Auf diese Weise erhält man mit der nachfolgenden Gleichung das *molare Volumen* $V_\text{m}$ des Stoffes X.

$$V_\text{m}(\text{X}) = \frac{V(\text{X})}{n(\text{X})} \tag{3.3}$$

Die Einheit des molaren Volumens beträgt $1 \cdot \text{mol}^{-1}$. Weil das Volumen eines Stoffes noch von Druck und Temperatur abhängig ist, muss beim molaren Volumen zusätzlich angegeben werden, für welchen Druck und für welche Temperatur der jeweilige Wert gilt.

Nach *Avogadro* enthalten gleiche Volumina von idealen Gasen bei gleichem Druck und gleicher Temperatur, unabhängig von der Art des Gases, stets die gleiche Anzahl von Teilchen (Atome oder Moleküle). Weil aber die Stoffmenge über die Anzahl der Teilchen definiert ist, muss demzufolge für jedes ideale Gas bei festgelegtem Druck und festgelegter Temperatur ein molares Volumen stets den gleichen Wert haben. Wenn nun der Druck auf $p_\text{n} = 1{,}01325$ bar und die Temperatur auf $T_\text{n} = 273{,}15$ K festgelegt werden, so spricht man dabei von einem Normzustand, für welchen dann das *molare Normvolumen* $V_\text{m,n}$ gilt. Volumina von Gasen, die im Normzustand vorliegen, werden üblicherweise durch den Index n gekennzeichnet.

> 1 mol eines idealen Gases nimmt im Normzustand ein Volumen von 22,414 l ein. Folglich hat für jedes ideale Gas das molare Normvolumen $V_{m,n}$ den Wert von 22,414 l · mol$^{-1}$.

Bei Abweichungen vom Idealzustand eines Gases, also bei realen Gasen, ist das jeweilige molare Normvolumen geringer. Und zwar ist diese Abweichung umso größer, je realer das betreffende Gas ist. Tabelle 3.1 enthält beispielhaft für einige gasförmige Stoffe dieses molare Normvolumen. Aus der Abnahme der in der Tabelle aufgeführten Werte vom Wasserstoff zum Propen hin lässt sich das zunehmend reale Verhalten der jeweiligen Gase ersehen. Durch Anwendung von Gl. (3.3) gilt somit für den Normzustand eines beliebig vorliegenden Gases X (ideal oder real):

$$V_{m,n}(X) = \frac{V_n(X)}{n(X)} \tag{3.4}$$

In der vorstehenden Gleichung ist $V_{m,n}(X)$ das molare Normvolumen des Gases X. Für ein ideales Gas beträgt dieser Wert 22,414 l · mol$^{-1}$.

Anmerkung:  Der Index n des Volumens im Zähler der Gl. (3.4) steht für den Normzustand eines Gases und darf nicht mit dem Größensymbol $n$ für seine Stoffmenge im Nenner der Gleichung verwechselt werden.

**Tabelle 3.1**    Molare Volumina im Normzustand

| | $V_{m,n}$ in l · mol$^{-1}$ | | $V_{m,n}$ in l · mol$^{-1}$ |
|---|---|---|---|
| Wasserstoff | 22,430 | Schwefelwasserstoff | 22,144 |
| Sauerstoff | 22,393 | Ammoniak | 22,085 |
| Kohlenstoffdioxid | 22,262 | Chlor | 22,061 |
| Chlorwasserstoff | 22,240 | Chlormethan | 21,882 |
| Ethan | 22,167 | Propen | 21,726 |

Durch die Definition des molaren Volumens kann ein Gasvolumen, wie die beiden nachfolgenden Beispiele zeigen, in seine Masse umgerechnet werden und umgekehrt.

**Beispiel 3.12**
Wie groß ist das Volumen, das eine Stoffportion von 70 g Kohlenstoffdioxid im Normzustand einnimmt?

*Gesucht:* $V_n(CO_2)$              *Gegeben:* $V_{m,n}(CO_2)$ , $m(CO_2)$ , $M(CO_2)$

*Lösung:*

Nach Gl. (3.4) gilt:

$$V_{m,n}(CO_2) = \frac{V_n(CO_2)}{n(CO_2)} \quad \Rightarrow \quad V_n(CO_2) = n(CO_2) \cdot V_{m,n}(CO_2)$$

Mit $M(CO_2) = 40{,}0095 \ g \cdot mol^{-1}$ folgt nach Gl. (3.2) für die Stoffmenge:

$$n(CO_2) = \frac{m(CO_2)}{M(CO_2)} = \frac{70 \ g}{40{,}0095 \ g \cdot mol^{-1}} = 1{,}7496 \ mol$$

Damit ergibt sich mit Tabelle 3.1:

$$V_n(CO_2) = 1{,}7496 \ mol \cdot 22{,}262 \ l \cdot mol^{-1} = 38{,}9496 \ l$$

*Ergebnis:*

70 g Kohlenstoffdioxid nehmen im Normzustand ein Volumen von 38,9496 l ein.

**Beispiel 3.13**
Wie groß ist die Masse von 3,55 l Ethangas im Normzustand?

*Gesucht:* $m(C_2H_6)$              *Gegeben:* $V_n(C_2H_6)$ , $V_{m,n}(C_2H_6)$ , $M(C_2H_6)$

*Lösung:*

Nach Gl. (3.2) gilt:

$$M(C_2H_6) = \frac{m(C_2H_6)}{n(C_2H_6)} \qquad \Rightarrow \qquad m(C_2H_6) = n(C_2H_6) \cdot M(C_2H_6)$$

Mit Tabelle 3.1 und nach Gl. (3.4) folgt für die Stoffmenge:

$$n(C_2H_6) = \frac{V_n(C_2H_6)}{V_{m,n}(C_2H_6)} = \frac{3{,}55\ l}{22{,}167\ l \cdot mol^{-1}} = 0{,}160\ mol$$

Damit ergibt sich mit $M(C_2H_6) = 30{,}0688\ g \cdot mol^{-1}$ für die Masse:

$$m(C_2H_6) = 0{,}160\ mol \cdot 30{,}0688\ g \cdot mol^{-1} = 4{,}8110\ g$$

*Ergebnis:*

Die Masse von 3,55 l Ethangas im Normzustand beträgt 4,8110 g.

Wenn für einen bestimmten gasförmigen Stoff kein molares Normvolumen zur Verfügung steht, so kann dennoch für praktische stöchiometrische Berechnungen zumeist der Wert $V_{m,n} = 22{,}4\ l \cdot mol^{-1}$ verwendet werden. Bei genauen Berechnungen muss aber in Gl. (3.4) immer der tatsächliche Wert von $V_{m,n}$ eingesetzt werden. Bei Kenntnis der Gasgesetze (s. Kap. 10) sind dann darüber hinaus auch noch weitergehende stöchiometrische Berechnungen möglich.

## 3.7  Atom- und Molekülmasse

Die Stoffmenge 1 mol eines Elementes X enthält definitionsgemäß die Anzahl von $N_A$ Atomen. Da die molare Masse $M(X)$ eines Elementes X, also die Masse eines Mols, stets bekannt ist, erhält man durch Division dieser beiden Größen die *absolute Atommasse* $m_A$ des betreffenden Elementes.

$$m_A(X) = \frac{M(X)}{N_A} \qquad\qquad (3.5)$$

Nach Gl. (3.5) hat z.B. ein Atom des Halogens Fluor die absolute Atommasse:

$$m_A(F) = \frac{M(F)}{N_A} = \frac{18,9984 \text{ g} \cdot \text{mol}^{-1}}{6,022 \cdot 10^{23} \text{ mol}^{-1}} = 3,1548 \cdot 10^{-23} \text{ g}$$

Wie man aus diesem Beispiel sieht, ist der absolute Betrag der Atommasse sehr gering. Deswegen wurde die *atomare Masseneinheit* eingeführt.

---

**Die atomare Masseneinheit hat das Symbol u und den Wert von 1/12 der Masse eines Atoms des Kohlenstoffisotops $^{12}$C.**

---

In Analogie zu Gl. (3.5) folgt damit für die atomare Masseneinheit u:

$$1 \text{ u} = \frac{1}{12} \cdot \frac{M(^{12}\text{C})}{N_A} = \frac{1}{12} \cdot \frac{12 \text{ g} \cdot \text{mol}^{-1}}{6,022 \cdot 10^{23} \text{ mol}^{-1}} = 1,661 \cdot 10^{-24} \text{ g} \quad (3.6)$$

Mit dem genauen Wert für $N_A$ ergibt sich $1 \text{ u} = 1,6605402 \cdot 10^{-24} \text{ g}$.

Gemäß der Definition der atomaren Masseneinheit beträgt also für das Kohlenstoffisotop $^{12}$C die atomare Masse $m(^{12}\text{C}) = 12 \text{ u}$.

Aus Gl. (3.6) ergibt sich umgekehrt:

$$1 \text{ g} = 6,022 \cdot 10^{23} \text{ u} \quad (3.7)$$

Demnach ist der Faktor für die Umrechnung von einer Massenangabe in der Einheit Gramm in die atomare Masseneinheit u vom Zahlenwert her identisch mit dem Betrag der Avogadro-Konstante.

Unter Verwendung von Gl. (3.5) ergab sich die absolute Atommasse des Elementes Fluor zu $m_A(F) = 3,1548 \cdot 10^{-23}$ g. Mit Hilfe der in Gl. (3.7) angegebenen Beziehung zwischen den beiden Einheiten g und u lässt sich jetzt die absolute Atommasse des Elementes Fluor in atomare Masseneinheiten umrechnen, denn es gilt:

$$m_A(F) = 3,1548 \cdot 10^{-23} \text{ g} \cdot 6,022 \cdot 10^{23} \text{ u} \cdot \text{g}^{-1} = 18,9982 \text{ u}$$

Wie ein Vergleich mit der Tabelle A 2 des Anhangs zeigt, ist dieses Ergebnis, von Rundungsfehlern abgesehen, vom Zahlenwert her identisch mit der dort ebenfalls tabellierten molaren Masse $M(F)$. Demnach besitzen die molare Masse eines Elementes in der Einheit $\text{g} \cdot \text{mol}^{-1}$ und die absolute Atommasse dieses Elementes in der Einheit u identische Zahlenwerte. Deshalb enthält Tabelle A 2 nicht nur die Zahlenwerte der molaren Massen der häufigen Elemente, sondern als Zahlenwert auch die betreffenden Atommassen in der aber nicht extra aufgeführten atomaren Masseneinheit u. Allgemein spricht man von Teilchenmassen und meint dann mit Teilchen die Atome, Moleküle oder bei Ionenverbindungen die Formeleinheiten.

Die absolute Masse $m_M(X)$ eines Moleküls setzt sich additiv aus den absoluten Atommassen der an dem Molekül beteiligten Elemente zusammen. Daher ist diese Verfahrensweise analog zu der Bildung der molaren Masse einer Verbindung aus den molaren Massen der Elementbestandteile der betreffenden Verbindung (s. Kap. 3.5). Auch bei den Formeleinheiten einer Ionenverbindung spricht man in dem Zusammenhang von absoluten Molekülmassen, obwohl ja eigentlich keine Moleküle vorliegen. Trotzdem verwendet man hierbei für die Formeleinheit X üblicherweise dasselbe Größensymbol $m_M(X)$.

Das als Beispiel für die Berechnung der absoluten Atommasse gewählte Element Fluor gehört zu den 21 natürlich vorkommenden so genannten Reinelementen, die nur aus einer Nuklidart ($^{19}F$) bestehen. Das bedeutet, dass ihre Atommasse zugleich die Atommasse des jeweiligen einzigen Nuklids ist. Im Gegensatz dazu sind die übrigen natürlichen Elemente so genannte Mischelemente, da sie sich aus mindestens 2 Isotopen zusammensetzen. Demzufolge handelt es sich bei der Angabe der Atommasse eines Mischelementes um die mittlere Masse eines Atoms dieses Elementes. Dies ist bei der Verwendung der absoluten Atommasse eines Mischelementes stets zu bedenken.

**Beispiel 3.14**

Wie groß ist für die Verbindung Siliciumtetrachlorid die absolute Molekülmasse in atomaren Masseneinheiten?

*Gesucht:* $m_M (SiCl_4)$                                   *Gegeben:* $m_A (Si)$ , $m_A (Cl)$

*Lösung:*

$$m_M (SiCl_4) = m_A (Si) + 4\, m_A (Cl)$$

$$= 28{,}0855\,u + 4 \cdot 35{,}453\,u$$

$$= 169{,}898\,u$$

*Ergebnis:*

Die absolute Molekülmasse von Siliciumtetrachlorid beträgt 169,898 u.

**Beispiel 3.15**

Ein Molekül des Schwefelwasserstoffs hat die Masse $5{,}659 \cdot 10^{-23}$ g. Welche molare Masse ergibt sich daraus für diese Verbindung?

*Gesucht:* $M(H_2S)$                                        *Gegeben:* $m_M (H_2S)$

*Lösung:*

Gl. (3.5) lautet für die Verbindung Schwefelwasserstoff:

$$m_M (H_2S) = \frac{M(H_2S)}{N_A} \qquad \Rightarrow \qquad M(H_2S) = N_A \cdot m_M (H_2S)$$

$$M(H_2S) = 6{,}022 \cdot 10^{23}\,\text{mol}^{-1} \cdot 5{,}659 \cdot 10^{-23}\,\text{g} = 34{,}078\,\text{g} \cdot \text{mol}^{-1}$$

*Ergebnis:*

Für die molare Masse von Schwefelwasserstoff ergibt sich $34{,}078$ g $\cdot$ mol$^{-1}$.

Im Gegensatz zur absoluten Atommasse, die in den Einheiten g oder u angegeben werden kann, ist die *relative Atommasse* dimensionslos. Sie gibt den Wert der Masse eines Atoms des Elementes X im Verhältnis zu einer bestimmten Bezugsmasse an und ist demzufolge eine Verhältnisgröße.

---

Die relative Atommasse $A_r$ eines Elementes X ist definiert als die Masse eines Atoms von diesem Element im Verhältnis zu $1/12$ der Masse eines Atoms des Kohlenstoffisotops $^{12}$C.

---

Dabei wird die relative Atommasse eines Kohlenstoffisotops $^{12}$C gleich der dimensionslosen Zahl 12 gesetzt, und es folgt somit für ein Element X:

$$A_r(X) = \frac{m_A(X)}{1/12 \cdot m_A(^{12}C)} = \frac{12 \cdot m_A(X)}{m_A(^{12}C)} \qquad (3.8)$$

Wenn man in Gl. (3.8) als Element X das Kohlenstoffisotop $^{12}$C einsetzt, dann ergibt sich damit definitionsgemäß für seine relative Atommasse der Wert $A_r(^{12}C) = 12$.

Für das Element Fluor folgt z.B. mit den nach Gl. (3.5) berechneten absoluten Atommassen $m_A(F)$ und $m_A(^{12}C)$ gemäß Gl. (3.8):

$$A_r(F) = \frac{12 \cdot m_A(F)}{m_A(^{12}C)} = \frac{12 \cdot 3{,}1548 \cdot 10^{-23}\,g}{1{,}9927 \cdot 10^{-23}\,g} = 18{,}9981$$

Wie ein weiterer Vergleich mit Tabelle A 2 zeigt, ist diese berechnete relative Atommasse des Fluors, von Rundungsfehlern abgesehen, wiederum vom Zahlenwert her genauso groß wie die molare Masse $M(F)$. Damit besitzen die molare Masse eines Elementes in der Einheit $g \cdot mol^{-1}$ und seine dimensionslose relative Atommasse ebenfalls identische Zahlenwerte. Aus diesem Grund müssen die molaren Massen in der Einheit $g \cdot mol^{-1}$ und die absoluten Atommassen in der atomaren Masseneinheit u hier nicht in einer gesonderten Tabelle aufgeführt werden. Die relativen Atommassen wurden früher als „Atomgewichte" bezeichnet.

Beispielsweise gilt für das Halogen Fluor bei Verwendung seiner relativen Atommasse in der Tabelle A 2 somit:

Molare Masse $\qquad \Rightarrow \qquad M(F) = 18,9984 \text{ g} \cdot \text{mol}^{-1}$

Absolute Atommasse $\qquad \Rightarrow \qquad m_A(F) = 18,9984 \text{ u}$

Relative Atommasse $\qquad \Rightarrow \qquad A_r(F) = 18,9984$

Die für die obigen drei Größen identischen Zahlenwerte folgen aus der Tatsache, dass sich sowohl die Stoffmenge eines Elementes, seine absolute Atommasse in der atomaren Masseneinheit u, als auch seine relative Atommasse stets auf das Kohlenstoffisotop $^{12}C$ beziehen.

Die relative Masse $M_r(X)$ eines Moleküls X ist die Summe der relativen Atommassen der an dem Molekül beteiligten Elemente. Für die Formeleinheit einer Ionenverbindung gilt Entsprechendes wie bei den atomaren Masseneinheiten u.

**Beispiel 3.16**
Berechnen Sie, wie groß die relative Molekülmasse der Verbindung Natriumthiosulfat ist.

*Gesucht:* $M_r(Na_2S_2O_3)$ $\qquad\qquad$ *Gegeben:* $A_r(Na)$ , $A_r(S)$ , $A_r(O)$

*Lösung:*

$$M_r(Na_2S_2O_3) = 2\,A_r(Na) + 2\,A_r(S) + 3\,A_r(O)$$

$$= 2 \cdot 22,9898 + 2 \cdot 32,065 + 3 \cdot 15,9994$$

$$= 158,108$$

*Ergebnis:*

Die relative Molekülmasse von Natriumthiosulfat beträgt 158,108.

Wie bei den Elementen haben aus denselben Gründen auch bei einer Verbindung die Größen molare Masse, absolute Molekülmasse in der Einheit u und relative Molekülmasse identische Zahlenwerte. So gilt z.B. für die Verbindung Ammoniak:

| Molare Masse | $\Rightarrow$ | $M(NH_3)$ | $= 17{,}0304 \text{ g} \cdot \text{mol}^{-1}$ |
| Absolute Molekülmasse | $\Rightarrow$ | $m_M(NH_3)$ | $= 17{,}0304 \text{ u}$ |
| Relative Molekülmasse | $\Rightarrow$ | $M_r(NH_3)$ | $= 17{,}0304$ |

## 3.8 Unvollständige Reaktionen

Eine definierte chemische Reaktion muss zwar stets nach der zutreffenden Reaktionsgleichung verlaufen, aber die Stoffumwandlung muss dabei nicht vollständig sein. Dies kann dann verschiedene Gründe haben. Entweder liegen die Ausgangsstoffe mengenmäßig nicht gemäß den Vorgaben der Reaktionsgleichung vor, oder die Reaktion verläuft nicht vollständig, weil sie in einem Gleichgewichtszustand endet, in dem dann sowohl die Ausgangsstoffe als auch die Endstoffe nebeneinander vorhanden sind. Ebenso kann die Reaktionszeit nicht ausreichend sein. Auch Verluste und Nebenreaktionen können eine Rolle spielen, wenn die Stoffumwandlung unvollständig ist. Diese möglichen Sachverhalte lassen sich bei einer chemischen Reaktion in der Summe quantitativ mit den Begriffen Umsatz und Ausbeute erfassen.

### 3.8.1 Umsatzberechnung

Wenn in einer vorliegenden Materiemasse ein bestimmter Anteil eines Reaktanten (Ausgangsstoffes) durch eine ablaufende chemische Reaktion umgewandelt und damit also verbraucht wird, so bedeutet das, dass dieser Stoffanteil umgesetzt wird. Der verbrauchte Massenanteil eines reagierenden Stoffes R wird als Umsatz $U(R)$ bezeichnet. Der Umsatz bezieht sich dabei auf diejenige Masse des Stoffes R, die vor Beginn der Reaktion vorlag. Da nach Gl. (3.2) für einen Stoff R seine Masse $m$ und seine Stoffmenge $n$ einander proportional sind, lässt sich der Umsatz $U(R)$ nicht nur als verbrauchter Massenanteil, sondern auch als entsprechend verbrauchter Stoffmengenanteil angeben. Dieser Zusammenhang kommt in der nachfolgenden Gleichung zum Ausdruck.

$$U(R) = \frac{m_0(R) - m(R)}{m_0(R)} = \frac{n_0(R) - n(R)}{n_0(R)} \qquad (3.9)$$

Hierin bedeuten:

$m_0(R)$ = Masse des Stoffes R vor Beginn der Reaktion.

$m(R)$ = Masse des Stoffes R nach Ablauf der Reaktionszeit oder nach Erreichen des Gleichgewichtszustandes.

$n_0(R)$ = Stoffmenge des Stoffes R vor Beginn der Reaktion.

$n(R)$ = Stoffmenge des Stoffes R nach Ablauf der Reaktionszeit oder nach Erreichen des Gleichgewichtszustandes.

Für die übliche Prozentangabe des Umsatzes eines Stoffes R dient der relative Umsatz $U_{rel}(R)$:

$$U_{rel}(R) = U(R) \cdot 100 \, \% \qquad (3.10)$$

Wenn sich z.B. bei einer chemischen Reaktion für die reagierende Verbindung NaCl der Umsatz $U(NaCl) = 0{,}873$ ergibt, so beträgt nach der obigen Gleichung der relative Umsatz $U_{rel}(NaCl) = 87{,}300 \, \%$.

**Beispiel 3.17**
Bei der Herstellung von Iodwasserstoff (HI) aus Wasserstoff ($H_2$) und dem Halogen Iod ($I_2$) bei einer Temperatur von 450 °C sind nach Ablauf der Reaktion von ursprünglich 12,69 g $I_2$ noch 2,79 g $I_2$ vorhanden. Wie viel Prozent beträgt der relative Umsatz von Iod?

*Gesucht:* $U_{rel}(I_2)$  				*Gegeben:* $m_0(I_2)$ , $m(I_2)$

*Lösung:*

Nach den Gln. (3.9) und (3.10) gilt:

$$U_{rel}(I_2) = \frac{m_0(I_2) - m(I_2)}{m_0(I_2)} \cdot 100 \, \% = \frac{12{,}69 \, g - 2{,}79 \, g}{12{,}69 \, g} \cdot 100 \, \% = 78{,}01 \, \%$$

*Ergebnis:*

Der relative Umsatz von Iod beträgt 78,01 %.

### 3.8.2 Ausbeuteberechnung

Während sich der Umsatz auf einen Ausgangsstoff der Reaktion bezieht, wird mit dem Begriff der Ausbeute die Masse des dabei entstandenen Produktes P betrachtet. Zu ihrer Berechnung geht man bei einer chemischen Reaktion davon aus, dass sie vollständig verläuft, auch wenn dies praktisch nicht der Fall ist. Die erzielte Ausbeute $A(P)$ ergibt sich dann aus dem Verhältnis der tatsächlich gebildeten Masse des Produktes P zu der, gemäß der Reaktionsgleichung, theoretisch maximal möglichen Masse des Produktes. Demnach benötigt man im Gegensatz zur Berechnung des Umsatzes für eine Ausbeuteberechnung die betreffende Reaktionsgleichung. Wie bei der Definition des Umsatzes kann die Ausbeute $A(P)$ auch aus dem Verhältnis der entsprechenden Stoffmengen berechnet werden, es gilt:

$$A(P) = \frac{m(P)}{m_{max}(P)} = \frac{n(P)}{n_{max}(P)} \tag{3.11}$$

Hierin bedeuten:

$m(P)$ = Masse des gebildeten Produktes P.

$m_{max}(P)$ = Masse des Produktes P, die gemäß Reaktionsgleichung bei maximalem Umsatz gebildet werden kann.

$n(P)$ = Stoffmenge des gebildeten Produktes P.

$n_{max}(P)$ = Stoffmenge des Produktes P, die gemäß Reaktionsgleichung bei maximalem Umsatz gebildet werden kann.

Die Angabe der relativen Ausbeute $A_{rel}(P)$ einer chemischen Reaktion erfolgt nach Beziehung:

$$A_{rel}(P) = A(P) \cdot 100\,\% \tag{3.12}$$

**Beispiel 3.18**
Bei der Umsetzung von 128 g Methangas mit Wasserdampf bei 900 °C an einem Nickelkatalysator wird nach der Reaktionsgleichung

$$CH_4 + H_2O \;\rightarrow\; CO + 3\,H_2$$
$$\text{Synthesegas}$$

Synthesegas mit einem Anteil von 160 g Kohlenstoffmonoxid gebildet. Wie groß ist die relative Ausbeute an Kohlenstoffmonoxid?

*Gesucht:* $A_{rel}(CO)$                         *Gegeben:* $m_0(CH_4)$ , $m(CO)$

*Lösung:*

Nach den Gln. (3.11) und (3.12) gilt zunächst:

$$A_{rel}(CO) = \frac{m(CO)}{m_{max}(CO)} \cdot 100\,\% = \frac{n(CO)}{n_{max}(CO)} \cdot 100\,\%$$

Bei Annahme eines maximalen Umsatzes würden die vorgegebenen 128 g Methan vollständig zu Kohlenstoffmonoxid reagieren. Da nach der zutreffenden Reaktionsgleichung - die Reaktionskoeffizienten von $CH_4$ wie von $H_2O$ sind jeweils 1 - aus 1 mol $CH_4$ maximal 1 mol CO entstehen kann, entspricht daher die vorliegende Stoffmenge $n(CH_4)$ der Stoffmenge $n_{max}(CO)$. Diese Stoffmenge lässt sich nach Gl. (3.2) berechnen. Die Berechnung der relativen Ausbeute der durch die Reaktion gebildeten Verbindung Kohlenstoffmonoxid erfolgt dann aber nicht über die Massen, sondern nach den Gln. (3.11) und (3.12) ebenfalls über die Stoffmengen. Somit gilt zunächst die Gleichung:

$$n(CH_4) = \frac{m(CH_4)}{M(CH_4)} = n_{max}(CO)$$

Damit ergibt sich:

$$n_{max}(CO) = \frac{128\text{ g}}{16{,}0423\text{ g} \cdot \text{mol}^{-1}} = 7{,}979\text{ mol}$$

Für $n(CO)$ folgt nach Gl. (3.2):

$$n(CO) = \frac{m(CO)}{M(CO)} = \frac{160\text{ g}}{28{,}0101\text{ g} \cdot \text{mol}^{-1}} = 5{,}712\text{ mol}$$

Und somit:

$$A_{rel}(CO) = \frac{5{,}712\text{ mol}}{7{,}979\text{ mol}} \cdot 100\,\% = 71{,}588\,\%$$

*Ergebnis:*

Die relative Ausbeute an Kohlenstoffmonoxid beträgt 71,588 %.

Die beschriebene Vorgehensweise zur Ausbeuteberechnung setzt voraus, dass die Mengen der Ausgangsstoffe nach den Vorgaben der betreffenden Reaktionsgleichung eingesetzt werden. Ist dies der Fall, so spricht man von *stöchiometrischen Massen- oder Stoffmengenverhältnissen*. Wenn aber ein Ausgangsstoff, gemessen an der Reaktionsgleichung, im Unterschuss vorliegt, dann muss sich die Berechnung der Ausbeute auf die Stoffmenge dieses Ausgangsstoffes beziehen. Denn die Menge dieses Ausgangsstoffes begrenzt natürlich die Menge des bei der Reaktion gebildeten Produktes.

**Beispiel 3.19**
Wie viel Gramm Eisen (II)-sulfid entstehen durch Zusammenschmelzen von 9 g Eisen und 16 g Schwefel, wenn die relative Ausbeute bei dieser chemischen Reaktion 86 % beträgt?

*Gesucht:* $m\,(\text{FeS})$ $\qquad\qquad\qquad$ *Gegeben:* $m_0\,(\text{Fe})$ , $m_0\,(\text{S})$

*Lösung:*

Die Reaktionsgleichung lautet:

$$\text{Fe} + \text{S} \rightarrow \text{FeS}$$

Diese Gleichung besagt quantitativ (s. Kap. 3.4), dass von Fe und S die gleichen Stoffmengen eingesetzt werden müssen, wenn der Umsatz, bezogen auf beide Ausgangsstoffe, und damit auch die Ausbeute an FeS maximal sein sollen. Die jeweils vorliegenden Stoffmengen sind nach Gl. (3.2):

$$n_0\,(\text{Fe}) = \frac{m_0\,(\text{Fe})}{M\,(\text{Fe})} = \frac{9\text{ g}}{55{,}845\text{ g} \cdot \text{mol}^{-1}} = 0{,}161\text{ mol}$$

$$n_0\,(\text{S}) = \frac{m_0\,(\text{S})}{M\,(\text{S})} = \frac{16\text{ g}}{32{,}065\text{ g} \cdot \text{mol}^{-1}} = 0{,}499\text{ mol}$$

Da bei diesem Ansatz als Produkt maximal 0,161 mol FeS gebildet werden können, muss sich die Ausbeuteberechnung auf die Stoffmenge des im Unterschuss vorliegenden Eisens beziehen. Es gilt also:

$$A_{\text{rel}}\,(\text{FeS}) = \frac{n\,(\text{FeS})}{n_{\max}\,(\text{FeS})} \cdot 100\,\% \qquad \Rightarrow \qquad n\,(\text{FeS}) = \frac{n_{\max}\,(\text{FeS}) \cdot A_{\text{rel}}\,(\text{FeS})}{100\,\%}$$

Mit $n_{max}$ (FeS) $= n_0$ (Fe) $= 0,161$ mol folgt:

$$n\,(\text{FeS}) = \frac{0,161\ \text{mol} \cdot 86\,\%}{100\,\%} = 0,138\ \text{mol}$$

Für die Masse von FeS ergibt sich damit nach Gl. (3.2):

$$m\,(\text{FeS}) = n\,(\text{FeS}) \cdot M\,(\text{FeS}) = 0,138\ \text{mol} \cdot 87,910\ \text{g} \cdot \text{mol}^{-1} = 12,132\ \text{g}$$

*Ergebnis:*

Bei der Reaktion entstehen 12,132 g Eisen (II) - sulfid.

Wenn also bei einer chemischen Reaktion die Ausbeute eines gebildeten Produktes berechnet werden soll, so müssen zunächst die Stoffmengen aller Ausgangsstoffe mit den Vorgaben der betreffenden Reaktionsgleichung verglichen werden. Dadurch kann geprüft werden, ob ein Ausgangsstoff im Unterschuss vorliegt, was sich dann nach dem oben Gesagten auf die Ausbeuteberechnung auswirkt. Bei mehreren im Unterschuss vorliegenden Ausgangsstoffen gilt Entsprechendes.

## 3.9 Übungsaufgaben

Das Aufstellen von Reaktionsgleichungen kann hier auf einfache Weise durch die Anwendung von Stoffbilanzen erfolgen.

**3.9-1**  Wie lauten bei den nachfolgenden schematischen Reaktionsgleichungen die fehlenden Reaktionskoeffizienten?

a) $Sb_2S_3 + HCl \;\rightarrow\; SbCl_3 + H_2S$

b) $As_2O_3 + C \;\rightarrow\; As + CO_2$

c) $Zn + H_2SO_3 + HCl \;\rightarrow\; ZnCl_2 + H_2S + H_2O$

d) $Na_2HPO_4 + NaOH + LiCl \;\rightarrow\; Li_3PO_4 + NaCl + H_2O$

e) $C_2H_2 + O \;\rightarrow\; CO_2 + H_2O$

f) $C_6H_6 + O \;\rightarrow\; C + H_2O$

**3.9-2**  Bleinitrat zerfällt beim Erhitzen in die Verbindungen Blei (II) - oxid, Stickstoffdioxid und Sauerstoff. Stellen Sie dafür die Reaktionsgleichung auf.

**3.9-3**    Oberhalb einer Temperatur von 500 °C setzt sich Eisen mit Wasserdampf zu Eisen (II,III) - oxid und Wasserstoff um. Leiten Sie die Reaktionsgleichung her.

**3.9-4**    Im Röstprozess wird Schwefelkies ($FeS_2$) durch Erhitzen an der Luft vom Sauerstoff in Eisen (III) - oxid und Schwefeldioxid zersetzt. Wie lautet die entsprechende Reaktionsgleichung?

**3.9-5**    Bei der Oxidation von Iod mit Chlor in wässriger Lösung entstehen Iodsäure ($HIO_3$) und Chlorwasserstoff. Wie lautet die Reaktionsgleichung?

**3.9-6**    Bei der Einwirkung von Schwefelsäure auf Iodwasserstoff werden Iod, Schwefelwasserstoff und Wasser gebildet. Geben Sie die Reaktionsgleichung an.

**3.9-7**    Bei der technischen Darstellung von Acetylen (Ethin) aus Erdgas wird das Methan mit Sauerstoff bei 900 °C teilweise oxidiert. Dabei wird ein Gemisch von Acetylen, Kohlenstoffmonoxid und Wasserstoff gebildet. Wie lautet die Reaktionsgleichung?

**3.9-8**    Nach welcher Reaktionsgleichung entstehen durch Einwirkung der Salpetrigen Säure auf Harnstoff ($CO(NH_2)$) als Reaktionsprodukte Stickstoff, Kohlenstoffdioxid und Wasser?

**3.9-9**    Wie groß ist die molare Masse folgender Verbindungen?

a)  Phosphorpentachlorid $PCl_5$

b)  Kaliumpermanganat $KMnO_4$

c)  Chrom (III) - sulfat $Cr_2(SO_4)_3$

d)  Magnesiumsulfat - Wasser (1/7) $MgSO_4 \cdot 7\,H_2O$

e)  Phthalsäure $C_6H_4(COOH)_2$

f)  Diethylamin $(C_2H_5)_2NH$

**3.9-10**   Welche Masse in der Einheit g haben?

a)  0,15 mol Ammoniak $NH_3$

b)  2,3 mmol Kaliumnitrat $KNO_3$

c)  0,5 mol Aluminium-Kationen $Al^{3+}$

**3.9-11**   Welche Stoffmenge enthalten?

a)  126 mg Natriumchlorid $NaCl$

b)  63 g Kupfersulfat - Wasser (1/5) $CuSO_4 \cdot 5\,H_2O$

c)  1,34 kg Traubenzucker $C_6H_{12}O_6$

**3.9-12** Wie viele Moleküle enthalten die angegebenen Stoffmengen der folgenden Verbindungen?

a) 4,2 mol Hydrazin $N_2H_4$

b) 0,96 mol Sauerstoffdifluorid $OF_2$

c) 0,022 mmol Anthracen $C_{14}H_{10}$

**3.9-13** Von den folgenden Verbindungen ist jeweils die Anzahl von Formeleinheiten bekannt. Welcher Stoffmenge entspricht diese Anzahl?

a) $1{,}032 \cdot 10^{24}$ Formeleinheiten von Mangan(II)-sulfat $MnSO_4$

b) $4{,}263 \cdot 10^{22}$ Formeleinheiten von Chrom(III)-sulfid $Cr_2S_3$

c) $7{,}655 \cdot 10^{20}$ Formeleinheiten von Kaliumsulfit $K_2SO_3$

**3.9-14** Wie viele gebundene Bromatome sind in 3,4 mol $Br_2$ enthalten?

**3.9-15** 124 g eines reinen Metalls bestehen aus $3{,}6 \cdot 10^{23}$ Atomen. Berechnen Sie die molare Masse des Metalls.

**3.9-16** Vom gasförmigen Schwefelwasserstoff liegt ein Volumen von 0,732 l vor. Der Druck beträgt 1,01325 bar bei einer Temperatur von 273,15 K. Wie viele Moleküle sind das?

**3.9-17** Welche Masse haben 1,32 l Chlormethan im Normzustand?

**3.9-18** 0,44 l eines Gases liegen im Normzustand vor. In diesem Volumen befinden sich $1{,}2 \cdot 10^{22}$ Gasmoleküle. Geben Sie das molare Normvolumen des Gases an.

**3.9-19** Welche absolute Atommasse in der Einheit g haben folgende Elemente?

a) Eisen Fe

b) Chlor Cl

c) Antimon Sb

**3.9-20** 1,311 g eines reinen Metalls entsprechen 0,02 mol. Welchen Wert hat die absolute Atommasse dieses Metalls in den Einheiten g und u?

**3.9-21** 8,9 l eines atomar im Normzustand vorliegenden Gases haben eine Masse von 1,6 g. Welche absolute Atommasse lässt sich damit errechnen?

**3.9-22** Bei einer Ionenverbindung wird als absolute Molekülmasse die absolute Masse der Formeleinheit bezeichnet. Wie groß ist bei den folgenden Verbindungen diese absolute Masse einer Formeleinheit in den Einheiten g und u? Verwenden Sie dabei für die Umrechnung von g in u die Gl. (3.7).

a) Natriumfluorid $NaF$

b) Natriumcarbonat $Na_2CO_3$

c) Eisen(III)-chlorid $FeCl_3$

**3.9-23** Wie groß ist für die folgenden Verbindungen die absolute Molekülmasse oder die absolute Masse der Formeleinheit in atomaren Masseneinheiten?

a) Phosphorsäure $H_3PO_4$

b) Ethanol $C_2H_5OH$

c) Kaliumdichromat $K_2Cr_2O_7$

**3.9-24** Berechnen Sie unter Verwendung der absoluten Atommasse des Kohlenstoffisotops $^{12}C$ ($1,9927 \cdot 10^{-23}$ g) die absolute Atommasse der folgenden Elemente.

a) Schwefel $S$

b) Cadmium $Cd$

c) Beryllium $Be$

**3.9-25** Geben Sie für die folgenden Verbindungen die relative Molekülmasse oder die relative Masse der Formeleinheit an.

a) Cobalt(II)-chlorid-Wasser (1/6) $CoCl_2 \cdot 6\,H_2O$

b) Pentachlorphenol $C_6Cl_5OH$

c) Aluminiumhydroxid $Al(OH)_3$

**3.9-26** Silicium wird durch Reduktion von Quarz mit Kohlenstoff im elektrischen Ofen hergestellt.

$$SiO_2 + 2\,C \;\rightarrow\; Si + 2\,CO$$

Dabei sind von ursprünglich 250 g $SiO_2$ nach Ablauf der Reaktion noch 16,645 g Quarz vorhanden, gleichzeitig sind dadurch 109,084 g elementares Silicium entstanden. Berechnen Sie für diese Reaktion den relativen Umsatz und die relative Ausbeute.

**3.9-27** Bei der Reaktion von Benzol mit konzentrierter Salpetersäure (in einem Gemisch mit konzentrierter Schwefelsäure) entsteht als Hauptprodukt Nitrobenzol.

$$C_6H_6 + HNO_3 \;\rightarrow\; C_6H_5NO_2 + H_2O$$

Von welcher Masse Benzol ist bei dieser Umsetzung ausgehen, wenn bei einer relativen Ausbeute von 76,3 % 95 g Nitrobenzol benötigt werden?

**3.9-28** Durch die Reaktion von Zink mit überschüssiger Schwefelsäure entstehen Zinksulfat und Wasserstoff.

$$Zn \ + \ H_2SO_4 \ \rightarrow \ ZnSO_4 \ + \ H_2$$

Welche Masse Wasserstoff wird bei einer relativen Ausbeute von 97,6 % aus 80 Gramm Zink gebildet?

**3.9-29** Beim Erhitzen von feinverteiltem Eisen im Chlorgasstrom entsteht die Verbindung Eisen(III)-chlorid.

$$2 \, Fe \ + \ 3 \, Cl_2 \ \rightarrow \ 2 \, FeCl_3$$

Nach Beendigung der Reaktion sind noch 20,562 g Eisen vorhanden, und der relative Umsatz beträgt 81,5 %. Welche Masse an Eisen(III)-chlorid ist dabei entstanden?

**3.9-30** In einer Substitutionsreaktion setzt sich Bromethan mit Kaliumhydroxid zu Ethanol und Kaliumbromid um.

$$C_2H_5Br \ + \ KOH \ \rightarrow \ C_2H_5OH \ + \ KBr$$

a) Berechnen Sie die relative Ausbeute, wenn dabei aus 45 g Bromethan und 20 g Kaliumhydroxid 11,835 g Ethanol gebildet werden?

b) Wie groß ist der relative Umsatz für Bromethan?

# 4 Stoffmengenrelationen

Eine chemische Verbindung besteht aus vielen gleichartigen Molekülen bzw. bei Ionenverbindungen aus Formeleinheiten. Diese Moleküle oder Formeleinheiten werden durch eine Reaktion zwischen den Einzelteilchen von Ausgangsstoffen gebildet, die als Elemente oder Verbindungen vorliegen können. Bei den Einzelteilchen handelt es sich um Atome, (andere) Moleküle oder auch Ionen. Die chemische Reaktion läuft dabei, abhängig von den gebildeten Reaktionsprodukten, in einem festen Zahlenverhältnis der miteinander reagierenden Teilchen ab. Da aber nach *Avogadro* die Anzahl der reagierenden Teilchen der jeweiligen Stoffmenge proportional ist, (s. Kap. 3.4), liegt bei der Reaktion stets auch ein spezifisches Stoffmengenverhältnis vor. Dieses wird als Stoffmengenrelation bezeichnet.

## 4.1 Zusammensetzung von Verbindungen

Genauso wie bei einer chemischen Reaktion zwischen den Reaktanten ein spezifisches Stoffmengenverhältnis vorliegt, besteht auch bei den Reaktionsprodukten, wenn es sich dabei um Moleküle oder um Formeleinheiten handelt, zwischen den Stoffmengen der miteinander verbundenen Atome oder Ionen ein festes Verhältnis.

> Zwischen den Bestandteilen einer chemischen Verbindung, die als Atome oder Ionen vorliegen können, besteht eine konstante und damit spezifische Stoffmengenrelation.

So hat z.B. die Verbindung Ammoniak die Molekularformel $NH_3$. Die Formel besagt, dass ein Atom Stickstoff und drei Atome Wasserstoff ein Molekül $NH_3$ bilden. Da aber die Stoffmenge von 1 mol Ammoniak stets aus $6{,}022 \cdot 10^{23}$ Molekülen besteht, bedeutet diese Molekularformel auch, dass in 1 mol der Verbindung Ammoniak 1 mol N und 3 mol H chemisch gebunden sind. Dafür lauten die beiden Stoffmengenrelationen:

$$n(\text{N in NH}_3) = n(\text{NH}_3)$$

In Worten: „Die Stoffmenge von Stickstoff in Ammoniak ist gleich der Stoffmenge von Ammoniak."

Und:
$$n(\text{H in NH}_3) = 3\,n(\text{NH}_3)$$

In Worten: „ Die Stoffmenge von Wasserstoff in Ammoniak ist gleich dem Dreifachen der Stoffmenge von Ammoniak."

Liegen also z.B. 0,4 mol $NH_3$ vor, so enthalten diese gemäß der obigen ersten Stoffmengenrelation chemisch gebunden ebenfalls 0,4 mol N. Und nach der zweiten Stoffmengenrelation enthalten diese 0,4 mol $NH_3$ gebunden die Stoffmenge $3 \cdot 0{,}4$ mol H = 1,2 mol H . Durch Division der beiden angegebenen Stoffmengenrelationen, wobei man $n(\text{NH}_3)$ kürzen kann, ergibt sich dann das bekannte Verhältnis zwischen den Elementbestandteilen der Verbindung Ammoniak.

$$\frac{n(\text{N in NH}_3)}{n(\text{H in NH}_3)} = \frac{1}{3}$$

Die hier angestellten Betrachtungen gelten in der gleichen Weise für die Formeleinheiten von Ionenverbindungen.

In Molekülen oder Formeleinheiten liegen häufig Atomgruppen bzw. geladene Atomgruppen vor. So besteht beispielsweise bei der Ionenverbindung Calciumphosphat eine Formeleinheit aus drei Calcium-Kationen und zwei Phosphat-Anionen.

$$\text{Ca}_3(\text{PO}_4)_2 \quad \Rightarrow \quad 3\,\text{Ca}^{2+} + 2\,\text{PO}_4^{3-}$$

Die Stoffmengenrelationen für diese beiden Ionensorten lauten, wobei die Ladungszeichen der Ionen hierbei zumeist weggelassen werden:

$$n(\text{Ca in Ca}_3(\text{PO}_4)_2) = 3\,n(\text{Ca}_3(\text{PO}_4)_2)$$

Und:
$$n(\text{PO}_4 \text{ in Ca}_3(\text{PO}_4)_2) = 2\,n(\text{Ca}_3(\text{PO}_4)_2)$$

Folglich bezieht sich im zweiten dieser Fälle die Stoffmengenrelation auf das Phosphat-Anion als Einheit. Und durch Division der beiden Stoffmengenrelationen erhält man dann das Verhältnis und damit die Stoffmengenrelation zwischen den beiden Bestandteilen des Calciumphosphats.

$$\frac{n(\text{Ca in Ca}_3(\text{PO}_4)_2)}{n(\text{PO}_4 \text{ in Ca}_3(\text{PO}_4)_2)} = \frac{3}{2}$$

Mit Kenntnis der speziellen Stoffmengenrelation der Bestandteile einer chemischen Verbindung lassen sich jetzt ihre Massen berechnen.

**Beispiel 4.1**

Wie groß ist in 150 g Mangan(II,IV)-oxid die Masse des gebundenen Mangans?

*Gesucht:* $m(\text{Mn in Mn}_3\text{O}_4)$ $\qquad\qquad$ *Gegeben:* $m(\text{Mn}_3\text{O}_4)$

*Lösung:*

Die zutreffende Stoffmengenrelation lautet:

$$\frac{n(\text{Mn in Mn}_3\text{O}_4)}{n(\text{Mn}_3\text{O}_4)} = \frac{3}{1} \quad \Rightarrow \quad n(\text{Mn in Mn}_3\text{O}_4) = 3\,n(\text{Mn}_3\text{O}_4)$$

Nach Gl. (3.2) gilt mit der molaren Masse $M(\text{Mn}_3\text{O}_4) = 228{,}8116 \text{ g} \cdot \text{mol}^{-1}$:

$$n(\text{Mn}_3\text{O}_4) = \frac{m(\text{Mn}_3\text{O}_4)}{M(\text{Mn}_3\text{O}_4)} = \frac{150 \text{ g}}{228{,}8116 \text{ g} \cdot \text{mol}^{-1}} = 0{,}656 \text{ mol}$$

Gemäß der Stoffmengenrelation folgt damit:

$$n(\text{Mn in Mn}_3\text{O}_4) = 3 \cdot 0{,}656 \text{ mol} = 1{,}968 \text{ mol}$$

Und mit Gl. (3.2) ergibt sich dann:

$$m(\text{Mn in Mn}_3\text{O}_4) = n(\text{Mn in Mn}_3\text{O}_4) \cdot M(\text{Mn})$$

$$= 1{,}968 \text{ mol} \cdot 54{,}9380 \text{ g} \cdot \text{mol}^{-1} = 108{,}118 \text{ g}$$

*Ergebnis:*

Die Masse des Mangans in 150 g Mangan(II,IV)-oxid beträgt 108,118 g.

**Beispiel 4.2**

Die Analyse einer Portion von wasserfreiem Aluminiumsulfat ergibt einen Sulfatgehalt von 7,238 g. Wie groß ist die Masse des gebundenen Aluminiums?

*Gesucht:* $m(\text{Al in Al}_2(\text{SO}_4)_3)$          *Gegeben:* $m(\text{SO}_4 \text{ in Al}_2(\text{SO}_4)_3)$

*Lösung:*

Ziel ist, die Stoffmengenrelation zwischen Aluminium und Sulfat im Aluminiumsulfat aufzustellen. Die beiden einzelnen Stoffmengenrelationen lauten:

$$n(\text{Al in Al}_2(\text{SO}_4)_3) = 2\, n(\text{Al}_2(\text{SO}_4)_3)$$

$$n(\text{SO}_4 \text{ in Al}_2(\text{SO}_4)_3) = 3\, n(\text{Al}_2(\text{SO}_4)_3)$$

Durch Division dieser beiden Gleichungen ergibt sich:

$$\frac{n(\text{Al in Al}_2(\text{SO}_4)_3)}{n(\text{SO}_4 \text{ in Al}_2(\text{SO}_4)_3)} = \frac{2}{3}$$

Daraus folgt:

$$n(\text{Al in Al}_2(\text{SO}_4)_3) = \frac{2}{3}\, n(\text{SO}_4 \text{ in Al}_2(\text{SO}_4)_3)$$

Nach Gl. (3.2) gilt dabei:

$$n(\text{SO}_4 \text{ in Al}_2(\text{SO}_4)_3) = \frac{m(\text{SO}_4 \text{ in Al}_2(\text{SO}_4)_3)}{M(\text{SO}_4)}$$

$$= \frac{7,238 \text{ g}}{96,063 \text{ g} \cdot \text{mol}^{-1}} = 0,075 \text{ mol}$$

Und damit:

$$n(\text{Al in Al}_2(\text{SO}_4)_3) = \frac{2}{3} \cdot 0,075 \text{ mol} = 0,050 \text{ mol}$$

Für die Masse des Aluminiums folgt dann:

$$m(\text{Al in Al}_2(\text{SO}_4)_3) = n(\text{Al in Al}_2(\text{SO}_4)_3) \cdot M(\text{Al})$$

$$= 0,050 \text{ mol} \cdot 26,9815 \text{ g} \cdot \text{mol}^{-1} = 1,3491 \text{ g}$$

*Ergebnis:*

Die Masse des Aluminiums in der Portion Aluminiumsulfat beträgt 1,3491 g.

## 4.2 Berechnung von Molekularformeln

Da in einer chemischen Verbindung das Atomverhältnis der Elementbestandteile identisch mit deren Stoffmengenrelation ist (s. Kap. 4.1), lässt sich umgekehrt aus einer ermittelten Stoffmengenrelation das Atomverhältnis in der betreffenden Verbindung und dadurch auch ihre Molekularformel bestimmen. Die quantitative Zusammensetzung einer bestimmten Stoffportion kann mit Hilfe der Elementanalyse untersucht werden. Liegt dabei als Stoffportion eine reine Verbindung vor, so lassen sich durch die Kenntnis der Einwaage der Stoffportion die Massen der Elementbestandteile und somit nach Gl. (3.2) auch deren Stoffmengen berechnen. Indem man diese ins Verhältnis setzt, erhält man so die für die Verbindung spezifische Stoffmengenrelation. Daraus ergibt sich dann das Atomverhältnis der Elementbestandteile und damit auch die *empirische Molekularformel*. Auf den Begriff der empirischen Molekularformel wird nach Beispiel 4.4 eingegangen. Wenn man bei der - zunächst beliebigen - Einwaage der Stoffportion von der Masse 100 g ausgeht, so hat das den Vorteil, dass die Zahlenwerte der Prozentangaben identisch mit den Zahlenwerten der einzelnen Massen sind.

Die obigen Ausführungen gelten in gleicher Weise für Atomgruppen als Bestandteile einer Verbindung. So besteht z.B. die Ionenverbindung Ammoniumcarbonat mit der Formeleinheit $(NH_4)_2CO_3$ aus den Massenanteilen 37,53 % $NH_4^+$ und 62,47 % $CO_3^{2-}$ der beiden Molekülionen.

**Beispiel 4.3**

Bei der Elementanalyse einer unbekannten Verbindung werden folgende Massenanteile in Prozent erhalten: 36,91 % Eisen, 22,26 % Schwefel und 42,03 % Sauerstoff. Geben Sie die empirische Molekularformel an.

*Gesucht:* $Fe_x S_y O_z$

*Gegeben:* $m(Fe)$, $M(Fe)$, $m(S)$, $M(S)$, $m(O)$, $M(O)$

*Lösung:*

Bei Annahme von 100 g der Verbindung gilt für die Stoffmengen der einzelnen Bestandteile:

$$n(Fe) = \frac{m(Fe)}{M(Fe)} = \frac{36,91\,g}{55,845\,g \cdot mol^{-1}} = 0,661\,mol$$

$$n(S) = \frac{m(S)}{M(S)} = \frac{21,46 \text{ g}}{32,065 \text{ g} \cdot \text{mol}^{-1}} = 0,669 \text{ mol}$$

$$n(O) = \frac{m(O)}{M(O)} = \frac{42,03 \text{ g}}{15,9994 \text{ g} \cdot \text{mol}^{-1}} = 2,6270 \text{ mol}$$

Da das Atomverhältnis in einer Verbindung, also das Verhältnis der Anzahl der gebundenen Atome eines Elementes zur Anzahl der gebundenen Atome eines anderen Elementes, identisch mit dem Verhältnis der entsprechenden Stoffmengen ist, gilt hier für das Verhältnis der Formelindizes:

$$x : y : z = n(Fe) : n(S) : n(O)$$

$$= 0,661 \text{ mol} : 0,669 \text{ mol} : 2,6270 \text{ mol}$$

Bei den Formelindizes handelt es sich fast immer um ganze Zahlen, die das kleinste mögliche Vielfache der Zahl 1 darstellen. Deshalb werden die drei Stoffmengen jeweils durch den Zahlenwert der kleinsten Stoffmenge als Einheit dividiert.

$$x : y : z = 1 : 1,012 : 3,974$$

Verursacht durch die unvermeidbaren zufälligen Fehler von analytischen Bestimmungen weichen diese auf 1 normierten Stoffmengenverhältnisse mehr oder weniger vom Verhältnis ganzer Zahlen ab. Aus diesem Grund müssen die einzelnen Ergebnisse der Divisionen abschließend noch gerundet werden. Das Verhältnis der Formelindizes ergibt sich damit zu:

$$x : y : z = 1 : 1 : 4$$

Der Index 1 wird dann in der Molekularformel vereinbarungsgemäß weggelassen.

*Ergebnis:*

Die gesuchte empirische Molekularformel lautet $FeSO_4$.

**Beispiel 4.4**
Die Analyse einer unbekannten Verbindung ergibt folgende Massenanteile in Prozent: 16,42 % Ni, 28,11 % $NH_3$ und 56,71 % $ClO_4$ (Ladungszeichen werden dabei weggelassen). Wie lautet die empirische Molekularformel der Verbindung?

*Gesucht:* $Ni_x(NH_3)_y(ClO_4)_z$

*Gegeben:* $m(Ni)$ , $M(Ni)$ , $m(NH_3)$ , $M(NH_3)$ , $m(ClO_4)$ , $M(ClO_4)$

*Lösung:*

Bei Annahme von 100 g der Verbindung gilt für die Stoffmengen der einzelnen Bestandteile:

$$n(Ni) = \frac{m(Ni)}{M(Ni)} = \frac{16,42 \text{ g}}{58,6934 \text{ g} \cdot \text{mol}^{-1}} = 0,2798 \text{ mol}$$

$$n(NH_3) = \frac{m(NH_3)}{M(NH_3)} = \frac{28,11 \text{ g}}{17,0304 \text{ g} \cdot \text{mol}^{-1}} = 1,6506 \text{ mol}$$

$$n(ClO_4) = \frac{m(ClO_4)}{M(ClO_4)} = \frac{56,71 \text{ g}}{99,451 \text{ g} \cdot \text{mol}^{-1}} = 0,570 \text{ mol}$$

Für das Verhältnis der Formelindizes gilt damit:

$$x : y : z = n(Ni) : n(NH_3) : n(ClO_4)$$

$$= 0,2798 \text{ mol} : 1,6506 \text{ mol} : 0,570 \text{ mol}$$

Die drei Stoffmengen werden jeweils durch den Zahlenwert der kleinsten Stoffmenge dividiert.

$$x : y : z = 1 : 5,8992 : 2,037$$

Nach der erforderlichen Rundung folgt:

$$x : y : z = 1 : 6 : 2$$

*Ergebnis:*

Die gesuchte empirische Molekularformel ist $[Ni(NH_3)_6](ClO_4)_2$. Eckige Klammern zeigen an, dass es sich um eine Komplexverbindung handelt.

In einer empirischen Molekularformel wird das Atomverhältnis der Elementbestandteile einer chemischen Verbindung durch das Verhältnis der entsprechenden Stoffmengen wiedergegeben. Dadurch wird das Atomverhältnis mit den kleinsten möglichen Zahlen ausgedrückt. Während dabei die Elementanalyse der Verbindung $FeSO_4$ (s. Beispiel 4.3) zu der auch in chemischer Hinsicht richtigen Molekularformel führt, würde man aber für die Verbindung $Fe_2(SO_4)_3$ nach dieser Methode die empirische Molekularformel $FeS_{1,5}O_6$ bzw. nach einer Multiplikation mit dem Faktor 2 die Formel $Fe_2S_3O_{12}$ erhalten.

Im Gegensatz zur empirischen Molekularformel gibt die *Summenformel* die tatsächliche Anzahl der jeweiligen Atome wieder, die in einem Molekül oder in einer Formeleinheit der Verbindung enthalten ist. Um z.B. die richtige Summenformel für $Fe_2(SO_4)_3$ aufstellen zu können, muss man zum einen die molare Masse dieser Verbindung bestimmen. Und zum anderen muss man aus weiteren Analysen wissen, dass im $Fe_2(SO_4)_3$ das Eisen dreiwertig ist und der Schwefel und der Sauerstoff als negativ geladene Atomgruppe das Sulfatanion $SO_4^{2-}$ bilden.

Und in einem weiteren Beispiel erhält man bei der Elementanalyse des Benzols zwischen den Elementen C und H die Stoffmengenrelation 1 : 1 und damit auch die empirische Molekularformel CH. Die Summenformel von Benzol lautet aber $C_6H_6$, wodurch dann ein Molekül dieser Verbindung gekennzeichnet wird.

Die Massenanteile einer chemischen Verbindung werden mit dem Größensymbol $w$ bezeichnet. Diese ergeben sich bei bekannter empirischer Molekularformel oder der Summenformel aus den Anteilen der Elementbestandteile oder der Atomgruppen an der molaren Masse der Verbindung, s. dazu das folgende Beispiel 4.5. Damit erhält man die quantitative Zusammensetzung der Verbindung, wobei zumeist die prozentualen Massenanteile mit dem Größensymbol $w_{rel}$ bezeichnet (rel = relativ) werden.

**Beispiel 4.5**
Wie groß sind die Massenanteile in Prozent der Elemente im $NaNO_3$?

*Gesucht:* $w_{rel}(Na)$ , $w_{rel}(N)$ , $w_{rel}(O)$        *Gegeben:* $M(Na)$ , $M(N)$ , $M(O)$

*Lösung:*

Der Massenanteil eines Elementbestandteils an der Verbindung folgt aus dem Anteil seiner molaren Masse oder, je nach der Formel, eines Vielfachen davon an der molaren Masse der gesamten Verbindung. Es gilt also in diesem Beispiel:

$$w_{\mathrm{rel}}(\mathrm{Na}) = \frac{M(\mathrm{Na}) \cdot 100\,\%}{M(\mathrm{NaNO}_3)} = \frac{22{,}9898\ \mathrm{g} \cdot \mathrm{mol}^{-1} \cdot 100\,\%}{84{,}9947\ \mathrm{g} \cdot \mathrm{mol}^{-1}} = 27{,}049\,\%$$

$$w_{\mathrm{rel}}(\mathrm{N}) = \frac{M(\mathrm{N}) \cdot 100\,\%}{M(\mathrm{NaNO}_3)} = \frac{14{,}0067\ \mathrm{g} \cdot \mathrm{mol}^{-1} \cdot 100\,\%}{84{,}9947\ \mathrm{g} \cdot \mathrm{mol}^{-1}} = 16{,}479\,\%$$

$$w_{\mathrm{rel}}(\mathrm{O}) = \frac{3 \cdot M(\mathrm{O}) \cdot 100\,\%}{M(\mathrm{NaNO}_3)} = \frac{47{,}9982\ \mathrm{g} \cdot \mathrm{mol}^{-1} \cdot 100\,\%}{84{,}9947\ \mathrm{g} \cdot \mathrm{mol}^{-1}} = 56{,}472\,\%$$

*Ergebnis:*

Die Massenanteile sind: 27,049 % Na , 16,479 % N und 56,472 % O.

**Beispiel 4.6**

Wie groß sind in der Verbindung $KCr(SO_4)_2 \cdot 12\,H_2O$ die Massenanteile des Sulfats und des Kristallwassers in Prozent?

*Gesucht:* $w_{\mathrm{rel}}(SO_4)$ , $w_{\mathrm{rel}}(H_2O)$

*Gegeben:* $M(K)$ , $M(Cr)$ , $M(S)$ , $M(O)$ , $M(H)$

*Lösung:*

$$w_{\mathrm{rel}}(SO_4) = \frac{2 \cdot M(SO_4) \cdot 100\,\%}{M(KCr(SO_4)_2 \cdot 12\,H_2O)} = \frac{192{,}125\ \mathrm{g} \cdot \mathrm{mol}^{-1} \cdot 100\,\%}{499{,}402\ \mathrm{g} \cdot \mathrm{mol}^{-1}}$$

$$w_{\mathrm{rel}}(SO_4) = 38{,}471\,\%$$

$$w_{\mathrm{rel}}(H_2O) = \frac{12 \cdot M(H_2O) \cdot 100\,\%}{M(KCr(SO_4)_2 \cdot 12\,H_2O)} = \frac{216{,}1824\ \mathrm{g} \cdot \mathrm{mol}^{-1} \cdot 100\,\%}{499{,}402\ \mathrm{g} \cdot \mathrm{mol}^{-1}}$$

$$w_{\mathrm{rel}}(H_2O) = 43{,}288\,\%$$

*Ergebnis:*

Die Massenanteile sind: 38,471 % $SO_4$ und 43,288 % $H_2O$.

## 4.3 Auswertung von Reaktionsgleichungen

Durch eine chemische Reaktion werden Reaktanten (Ausgangsstoffe) in bestimmte Reaktionsprodukte umgewandelt. Dieser Umsatz wird durch die betreffende Reaktionsgleichung beschrieben. Sie besagt, welche Teilchen (Atome, Moleküle, Formeleinheiten) reagieren oder welche Stoffmengen der Reaktanten dabei umgesetzt werden (s. Kap. 3.4). So verbrennt beispielsweise Arsenwasserstoff bei Anwesenheit von genügend Luft gemäß der folgenden Reaktionsgleichung mit fahler Flamme zu Arsen (III) - oxid und Wasser.

$$2\,AsH_3 \;+\; 3\,O_2 \;\;\rightarrow\;\; As_2O_3 \;+\; 3\,H_2O$$

Nach dieser chemischen Reaktionsgleichung reagieren 2 mol $AsH_3$ mit 3 mol $O_2$. Damit lautet das Verhältnis der Stoffmengen der beiden reagierenden Stoffe, wobei der Index R für den Begriff „Reaktant" steht:

$$\frac{n_R\,(AsH_3)}{n_R\,(O_2)} = \frac{2}{3} \tag{a}$$

In Worten: „Die Stoffmenge n-Reaktant von $AsH_3$ verhält sich zu der Stoffmenge n-Reaktant von $O_2$ wie 2 zu 3."

Je nach Problemstellung kann die Stoffmengenrelation (a) für eine entsprechende Auswertung zu den beiden Stoffmengenrelationen (b) oder (c) umgestellt werden, sie lauten dann:

$$n_R\,(AsH_3) = \frac{2}{3}\,n_R\,(O_2) \tag{b}$$

$$n_R\,(O_2) = \frac{3}{2}\,n_R\,(AsH_3) \tag{c}$$

Wenn z.B. nach der obigen Reaktionsgleichung 0,6 mol $AsH_3$ mit dem Sauerstoff reagiert haben, so wurde für diesen Umsatz gemäß der sich aus der Reaktionsgleichung ergebenden Stoffmengenrelation (c) die folgende Stoffmenge Sauerstoff benötigt:

$$n_R\,(O_2) = \frac{3}{2}\cdot 0{,}6\,mol = 0{,}9\,mol$$

Auf die gleiche Weise lässt sich aus der Reaktionsgleichung auch die Stoffmengenrelation der Reaktionsprodukte oder kurz Produkte herleiten, wobei der Index P jetzt für den Begriff „Produkt" steht.

$$\frac{n_P(As_2O_3)}{n_P(H_2O)} = \frac{1}{3} \tag{d}$$

In Worten: „Die Stoffmenge n-Produkt von $As_2O_3$ verhält sich zu der Stoffmenge n-Produkt von $H_2O$ wie 1 zu 3."

Und durch Umstellung der Stoffmengenrelation (d) gelangt man zu den Gleichungen (e) und (f).

$$n_P(As_2O_3) = \frac{1}{3}\, n_P(H_2O) \tag{e}$$

$$n_P(H_2O) = 3\, n_P(As_2O_3) \tag{f}$$

Gemäß der Reaktionsgleichung stehen die Reaktanten und die Produkte ebenfalls in einem festen Verhältnis, und auch dafür lassen sich die jeweiligen Stoffmengenrelationen aufstellen. So gelten z.B. neben Weiteren die folgenden Stoffmengenrelationen:

$$\frac{n_P(As_2O_3)}{n_R(AsH_3)} = \frac{1}{2} \qquad \text{oder} \qquad \frac{n_P(H_2O)}{n_R(AsH_3)} = \frac{3}{2}$$

Auch diese beiden Stoffmengenrelationen können je nach der vorliegenden stöchiometrischen Problemstellung für die Auswertung umgestellt werden. Mit den somit möglichen verschiedenen Stoffmengenrelationen einer chemischen Reaktionsgleichung lassen sich dann u.a. sowohl die umgesetzten Massen der Reaktanten als auch die gebildeten Massen der Reaktionsprodukte berechnen.

Anmerkung: Während einerseits durch die Reaktion die Stoffmenge eines Produkts gebildet wurde, ist andererseits die Stoffmenge des entsprechenden Reaktanten eben dadurch nicht mehr vorhanden. Denn durch die Reaktion ist ja der Reaktant zu einem Produkt umgewandelt worden. Diese chemische Tatsache ändert aber nichts an der mathematischen Aussage einer Reaktionsgleichung.

**Beispiel 4.7**

Chromit (Chromeisenstein) reagiert nach der folgenden Reaktionsgleichung im elektrischen Ofen mit Kohlenstoff unter Bildung der Metalle Eisen und Chrom sowie von Kohlenstoffmonoxid.

$$FeCr_2O_4 \ + \ 4\,C \ \rightarrow \ Fe \ + \ 2\,Cr \ + \ 4\,CO$$

Wie viel Kohlenstoffmonoxid entsteht aus 650 g Chromit, wenn der Umsatz vollständig ist?

*Gesucht:* $m_P(CO)$          *Gegeben:* $m_R(FeCr_2O_4)$ , $M(FeCr_2O_4)$ , $M(CO)$

*Lösung:*

Die für dieses Beispiel relevante Stoffmengenrelation lautet:

$$\frac{n_P(CO)}{n_R(FeCr_2O_4)} = \frac{4}{1} \qquad \Rightarrow \qquad n_P(CO) = 4\,n_R(FeCr_2O_4)$$

Nach Gl. (3.2) ist zunächst:

$$n_R(FeCr_2O_4) = \frac{m_R(FeCr_2O_4)}{M(FeCr_2O_4)} = \frac{650\ g}{223{,}835\ g \cdot mol^{-1}} = 2{,}904\ mol$$

Für die Stoffmenge $n_P(CO)$ gilt damit nach der Stoffmengenrelation:

$$n_P(CO) = 4 \cdot 2{,}904\ mol = 11{,}616\ mol$$

Somit ergibt sich:

$$m_P(CO) = n_P(CO) \cdot M(CO)$$

$$= 11{,}616\ mol \cdot 28{,}0101\ g \cdot mol^{-1} = 325{,}3653\ g$$

*Ergebnis:*

Aus 650 g Chromit entstehen 325,3653 g Kohlenstoffmonoxid.

**Beispiel 4.8**

Acetylen (Ethin) verbrennt an der Luft nach der folgenden Reaktionsgleichung zu Kohlenstoffdioxid und Wasser.

$$2\,C_2H_2 \;+\; 5\,O_2 \;\rightarrow\; 4\,CO_2 \;+\; 2\,H_2O$$

Für diese Verbrennungsreaktion stehen 85,6 g Acetylen zur Verfügung, und sein Umsatz beträgt 94,6 %. Welches Normvolumen von Kohlenstoffdioxid wird dabei gebildet?

*Gesucht:* $V_n\,(CO_2)$

*Gegeben:* $m\,(CO_2)$ , $U_{rel}\,(C_2H_2)$ , $M\,(C_2H_2)$ , $V_{m,n}\,(CO_2)$

*Lösung:*

Die für dieses Beispiel relevante Stoffmengenrelation lautet:

$$\frac{n_P\,(CO_2)}{n_R\,(C_2H_2)} = \frac{4}{2} \quad \Rightarrow \quad n_P\,(CO_2) = 2\,n_R\,(C_2H_2)$$

Zunächst ist nach Gl. (3.2):

$$n\,(C_2H_2) = \frac{m\,(C_2H_2)}{M\,(C_2H_2)} = \frac{85,6\ g}{26,0372\ g\cdot mol^{-1}} = 3,2876\ mol$$

Bei einem Umsatz von 94,6 % gilt dann mit Gl. (3.10) für den tatsächlich reagierenden Anteil von $C_2H_2$:

$$n_R\,(C_2H_2) = 3,2876\ mol \cdot 0,946 = 3,1101\ mol$$

Daraus folgt nach der Stoffmengenrelation:

$$n_P\,(CO_2) = 2 \cdot 3,1101\ mol = 6,2202\ mol$$

Und mit Gl. (3.4) sowie mit dem molaren Normvolumen nach Tabelle 3.1 gilt, da ja die durch die Reaktion gebildete Stoffmenge $n_P\,(CO_2)$ identisch mit der Stoffmenge $n\,(CO_2)$ ist:

$$V_n\,(CO_2) = n\,(CO_2) \cdot V_{m,n}\,(CO_2)$$

$$= 6,2202\ mol \cdot 22,262\ 1\cdot mol^{-1} = 138,4741\ 1$$

*Ergebnis:*

Das gebildete Normvolumen von Kohlenstoffdioxid beträgt 138,4741 1.

Wenn bei einer Reaktion ein in Frage kommender Reaktant nicht in reiner Form vorliegt, so muss neben der eigentlichen stöchiometrischen Berechnung auch noch eine zusätzliche Umrechnung durchgeführt werden. Da die *Gehaltsangabe* eines solchen Reaktanten häufig in Massenprozenten erfolgt, wird in diesen Fällen entweder bereits nach der maßgeblichen Stoffmengenrelation bei der Massenberechnung ein diesbezüglicher Faktor eingeführt, oder das Endergebniss wird abschließend noch mit diesem Faktor multipliziert. Erfolgt die Gehaltsangabe des entsprechenden Reaktanten dagegen anderweitig als in Massenprozenten, dann wird bei der erforderlichen Umrechnung sinngemäß verfahren.

**Beispiel 4.9**

Bei der Reaktion von Schwefelsäure mit Aluminiumhydroxid entsteht nach der chemischen Gleichung

$$3\,H_2SO_4 \ + \ 2\,Al(OH)_3 \ \rightarrow \ Al_2(SO_4)_3 \ + \ 6\,H_2O$$

Aluminiumsulfat und Wasser. Wie viel g von einer verdünnten Schwefelsäure mit einem Massenanteil von 9 % sind erforderlich, um damit 60 g Aluminiumsulfat herzustellen? (Man spricht dabei häufig von einer z.B. hier 9 %igen Lösung.)

*Gesucht:* $m_R\,(H_2SO_4\,,9\,\%)$

*Gegeben:* $m_P\,(Al_2(SO_4)_3)$ , $M(Al_2(SO_4)_3)$ , $M(H_2SO_4)$

*Lösung:*

Die hier relevante Stoffmengenrelation lautet:

$$\frac{n_R\,(H_2SO_4)}{n_P\,(Al_2(SO_4)_3)} = \frac{3}{1} \qquad \Rightarrow \qquad n_R\,(H_2SO_4) = 3\,n_P\,(Al_2(SO_4)_3)$$

Nach Gl. (3.2) gilt:

$$n_P\,(Al_2(SO_4)_3) = \frac{m_P\,(Al_2(SO_4)_3)}{M(Al_2(SO_4)_3)} = \frac{60\;g}{342{,}151\;g\cdot mol^{-1}} = 0{,}175\;mol$$

Für die Stoffmenge $n_R\,(H_2SO_4)$ ergibt sich dann nach der Stoffmengenrelation:

$$n_R\,(H_2SO_4) = 3\cdot 0{,}175\;mol = 0{,}525\;mol$$

Und damit:

$$m_R (H_2SO_4) = n_R (H_2SO_4) \cdot M(H_2SO_4)$$

$$= 0,525 \text{ mol} \cdot 98,078 \text{ g} \cdot \text{mol}^{-1} = 51,491 \text{ g}$$

Da diese Masse für eine reine Schwefelsäure gilt, die folglich einen Massenanteil von 100 % hat, muss das Ergebnis noch für eine 9 %ige Schwefelsäure umgerechnet werden.

$$m_R (H_2SO_4, 9\%) = 51,491 \text{ g} \cdot \frac{100\%}{9\%} = 572,122 \text{ g}$$

*Ergebnis:*

Für die Reaktion sind 572,122 g von der 9 %igen Schwefelsäure erforderlich.

**Beispiel 4.10**

Ein Fällmittel für die chemische Fällung von Phosphat, das in einem Abwasser als gelöstes Natriumphosphat vorliegt, enthält als Wirksubstanz $FeCl_3 \cdot 6\,H_2O$ mit einem Massenanteil von 76,8 %. Welche Masse des Fällmittels muss eingesetzt werden, wenn aus 1,7 kg gelöstem Natriumphosphat der Phosphatanteil in Form von Eisen(III)-phosphat ausgefällt werden soll? Die Reaktionsgleichung lautet:

$$FeCl_3 + Na_3PO_4 \rightarrow FePO_4 + 3\,NaCl$$

*Gesucht:* $m_R$ (Fällmittel)

*Gegeben:* $m_R (Na_3PO_4)$ , $M(Na_3PO_4)$ , $M(FeCl_3)$

*Lösung:*

Die maßgebliche Stoffmengenrelation lautet:

$$\frac{n_R (FeCl_3)}{n_R (Na_3PO_4)} = \frac{1}{1} \qquad \Rightarrow \qquad n_R (FeCl_3) = n_R (Na_3PO_4)$$

Nach Gl. (3.2) gilt:

$$n_R (Na_3PO_4) = \frac{m_R (Na_3PO_4)}{M(Na_3PO_4)} = \frac{1700 \text{ g}}{163,9408 \text{ g} \cdot \text{mol}^{-1}} = 10,37 \text{ mol}$$

Damit ist nach der Stoffmengenrelation ebenfalls:

$$n_R\,(FeCl_3) = 10{,}37 \text{ mol}$$

Es folgt:

$$m_R\,(FeCl_3) = n_R\,(FeCl_3) \cdot M\,(FeCl_3)$$

$$= 10{,}37 \text{ mol} \cdot 162{,}204 \text{ g} \cdot \text{mol}^{-1} = 1682{,}055 \text{ g}$$

Diese Masse wurde für reines $FeCl_3$ ermittelt. Da aber $FeCl_3$ nur einen Anteil an der kristallwasserhaltigen Verbindung darstellt, muss also sein Massenanteil daran noch berechnet werden. Nach Kap. 4.2 gilt dafür:

$$w_{rel}\,(FeCl_3) = \frac{M\,(FeCl_3) \cdot 100\ \%}{M\,(FeCl_3 \cdot 6\,H_2O)} = \frac{162{,}204 \text{ g} \cdot \text{mol}^{-1} \cdot 100\ \%}{270{,}295 \text{ g} \cdot \text{mol}^{-1}} = 60{,}010\ \%$$

Damit benötigt man:

$$m_R\,(FeCl_3 \cdot 6\,H_2O) = 1682{,}055 \text{ g} \cdot \frac{100\ \%}{60{,}010\ \%} = 2802{,}958 \text{ g}$$

Und da weiterhin der Massenanteil der Verbindung $FeCl_3 \cdot 6\,H_2O$ an dem Fällmittel 76,8 % beträgt, muss dieses Ergebnis noch entsprechend umgerechnet werden. Das Endergebnis lautet dann:

$$m_R\,(\text{Fällmittel}) = 2802{,}958 \cdot \frac{100\ \%}{76{,}8\ \%} = 3649{,}685 \text{ g}$$

*Ergebnis:*

Für die Fällung müssen rund 3,650 kg des Fällmittels eingesetzt werden.

## 4.4 Übungsaufgaben

**4.4-1**   Wie groß ist die Masse an Sauerstoff, die in der angegebenen Masse der jeweiligen Verbindung chemisch gebunden ist?

a)  120 mg Stickstoffdioxid $NO_2$

b)  300 g Eisen(II,III)-oxid $Fe_3O_4$

c)  170 g Natriumsulfat-Wasser (1/10) $Na_2SO_4 \cdot 10\,H_2O$

**4.4-2**  Eine Portion der folgenden Verbindungen enthält chemisch gebunden die angegebene Masse eines Elementes. Berechnen Sie die Masse des anderen Elementes.

a) Phosphortribromid $PBr_3$
enthält 125 g Brom, gesucht ist die Masse des Phosphors.

b) Kobalt(III)-sulfid $Co_2S_3$
enthält 400 mg Kobalt, gesucht ist die Masse des Schwefels.

c) Cyclohexan $C_6H_{12}$
enthält 60 g Kohlenstoff, gesucht ist die Masse des Wasserstoffs.

**4.4-3**  Welche Masse hat in der Stoffportion einer Verbindung die angegebene Atomgruppe, wenn die Masse eines anderen Bestandteils bekannt ist?

a) Diammoniumhydrogenphosphat $(NH_4)_2HPO_4$
enthält 55,76 mg Phosphor, gesucht ist die Masse des Ammoniums.

b) Urotropin (Hexamethylentetramin) $(CH_2)_6N_4$
enthält 410 g Stickstoff, gesucht ist die Masse der Methylengruppe.

c) Kobalt(III)-sulfat-Wasser (1/18) $Co_2(SO_4)_3 \cdot 18\,H_2O$
enthält 22 g Sulfat, gesucht ist die Masse des Kristallwassers.

**4.4-4**  Eine Stoffportion des Salzes $NH_4NO_3$ zerfällt beim Erhitzen vollständig in 25,15 g $N_2O$ und Wasser. Wie groß war dabei die Masse des Ammoniumnitrats?

**4.4-5**  Berechnen Sie die Masse der Verbindung, wenn die darin chemisch gebundene Masse eines Bestandteils bekannt ist.

a) Trichlormethan $CHCl_3$, enthält 45 g Chlor.

b) Chrom(III)-oxid $Cr_2O_3$, enthält 312 mg Chrom.

c) Calciumphosphat $Ca_3(PO_4)_2$, enthält 60 g Phosphat.

**4.4-6**  85 g Vitamin $B_{12}$ enthalten 4,35 % Kobalt. Welche molare Masse errechnet sich damit für das Vitamin $B_{12}$, wenn in einem Molekül des Vitamins 1 Atom Kobalt gebunden ist?

**4.4-7**  Berechnen Sie die Masse des Stickstoffs, die in 2,5 kg einer Lösung von Salpetersäure mit einem Massenanteil an $HNO_3$ von 65 % chemisch gebunden ist. Wie groß ist der Massenanteil in Prozent, den Stickstoff an dieser Verbindung hat?

**4.4-8**  Ein Natron-Kalk-Glas besteht aus den Massenanteilen 12,92 % $Na_2O$ sowie 11,57 % CaO und 75,51 % $SiO_2$. Welche Masse an gebundenem Sauerstoff enthalten 500 g dieses Glases?

**4.4-9**    Eine Mischung von drei Chlorverbindungen besteht aus den Massenanteilen 27,63 % $KCl$, 42,58 % $KClO_3$ und 29,79 % $KClO_4$. Welchen Massenanteil in Prozent Chlor hat diese Mischung?

**4.4-10**    Die Masse von 250 g von einer Mischung der drei Methylamine hat die folgenden Massenanteile: 13,86 % $(CH_3)NH_2$, 35,60 % $(CH_3)_2NH$ sowie 50,54 % $(CH_3)_3N$. Berechnen Sie, wie viele Methylgruppen diese Mischung enthält.

**4.4-11**    Eine Masse von 180 g eines Gemisches mehrerer Verbindungen enthält unter anderem 27,65 % $As_2S_3$ und 46,21 % $CuS$. Welche Gesamtmasse an gebundenem Schwefel liegt dadurch vor? Wie groß sind die prozentualen Massenanteile des Schwefels an den beiden Schwefelverbindungen und an der gesamten Stoffportion des Gemisches?

**4.4-12**    Die Elementanalyse einer unbekannten Verbindung ergibt die nachfolgenden Massenanteile in Prozent. Wie lautet die empirische Formel?

a)  22,43 % $Al$, 26,14 % $P$ und 51,77 % $O$

b)  76,68 % $Ag$, 4,29 % $C$ und 17,80 % $O$

c)  56,24 % $C$, 4,83 % $H$ und 38,41 % $S$

d)  22,98 % $K$, 15,72 % $Mn$ und 61,96 % $Cl$

e)  55,67 % $V$ und 43,65 % $O$

**4.4-13**    Aus 2 kg Aluminiumoxid werden durch eine elektrolytische Umsetzung mit einer Ausbeute von 86,7 % 918 g metallisches Aluminium gewonnen. Wie lautet die empirische Formel des Aluminiumoxids?

**4.4-14**    Eine Verbindung hat die folgende Zusammensetzung, geben Sie die jeweilige chemische Formel an.

a)  25,323 % $Ni$, 44,086 % $NH_3$ und 30,592 % $Cl$

b)  14,721 % $CH_3$, 41,201 % $CH_2$ und 44,078 % $COOH$

c)  55,310 % $Cu$, 9,868 % $OH$ und 34,821 % $CO_3$

d)  9,555 % $K$, 12,707 % $Cr$, 64,531 % $C_2O_4$ und 13,208 % $H_2O$

e)  14,241 % $Fe$, 9,200 % $NH_4$, 48,994 % $SO_4$ und 27,565 % $H_2O$

**4.4-15**    Berechnen Sie die Zusammensetzung der folgenden Verbindungen für die jeweilig angegebenen Bestandteile nach Massenanteilen in Prozent.

a)  $Cr(CH_3COO)_2 \cdot 2\,H_2O$, für $Cr$, $CH_3COO$ und $H_2O$

b)  $H_3AsO_4$, für $H$, $As$ und $O$

c)  $Ca_3Al_2(SiO_4)_3$, für $Ca$, $Al$ und $SiO_4$

d) $KBrO_3$, für K, Br und O

e) $(NH_4)_2SO_4$, für $NH_4$ und $SO_4$

f) $C_6H_5NH_2$, für C, H (von $C_6H_5$) und $NH_2$

**4.4-16** Im Hochofenprozess wird 1 t Eisen (III)-oxid durch Kohlenstoffmonoxid nach der folgenden Reaktionsgleichung zu elementarem Eisen reduziert.

$$Fe_2O_3 + 3\,CO \rightarrow 2\,Fe + 3\,CO_2$$

Der Umsatz des Eisen (III)-oxids beträgt 88,4 %.

a) Welche Masse Eisen entsteht bei dieser Reaktion?

b) Welche Masse Kohlenstoffdioxid entsteht dabei?

c) Wie viele Moleküle Kohlenstoffmonoxid haben hierbei reagiert?

**4.4-17** Beim Auflösen von Kupfer mit einer Lösung von Salpetersäure entsteht gemäß der nachfolgenden chemischen Gleichung u.a. Kupfernitrat.

$$3\,Cu + 8\,HNO_3 \rightarrow 3\,Cu(NO_3)_2 + 2\,NO + 4\,H_2O$$

Wie groß ist die Masse einer Salpetersäurelösung mit einem Massenanteil von 45 %, die eingesetzt werden muss, um 90 g Kupfernitrat zu erhalten?

**4.4-18** Eine Stoffportion der Verbindung Glycerintrinitrat zerfällt bei raschem Erhitzen vollständig in gasförmige Produkte.

$$4\,C_3H_5(NO_3)_3 \rightarrow 12\,CO_2 + 10\,H_2O + 5\,N_2 + 2\,NO$$

In einer anschließenden Analyse des Gemisches der Reaktionsprodukte werden 57,3 g Kohlenstoffdioxid gefunden. Welche Masse an Stickstoff und welche Masse an Stickstoffoxid sind bei diesem Zerfall außerdem entstanden?

**4.4-19** Kobalt (II,IV)-oxid wird aluminothermisch zu Kobalt reduziert. Bei diesem Verfahren setzt sich das Kobalt (II,IV)-oxid mit Aluminium zu metallischem Kobalt und Aluminiumoxid um. Von welcher Masse muss bei der Reaktion ausgegangen werden, wenn bei einer erreichbaren relativen Ausbeute von 90,2 % eine Masse von 126,7 g metallisches Kobalt gewonnen werden soll?

**4.4-20** Eine Masse von 6,41 g Phosphor verbrennt an der Luft teilweise zu Phosphorpentoxid. Nach Beendigung der Reaktion beträgt die Masse des entstandenen Gemisches von Phosphor und seinem Oxid 10,86 g. Wie groß ist der relative Umsatz des Phosphors?

**4.4-21**  Bei der Reaktion von Methanol mit dem Alkalimetall Lithium entsteht neben Wasserstoff noch Lithiummethoxid ($CH_3OLi$). Welches Volumen hat der gebildete Wasserstoff, wenn 7,65 g Lithium eingesetzt werden, und der Druck 1,01323 bar sowie die Temperatur 273,15 K betragen?

**4.4-22**  Eine Stoffportion Aluminiumoxid reagiert mit Salzsäure zu Aluminiumchlorid und Wasser. Welche Masse des Oxids liegt nach dieser Reaktion noch vor, wenn bei einem relativen Umsatz von 76,5 % des Aluminiumoxids 85 g der Verbindung Aluminiumchlorid gebildet werden? Welche Masse Wasser entsteht?

**4.4-23**  Eine Stoffportion von 120 g Eisen (II) - chlorid reagiert mit 20 g Chlorgas zu Eisen (III) - chlorid. Wie groß sind danach in der dadurch entstandenen Mischung die Massenanteile der beiden Chlorverbindungen in Prozent?

**4.4-24**  Bei der Einwirkung von verdünnter Schwefelsäure auf gemahlenes Calciumphosphat entstehen Calciumsulfat und Phosphorsäure. Wie viel Kilogramm verdünnte Schwefelsäure mit einem Massenanteil von 9 % müssen eingesetzt werden, um bei einem relativen Umsatz von 92,8 % eine Masse von 250 kg 55 %ige Phosphorsäure unter Verwendung der entsprechenden Masse Wasser herstellen zu können?

**4.4-25**  Eine Stoffportion der Verbindung Magnesiumcarbonat wird geglüht, dabei entsteht ein bestimmter Anteil von Magnesiumoxid und als Nebenprodukt Kohlenstoffdioxid. Wie groß sind im Glührückstand die prozentualen Massenanteile von Magnesiumcarbonat und Magnesiumoxid, wenn darin der Massenanteil des gebundenen Magnesiums 53,37 % beträgt?

**4.4-26**  Ein Kupfermineral enthält in 600 kg einen Massenanteil von 67,6 % Kupferkies ($Cu_2S \cdot Fe_2S_3$). Welche Masse an Kupfer lässt sich daraus durch Oxidation mit Sauerstoff bei einer Ausbeute von 83,9 % gewinnen?

**4.4-27**  Bei der Einwirkung von Schwefelsäure auf Natriumchlorid bei hohen Temperaturen entsteht neben Salzsäure noch Natriumsulfat. Die relative Ausbeute beträgt 97,7 %.

a) Wie viel g Schwefelsäure mit einem Massenanteil von 30 % werden benötigt, um 300 g Salzsäure mit einem Massenanteil von 25 % herzustellen?

b) Wie viel g $Na_2SO_4 \cdot 10\,H_2O$ lassen sich dabei isolieren?

# 5 Gehaltsangaben bei Lösungen

Eine homogene gasförmige, flüssige oder feste Stoffportion wird als eine *Phase* bezeichnet. Dabei bedeutet der Begriff der Phase einen homogenen Bereich, in dem überall gleiche physikalische Eigenschaften vorliegen. Werden verschiedene Stoffe zu einem Stoffgemisch vereinigt, so entsteht dadurch eine *Mischphase*. Gasförmige Mischphasen werden meistens Gasmischungen und flüssige Mischphasen werden Lösungen genannt. Für in fester Form vorliegende Mischphasen sind auch die beiden Bezeichnungen Mischkristalle oder feste Lösungen üblich.

---

Bei einer Lösung wird der in großem Überschuss vorhandene Stoff als Lösemittel (Lösungsmittel) bezeichnet. Er übernimmt die Funktion eines Verteilungsmediums für die zu lösenden Stoffe, die in gasförmiger, flüssiger oder fester Form in das Lösemittel eingebracht werden können.

---

Dies ist die allgemeine Definition einer Lösung. Wenn es sich aber bei den gelösten Stoffen um Feststoffe handelt, die in einer Flüssigkeit gelöst sind, so bezeichnet man, unabhängig von den vorliegenden Massenverhältnissen, diese Flüssigkeit stets als Lösemittel. Flüssige Lösemittel sind z.B. das Wasser, flüssiges Ammoniak oder Schwefeldioxid, sowie die große Anzahl der organischen Lösemittel. Ist der Gehalt einer Lösung an einem gelösten Stoff gering, dann spricht man von einer verdünnten Lösung. Die quantitative Zusammensetzung einer Lösung wird durch die verschiedenen Arten der Gehaltsangabe einer Lösung an dem gelösten Stoff beschrieben. Die *Gehaltsgrößen* einer Lösung, z.B. die Stoffmengenkonzentration oder der Massenanteil, werden durch entsprechende Kombinationen aus den drei grundlegenden Größen Stoffmenge, Masse und Volumen gebildet. Diese beziehen sich in den Gehaltsgrößen sowohl auf den gelösten Stoff als auch auf die gesamte Lösung.

## 5.1 Dichte

Dividiert man bei verschieden großen Portionen eines Stoffes, die alle den gleichen Druck und die gleiche Temperatur haben, die gemessene Masse durch das jeweils dazugehörige Volumen, so erhält man dabei stets einen gleichen Wert, der als Dichte dieses Stoffes bezeichnet wird. Durch die Dichte wird ein Stoff charakterisiert.

> Die Dichte $\rho$ eines Stoffes X ist der Quotient aus der Masse $m$ und dem Volumen $V$ einer Portion dieses Stoffes.

Die Gleichung dafür lautet:

$$\rho(X) = \frac{m(X)}{V(X)} \tag{5.1}$$

Die Einheit der Dichte ist $kg \cdot m^{-3}$, $g \cdot cm^{-3}$ oder $g \cdot ml^{-1}$, bei Gasen ist auch die Angabe $g \cdot l^{-1}$ üblich. Der Kehrwert der Dichte, das massenbezogene Volumen eines Stoffes, wird als das *spezifische Volumen* einer Stoffportion bezeichnet. Diese Definition der Dichte setzt voraus, dass die betrachtete Stoffportion homogen ist. Wenn sie z.B. pulverförmig ist, dann enthält sie unterschiedlich große Hohlräume zwischen den Teilchen und ist folglich inhomogen. Eine flüssige Lösung kann in diesem Sinne stets als homogen angesehen werden. Darüber hinaus ist die Dichte noch vom vorliegenden Druck und von der vorliegenden Temperatur abhängig. In der Regel nimmt dabei die Dichte eines Stoffes mit steigender Temperatur ab und mit steigendem Druck zu.

Da in der Stöchiometrie die Chemie der flüssigen Lösungen eine wichtige Rolle spielt, wird in Gl. (5.1) der Zustand einer Lösung durch einen Index gekennzeichnet. Wenn es sich um die Lösung eines Stoffes X handelt, dann gilt für die Dichte $\rho_L$ der Lösung dieses Stoffes mit der Masse der Lösung $m_L$ und dem Volumen der Lösung $V_L$ die Gleichung:

$$\rho_L(X) = \frac{m_L}{V_L} \tag{5.2}$$

Im Gegensatz zu der Größe $m(X)$, wodurch z.B. in einer bestimmten Gleichung die Masse eines reinen Stoffes X gekennzeichnet wird, handelt es sich folglich bei der neuen Größe $m_L$ um die Masse einer Lösung dieses Stoffes X.

Als Einheit wird bei der Dichte einer Lösung häufig $g \cdot ml^{-1}$ angegeben. Weiterhin ist bei der Angabe von $\rho_L$ zu berücksichtigen, dass das Volumen einer Lösung und damit auch $\rho_L$ selbst neben dem Druck vor allem von der Temperatur abhängig sind. Aus diesem Grund sollte bei einer Dichte stets mit angegeben werden, für welche Temperatur sie gilt. Dies erfolgt im vorliegenden Buch im Größensymbol der Dichte durch die Angabe eines Index. Demnach bedeutet z.B. $\rho_{L,15}$ die Dichte einer Lösung bei einer Temperatur von 15 °C. Der Einfluss des Druckes auf die Dichte einer flüssigen Lösung ist weitaus geringer als der Einfluss der Temperatur, weshalb er hier - außer bei Gasen - nicht extra vermerkt wird. Dabei wird als Druck, wenn nichts anderes gesagt wird, stets der Normaldruck angenommen.

**Beispiel 5.1**
Wie groß ist das Volumen, das bei 20 °C die Masse von 45 g einer Salpetersäurelösung mit einem Massenanteil von 20 % einnimmt, wenn für diese Lösung die Dichte $\rho_{L,20}(HNO_3, 20\%) = 1{,}115\ g \cdot ml^{-1}$ beträgt?

*Gesucht:* $V_L$            *Gegeben:* $\rho_{L,20}(HNO_3, 20\%)$ , $m_L$

*Lösung:*

Nach Gl. (5.2) gilt:

$$\rho_{L,20}(HNO_3, 20\%) = \frac{m_L}{V_L} \quad \Rightarrow \quad V_L = \frac{m_L}{\rho_{L,20}(HNO_3, 20\%)}$$

Damit folgt:

$$V_L = \frac{45\ g}{1{,}115\ g \cdot ml^{-1}} = 40{,}359\ ml$$

*Ergebnis:*

Das Volumen von 45 g der Salpetersäurelösung beträgt 40,359 ml.

## 5.2 Konzentrationen

Während in der Dichte einer Lösung die Masse der gesamten Lösung auf das Lösungsvolumen bezogen ist, interessiert daneben natürlich auch die Menge des gelösten Stoffes. Diese wird in den verschiedenen Angaben der Konzentration erfasst, in welcher der Gehalt der Lösung an dem gelösten Stoff auf das Volumen bezogen wird. Da das Volumen einer Lösung von der Temperatur abhängig ist, sind auch die verschiedenen Angaben der Konzentration temperaturabhängig.

### 5.2.1 Stoffmengenkonzentration

> Die Stoffmengenkonzentration $c$ eines gelösten Stoffes X ist der Quotient aus der Stoffmenge $n$ dieses Stoffes und dem Volumen $V_L$ der Lösung.

Mit dem Stoff X ist meistens eine Verbindung oder eine Ionensorte einer Verbindung gemeint. Die Gleichung lautet:

$$c(X) = \frac{n(X)}{V_L} \tag{5.3}$$

Die Einheit der Stoffmengenkonzentration ist $mol \cdot m^{-3}$, $mol \cdot l^{-1}$ bzw. auch $mmol \cdot l^{-1}$. In der Praxis werden aber zumeist bei gleicher stöchiometrischer Aussage die Einheiten mol/l bzw. mmol/l verwendet, und man nennt die Stoffmengenkonzentration auch kurz die Konzentration eines Stoffes. Die Stoffmengenkonzentration wurde früher als „Molarität" einer Lösung bezeichnet. Man sprach in diesem Zusammenhang z.B. bei der Stoffmengenkonzentration $c(HCl) = 1\ mol \cdot l^{-1}$ von einer 1 molaren Salzsäure und verwendete dafür die abgekürzte Schreibweise 1 M HCl.

**Beispiel 5.2**
In 250 ml einer wässrigen Lösung von Kaliumhydroxid sind 25 g dieses Salzes gelöst. Wie groß ist die Stoffmengenkonzentration der Kalilauge?

*Gesucht:* $c$ (KOH)                          *Gegeben:* $V_L$ , $M$ (KOH) , $m$ (KOH)

*Lösung:*

Nach Gl. (5.3) gilt:

$$c(\text{KOH}) = \frac{n(\text{KOH})}{V_L}$$

Mit Gl. (3.2) ergibt sich zunächst für die Stoffmenge:

$$n(\text{KOH}) = \frac{m(\text{KOH})}{M(\text{KOH})} = \frac{25\ \text{g}}{56{,}1056\ \text{g} \cdot \text{mol}^{-1}} = 0{,}4456\ \text{mol}$$

Und damit:

$$c(\text{KOH}) = \frac{0{,}4456\ \text{mol}}{0{,}250\ \text{l}} = 1{,}7824\ \text{mol} \cdot \text{l}^{-1}$$

*Ergebnis:*

Die Stoffmengenkonzentration der Kalilauge beträgt $1{,}7824\ \text{mol} \cdot \text{l}^{-1}$.

**Beispiel 5.3**

Ein Volumen von 400 ml einer wässrigen sauren Lösung enthält 9,74 g gelöstes Eisen (III)-chlorid. Berechnen Sie die Stoffmengenkonzentration der damit gelösten Chloridionen.

*Gesucht:* $c$ ($\text{Cl}^-$)                          *Gegeben:* $V_L$ , $m$ ($\text{FeCl}_3$) , $M$ ($\text{FeCl}_3$)

*Lösung:*

Nach Gl. (5.3) ist:

$$c(\text{Cl}^-) = \frac{n(\text{Cl}^-)}{V_L}$$

Da das Eisen (III)-chlorid hierbei vollständig in seine Ionenbestandteile dissoziiert ist, gilt die Stoffmengenrelation:

$$n(\text{Cl in FeCl}_3) = 3\,n(\text{FeCl}_3) = n(\text{Cl}^-)$$

Darin ist die Stoffmenge $n$ ($\text{Cl}^-$) die Stoffmenge des gelösten Chlorids.

Nach Gl. (3.2) gilt:

$$n(FeCl_3) = \frac{m(FeCl_3)}{M(FeCl_3)} = \frac{9,74 \text{ g}}{162,204 \text{ g} \cdot mol^{-1}} = 0,060 \text{ mol}$$

Gemäß der Stoffmengenrelation folgt für $n(Cl^-)$:

$$n(Cl^-) = 3 \cdot 0,060 \text{ mol} = 0,180 \text{ mol}$$

Und damit:

$$c(Cl^-) = \frac{0,180 \text{ mol}}{0,400 \text{ l}} = 0,450 \text{ mol} \cdot l^{-1}$$

*Ergebnis:*

Die Stoffmengenkonzentration der Chloridionen beträgt $0,450 \text{ mol} \cdot l^{-1}$.

## 5.2.2 Äquivalentkonzentration

Die vollständige Umsetzung einer Phosphorsäure mit Natronlauge wird durch folgende chemische Reaktionsgleichung beschrieben (s. dazu auch Kap. 6.3.6 Neutralisation):

$$H_3PO_4 + 3 \text{ NaOH} \quad \rightarrow \quad Na_3PO_4 + 3 H_2O$$

Demnach reagieren dabei 3 Teilchen NaOH mit 1 Teilchen $H_3PO_4$ unter Bildung von Natriumphosphat und Wasser. Bei dieser Neutralisations-reaktion setzt sich also stets 1 Teilchen NaOH mit 1/3 Teilchen $H_3PO_4$ um, d.h. dass 1/3 Teilchen $H_3PO_4$ damit 1 Teilchen NaOH gleichwertig, man sagt *äquivalent*, ist. Der Bruchteil von 1/3 Teilchen $H_3PO_4$ wird als ein *Äquivalentteilchen* oder *Äquivalent* (hier ein Neutralisationsäquivalent) be-zeichnet, und die Anzahl der Äquivalente je Teilchen $H_3PO_4$ wird dann die *Äquivalenzzahl* $z^*$ genannt. Bei dieser Reaktion ist daher $z^* = 3$ und gibt an, wie viel Protonen ein Teilchen $H_3PO_4$ dabei liefert.

Betrachtet man als eine weitere Reaktion die Neutralisation von Schwe-felsäure mit dem basisch reagierenden Salz Calciumhydroxid, so erhält man dafür die folgende chemische Reaktionsgleichung:

$$H_2SO_4 + Ca(OH)_2 \quad \rightarrow \quad CaSO_4 + 2 H_2O$$

Zunächst ist nach dem oben Gesagten $z^*(H_2SO_4) = 2$. Die Äquivalenzzahl $z^*(Ca(OH)_2)$ beträgt dann ebenfalls 2. Diese gibt jetzt an, wie viel Hydroxidionen 1 Teilchen $Ca(OH)_2$ bei der Reaktion liefert. Generell gilt bei einer Neutralisation zwischen den in den folgenden Beispielen angegebenen Säuren und Basen, dass dabei stets 1 Äquivalent den genannten Bruchteilen eines Teilchens entspricht, und zwar unabhängig von der chemischen Reaktionsgleichung.

$$1/1\ HCl \quad \Rightarrow \quad z^*(HCl) \quad = 1$$

$$1/2\ H_2SO_4 \quad \Rightarrow \quad z^*(H_2SO_4) \quad = 2$$

$$1/3\ H_3PO_4 \quad \Rightarrow \quad z^*(H_3PO_4) \quad = 3$$

$$1/1\ NaOH \quad \Rightarrow \quad z^*(NaOH) \quad = 1$$

$$1/2\ Ca(OH)_2 \quad \Rightarrow \quad z^*(Ca(OH)_2) = 2$$

$$1/3\ Al(OH)_3 \quad \Rightarrow \quad z^*(Al(OH)_3) = 3$$

In Reaktionsgleichungen stehen aber nicht nur Teilchen, sondern auch Stoffmengen (s. Kap. 3.4). Während 1 Äquivalent NaOH aus einem Teilchen besteht, ist die Äquivalentstoffmenge $n_{eq}(NaOH) = 1$ mol. Für die Umsetzung von Phosphorsäure mit Natriumhydroxid lautet die Stoffmengenrelation:

$$\frac{n_R(H_3PO_4)}{n_R(NaOH)} = \frac{1}{3} \quad \Rightarrow \quad n_R(H_3PO_4) = \frac{1}{3} n_R(NaOH)$$

Setzt man in die Stoffmengenrelation für die Stoffmenge $n_R(NaOH)$ die Äquivalentstoffmenge $n_{eq}(NaOH) = 1$ mol ein, dann ergibt sich dadurch die Äquivalentstoffmenge der Phosphorsäure.

$$n_{eq}(H_3PO_4) = \frac{1}{3} \text{ mol}$$

Es zeigt sich also, dass alle Betrachtungen über den Bruchteil eines Teilchens ebenso für den entsprechenden Bruchteil seiner Stoffmenge gelten.

Durch die Äquivalentstoffmenge ist für einen Stoff X nach der Gl. (5.3) auch seine Äquivalentkonzentration $c_{eq}$ definiert, sie lautet:

$$c_{eq}(X) = \frac{n_{eq}(X)}{V_L} \tag{5.4}$$

Mit der Definition der Äquivalentstoffmenge folgt allgemein bei einer Neutralisation (s. Kap. 6.3.6) für den Wert der Äquivalentkonzentration der dabei eingesetzten Säuren und Basen z.B.:

| | | | | |
|---|---|---|---|---|
| für HCl | ⇨ | $c_{eq}(HCl)$ | = | $1 \text{ mol} \cdot l^{-1}$ |
| für $H_2SO_4$ | ⇨ | $c_{eq}(H_2SO_4)$ | = | $1/2 \text{ mol} \cdot l^{-1}$ |
| für $H_3PO_4$ | ⇨ | $c_{eq}(H_3PO_4)$ | = | $1/3 \text{ mol} \cdot l^{-1}$ |
| für NaOH | ⇨ | $c_{eq}(NaOH)$ | = | $1 \text{ mol} \cdot l^{-1}$ |
| für $Ca(OH)_2$ | ⇨ | $c_{eq}(Ca(OH)_2)$ | = | $1/2 \text{ mol} \cdot l^{-1}$ |
| für $Al(OH)_3$ | ⇨ | $c_{eq}(Al(OH)_3)$ | = | $1/3 \text{ mol} \cdot l^{-1}$ |

Für die Äquivalentkonzentration ist, wie hier am Beispiel der Schwefelsäure dargestellt werden soll, auch noch folgende Schreibweise üblich:

$$c_{eq}(H_2SO_4) = c(1/2 \; H_2SO_4)$$

Die Äquivalentkonzentration wurde früher als „Normalität" mit der Einheit $Val \cdot l^{-1}$ bezeichnet. Dabei entsprach 1 Val ( = 1 Grammäquivalent) bei einer Neutralisation von z.B. Natronlauge mit Schwefelsäure der Stoffmenge 1 mol NaOH und 0,5 mol $H_2SO_4$, d.h. dass 39,9971 g NaOH der Masse 49,0392 g $H_2SO_4$ äquivalent waren. Damit galt dann auf den Liter bezogen:

$$c_{eq}(NaOH) = 1 \text{ mol} \cdot l^{-1} = 1 \text{ Val} \cdot l^{-1}$$

$$c_{eq}(H_2SO_4) = 0,5 \text{ mol} \cdot l^{-1} = 1 \text{ Val} \cdot l^{-1}$$

Eine 1 normale Schwefelsäure mit der Abkürzung 1 n $H_2SO_4$ hatte demnach die Stoffmengenkonzentration $c(H_2SO_4) = 0,5 \text{ mol} \cdot l^{-1}$. Generell sprach man dabei von Normallösungen. Die Einheit Val und der Begriff der Normalität mit der Konzentrationseinheit $Val \cdot l^{-1}$ sind aber nicht mehr zulässig.

Alle hier genannten Begriffe wie Äquivalent, Äquivalentzahl, Äquivalentstoffmenge oder Äquivalentkonzentration gelten im übertragenen Sinn allgemein für Ionenreaktionen, auch für Redoxreaktionen (s. Kap. 8.3). Ein *Redoxäquivalent* kennzeichnet ein Teilchen oder den Bruchteil eines Teilchens, das bei einer Redoxreaktion ein Elektron aufnehmen oder abgeben kann. Und ein *Ionenäquivalent* (s. Kap. 8.6.4) kennzeichnet dabei ein Teilchen oder den Bruchteil eines Teilchens, das entweder eine positive oder eine negative Ladung trägt.

Weil aber der Bruchteil eines Teilchens chemisch nicht definiert ist, kommt einem Äquivalentteilchen und damit der Äquivalentkonzentration auch keine reale Bedeutung zu. Außerdem wird durch die Stoffmengenrelationen, die ja direkt aus der eine Reaktion beschreibenden Gleichung hervorgehen, das Mengenverhältnis der miteinander reagierenden Teilchen oder Stoffmengen eindeutig festgelegt und damit bestimmt. Deswegen ist die hier erläuterte Betrachtungsweise von äquivalenten Stoffmengen und von Äquivalentkonzentrationen bei stöchiometrischen Berechnungen nicht erforderlich.

### 5.2.3 Massenkonzentration

Die Massenkonzentration $\beta$ eines gelösten Stoffes X ist der Quotient aus der Masse $m$ dieses Stoffes und dem Volumen der Lösung $V_L$.

Mit dem Stoff X ist meistens wieder eine Verbindung oder eine Ionensorte einer Verbindung gemeint. Die Gleichung lautet:

$$\beta(X) = \frac{m(X)}{V_L} \tag{5.5}$$

Die Einheit der Massenkonzentration ist häufig $kg \cdot m^{-3}$, $g \cdot l^{-1}$ oder auch $mg \cdot l^{-1}$. In der stöchiometrischen Praxis wird aber stattdessen zumeist die Form g/l bzw. mg/l als Einheit verwendet, wobei wiederum die stöchiometrische Aussage der beiden Formen der Einheit die Gleiche ist.

**Beispiel 5.4**

Wie viel Gramm Wasser werden bei einer Temperatur von 20 °C benötigt, um mit einer Masse von 35 g Natriumhydroxid eine Natronlauge der Massenkonzentration $\beta(NaOH) = 200\,g \cdot l^{-1}$ herstellen zu können? Die Dichte der Natronlauge beträgt 1,185 g $\cdot$ ml$^{-1}$.

*Gesucht:* $m(H_2O)$ \qquad\qquad *Gegeben:* $m(NaOH)$ , $\beta(NaOH)$ , $\rho_{L,20}(NaOH)$

*Lösung:*

Nach Gl. (5.5) ist:

$$\beta(NaOH) = \frac{m(NaOH)}{V_L} \qquad \Rightarrow \qquad V_L = \frac{m(NaOH)}{\beta(NaOH)}$$

Damit ergibt sich:

$$V_L = \frac{35\,g}{200\,g \cdot l^{-1}} = 0{,}175\,l$$

Die Masse dieses Lösungsvolumens lässt sich mit Gl. (5.2) über die Dichte der Lösung berechnen.

$$m_L = V_L \cdot \rho_{L,20}(NaOH) = 0{,}175\,l \cdot 1{,}185\,g \cdot ml^{-1} \cdot \frac{1000\,ml}{l} = 207{,}375\,g$$

Die Masse der Lösung ist aber die Summe aus der Masse des Natriumhydroxids und der Masse des reinen Wassers, so dass sich zwischen diesen beiden Größen die folgende Beziehung aufstellen lässt:

$$m_L = m(NaOH) + m(H_2O) \qquad \Rightarrow \qquad m(H_2O) = m_L - m(NaOH)$$

Für die Masse des Wassers erhält man so:

$$m(H_2O) = 207{,}375\,g - 35\,g = 172{,}375\,g$$

*Ergebnis:*

Zur Herstellung der Natronlauge werden 172,375 g Wasser benötigt.

Zwischen der Massenkonzentration und der Stoffmengenkonzentration einer Lösung desselben Stoffes X besteht ein einfacher stöchiometrischer Zusammenhang. Denn nach den Gln. (5.5) und (3.2) gilt für diesen Stoff:

$$\beta(X) = \frac{m(X)}{V_L} \quad \text{und} \quad m(X) = n(X) \cdot M(X)$$

Durch Einsetzen der zweiten Gleichung in die erste folgt:

$$\beta(X) = \frac{n(X) \cdot M(X)}{V_L} = \frac{n(X)}{V_L} \cdot M(X)$$

Und damit:

$$\beta(X) = c(X) \cdot M(X) \tag{5.6}$$

Anhand dieser Gleichung lassen sich also Stoffmengen- und Massenkonzentration eines gelöst vorliegenden Stoffes problemlos ineinander umrechnen.

**Beispiel 5.5**
Wie groß ist die Massenkonzentration einer wässrigen Lösung von Natriumoxalat, wenn seine Stoffmengenkonzentration $c(Na_2C_2O_4) = 0{,}05$ mol $\cdot$ l$^{-1}$ beträgt?

*Gesucht:* $\beta(Na_2C_2O_4)$          *Gegeben:* $M(Na_2C_2O_4)$ , $c(Na_2C_2O_4)$

*Lösung:*

Nach Gl. (5.6) gilt:

$$\beta(Na_2C_2O_4) = c(Na_2C_2O_4) \cdot M(Na_2C_2O_4)$$

Mit der molaren Masse $M(Na_2C_2O_4) = 133{,}9986$ g $\cdot$ mol$^{-1}$ ergibt sich damit:

$$\beta(Na_2C_2O_4) = 0{,}05 \text{ mol} \cdot \text{l}^{-1} \cdot 133{,}9986 \text{ g} \cdot \text{mol}^{-1} = 6{,}6999 \text{ g} \cdot \text{l}^{-1}$$

*Ergebnis:*

Die Massenkonzentration der Lösung von Natriumoxalat beträgt 6,6999 g $\cdot$ l$^{-1}$.

**Beispiel 5.6**
Ein Lösungsvolumen von 95 ml enthält 300 mg der Verbindung Kaliumpermanganat ($KMnO_4$). Berechnen Sie die Stoffmengenkonzentration $c(KMnO_4)$.

*Gesucht:* $c\,(\mathrm{KMnO_4})$          *Gegeben:* $V_\mathrm{L}$ , $m\,(\mathrm{KMnO_4})$ , $M\,(\mathrm{KMnO_4})$

*Lösung:*

Nach Gl. (5.6) gilt:

$$\beta\,(\mathrm{KMnO_4}) = c\,(\mathrm{KMnO_4}) \cdot M\,(\mathrm{KMnO_4}) \quad \Rightarrow \quad c\,(\mathrm{KMnO_4}) = \frac{\beta\,(\mathrm{KMnO_4})}{M\,(\mathrm{KMnO_4})}$$

Die benötigte Massenkonzentration wird dabei nach Gl. (5.5) berechnet.

$$\beta\,(\mathrm{KMnO_4}) = \frac{m\,(\mathrm{KMnO_4})}{V_\mathrm{L}} = \frac{0{,}300\ \mathrm{g}}{0{,}095\ \mathrm{l}} = 3{,}158\ \mathrm{g} \cdot \mathrm{l}^{-1}$$

Mit $M\,(\mathrm{KMnO_4}) = 158{,}0339\ \mathrm{g} \cdot \mathrm{mol}^{-1}$ folgt damit für die gesuchte Stoffmengenkonzentration:

$$c\,(\mathrm{KMnO_4}) = \frac{3{,}158\ \mathrm{g} \cdot \mathrm{l}^{-1}}{158{,}0339\ \mathrm{g} \cdot \mathrm{mol}^{-1}} = 0{,}0200\ \mathrm{mol} \cdot \mathrm{l}^{-1}$$

*Ergebnis:*

Die Stoffmengenkonzentration beträgt $c\,(\mathrm{KMnO_4}) = 0{,}0200\ \mathrm{mol} \cdot \mathrm{l}^{-1}$.

### 5.2.4 Volumenkonzentration

> Die Volumenkonzentration $\sigma$ einer gelösten Komponente Ko ist der Quotient aus dem Volumen dieser Komponente (vor dem Lösevorgang) und dem Volumen $V_\mathrm{L}$ der fertigen Lösung.

Die Gleichung dafür lautet:

$$\sigma\,(\mathrm{Ko}) = \frac{V\,(\mathrm{Ko})}{V_\mathrm{L}} \tag{5.7}$$

Da im Zähler und im Nenner von Gl. (5.7) jeweils Volumina stehen, ergibt sich als Einheit der Volumenkonzentration je nach Angabe dieser Einzelvolumina z.B. $1 \cdot l^{-1}$, $ml \cdot l^{-1}$ oder auch $1 \cdot m^{-3}$. Durch Kürzen erhält man daraus 1 bzw. eine Zehnerpotenz, bei den angegebenen Einheiten:

$$1 \cdot l^{-1} = 1 \quad , \quad ml \cdot l^{-1} = 10^{-3} \quad , \quad l \cdot m^{-3} = 10^{-3}$$

$$\text{Beispiel: } \sigma(\text{CsF}) = 12{,}6 \, l \cdot m^{-3} = 1{,}26 \cdot 10^{-2}$$

Für die relative Volumenkonzentration $\sigma_{rel}$ in der Einheit Prozent gilt die folgende Gleichung:

$$\sigma_{rel}(\text{Ko}) = \sigma(\text{Ko}) \cdot 100\,\% \tag{5.8}$$

**Beispiel 5.7**
Ein Volumen von 480 ml einer Lösung des Alkohols Methanol ($CH_3OH$) in Wasser enthält bei 15 °C eine Masse von 54 g Methanol. Die Dichte des reinen Alkohols beträgt $\rho_{15}(CH_3OH) = 0{,}7958 \, g \cdot ml^{-1}$. Wie groß ist $\sigma_{rel}(CH_3OH)$ in dieser Lösung?

*Gesucht:* $\sigma_{rel}(CH_3OH)$ *Gegeben:* $V_L$ , $m(CH_3OH)$ , $\rho_{15}(CH_3OH)$

*Lösung:*

Nach den Gln. (5.8) und (5.7) gilt:

$$\sigma_{rel}(CH_3OH) = \sigma(CH_3OH) \cdot 100\,\% \quad \text{und} \quad \sigma(CH_3OH) = \frac{V(CH_3OH)}{V_L}$$

Das Volumen des Methanols ergibt sich dabei mit Gl. (5.1) aus der Dichte:

$$V(CH_3OH) = \frac{m(CH_3OH)}{\rho_{15}(CH_3OH)} = \frac{54\,g}{0{,}7958\,g \cdot ml^{-1}} = 67{,}8562\,ml$$

Damit folgt:

$$\sigma(CH_3OH) = \frac{67{,}8562\,ml}{480\,ml} = 0{,}141$$

Und:

$$\sigma_{rel}(CH_3OH) = 0{,}141 \cdot 100\,\% = 14{,}1\,\%$$

*Ergebnis:*

Die Lösung hat die relative Volumenkonzentration $\sigma_{rel}(CH_3OH) = 14{,}1\,\%$.

Bei idealen Mischungen, wie z.B. bei Gasmischungen, verhalten sich die Volumina der einzelnen Komponenten additiv. Demnach ist dabei das Gesamtvolumen der hergestellten Mischung genauso groß wie die Summe der Volumina der Komponenten. Im Fall von nichtidealen Mischungen, speziell bei flüssigen Mischungen, ist bei der Mischung der Komponenten eine Volumenkontraktion oder Volumendilatation zu berücksichtigen. Darunter ist zu verstehen, dass die Summe der Volumina der Komponenten größer (bei Volumenkontraktion) oder kleiner (bei Volumendilatation) ist als das tatsächliche Gesamtvolumen der Mischung. Eine Volumenkontraktion tritt z.B. beim Mischen von Ethanol mit Wasser oder von Schwefelsäure mit Wasser auf. Eine Volumendilatation ist hingegen nur von wenigen flüssigen Mischungen bekannt. Ein solches reales Mischungsverhalten ist zu berücksichtigen, wenn Lösungen (Mischungen) vorgegebener Volumenkonzentration hergestellt werden sollen. Dazu müssen dann die Dichten sowohl der reinen Komponenten als auch der fertigen Lösung bekannt sein, die entsprechenden Tabellenwerken entnommen werden können.

**Beispiel 5.8**
Wie viel ml des Alkohols Ethanol ($C_2H_5OH$) und wie viel ml Wasser werden zur Herstellung eines Volumens von 450 ml einer Lösung mit der relativen Volumenkonzentration $\sigma_{rel}(C_2H_5OH) = 43\%$ benötigt? Die Temperatur beträgt einheitlich 20 °C, die erforderlichen Dichten werden Tabellenwerken entnommen.

*Gesucht:* $V(C_2H_5OH)$ , $V(H_2O)$

*Gegeben:* $\sigma_{rel}(C_2H_5OH)$, $\rho_{20}(C_2H_5OH)$, $\rho_{20}(H_2O)$, $\rho_{L,20}(C_2H_5OH, 43\%)$

*Lösung:*

Zunächst ergibt sich die Volumenkonzentration der Lösung aus Gl. (5.8):

$$\sigma(C_2H_5OH) = \frac{\sigma_{rel}(C_2H_5OH)}{100\%} = \frac{43\%}{100\%} = 0,43$$

Damit wird jetzt nach Gl. (5.7) das Volumen des Ethanols berechnet.

$$\sigma(C_2H_5OH) = \frac{V(C_2H_5OH)}{V_L} \qquad \Rightarrow \qquad V(C_2H_5OH) = V_L \cdot \sigma(C_2H_5OH)$$

$$\Downarrow$$

$$V(C_2H_5OH) = 450 \text{ ml} \cdot 0,43 = 193,50 \text{ ml}$$

Wegen der Volumenkontraktion müssen die Volumina der einzelnen Komponenten über deren Massen berechnet werden. Die dazu erforderlichen Dichten sind:

$$\rho_{20}\,(C_2H_5OH) = 0{,}7892\;g \cdot ml^{-1} \qquad \rho_{20}\,(H_2O) = 0{,}9982\;g \cdot ml^{-1}$$

$$\rho_{L,20}\,(C_2H_5OH, 43\;\%) = 0{,}9431\;g \cdot ml^{-1}$$

Damit ist nach den Gln. (5.1) und (5.2):

Für das reine $C_2H_5OH$:

$$m\,(C_2H_5OH) = V\,(C_2H_5OH) \cdot \rho_{20}\,(C_2H_5OH)$$

$$= 193{,}50\;ml \cdot 0{,}7892\;g \cdot ml^{-1} = 152{,}710\;g$$

Für die Lösung:

$$m_L = V_L \cdot \rho_{L,20}\,(C_2H_5OH, 43\;\%)$$

$$= 450\;ml \cdot 0{,}9431\;g \cdot ml^{-1} = 424{,}395\;g$$

Die Differenz zwischen der Masse der Lösung $m_L$ und der Masse des reinen Ethanols $m\,(C_2H_5OH)$ ergibt dann die Masse des Wassers.

$$m\,(H_2O) = m_L - m\,(C_2H_5OH)$$

$$= 424{,}395\;g - 152{,}710\;g = 271{,}685\;g$$

Mit der Dichte des Wassers folgt daraus:

$$V\,(H_2O) = \frac{m\,(H_2O)}{\rho_{20}\,(H_2O)} = \frac{271{,}685\;g}{0{,}9982\;g \cdot ml^{-1}} = 272{,}175\;ml$$

*Ergebnis:*

Für die Lösung werden 193,50 ml Ethanol und 272,175 ml Wasser benötigt.

Würde man nur die Differenz zwischen dem Volumen der Lösung und dem Volumen des reinen Ethanols bilden, so würde das Ergebnis mit 256,50 ml für das Volumen des Wassers wegen der Volumenkontraktion zu niedrig ausfallen.

## 5.3 Molalität

> Die Molalität $b$ eines gelösten Stoffes X ist der Quotient aus der Stoffmenge $n$ dieses Stoffes und aus der Masse $m_{Lm}$ des Lösemittels.

Der Stoff X ist dabei in den meisten Fällen eine Verbindung oder aber eine Ionensorte einer Verbindung. Die entsprechende Definitionsgleichung für die Molalität lautet:

$$b(X) = \frac{n(X)}{m_{Lm}} \tag{5.9}$$

Als Einheit der Molalität wird häufig $mol \cdot kg^{-1}$ verwendet. Während bei der Stoffmengenkonzentration (s. dazu Gl. (5.3)) die Stoffmenge des gelösten Stoffes auf das Volumen der gesamten Lösung bezogen wird, steht also bei der Molalität die Masse des reinen Lösemittels im Nenner der Definitionsgleichung. Da in Gl. (5.9) keine temperaturabhängigen Größen enthalten sind, hängt die Molalität selbst ebenfalls nicht von der Temperatur ab.

Die Molalität wird vor allem bei bestimmten physikalisch-chemischen Berechnungen angewendet, z.B. bei der Berechnung der molaren Masse eines gelöst vorliegenden Stoffes aus der Gefrierpunktserniedrigung oder der Siedepunktserhöhung des Lösemittels.

**Beispiel 5.9**
Eine Portion von 25 g des Salzes Natriumbromid wird in 400 g reinem Wasser gelöst. Wie groß ist die Molalität dieser wässrigen Lösung?

*Gesucht:* $b(NaBr)$      *Gegeben:* $m(NaBr)$ , $M(NaBr)$ , $m_{Lm} = m(H_2O)$

*Lösung:*

Nach Gl. (5.9) gilt zunächst:

$$b(NaBr) = \frac{n(NaBr)}{m(H_2O)}$$

Mit Gl. (3.2) ergibt sich für die Stoffmenge:

$$n(\text{NaBr}) = \frac{m(\text{NaBr})}{M(\text{NaBr})} = \frac{25 \text{ g}}{102{,}894 \text{ g} \cdot \text{mol}^{-1}} = 0{,}243 \text{ mol}$$

Damit folgt für die Molalität:

$$b(\text{NaBr}) = \frac{0{,}243 \text{ mol}}{0{,}400 \text{ kg}} = 0{,}608 \text{ mol} \cdot \text{kg}^{-1}$$

*Ergebnis:*

Die Molalität der Lösung von Natriumbromid beträgt $0{,}608 \text{ mol} \cdot \text{kg}^{-1}$.

**Beispiel 5.10**

Ein Volumen von 125 ml einer wässrigen Ammoniaklösung enthält die Stoffmenge 0,34 mol Ammoniak. Die Lösung hat eine Temperatur von 20 °C, ihre Dichte beträgt $\rho_{L,20}(\text{NH}_3) = 0{,}978 \text{ g} \cdot \text{ml}^{-1}$. Berechnen Sie die Molalität $b(\text{NH}_3)$.

*Gesucht:* $b(\text{NH}_3)$        *Gegeben:* $V_L$ , $n(\text{NH}_3)$ , $M(\text{NH}_3)$ , $\rho_{L,20}(\text{NH}_3)$

*Lösung:*

Nach Gl. (5.9) gilt für die Molalität:

$$b(\text{NH}_3) = \frac{n(\text{NH}_3)}{m(\text{H}_2\text{O})}$$

Die Masse der Ammoniaklösung $m_L$ ist die Summe aus der Masse des reinen Ammoniaks und der Masse des reinen Wassers, so dass dadurch folgt:

$$m_L = m(\text{NH}_3) + m(\text{H}_2\text{O}) \qquad \Rightarrow \qquad m(\text{H}_2\text{O}) = m_L - m(\text{NH}_3)$$

Die Masse des Ammoniaks lässt sich nach Gl. (3.2) berechnen und ergibt sich dabei mit $M(\text{NH}_3) = 17{,}0304 \text{ g} \cdot \text{mol}^{-1}$ zu $m(\text{NH}_3) = 5{,}7903 \text{ g}$. Die Masse der Ammoniaklösung wird dann mit Hilfe von Gl. (5.2) über deren gegebene Dichte ermittelt.

$$m_L = V_L \cdot \rho_{L,20}(\text{NH}_3) = 125 \text{ ml} \cdot 0{,}978 \text{ g} \cdot \text{ml}^{-1} = 122{,}250 \text{ g}$$

Damit folgt für die Masse des Lösemittels Wasser:

$$m(H_2O) = 122{,}250 \text{ g} - 5{,}7903 \text{ g} = 116{,}460 \text{ g}$$

Und in der üblichen Einheit ergibt sich somit für die Molalität:

$$b(NH_3) = \frac{0{,}34 \text{ mol}}{0{,}116460 \text{ kg}} = 2{,}919457 \text{ mol} \cdot \text{kg}^{-1}$$

*Ergebnis:*

Die Molalität der Ammoniaklösung beträgt $2{,}919457 \text{ mol} \cdot \text{kg}^{-1}$.

Anmerkung: Die für praktische Zwecke unnötige Genauigkeit ergibt sich hier aus den im vorliegenden Buch stets angewendeten Rundungsregeln, s. dazu Kap. 2.2.

## 5.4 Anteilsgrößen

In einer Mischphase beschreibt eine Anteilsgröße das Verhältnis der drei Größen $n$, $m$ oder $V$ einer Komponente zur Summe der entsprechend gleichen Größen aller Komponenten der Mischphase. Ist diese Mischphase flüssig, so wird sie als Lösung bezeichnet, und das Lösemittel ist dann eine Komponente der Mischphase.

### 5.4.1 Stoffmengenanteil

> Der Stoffmengenanteil $x$ einer Mischphasenkomponente $Ko_1$ ist der Quotient aus der Stoffmenge dieser Komponente und der Summe der Stoffmengen aller Mischphasenkomponenten $Ko_1$, $Ko_2$, $Ko_3$ ..... $Ko_n$.

Bei den Komponenten handelt es sich um Reinstoffe. Liegen z.B. drei Komponenten vor, so lautet in diesem Fall die Definitionsgleichung für den Stoffmengenanteil der 1. Komponente:

$$x(\mathrm{Ko_1}) = \frac{n(\mathrm{Ko_1})}{n(\mathrm{Ko_1}) + n(\mathrm{Ko_2}) + n(\mathrm{Ko_3})} \qquad (5.10\mathrm{a})$$

Der Stoffmengenanteil der 2. Komponente lässt sich dann entsprechend nach folgender Gleichung berechnen:

$$x(\mathrm{Ko_2}) = \frac{n(\mathrm{Ko_2})}{n(\mathrm{Ko_1}) + n(\mathrm{Ko_2}) + n(\mathrm{Ko_3})} \qquad (5.10\mathrm{b})$$

Auf die gleiche Weise kann die Berechnung des Stoffmengenanteils für die dritte Komponente der Mischphase oder auch für jede weitere Komponente einer anderen Mischphase durchgeführt werden, die sich dann aus mehr als drei Komponenten zusammensetzt. Da in diesen Gleichungen sowohl im Zähler als auch im Nenner jeweils Stoffmengen stehen, ergibt sich die Einheit eines Stoffmengenanteils je nach Angabe der Stoffmengen zu z.B. $\mathrm{mol \cdot mol^{-1}}$, $\mathrm{mmol \cdot mol^{-1}}$ oder auch $\mathrm{\mu mol \cdot mol^{-1}}$. Durch Kürzen erhält man daraus 1 bzw. eine Zehnerpotenz, hier folgt also:

$$\mathrm{mol \cdot mol^{-1}} = 1 \quad , \quad \mathrm{mmol \cdot mol^{-1}} = 10^{-3} \quad , \quad \mathrm{\mu mol \cdot mol^{-1}} = 10^{-6}$$

$$\text{Beispiel:} \quad x(\mathrm{KCN}) = 4{,}3 \, \mathrm{mmol \cdot mol^{-1}} = 4{,}3 \cdot 10^{-3}$$

Die Angabe des Stoffmengenanteils einer Komponente einer Mischphase erfolgt häufig in der Einheit Prozent. Aus diesem Grund wird der relative Stoffmengenanteil $x_{\mathrm{rel}}$ definiert. In allgemeiner Form für eine beliebige Komponente lautet die zugehörige Gleichung:

$$x_{\mathrm{rel}}(\mathrm{Ko}) = x(\mathrm{Ko}) \cdot 100\,\% \qquad (5.11)$$

Der Stoffmengenanteil wurde früher als „Molenbruch" bezeichnet. Er hängt weder vom Druck noch von der Temperatur ab, sondern nur von der Zusammensetzung der Mischphase. Aus den Gln. (5.10 a) bzw. (5.10 b) geht hervor, dass die Summe der Stoffmengenanteile aller Komponenten einer Mischphase stets 1 ergeben muss. Der Stoffmengenanteil wird bei einigen grundsätzlichen Betrachtungen, vor allem auf dem Gebiet der chemischen Thermodynamik, z.B. beim osmotischen Druck, angewendet.

**Beispiel 5.11**

Ein Volumen von 100 ml Natronlauge enthält bei 20 °C 30,6 g gelöstes Natriumhydroxid. Berechnen Sie den relativen Stoffmengenanteil $x_{rel}$ (NaOH) in Prozent, wenn die Dichte der Natronlauge $\rho_{L,20}$ (NaOH) = 1,265 g · ml$^{-1}$ beträgt.

*Gesucht:* $x_{rel}$ (NaOH)     *Gegeben:* $V_L$ , $m$ (NaOH) , $M$ (NaOH) , $\rho_{L,20}$ (NaOH)

*Lösung:*

Die Mischphase Natronlauge besteht aus den beiden Komponenten Natriumhydroxid und Wasser, wodurch für den Stoffmengenanteil $x$ (NaOH) nach Gl. (5.10 a) bzw. (5.10b) resultiert:

$$x\,(\text{NaOH}) = \frac{n\,(\text{NaOH})}{n\,(\text{NaOH}) \;+\; n\,(\text{H}_2\text{O})}$$

Zunächst folgt aus Gl. (3.2):

$$n\,(\text{NaOH}) = \frac{m\,(\text{NaOH})}{M\,(\text{NaOH})} = \frac{30,6\ \text{g}}{39,9971\ \text{g} \cdot \text{mol}^{-1}} = 0,7651\ \text{mol}$$

Die Masse der Natronlaugelösung $m_L$ ist die Summe aus der Masse des Natriumhydroxids und der Masse des Wassers, also gilt:

$$m_L = m\,(\text{NaOH}) + m\,(\text{H}_2\text{O}) \qquad \Rightarrow \qquad m\,(\text{H}_2\text{O}) = m_L - m\,(\text{NaOH})$$

Die unbekannte Größe $m_L$ lässt sich nach Gl. (5.2) über die gegebene Dichte der Natronlauge berechnen.

$$m_L = V_L \cdot \rho_{L,20}\,(\text{NaOH}) = 100\ \text{ml} \cdot 1,265\ \text{g} \cdot \text{ml}^{-1} = 126,500\ \text{g}$$

Damit ergibt sich für die Masse des Wassers:

$$m\,(\text{H}_2\text{O}) = 126,500\ \text{g} - 30,6\ \text{g} = 95,900\ \text{g}$$

Diese 95,900 g H$_2$O entsprechen dann wieder nach Gl. (3.2) unter Verwendung von $M$ (H$_2$O) = 18,0152 g · mol$^{-1}$ der Stoffmenge $n$ (H$_2$O) = 5,3233 mol, so dass nun der gesuchte Stoffmengenanteil berechnet werden kann.

$$x\,(\text{NaOH}) = \frac{0,7651\ \text{mol}}{0,7651\ \text{mol} \;+\; 5,3233\ \text{mol}} = 0,1257\ \frac{\text{mol}}{\text{mol}} = 0,1257$$

Für den relativen Stoffmengenanteil $x_{rel}$ (NaOH) folgt schließlich nach Gl. (5.11) der Wert 12,57 %.

*Ergebnis:*

Der relative Stoffmengenanteil $x_{rel}$ (NaOH) der Natronlauge beträgt 12,57 %.

**Beispiel 5.12**

Wie viel g Wasser müssen zu einer alkoholischen Mischung, die aus 85 g Methanol und 68 g Ethanol besteht, zugefügt werden, damit sein Stoffmengenanteil in der dadurch entstandenen neuen Mischung 0,4 beträgt?

*Gesucht:* $m(H_2O)$      *Gegeben:* $m(CH_3OH)$, $m(C_2H_5OH)$, $M(CH_3OH)$,

$$M(C_2H_5OH), M(H_2O), x(H_2O)$$

*Lösung:*

Nach Gl. (5.10a) gilt für den Stoffmengenanteil des Wassers:

$$x(H_2O) = \frac{n(H_2O)}{n(H_2O) + n(CH_3OH) + n(C_2H_5OH)}$$

Dafür werden zunächst mit den in der Aufgabe gegebenen Massen der beiden Alkohole nach Gl. (3.2) deren Stoffmengen berechnet.

$$n(CH_3OH) = \frac{m(CH_3OH)}{M(CH_3OH)} = \frac{85 \text{ g}}{32,0417 \text{ g} \cdot \text{mol}^{-1}} = 2,6528 \text{ mol}$$

$$n(C_2H_5OH) = \frac{m(C_2H_5OH)}{M(C_2H_5OH)} = \frac{68 \text{ g}}{46,0682 \text{ g} \cdot \text{mol}^{-1}} = 1,4761 \text{ mol}$$

Jetzt kann mit der Gleichung des Stoffmengenanteils $x(H_2O)$ die Bestimmungsgleichung für die benötigte Stoffmenge $n(H_2O)$ aufgestellt werden, sie lautet:

$$0,4 = \frac{n(H_2O)}{n(H_2O) + 2,6528 \text{ mol} + 1,4761 \text{ mol}}$$

Diese Bestimmungsgleichung wird nach $n(H_2O)$ aufgelöst, so dass sich auf diese Weise ergibt:

$$0,4 \cdot (n(H_2O) + 4,1289 \text{ mol}) = n(H_2O) \quad \Rightarrow \quad n(H_2O) = 2,7527 \text{ mol}$$

Nach Gl. (3.2) entspricht das der Masse:

$$m(H_2O) = n(H_2O) \cdot M(H_2O) = 2,7527 \cdot 18,0152 \text{ g} \cdot \text{mol}^{-1} = 49,5904 \text{ g}$$

*Ergebnis:*

Zu der alkoholischen Mischung müssen 49,5904 g Wasser zugefügt werden.

## 5.4.2 Massenanteil

> Der Massenanteil *w* einer Mischphasenkomponente $Ko_1$ ist der Quotient aus der Masse dieser Komponente und der Summe der Massen von allen Mischphasenkomponenten $Ko_1$, $Ko_2$, $Ko_3$ ..... $Ko_n$.

Liegen in der Mischphase z.B. drei Komponenten vor, so lautet die Definitionsgleichung für den Massenanteil der 1. Komponente:

$$w(Ko_1) = \frac{m(Ko_1)}{m(Ko_1) + m(Ko_2) + m(Ko_3)} \qquad (5.12a)$$

Der Massenanteil der 2. Komponente wird dann entsprechend nach der Gl. (5.12b) berechnet.

$$w(Ko_2) = \frac{m(Ko_2)}{m(Ko_1) + m(Ko_2) + m(Ko_3)} \qquad (5.12b)$$

Auf die gleiche Weise kann die Berechnung des Massenanteils für die dritte Komponente der Mischphase oder auch für jede weitere Komponente einer anderen Mischphase durchgeführt werden, die sich aus mehr als drei Komponenten zusammensetzt. Wenn es sich bei der Mischphase um eine flüssige Lösung handelt, so ist in diesem Fall die nachfolgende Definition eines Massenanteils üblich:

Der Massenanteil *w* einer gelösten Komponente Ko ist der Quotient aus der Masse dieser Komponente und der Masse der gesamten Lösung $m_L$.

Die Gleichung dafür lautet:

$$w(\text{Ko}) = \frac{m(\text{Ko})}{m_L} \tag{5.13}$$

Denn die Masse einer Lösung ist ja gleich der Summe der Massen aller Komponenten dieser Lösung, die Nenner der Gln. (5.12a) und (5.12b) sind folglich identisch.

In den Definitionsgleichungen für den Massenanteil stehen im Zähler und im Nenner jeweils Massen, weshalb beim Massenanteil als Einheit z.B. $g \cdot g^{-1}$, $mg \cdot g^{-1}$ oder auch $\mu g \cdot g^{-1}$ angegeben werden kann. Durch Kürzen erhält man daraus 1 bzw. eine Zehnerpotenz, bei den vorstehenden Einheiten ergibt sich dadurch:

$$g \cdot g^{-1} = 1 \quad , \quad mg \cdot g^{-1} = 10^{-3} \quad , \quad \mu g \cdot g^{-1} = 10^{-6}$$

Beispiel: $w(\text{K}_2\text{SO}_4) = 0{,}72\ \mu g \cdot g^{-1} = 7{,}2 \cdot 10^{-7}$

Ein Massenanteil wird meistens mit dem relativen Massenanteil $w_{rel}$ in Prozent angegeben, man spricht dabei z.B. von einer 30 %igen Säure. Für eine beliebige Komponente Ko lautet die entsprechende Gleichung:

$$w_{rel}(\text{Ko}) = w(\text{Ko}) \cdot 100\ \% \tag{5.14}$$

**Beispiel 5.13**
Wie groß ist der relative Massenanteil $w_{rel}(\text{HCl})$ einer Salzsäurelösung, wenn bei einer Dichte von $\rho_{L,20}(\text{HCl}) = 1{,}049\ g \cdot ml^{-1}$ ein Volumen von 250 ml mit der Stoffmengenkonzentration $3\ mol \cdot l^{-1}$ vorliegt? Die Temperatur dieser Salzsäurelösung beträgt 20 °C.

*Gesucht:* $w_{rel}$ (HCl)          *Gegeben:* $\rho_{L,20}$ (HCl) , $V_L$ , $c$ (HCl)

*Lösung:*

Für den relativen Massenanteil folgt nach Gl. (5.14) mit Gl. (5.13):

$$w_{rel} (HCl) = w (HCl) \cdot 100\,\% \qquad \text{mit} \quad w (HCl) = \frac{m (HCl)}{m_L}$$

Aus der gegebenen Stoffmengenkonzentration und dem vorliegenden Volumen lässt sich dann zunächst nach Gl. (5.3) die Stoffmenge $n$ (HCl) berechnen.

$$c (HCl) = \frac{n (HCl)}{V_L} \qquad \Rightarrow \qquad n (HCl) = V_L \cdot c (HCl)$$

Damit:

$$n (HCl) = 0,250\,l \cdot 3\,mol \cdot l^{-1} = 0,750\,mol$$

Und mit der molaren Masse erhält man daraus nach Gl. (3.2) die Masse.

$$m (HCl) = n (HCl) \cdot M (HCl) = 0,750\,mol \cdot 36,461\,g \cdot mol^{-1} = 27,346\,g$$

Die Masse der Lösung $m_L$ lässt sich mit Gl. (5.2) aus der Dichte der Salzsäurelösung berechnen.

$$m_L = V_L \cdot \rho_{L,20} (HCl) = 250\,ml \cdot 1,049\,g \cdot ml^{-1} = 262,250\,g$$

Mit den Werten für $m$ (HCl) und $m_L$ ergibt sich jetzt als Massenanteil:

$$w (HCl) = \frac{27,346\,g}{262,250\,g} = 0,104\,g \cdot g^{-1} = 0,104$$

Und für den relativen Massenanteil $w_{rel}$ (HCl) folgt schließlich nach Gl. (5.14) der Wert 10,4 %.

*Ergebnis:*

Der relative Massenanteil $w_{rel}$ (HCl) der Salzsäurelösung beträgt 10,4 %.

**Beispiel 5.14**

Eine wässrige Lösung von Kobalt (II) - bromid hat die Masse $m_L = 300$ g. Berechnen Sie für diese Lösung die Masse des gelöst vorliegenden Bromids, wenn das Kobaltsalz vollständig dissoziiert ist und außerdem sein relativer Massenanteil an der Lösung $w_{rel}(CoBr_2) = 35$ % beträgt.

*Gesucht:* $m(Br^-)$        *Gegeben:* $m_L$ , $M(CoBr_2)$ , $M(Br^-)$ , $w_{rel}(CoBr_2)$

*Lösung:*

Zunächst ergibt sich aus einem relativen Massenanteil von 35 % gemäß Gl. (5.14) als absoluter Massenanteil $w(CoBr_2) = 0,35$.

Nach Gl. (5.13) ist dann weiter:

$$w(CoBr_2) = \frac{m(CoBr_2)}{m_L} \qquad \Rightarrow \qquad m(CoBr_2) = m_L \cdot w(CoBr_2)$$

Und damit:

$$m(CoBr_2) = 300 \text{ g} \cdot 0,35 = 105 \text{ g}$$

Das Kobalt (II) - bromid ist eine Ionenverbindung und damit in Wasser vollständig in seine Ionenbestandteile dissoziiert. Deshalb gilt für die Stoffmenge $n(Br^-)$ die folgende Stoffmengenrelation:

$$n(\text{Br in } CoBr_2) = 2\, n(CoBr_2) = n(Br^-)$$

Die Stoffmenge $n(Br^-)$ ist dabei die Stoffmenge des in gelöster Form vorliegenden Bromids, wodurch aus der vorstehenden Stoffmengenrelation bei Anwendung von Gl. (3.2) folgt:

$$n(Br^-) = 2\, n(CoBr_2) = \frac{2\, m(CoBr_2)}{M(CoBr_2)} = \frac{2 \cdot 105 \text{ g}}{218,741 \text{ g} \cdot \text{mol}^{-1}} = 0,960 \text{ mol}$$

Aus dieser Stoffmenge des gelösten Bromids wird dann abschließend seine Masse berechnet.

$$m(Br^-) = n(Br^-) \cdot M(Br^-) = 0,960 \text{ mol} \cdot 79,904 \text{ g} \cdot \text{mol}^{-1} = 76,708 \text{ g}$$

*Ergebnis:*

Die Masse des gelösten Bromids beträgt 76,708 g.

### 5.4.3 Volumenanteil

Der Volumenanteil $\varphi$ einer Mischphasenkomponente $Ko_1$ ist der Quotient aus dem Volumen dieser Komponente (vor der Vermischung) und aus der Summe der Volumina (ebenfalls vor der Vermischung) von allen Mischphasenkomponenten $Ko_1$, $Ko_2$, $Ko_3$ ..... $Ko_n$.

Bei einer vorliegenden Mischphase mit z.B. drei Komponenten lautet nach der obigen Definition die entsprechende Gleichung für den Volumenanteil der 1. Komponente:

$$\varphi(Ko_1) = \frac{V(Ko_1)}{V(Ko_1) + V(Ko_2) + V(Ko_3)} \qquad (5.15a)$$

Der Volumenanteil der 2. Komponente wird analog dieser Gleichung nach (5.15b) berechnet.

$$\varphi(Ko_2) = \frac{V(Ko_2)}{V(Ko_1) + V(Ko_2) + V(Ko_3)} \qquad (5.15b)$$

Und für die dritte Komponente lässt sich auf die im Prinzip gleiche Weise der Volumenanteil berechnen. Ebenso kann dabei eine Mischphase aus mehr als drei Komponenten zusammengesetzt sein. Die möglichen Einheiten des Volumenanteils sind identisch mit denjenigen der Volumenkonzentration (s. Kap. 5.2.4), denn auch hier stehen in Zähler und Nenner jeweils Volumina. Je nach Angabe dieser Volumina sind z.B. folgende Einheiten des Volumenanteils denkbar: $1 \cdot l^{-1}$, $ml \cdot l^{-1}$ oder auch $ml \cdot m^{-3}$. Durch Kürzen ergibt sich dabei 1 bzw. eine Zehnerpotenz. Für die vorstehend genannten drei Einheiten des Volumenanteils folgen damit auch drei verschiedene Zahlenwerte.

$$1 \cdot l^{-1} = 1 \quad , \quad ml \cdot l^{-1} = 10^{-3} \quad , \quad ml \cdot m^{-3} = 10^{-6}$$

Beispiel: $\varphi(CH_3OH) = 320\ ml \cdot m^{-3} = 3{,}2 \cdot 10^{-4}$

Der relative Volumenanteil $\varphi_{rel}$ wird zumeist in der Einheit Prozent angegeben, er wird für eine beliebige Komponente nach Gl. (5.16) berechnet.

$$\varphi_{rel}(Ko) = \varphi(Ko) \cdot 100\,\% \qquad (5.16)$$

Der Volumenanteil wurde früher als „Volumenbruch" bezeichnet, der relative Volumenanteil als „Volumenprozent". Der Volumenanteil $\varphi$ und die Volumenkonzentration $\sigma$ (s. Kap. 5.2.4) einer Komponente in einer Mischphase - hier handelt es sich vor allem um flüssige Lösungen - haben dann identische Zahlenwerte, wenn beim Mischungsvorgang keine Volumenänderung (Kontraktion oder Dilatation) eintritt, die Volumina sich folglich additiv verhalten. Denn in diesem Fall ist das Gesamtvolumen der hergestellten Mischung genauso groß wie die Summe aus den Volumina der einzelnen Komponenten, die bei der Volumenkonzentration dem Volumen $V_L$ der fertigen Lösung (Mischung) entspricht. Da beim Mischen von idealen Gasen keine Volumenänderung auftritt, wird hierbei häufig der Volumenanteil als quantitatives Maß verwendet. Bei vorliegen von realem Mischungsverhalten sollte stattdessen die Volumenkonzentration verwendet werden.

**Beispiel 5.15**
Zu einer Mischung von 150 ml Methanol (Me) und 90 ml Ethanol (Et) soll eine Portion des Alkohols Propanol (Pr) zugegeben werden. Wie groß muss das Volumen des Propanols sein, wenn in der dann neuen Mischung der relative Volumenanteil $\varphi_{rel}(Pr) = 28\,\%$ betragen soll?

*Gesucht:* $V(Pr)$ \qquad\qquad\qquad *Gegeben:* $V(Me)$ , $V(Et)$ , $\varphi_{rel}(Pr)$

*Lösung:*

Nach den Gln. (5.16) und (5.15a) gilt:

$$\varphi_{rel}(Pr) = \varphi(Pr) \cdot 100\,\% \qquad \text{und} \qquad \varphi(Pr) = \frac{V(Pr)}{V(Pr) + V(Me) + V(Et)}$$

Damit folgt für $V(Pr)$:

$$V(Pr) = (V(Pr) + V(Me) + V(Et)) \cdot \varphi(Pr)$$

Mit den in der Aufgabenstellung gegebenen Werten für die Volumina und mit dem absoluten Volumenanteil von $\varphi(Pr) = 0{,}28$ ergibt sich dabei:

$$V(\text{Pr}) = (V(\text{Pr}) + 150 \text{ ml} + 90 \text{ ml}) \cdot 0{,}28$$

$$= V(\text{Pr}) \cdot 0{,}28 + 67{,}2 \text{ ml} \qquad \Rightarrow \qquad V(\text{Pr}) = 93{,}33 \text{ ml}$$

*Ergebnis:*

Das benötigte Volumen des Propanols beträgt 93,33 ml.

**Beispiel 5.16**

Ein Volumen von 500 ml einer wässrigen Lösung von Ethanol ($C_2H_5OH$) enthält bei 20 °C eine Masse von 134 g des Alkohols. Wie groß sind dabei die Volumenkonzentration $\sigma\,(C_2H_5OH)$ und der Volumenanteil $\varphi\,(C_2H_5OH)$, wenn folgende Dichten gegeben sind?

$$\rho_{20}\,(C_2H_5OH) = 0{,}7892 \text{ g} \cdot \text{ml}^{-1} \qquad \rho_{L,20}\,(\text{Lösung}) = 0{,}9571 \text{ g} \cdot \text{ml}^{-1}$$

$$\rho_{20}\,(H_2O) = 0{,}9982 \text{ g} \cdot \text{ml}^{-1}.$$

*Gesucht:* $\sigma\,(C_2H_5OH)$ , $\varphi\,(C_2H_5OH)$

*Gegeben:* $V_L$ , $m\,(C_2H_5OH)$ , $\rho_{20}\,(C_2H_5OH)$ , $\rho_{L,20}\,(\text{Lösung})$ , $\rho_{20}\,(H_2O)$

*Lösung:*

Die Volumenkonzentration errechnet sich nach Gl. (5.7).

$$\sigma\,(C_2H_5OH) = \frac{V(C_2H_5OH)}{V_L}$$

Dabei ergibt sich das Volumen des reinen Ethanols aus der Dichte nach Gl. (5.1).

$$V\,(C_2H_5OH) = \frac{m\,(C_2H_5OH)}{\rho_{20}\,(C_2H_5OH)} = \frac{134 \text{ g}}{0{,}7892 \text{ g} \cdot \text{ml}^{-1}} = 169{,}792 \text{ ml}$$

Und damit:

$$\sigma\,(C_2H_5OH) = \frac{169{,}792 \text{ ml}}{500 \text{ ml}} = 0{,}340 \, \frac{\text{ml}}{\text{ml}} = 0{,}340$$

Der Volumenanteil des Ethanols an der Lösung wird in Gl. (5.15 a) definiert, er lautet für dieses Beispiel:

$$\varphi(C_2H_5OH) = \frac{V(C_2H_5OH)}{V(C_2H_5OH) + V(H_2O)}$$

Im Nenner des Bruchs steht die Summe der Volumina der beiden Komponenten vor der Vermischung zur Lösung. Das Volumen des Wassers $V(H_2O)$, das noch fehlt, um den Volumenanteil zu bestimmen, erhält man dabei über eine Massenberechnung.

Die Masse der Lösung ist:

$$m_L = V_L \cdot \rho_{L,20}\text{ (Lösung)} = 500\,\text{ml} \cdot 0{,}9571\,\text{g} \cdot \text{ml}^{-1} = 478{,}550\,\text{g}$$

Für $m_L$ gilt die Gleichung:

$$m_L = m(C_2H_5OH) + m(H_2O) \quad \Rightarrow \quad m(H_2O) = m_L - m(C_2H_5OH)$$

Und damit:

$$m(H_2O) = 478{,}550\,\text{g} - 134\,\text{g} = 344{,}550\,\text{g}$$

Mit der Dichte des Wassers bei 20 °C lässt sich dann die Masse in das zugehörige Volumen des Wassers vor der Vermischung umrechnen.

$$V(H_2O) = \frac{m(H_2O)}{\rho_{20}(H_2O)} = \frac{344{,}550}{0{,}9982\,\text{g} \cdot \text{ml}^{-1}} = 345{,}171\,\text{ml}$$

Abschließend kann jetzt der Volumenanteil $\varphi(C_2H_5OH)$ nach der obigen Gleichung berechnet werden.

$$\varphi(C_2H_5OH) = \frac{169{,}771\,\text{ml}}{169{,}771\,\text{ml} + 345{,}171\,\text{ml}} = 0{,}330\,\frac{\text{ml}}{\text{ml}} = 0{,}330$$

*Ergebnis:*

   Die wässrige Lösung von Ethanol hat eine Volumenkonzentration von 0,340 und einen Volumenanteil von 0,330.

### 5.4.4 Umrechnung von Anteilsgrößen

a) Massenanteil und Massenkonzentration

In einer flüssigen Mischphase ist die gelöste Komponente Ko identisch mit dem gelösten Stoff X. Für einen gelösten Stoff ist neben seinem Massenanteil auch seine Massenkonzentration nach Gl. (5.5) definiert, also gilt:

$$w(X) = \frac{m(X)}{m_L} \qquad \text{und} \qquad \beta(X) = \frac{m(X)}{V_L}$$

Außerdem folgt nach Gl. (5.2) für die Dichte der Lösung:

$$\rho_L(X) = \frac{m_L}{V_L} \qquad \Rightarrow \qquad m_L = V_L \cdot \rho_L(X)$$

Diese letzte Gleichung wird nun in die Definitionsgleichung des Massenanteils eingesetzt.

$$w(X) = \frac{m(X)}{m_L} = \frac{m(X)}{V_L \cdot \rho_L(X)} = \frac{\beta(X)}{\rho_L(X)}$$

Daraus ergibt sich dann die einfache Beziehung zwischen der Massenkonzentration und dem Massenanteil eines gelösten Stoffes X.

$$\beta(X) = \rho_L(X) \cdot w(X) \qquad (5.17)$$

Ist also die eine der beiden Größen (Massenkonzentration oder Massenanteil) bekannt, so kann damit die andere Größe nach Gl. (5.17) berechnet werden. Bei der Anwendung dieser Gleichung ist noch zu bedenken, dass hierbei die Massenkonzentration in der Einheit der Dichte berechnet wird. Sie muss deswegen gegebenenfalls umgerechnet werden.

**Beispiel 5.17**
Eine Masse von 325 g einer Salpetersäurelösung enthält 87,75 g $HNO_3$. Berechnen Sie $\beta(HNO_3)$ aus dem Massenanteil $w(HNO_3)$, wenn diese Lösung bei einer Temperatur von 20 °C die Dichte $\rho_{L,20}(HNO_3) = 1{,}175$ g $\cdot$ ml$^{-1}$ hat.

*Gesucht:* $\beta(HNO_3)$    *Gegeben:* $m_L$ , $m(HNO_3)$ , $M(HNO_3)$ , $\rho_{L,20}(HNO_3)$

*Lösung:*

Nach Gl. (5.17) gilt:

$$\beta(HNO_3) = \rho_{L,20}(HNO_3) \cdot w(HNO_3)$$

Der Massenanteil der $HNO_3$ ergibt sich nach Gl. (5.13) zu:

$$w(HNO_3) = \frac{m(HNO_3)}{m_L} = \frac{87{,}75 \text{ g}}{325 \text{ g}} = 0{,}27$$

Damit folgt für die gesuchte Massenkonzentration:

$$\beta(HNO_3) = 1{,}175 \text{ g} \cdot ml^{-1} \cdot 0{,}27 = 0{,}317 \text{ g} \cdot ml^{-1}$$

Da die Dichte in der Einheit $g \cdot ml^{-1}$ angegeben wurde, muss das Ergebnis noch auf den Liter umgerechnet werden. Es lautet dann:

$$\beta(HNO_3) = 0{,}317 \text{ g} \cdot ml^{-1} \cdot \frac{1000 \text{ ml}}{l} = 317 \text{ g} \cdot l^{-1}$$

*Ergebnis:*

Die Massenkonzentration $\beta(HNO_3)$ der Salpetersäurelösung beträgt $317 \text{ g} \cdot l^{-1}$.

Anmerkung: Alternativ hätte man auch mit der Dichte das Volumen der Salpetersäurelösung berechnen können, und dann daraus nach Gl. (5.5) die Massenkonzentration.

### b) Massenanteil und Stoffmengenkonzentration

Da in Gl. (5.6) der Zusammenhang zwischen der Stoffmengenkonzentration und der Massenkonzentration eines gelösten Stoffes X über seine molare Masse gegeben ist, lässt sich daher mit Gl. (5.17) auch eine Beziehung zwischen der Stoffmengenkonzentration und dem Massenanteil dieses gelösten Stoffes herstellen. Es gelten die beiden Gleichungen:

$$\beta(X) = \rho_L(X) \cdot w(X) \qquad \text{und} \qquad \beta(X) = c(X) \cdot M(X)$$

Und damit:

$$c(X) = \frac{\rho_L(X) \cdot w(X)}{M(X)} \tag{5.18}$$

**Beispiel 5.18**

Eine wässrige Lösung von Schwefelsäure hat bei 20 °C die Stoffmengenkonzentration $c(H_2SO_4) = 8 \ mol \cdot l^{-1}$. Wie groß ist in dieser Lösung der relative Massenanteil $w_{rel}(H_2SO_4)$, wenn deren Dichte $\rho_{L,20}(H_2SO_4) = 1,440 \ g \cdot ml^{-1}$ beträgt?

*Gesucht:* $w(H_2SO_4)$     *Gegeben:* $c(H_2SO_4)$ , $\rho_{L,20}(H_2SO_4)$ , $M(H_2SO_4)$

*Lösung:*

Nach Gl. (5.18) gilt:

$$c(H_2SO_4) = \frac{\rho_{L,20}(H_2SO_4) \cdot w(H_2SO_4)}{M(H_2SO_4)}$$

$$\Downarrow$$

$$w(H_2SO_4) = \frac{M(H_2SO_4) \cdot c(H_2SO_4)}{\rho_{L,20}(H_2SO_4)}$$

Damit folgt mit der molaren Masse $M(H_2SO_4) = 98,0784 \ g \cdot mol^{-1}$ für den gesuchten Massenanteil:

$$w(H_2SO_4) = \frac{98,0784 \ g \cdot mol^{-1} \cdot 8 \ mol \cdot l^{-1}}{1,440 \ g \cdot ml^{-1}} = 544,8800 \ \frac{ml}{l}$$

Da ein Massenanteil dimensionslos ist, müssen die Einheiten im Zähler und im Nenner noch gekürzt werden. Dazu werden sie ineinander umgerechnet, so dass mit der Beziehung 1 l = 1000 ml gilt:

$$w(H_2SO_4) = 544,880 \cdot \frac{ml}{1000 \ ml} = 0,54488$$

*Ergebnis:*

Der relative Massenanteil beträgt $w_{rel}(H_2SO_4) = 54,488 \ \%$.

## c) Stoffmengenanteil und Massenanteil

Für die Umrechnung eines Stoffmengenanteils in seinen Massenanteil und umgekehrt ist Voraussetzung, dass die Stoffmengen oder die Massen aller

Komponenten der betreffenden Mischphase bekannt sind. Um dabei den Rechenweg überschaubar zu halten, wird im Folgenden von einer Mischphase ausgegangen, die nur aus zwei Komponenten besteht. Dies kann z.B. die Lösung eines Stoffes sein, wobei dann das Lösemittel die zweite Komponente darstellt. Die Betrachtungen können aber ohne weiteres auch auf Mischphasen ausgedehnt werden, die aus drei oder mehr Komponenten bestehen.

Für den Stoffmengenanteil einer Komponente $Ko_1$ in einer Mischphase mit einer Komponente $Ko_2$ gilt Gl. (5.10a). Werden darin die Stoffmengen der Komponenten unter Verwendung von Gl. (3.2) ersetzt, so ergibt sich:

$$x(Ko_1) = \frac{n(Ko_1)}{n(Ko_1) + n(Ko_2)}$$

$$\Downarrow$$

$$x(Ko_1) = \frac{m(Ko_1)/M(Ko_1)}{m(Ko_1)/M(Ko_1) + m(Ko_2)/M(Ko_2)} \qquad (5.19)$$

Der Massenanteil dieser Komponente wird mit Gl. (5.12a) berechnet. Hierin werden jetzt die Massen der Komponenten ebenfalls mit Hilfe der Gl. (3.2) ersetzt. Man erhält damit:

$$w(Ko_1) = \frac{m(Ko_1)}{m(Ko_1) + m(Ko_2)}$$

$$\Downarrow$$

$$w(Ko_1) = \frac{n(Ko_1) \cdot M(Ko_1)}{n(Ko_1) \cdot M(Ko_1) + n(Ko_2) \cdot M(Ko_2)} \qquad (5.20)$$

Indem man bei gegebenem Stoffmengenanteil oder bei gegebenem Massenanteil eine Gesamtstoffmenge bzw. eine Gesamtmasse (s. dazu die folgenden Beispiele) annimmt und dadurch vorgibt, lassen sich so mit den Gln. (5.19) und (5.20) Stoffmengen- und Massenanteil auf einfache Weise ineinander umrechnen.

**Beispiel 5.19**

Eine Lösung des Salzes Natriumchlorid in Wasser hat den relativen Stoffmengen-anteil $x_{rel}$ (NaCl) $= 18,6$ %. Welchen Wert hat in dieser Lösung der relative Mas-senanteil $w_{rel}$ (NaCl)?

*Gesucht:* $w_{rel}$ (NaCl)          *Gegeben:* $x_{rel}$ (NaCl) , $M$ (NaCl) , $M$ (H$_2$O)

*Lösung:*

Nach Gl. (5.20) gilt:

$$w\,(\text{NaCl}) = \frac{n\,(\text{NaCl}) \cdot M\,(\text{NaCl})}{n\,(\text{NaCl}) \cdot M\,(\text{NaCl}) \; + \; n\,(\text{H}_2\text{O}) \cdot M\,(\text{H}_2\text{O})}$$

Die zur Berechnung des Massenanteils hier erforderlichen Stoffmengen der Kom-ponenten werden jetzt unter Berücksichtigung des vorliegenden Stoffmengenan-teils angenommen. Da nämlich ein Stoffmengenanteil für jede beliebige Stoffmen-ge einer Lösung zutrifft, kann somit auch von der Stoffmenge 100 mol der Lösung ausgegangen werden. Für die beiden Komponenten Natriumchlorid und Wasser folgen in diesem Fall als Ausgangsstoffmengen:

$$x_{rel}\,(\text{NaCl}) = 18,6\,\% \qquad \Rightarrow \qquad n\,(\text{NaCl}) = 18,6\;\text{mol}$$

$$x_{rel}\,(\text{H}_2\text{O}) = 81,4\,\% \qquad \Rightarrow \qquad n\,(\text{H}_2\text{O}) = 84,4\;\text{mol}$$

Mit den molaren Massen der Komponenten kann damit der Massenanteil berech-net werden.

$$w\,(\text{NaCl}) = \frac{18,6\;\text{mol} \cdot 58,443\;\text{g} \cdot \text{mol}^{-1}}{18,6\;\text{mol} \cdot 58,443\;\text{g} \cdot \text{mol}^{-1} \; + \; 84,4\;\text{mol} \cdot 18,0152\;\text{g} \cdot \text{mol}^{-1}}$$

$$= 0,427\;\frac{\text{g}}{\text{g}} = 0,427$$

*Ergebnis:*

Bei einem relativen Stoffmengenanteil von $x_{rel}$ (NaCl) $= 18,6$ % beträgt der relative Massenanteil $w_{rel}$ (NaCl) $= 42,7$ %.

**Beispiel 5.20**

Eine wässrige Lösung der Verbindung Kaliumiodid hat einen relativen Massenan-teil von $w_{rel}$ (KI) $= 23$ %. Wie groß ist der relative Stoffmengenanteil $x_{rel}$ (KI)?

*Gesucht:* $x_{rel}$ (KI)         *Gegeben:* $w_{rel}$ (KI) , $w_{rel}$ ($H_2O$) , $M$ (KI) , $M$ ($H_2O$)

*Lösung:*

Nach Gl. (5.19) gilt:

$$x \, (\text{KI}) = \frac{m \, (\text{KI}) \, / \, M \, (\text{KI})}{m \, (\text{KI}) \, / \, M \, (\text{KI}) \; + \; m \, (\text{H}_2\text{O}) \, / \, M \, (\text{H}_2\text{O})}$$

Die zur Berechnung des Stoffmengenanteils hier erforderlichen Massen der Komponenten werden jetzt unter Berücksichtigung des vorliegenden Massenanteils angenommen. Da nämlich ein Massenanteil für jede beliebige Masse einer Lösung zutrifft, kann somit auch von der Masse 100 g der Lösung ausgegangen werden. Für die beiden Komponenten Kaliumiodid und Wasser ergeben sich in diesem Fall die Ausgangsstoffmengen:

$$w_{rel} \, (\text{KI}) \quad = 23 \, \% \qquad \Rightarrow \qquad m \, (\text{KI}) \quad = 23 \, \text{g}$$

$$w_{rel} \, (\text{H}_2\text{O}) = 77 \, \% \qquad \Rightarrow \qquad m \, (\text{H}_2\text{O}) = 77 \, \text{g}$$

Mit den molaren Massen der Komponenten kann damit der Stoffmengenanteil berechnet werden.

$$x \, (\text{KI}) = \frac{23 \, \text{g} \, / \, 166{,}0028 \, \text{g} \cdot \text{mol}^{-1}}{23 \, \text{g} \, / \, 166{,}0028 \, \text{g} \cdot \text{mol}^{-1} \; + \; 77 \, \text{g} \, / \, 18{,}0152 \, \text{g} \cdot \text{mol}^{-1}}$$

$$= 0{,}0314 \, \frac{\text{mol}}{\text{mol}} = 0{,}0314$$

*Ergebnis:*

Bei einem relativen Massenanteil von $w_{rel}$ (KI) $= 23\,\%$ beträgt der relative Stoffmengenanteil $x_{rel}$ (KI) $= 3{,}14\,\%$.

## d) Volumenanteil und Massenanteil

Um den Volumenanteil und den Massenanteil ineinander umrechnen zu können, müssen die Dichten aller Komponenten der betreffenden Mischphase bekannt sein. Auch hier sollen wie unter c) wegen der Überschaubarkeit des Rechenweges nur Mischphasen betrachtet werden, die aus zwei Komponenten bestehen. Das Prinzip der Vorgehensweise gilt aber ebenso bei Mischphasen mit mehr als zwei Komponenten.

Der Volumenanteil einer Komponente $Ko_1$ in einer Mischphase mit einer Komponente $Ko_2$ ergibt sich nach Gl. (5.15 a). In Verbindung mit der Dichte nach Gl. (5.1) folgt daher:

$$\varphi(Ko_1) = \frac{V(Ko_1)}{V(Ko_1) + V(Ko_2)}$$

$$\Downarrow$$

$$\varphi(Ko_1) = \frac{m(Ko_1)/\rho(Ko_1)}{m(Ko_1)/\rho(Ko_1) + m(Ko_2)/\rho(Ko_2)} \tag{5.21}$$

Der Massenanteil dieser Komponente wird nach Gl. (5.12 a) berechnet, wobei in der Gleichung die Massen nach Gl. (5.1) ersetzt werden.

$$w(Ko_1) = \frac{m(Ko_1)}{m(Ko_1) + m(Ko_2)}$$

$$\Downarrow$$

$$w(Ko_1) = \frac{V(Ko_1) \cdot \rho(Ko_1)}{V(Ko_1) \cdot \rho(Ko_1) + V(Ko_2) \cdot \rho(Ko_2)} \tag{5.22}$$

Gibt man nun eine Gesamtmasse oder ein Gesamtvolumen vor (s. dazu die nächsten beiden Beispiele), so können mit den Gln. (5.21) und (5.22) Volumenanteil und Massenanteil ineinander umgerechnet werden.

**Beispiel 5.21**
Welchen Wert hat in einer wässrigen Lösung von Ethanol ($C_2H_5OH$) bei einer Temperatur von 20 °C der Massenanteil $w(C_2H_5OH)$, wenn der Volumenanteil der Lösung $\varphi(C_2H_5OH) = 0{,}26$ beträgt? Die Dichten sind:

$$\rho_{20}(C_2H_5OH) = 0{,}7892 \ g \cdot ml^{-1} \qquad \rho_{20}(H_2O) = 0{,}9982 \ g \cdot ml^{-1}$$

*Gesucht:* $w(C_2H_5OH)$

*Gegeben:* $\varphi(C_2H_5OH)$, $\rho_{20}(C_2H_5OH)$, $\rho_{20}(H_2O)$

*Lösung:*

Nach Gl. (5.22) gilt:

$$w(C_2H_5OH) = \frac{V(C_2H_5OH) \cdot \rho_{20}(C_2H_5OH)}{V(C_2H_5OH) \cdot \rho_{20}(C_2H_5OH) + V(H_2O) \cdot \rho_{20}(H_2O)}$$

Um den Massenanteil mit dieser Gleichung berechnen zu können, werden die dafür benötigten Volumina unter Berücksichtigung des gegebenen Volumenanteils angenommen. Denn da ein Volumenanteil für jedes beliebige Lösungsvolumen zutrifft, kann auch von einem Volumen von 100 ml der Lösung ausgegangen werden. Auf diese Weise wird erreicht, dass die Ziffern des Volumenanteils bei der Volumenangabe erhalten bleiben. Für die beiden Komponenten Ethanol und Wasser folgen dabei die Ausgangsvolumina:

$$\varphi(C_2H_5OH) = 0{,}26 \quad \Rightarrow \quad V(C_2H_5OH) = 26 \text{ ml}$$

$$\varphi(H_2O) = 0{,}74 \quad \Rightarrow \quad V(H_2O) = 74 \text{ ml}$$

Mit den gegebenen Dichten der Komponenten lässt sich somit der Massenanteil berechnen.

$$w(C_2H_5OH) = \frac{26 \text{ ml} \cdot 0{,}7892 \text{ g} \cdot \text{ml}^{-1}}{26 \text{ ml} \cdot 0{,}7892 \text{ g} \cdot \text{ml}^{-1} + 74 \text{ ml} \cdot 0{,}9982 \text{ g} \cdot \text{ml}^{-1}}$$

$$= 0{,}2174 \frac{\text{g}}{\text{g}} = 0{,}2174$$

*Ergebnis:*

Bei einem Volumenanteil $\varphi(C_2H_5OH) = 0{,}26$ beträgt der Massenanteil der Lösung $w(C_2H_5OH) = 0{,}2174$.

**Beispiel 5.22**

Beim Mischen der beiden organischen Verbindungen Cyclopentan ($C_5H_{10}$) und Cyclohexan ($C_6H_{12}$) bei einer Mischungstemperatur von 20 °C wird für das Cyclohexan ein relativer Massenanteil von $w_{rel}(C_6H_{12}) = 67{,}8\,\%$ eingestellt. Welchem relativen Volumenanteil in dieser Mischung entspricht der Wert? Die beiden Dichten sind:

$$\rho_{20}(C_5H_{10}) = 0{,}746 \text{ g} \cdot \text{ml}^{-1} \qquad \rho_{20}(C_6H_{12}) = 0{,}779 \text{ g} \cdot \text{ml}^{-1}$$

*Gesucht:* $\varphi_{\text{rel}}(C_6H_{12})$

*Gegeben:* $w_{\text{rel}}(C_6H_{12})$ , $\rho_{20}(C_5H_{10})$ , $\rho_{20}(C_6H_{12})$

*Lösung:*

Nach Gl. (5.21 ) gilt:

$$\varphi(C_6H_{12}) = \frac{m(C_6H_{12})/\rho_{20}(C_6H_{12})}{m(C_6H_{12})/\rho_{20}(C_6H_{12}) + m(C_5H_{10})/\rho_{20}(C_5H_{10})}$$

Die zur Berechnung des Volumenanteils nach dieser Gleichung erforderlichen Massen der Komponenten werden jetzt unter Berücksichtigung des vorliegenden Massenanteils angenommen. Da nämlich ein Massenanteil für jede beliebige Masse einer Lösung zutrifft, kann somit auch von der Masse 100 g der Lösung ausgegangen werden. Denn damit bleiben dann bei der Angabe der Massen die Ziffern des Massenanteils erhalten. Bei den beiden Komponenten Cyclopentan und Cyclohexan ergeben sich dabei als Ausgangsmassen:

$$w_{\text{rel}}(C_6H_{12}) = 67{,}8\,\% \qquad \Rightarrow \qquad m(C_6H_{12}) = 67{,}8\,\text{g}$$

$$w_{\text{rel}}(C_5H_{10}) = 32{,}2\,\% \qquad \Rightarrow \qquad m(C_5H_{10}) = 32{,}2\,\text{g}$$

Mit den beiden Dichten der Komponenten lässt sich dann der Volumenanteil berechnen.

$$\varphi(C_6H_{12}) = \frac{67{,}8\,\text{g}/0{,}779\,\text{g}\cdot\text{ml}^{-1}}{67{,}8\,\text{g}/0{,}779\,\text{g}\cdot\text{ml}^{-1} + 32{,}2\,\text{g}/0{,}746\,\text{g}\cdot\text{ml}^{-1}}$$

$$= 0{,}668\,\frac{\text{ml}}{\text{ml}} = 0{,}668$$

*Ergebnis:*

   Dem relativen Massenanteil $w_{\text{rel}}(C_6H_{12}) = 67{,}8\,\%$ entspricht in dieser Mischung ein relativer Volumenanteil $\varphi_{\text{rel}}(C_6H_{12}) = 66{,}8\,\%$.

### e) Massenanteil und Molalität

Durch eine geeignete mathematische Kombination von Gl. (3.2) für die Stoffmenge, Gl. (5.9) für die Molalität und Gl. (5.12a) für den Massenanteil lässt sich eine Beziehung zwischen dem Massenanteil $w(X)$ eines gelösten Stoffes X und seiner Molalität herleiten. Bei einer Lösung handelt es sich um eine Mischphase, die hier aus zwei Komponenten besteht. Komponente $Ko_1$ entspricht dabei dem gelösten Stoff X, und die Komponente $Ko_2$ entspricht seinem Lösemittel (Lm), z.B. Wasser. Damit lauten die drei obigen Definitionsgleichungen:

$$n(X) = \frac{m(X)}{M(X)} \quad , \quad b(X) = \frac{n(X)}{m_{Lm}} \quad , \quad w(X) = \frac{m(X)}{m(X) + m_{Lm}}$$

Mit diesen drei Gleichungen gelangt man bei Durchführung geeigneter mathematischer Umformungen zu Gl. (5.23), mit der ein Massenanteil in die Molalität umgerechnet werden kann. Sie lautet:

$$w(X) = \frac{M(X) \cdot b(X)}{M(X) \cdot b(X) + 1} \tag{5.23}$$

**Beispiel 5.23**
Berechnen Sie von einer wässrigen Lösung der Verbindung Bromwasserstoff den relativen Massenanteil $w_{rel}(HBr)$, wenn die Molalität $b(HBr) = 5 \ mol \cdot kg^{-1}$ ist.

*Gesucht:* $w_{rel}(HBr)$        *Gegeben:* $b(HBr)$ , $M(HBr)$

*Lösung:*

Nach Gl. (5.23) gilt:

$$w(HBr) = \frac{M(HBr) \cdot b(HBr)}{M(HBr) \cdot b(HBr) + 1}$$

Mit der molaren Masse $M(HBr) = 0{,}080912 \ kg \cdot mol^{-1}$ folgt so für den Massenanteil:

$$w(HBr) = \frac{0{,}080912 \ kg \cdot mol^{-1} \cdot 5 \ mol \cdot kg^{-1}}{0{,}080912 \ kg \cdot mol^{-1} \cdot 5 \ mol \cdot kg^{-1} + 1}$$

$$w(HBr) = 0{,}28803 \quad \text{oder} \quad w_{rel}(HBr) = 28{,}803 \ \%$$

*Ergebnis:*

  Bei einer Molalität von $b(HBr) = 5 \ mol \cdot kg^{-1}$ hat die Lösung einen relativen Massenanteil von $w_{rel}(HBr) = 28{,}803 \ \%$.

## 5.4.5  Die Einheiten Prozent, Promille, ppm und ppb

Bei einer Anteilsgröße werden zwei gleiche Größen, deren Einheiten aber verschieden sein können, ins Verhältnis gesetzt. Diese Einheiten sind über Zehnerpotenzen miteinander verbunden. So gilt dabei z.B.:

$$1 \text{ kg} = 1000 \text{ g} = 10^3 \text{ g} \qquad\qquad 1 \text{ g} = 1000 \text{ mg} = 10^3 \text{ mg}$$

$$1 \text{ l} = 1000 \text{ ml} = 10^3 \text{ ml} \qquad\qquad 1 \text{ ml} = 1000 \text{ µl} = 10^3 \text{ µl}$$

Der Massenanteil einer Komponente Ko einer Mischung hat den Wert:

$$w(\text{Ko}) = 0{,}28 \, \frac{\text{mg}}{\text{g}} = 0{,}28 \text{ mg} \cdot \text{g}^{-1} = 0{,}28 \text{ mg} \cdot (1000 \text{ mg})^{-1}$$

Durch Kürzen der beiden Einheiten mg erhält man daraus:

$$w(\text{Ko}) = 0{,}28 \cdot 1000^{-1} = 0{,}28 \cdot 10^{-3}$$

Demnach wird der ursprüngliche Zahlenwert des Massenanteils beim Kürzen der Einheiten mit einem Faktor versehen, in diesem Beispiel ist der Faktor $10^{-3}$. Diese Faktoren können verschieden sein und werden dann je nach ihrer Größe als Prozent, Promille, ppm (parts per million) oder ppb (parts per billion) bezeichnet. Dabei ist „billion" das englische Wort für „Milliarde". Die Faktoren sind:

| | | |
|---|---|---|
| $10^{-2}$ | ⇨ | Prozent, als Einheitenzeichen % |
| $10^{-3}$ | ⇨ | Promille, als Einheitenzeichen ‰ |
| $10^{-6}$ | ⇨ | parts per million, als Einheitenzeichen ppm |
| $10^{-9}$ | ⇨ | parts per billion, als Einheitenzeichen ppb |

Somit gilt also:

1 % ist der hunderste Teil einer Größe ( = 1 Hunderstel )

1 ‰ ist der tausendste Teil einer Größe ( = 1 Tausendstel )

1 ppm ist der millionste Teil einer Größe ( = 1 Millionstel )

1 ppb ist der milliardste Teil einer Größe ( = 1 Milliardstel )

Durch die Verwendung dieser Einheiten kann die Angabe von kleinen Zahlen bei den vorliegenden Ergebnissen vermieden werden. Dazu die folgenden Beispiele:

$$w(\text{Ko}) = 8,9 \cdot 10^{-2} = 8,9\,\%$$

$$w(\text{Ko}) = 4,2 \cdot 10^{-3} = 4,2\,‰$$

$$w(\text{Ko}) = 336 \cdot 10^{-6} = 336\ \text{ppm}$$

$$w(\text{Ko}) = 67,5 \cdot 10^{-9} = 67,5\ \text{ppb}$$

Die Dezimal- und Potenzschreibweise von Zahlen (s. Kap. 2.3) ermöglicht außerdem noch weitere dementsprechende Zahlenangaben bei Anteilsgrößen, z.B.:

$$\varphi(\text{Ko}) = 0,013 = 1,3 \cdot 10^{-2} = 1,3\,\%$$

$$\varphi(\text{Ko}) = 0,006 = 6 \cdot 10^{-3} = 6\,‰$$

$$\varphi(\text{Ko}) = 0,000054 = 54 \cdot 10^{-6} = 54\ \text{ppm}$$

$$\varphi(\text{Ko}) = 0,00000092 = 920 \cdot 10^{-9} = 920\ \text{ppb}$$

Diese Einheiten können auch ineinander umgerechnet werden, z.B.:

$$\varphi(\text{Ko}) = 0,013 = 1,3 \cdot 10^{-2} = 1,3\,\% = 13 \cdot 10^{-3} = 13\,‰$$

Umgekehrt lässt sich z.B. auch schreiben:

$$3\,\% \text{ von } 631 = 631 \cdot 3 \cdot 10^{-2} = 6,31 \cdot 3 = 18,93$$

$$16\,‰ \text{ von } 418 = 418 \cdot 16 \cdot 10^{-3} = 0,418 \cdot 16 = 6,688$$

$$76\ \text{ppm von } 8300 = 8300 \cdot 76 \cdot 10^{-6} = 0,0083 \cdot 76 = 0,6308$$

Damit lassen sich auch allgemein Anteile von gegebenen Größen berechnen.

$$2,7\ \text{ppb von } 1,34\ \text{kg} = 2,7\ \text{ppb von } 1340000\ \text{mg}$$
$$= 1340000 \cdot 2,7 \cdot 10^{-9}\ \text{mg}$$
$$= 0,00134 \cdot 2,7\ \text{mg} = 0,003618\ \text{mg}$$

$$398 \text{ ppm von } 5{,}104 \, 1 = 398 \, \text{ppm von } 5104 \, \text{ml}$$

$$= 5104 \cdot 398 \cdot 10^{-6} \, \text{ml}$$

$$= 0{,}005104 \cdot 398 \, \text{ml} = 2{,}031392 \, \text{ml}$$

## 5.5 Mischungsrechnung

In einem chemischen Labor ist die Anzahl der zur Verfügung stehenden Lösungen desselben gelösten Stoffes, deren Gehalt an diesem Stoff jedoch unterschiedlich ist, zumeist gering. Werden aber Lösungen mit anderen Gehalten benötigt, so lassen sich diese durch Mischung von vorhandenen Lösungen herstellen, deren Mischungsverhältnis stöchiometrisch berechnet werden kann.

Wenn verschiedene Stoffportionen $m_i$ gemischt und dadurch zu einer Mischportion $m_{Ms}$ (gelesen: m-Misch) vereinigt werden, dann gilt dafür mit der Laufzahl i = 1 bis n die einfache Massenbilanz.

$$m_1 + m_2 + m_3 + \cdots m_n = m_{Ms} \tag{5.24}$$

Für die Mischung verschiedener Lösungsportionen $m_i(X)$ eines gelösten Stoffes X gilt damit die folgende Massenbilanz:

$$m_1(X) + m_2(X) + m_3(X) + \cdots m_n(X) = m_{Ms}(X) \tag{5.25}$$

In jeder der Lösungsportionen macht der gelöste Stoff X einen Anteil an der Masse $m_{L,i}$ der jeweiligen Lösungsportion aus. Dieser Anteil wird mit dem Massenanteil $w_i(X)$ beschrieben. Für eine Lösungsportion gilt also:

$$w_i(X) = \frac{m_i(X)}{m_{L,i}} \qquad \Rightarrow \qquad m_i(X) = w_i(X) \cdot m_{L,i} \tag{5.26}$$

Ersetzt man jetzt jede Stoffportion $m_i(X)$ in Gl. (5.25) durch den Ausdruck in Gl. (5.26), und geht man weiterhin vom häufigsten Fall aus, bei dem nur zwei Lösungsportionen desselben gelösten Stoffes gemischt werden, so gelangt man dadurch zur Standardform der *Mischungsgleichung*. Diese lautet:

$$w_1(X) \cdot m_{L,1} + w_2(X) \cdot m_{L,2} = w_{Ms}(X) \cdot m_{L,Ms} \tag{5.27}$$

Die Mischungsgleichung lässt sich nach Gl. (5.25) ohne weiteres auch auf Mischungen ausdehnen, bei denen mehr als zwei Lösungsportionen gemischt werden.

**Beispiel 5.24**
Welche Massen an 65 %iger und 20 %iger Salpetersäure müssen zur Herstellung von 4,5 kg 30 %iger Säure gemischt werden?

*Gesucht:* $m_{L,1}$ , $m_{L,2}$

*Gegeben:* $w_{rel,1}(HNO_3)$ , $w_{rel,2}(HNO_3)$ , $m_{L,Ms}$ , $w_{rel,Ms}(HNO_3)$

*Lösung:*

Zuerst müssen die Indizes 1 und 2 den beiden Salpetersäurelösungen, die gemischt werden sollen, zugeordnet werden. Unabhängig von der Zuordnung führt aber die Mischungsrechnung stets zum gleichen Ergebnis. In diesem Beispiel soll der Index 1 zu der 65 %igen und der Index 2 zu der 20 %igen Säure gehören. Weiterhin werden die relativen in die absoluten Massenanteile umgerechnet. Damit kann die entsprechende Mischungsgleichung nach Gl. (5.27) aufgestellt werden.

$$w_1(HNO_3) \cdot m_{L,1} + w_2(HNO_3) \cdot m_{L,2} = w_{Ms}(HNO_3) \cdot m_{L,Ms}$$

Da sich $m_{L,2}$ aus der Differenz von $m_{L,Ms}$ und $m_{L,1}$ ergibt, lässt sich auf diese Weise $m_{L,2}$ eliminieren, so dass nur noch eine unbekannte Größe übrig bleibt.

$$w_1(HNO_3) \cdot m_{L,1} + w_2(HNO_3) \cdot (m_{L,Ms} - m_{L,1}) = w_{Ms}(HNO_3) \cdot m_{L,Ms}$$

Diese Form der Mischungsgleichung wird jetzt mathematisch nach $m_{L,1}$ aufgelöst, und man erhält dann:

$$m_{L,1} = \frac{m_{L,Ms} \cdot (w_{Ms}(HNO_3) - w_2(HNO_3))}{w_1(HNO_3) - w_2(HNO_3)}$$

Mit den Angaben der Aufgabenstellung gilt damit:

$$m_{L,1} = \frac{4,5 \text{ kg} \cdot (0,30 - 0,20)}{0,65 - 0,20} = 1,00 \text{ kg}$$

Und mit dem Wert von $m_{L,1}$ lässt sich jetzt $m_{L,2}$ einfach berechnen.

$$m_{L,2} = m_{L,Ms} - m_{L,1} = 4,5 \text{ kg} - 1,00 \text{ kg} = 3,50 \text{ kg}$$

*Ergebnis:*

Um 4,5 kg 30 %iger Salpetersäure herstellen zu können, müssen 1,00 kg von der 65 %igen und 3,50 kg von der 20 %igen Salpetersäure gemischt werden.

**Beispiel 5.25**

Eine Natronlauge mit einem relativen Massenanteil $w_{rel,Ms}$ (NaOH) = 32 % soll durch eine Mischung von 1,5 kg einer Natronlauge mit einem relativen Massenanteil $w_{rel,1}$ (NaOH) = 40 % mit einer zweiten Natronlauge hergestellt werden, für die $w_{rel,2}$ (NaOH) = 28 % gilt. Berechnen Sie die Masse dieser Natronlauge.

*Gesucht:* $m_{L,2}$

*Gegeben:* $w_{rel,Ms}$ (NaOH) , $m_{L,1}$ , $w_{rel,1}$ (NaOH) , $w_{rel,2}$ (NaOH)

*Lösung:*

Zunächst werden die gegebenen relativen Massenanteile in die absoluten Massenanteile umgerechnet. Damit lautet nach Gl. (5.27) die hier zutreffende Mischungsgleichung:

$$w_1 \text{(NaOH)} \cdot m_{L,1} + w_2 \text{(NaOH)} \cdot m_{L,2} = w_{Ms} \text{(NaOH)} \cdot m_{L,Ms}$$

Die Masse der Mischung $m_{L,Ms}$ ergibt sich darin als Summe der Massen der beiden gemischten Natronlaugen $m_{L,1}$ und $m_{L,2}$. Dementsprechend gilt:

$$w_1 \text{(NaOH)} \cdot m_{L,1} + w_2 \text{(NaOH)} \cdot m_{L,2} = w_{Ms} \text{(NaOH)} \cdot (m_{L,1} + m_{L,2})$$

Die mathematische Auflösung dieser Gleichung nach $m_{L,2}$ ergibt:

$$m_{L,2} = \frac{m_{L,1} \cdot (w_{Ms} \text{(NaOH)} - w_1 \text{(NaOH)})}{w_2 \text{(NaOH)} - w_{Ms} \text{(NaOH)}}$$

Damit gilt:

$$m_{L,2} = \frac{1,5 \text{ kg} \cdot (0,32 - 0,40)}{0,28 - 0,32} = \frac{-0,12 \text{ kg}}{-0,04} = 3,00 \text{ kg}$$

*Ergebnis:*

Man benötigt zum Mischen 3,00 kg von der 28 %igen Natronlauge.

Häufig wird in der Laborpraxis eine vorhandene Lösung eines Stoffes mit dem reinen Lösemittel so weit verdünnt, bis der gewünschte Gehalt erreicht ist. Die Frage, wie viel von dem reinen Lösemittel dabei zugesetzt werden muss, lässt sich ebenfalls durch Anwendung der Mischungsrechnung beantworten. Denn das bei der Verdünnung einer gegebenen Lösung zugemischte reine Lösemittel hat den Gehalt Null an dem gelösten Stoff. Wenn also in Gl. (5.27) z.B. die zweite zugesetzte Lösung tatsächlich das reine Lösemittel mit dem Massenanteil $w_2(X) = 0$ ist, so vereinfacht sich die Mischungsgleichung zu der Form:

$$w_1(X) \cdot m_{L,1} = w_{Ms}(X) \cdot m_{L,Ms} \qquad (5.28)$$

Darin ist die Masse der fertigen Mischung $m_{L,Ms}$ gleich der Summe aus der Masse $m_{L,1}$ und der Masse des zugemischten reinen Lösemittels.

**Beispiel 5.26**

Das Volumen von 600 ml einer 15 %igen Ammoniaklösung, für die eine Dichte von $\rho_L(NH_3) = 0{,}939 \, g \cdot ml^{-1}$ gemessen wurde, soll so weit verdünnt werden, dass 5 %ige Ammoniaklösung entsteht. Wie viel g Wasser sind dafür notwendig?

*Gesucht:* $m(H_2O)$   (entspricht der zweiten zugesetzten Lösung)

*Gegeben:* $V_{L,1}$ , $w_{rel,1}(NH_3)$ , $\rho_{L,1}(NH_3)$ , $w_{rel,Ms}(NH_3)$

*Lösung:*

Eine Angabe der Temperatur der Lösungen und der Dichte ist nicht erforderlich, da hier nur Massen addiert werden. Den Index 1 erhält dabei die 15 %ige Ammoniaklösung. Zunächst lässt sich in Gl. (5.28) die Masse der Mischung $m_{L,Ms}$ durch die Summe aus der Masse der Ammoniaklösung $m_{L,1}$ und der Masse des zugefügten Wassers $m(H_2O)$ ersetzen. Es gilt:

$$m_{L,Ms} = m_{L,1} + m(H_2O)$$

Mit den absoluten Massenanteilen lautet damit die Gl. (5.28):

$$w_1(NH_3) \cdot m_{L,1} = w_{Ms}(NH_3) \cdot (m_{L,1} + m(H_2O))$$

Diese Gleichung wird jetzt mathematisch nach $m(H_2O)$ aufgelöst, wobei folgt:

$$m(H_2O) = \frac{m_{L,1} \cdot (w_1(NH_3) - w_{Ms}(NH_3))}{w_{Ms}(NH_3)}$$

Die Masse der 15 %igen Ammoniaklösung ergibt sich aus Gl. (5.2).

$$m_{L,1} = V_{L,1} \cdot \rho_{L,1}(NH_3) = 600 \text{ ml} \cdot 0{,}939 \text{ g} \cdot \text{ml}^{-1} = 563{,}400 \text{ g}$$

Und damit:

$$m(H_2O) = \frac{563{,}400 \text{ g} \cdot (0{,}15 - 0{,}05)}{0{,}05} = 1126{,}800 \text{ g}$$

*Ergebnis:*

   Bei der Mischung ist die Zugabe von 1126,800 g Wasser notwendig.

   Der umgekehrte Fall zu einer Verdünnung mit dem reinen Lösemittel liegt vor, wenn eine vorhandene Lösung des Stoffes X durch Zugabe des reinen Stoffes X konzentriert werden soll. Dabei kann dieser reine Stoff flüssig oder fest sein. Der Gehalt der vorhandenen Lösung wird dadurch erhöht. In Gl. (5.27) werden Massen addiert. Bei diesen Massen handelt es sich meistens um Lösungen, die anteilig in die Massenbilanz eingehen. Eine Mischungsgleichung gilt aber genauso bei der Mischung einer Lösung mit einem reinen Stoff. Besteht z.B. die 2. Mischungskomponente aus dem reinen Stoff X, so beträgt für diesen in Gl. (5.27) mit einem relativen Massenanteil $w_{rel,2}(X) = 100 \%$ der absolute Massenanteil $w_2(X) = 1$. Damit lautet die Mischungsgleichung:

$$w_1(X) \cdot m_{L,1} + m(X) = w_{Ms}(X) \cdot m_{L,Ms} \qquad (5.29)$$

Die Größe $m(X)$ ist dabei die Masse des reinen Stoffes X.

**Beispiel 5.27**
Welche Masse festes Kaliumchlorid muss zu 200 g einer 40 %igen wässrigen Lösung dieses Salzes zugesetzt werden, damit eine 50 %ige Lösung entsteht?

*Gesucht:* $m(KCl)$          *Gegeben:* $m_{L,1}$ , $w_{rel,1}(KCl)$ , $w_{rel,Ms}(KCl)$

*Lösung:*

   Mit den absoluten Massenanteilen lautet die hier anzuwendende Gl. (5.29):

$$w_1(KCl) \cdot m_{L,1} + m(KCl) = w_{Ms}(KCl) \cdot m_{L,Ms}$$

Der Index 1 gehört damit zur 40 %igen Lösung. Da sich in dieser Gleichung die Masse der Mischung $m_{L,Ms}$ als Summe aus der Masse der Lösung $m_{L,1}$ und der Masse des reinen Kaliumchlorids $m(KCl)$ darstellen lässt, gilt weiterhin:

$$w_1(KCl) \cdot m_{L,1} + m(KCl) = w_{Ms}(KCl) \cdot (m_{L,1} + m(KCl))$$

Die mathematische Auflösung nach $m(KCl)$ ergibt:

$$m(KCl) = \frac{m_{L,1} \cdot (w_{Ms}(KCl) - w_1(KCl))}{1 - w_{Ms}(NH_3)}$$

Damit folgt:

$$m(KCl) = \frac{200\ g \cdot (0{,}50 - 0{,}40)}{1 - 0{,}50} = 40{,}00\ g$$

*Ergebnis:*

Für die Herstellung von 50 %iger Kaliumchloridlösung müssen zu der vorhandenen Lösung 40,00 g festes Kaliumchlorid zugesetzt werden.

Wenn für die Herstellung einer Mischung nur die Massenanteile der beiden in Frage kommenden Mischungskomponenten und dazu der Massenanteil der fertigen Mischung angegeben sind, also nicht die Massen der Mischungskomponenten, so lässt sich in diesen Fällen nur das Massenverhältnis $m_{L,1}/m_{L,2}$ berechnen. Da sich die Masse der Mischung $m_{L,Ms}$ eines gelösten Stoffes X als Summe der Massen der beiden Mischungskomponenten $m_{L,1}$ und $m_{L,2}$ ergibt, gilt nach Gl. (5.27):

$$w_1(X) \cdot m_{L,1} + w_2(X) \cdot m_{L,2} = w_{Ms}(X) \cdot (m_{L,1} + m_{L,2})$$

Diese Gleichung wird jetzt mathematisch nach dem Verhältnis der beiden Massen $m_{L,1}$ und $m_{L,2}$ aufgelöst, und man erhält dann:

$$\frac{m_{L,1}}{m_{L,2}} = \frac{w_{Ms}(X) - w_2(X)}{w_1(X) - w_{Ms}(X)} \tag{5.30}$$

Indem mit dieser Beziehung das Verhältnis der Massen bestimmt werden kann, lässt sich damit auch in der praktischen Durchführung für die gegebene Masse einer Mischungskomponente die notwendige Masse der zweiten Mischungskomponente berechnen.

**Beispiel 5.28**

In welchem Massenverhältnis müssen eine 12 %ige und eine 25 %ige Salzsäure gemischt werden, um 22 %ige Salzsäure zu erhalten?

*Gesucht:* $m_{L,1}/m_{L,2}$          *Gegeben:* $w_{rel,1}$ (HCl) , $w_{rel,2}$ (HCl) , $w_{rel,Ms}$ (HCl)

*Lösung:*

Der Index 1 wird der 12 %igen Salzsäure und der Index 2 der 25 %igen Salzsäure zugeordnet. Außerdem werden die relativen in die absoluten Massenanteile umgerechnet. Damit lautet die Gl. (5.30):

$$\frac{m_{L,1}}{m_{L,2}} = \frac{w_{Ms}\,(HCl)\ -\ w_2\,(HCl)}{w_1\,(HCl)\ -\ w_{Ms}\,(HCl)}$$

Mit den Angaben der Beispielsaufgabe ergibt sich:

$$\frac{m_{L,1}}{m_{L,2}} = \frac{0{,}22\ -\ 0{,}25}{0{,}12\ -\ 0{,}22} = \frac{-0{,}03}{-0{,}10} = \frac{3}{10}$$

*Ergebnis:*

> Die 12 %ige und die 25 %ige Salzsäurelösung müssen im Massenverhältnis 3 : 10 gemischt werden.

Durch das auf diese Weise berechnete Massenverhältnis können dann die erforderlichen absoluten Massen berechnet werden. Von der 22 %igen Salzsäure in dem vorliegenden Beispiel 5.28 werden z.B. 650 g benötigt. Aus dem Massenverhältnis der beiden Mischungskomponenten folgt dann:

$$m_{L,1} = \frac{3}{10} \cdot m_{L,2} \qquad \text{mit der Massenbilanz} \qquad m_{L,1}\ +\ m_{L,2} = m_{L,Ms}$$

Und damit:

$$\frac{3}{10} \cdot m_{L,2}\ +\ m_{L,2} = m_{L,2} \cdot \left(\frac{3}{10}\ +\ 1\right) = m_{L,2} \cdot \frac{13}{10}$$

Die Massenbilanz lautet also:

$$m_{L,2} = m_{L,Ms} \cdot \frac{10}{13}$$

Mit $m_{L,Ms} = 650\,g$ gilt daher:

$$m_{L,2} = 650\,g \cdot \frac{10}{13} = 500\,g \quad (25\,\%ige\ HCl)$$

Für $m_{L,1}$ ergibt sich so:

$$m_{L,1} = m_{L,Ms} - m_{L,2} = 650\,g - 500\,g = 150\,g \quad (12\,\%ige\ HCl)$$

Die Berechnung des Massenverhältnisses der beiden Mischungskomponenten kann auch mit dem so genannten *Mischungskreuz* als Rechenhilfe erfolgen. In diesem Mischungskreuz werden die Massenanteile zur notwendigen Differenzbildung diagonal in Form eines Kreuzes aufgetragen. Dabei geschieht also nichts anderes, als auch nach Gl. (5.30) durchgeführt werden muss, es werden Differenzen gebildet. Somit stellt das Mischungskreuz bei der Berechnung der Massenverhältnisse keinerlei Vereinfachung dar. Es verführt vielmehr zu einer schematischen Betrachtungsweise von stöchiometrischen Sachverhalten, die nur durch Entwicklung aus der allgemeinen Mischungsgleichung heraus nachvollzogen werden können. Aus diesen Gründen wird das Mischungskreuz im vorliegenden Buch nicht mehr behandelt.

Über die Bilanzierung der Stoffmengen eines gelösten Stoffes X bei der Mischung verschiedener Lösungsvolumina lässt sich analog zu der Massenbilanz in Gl. (5.25) zeigen, dass außerdem noch folgende Mischungsgleichung aufgestellt werden kann:

$$c_1(X) \cdot V_{L,1} + c_2(X) \cdot V_{L,2} = c_{Ms}(X) \cdot V_{L,Ms} \quad (5.31)$$

Allerdings muss dabei vorausgesetzt werden, dass sich die beiden Einzelvolumina additiv verhalten. Für die Anwendung dieser Mischungsgleichung muss also stets gelten:

$$V_{L,1} + V_{L,2} = V_{L,Ms}$$

Da aber speziell die Volumenkontraktion, die besonders stark z.B. beim Vermischen von Schwefelsäure mit Wasser oder von Ethanol mit Wasser auftritt, allgemein nur bei geringen Konzentrationen des jeweils gelösten Stoffes vernachlässigt werden kann, sollte für genaue Berechnungen stets die Standardform der Mischungsgleichung angewendet werden. Denn über die Dichte einer Lösung lässt sich bei einer gegebenen Konzentration nach den Gln. (5.6) und (5.17) der entsprechende Massenanteil berechnen.

**Beispiel 5.29**

Durch Verdünnung von 75 ml einer wässrigen Schwefelsäurelösung der Stoffmengenkonzentration $c\,(H_2SO_4) = 15\ mol \cdot l^{-1}$ mit Wasser bei 20 °C soll eine Säurelösung der Stoffmengenkonzentration $c\,(H_2SO_4) = 0,5\ mol \cdot l^{-1}$ hergestellt werden. Wie viel ml Wasser müssen bei der Verdünnung zugesetzt werden? Es gelten die folgenden Dichten:

$$\rho_{L,20}\,(H_2SO_4,\,15) = 1,764\ g \cdot ml^{-1} \qquad \rho_{L,20}\,(H_2SO_4,\,0,5) = 1,030\ g \cdot ml^{-1}$$

$$\rho_{20}\,(H_2O) = 0,9982\ g \cdot ml^{-1}$$

*Gesucht:* $V\,(H_2O)$                  *Gegeben:* $V_{L,1}$ , $c_1\,(H_2SO_4)$ , $c_{Ms}\,(H_2SO_4)$

*Lösung:*

Für die Mischungsrechnung wird zunächst der Index 1 der Schwefelsäurelösung mit $c\,(H_2SO_4) = 15\ mol \cdot l^{-1}$ zugeordnet.

Nach Gl. (5.28) lautet dann die hier zutreffende Mischungsgleichung:

$$w_1\,(H_2SO_4) \cdot m_{L,1} = w_{Ms}\,(H_2SO_4) \cdot m_{L,Ms}$$

Die Masse der Mischung $m_{L,Ms}$ lässt sich durch die Summe der Masse der Schwefelsäurelösung $m_{L,1}$ und der Masse des zugefügten Wassers $m\,(H_2O)$ ausdrücken. Damit gilt:

$$w_1\,(H_2SO_4) \cdot m_{L,1} = w_{Ms}\,(H_2SO_4) \cdot (m_{L,1} + m\,(H_2O))$$

Die Gleichung wird mathematisch nach $m\,(H_2O)$ aufgelöst.

$$m\,(H_2O) = \frac{m_{L,1} \cdot (w_1\,(H_2SO_4) - w_{Ms}\,(H_2SO_4))}{w_{Ms}\,(H_2SO_4)}$$

Die einzelnen Größen dieser Gleichung werden jetzt berechnet.

a) Nach Gl. (5.2):

$$m_{L,1} = V_{L,1} \cdot \rho_{L,1,20}\,(H_2SO_4) = 75\ ml \cdot 1,764\ g \cdot ml^{-1} = 132,300\ g$$

b) Nach den Gln. (5.17) und (5.6):

$$w_1(H_2SO_4) = \frac{\beta_1(H_2SO_4)}{\rho_{L,1,20}(H_2SO_4)}$$

mit

$$\beta_1(H_2SO_4) = c_1(H_2SO_4) \cdot M(H_2SO_4)$$

Mit der molaren Masse $M(H_2SO_4) = 98{,}0784 \text{ g} \cdot \text{mol}^{-1}$ folgt dann für den Massenanteil:

$$w_1(H_2SO_4) = \frac{15 \text{ mol} \cdot \text{l}^{-1} \cdot 98{,}0784 \text{ g} \cdot \text{mol}^{-1}}{1{,}764 \text{ g} \cdot \text{ml}^{-1} \cdot 1000 \text{ ml} \cdot \text{l}^{-1}} = 0{,}8340$$

c) Für $w_{Ms}(H_2SO_4)$ ergibt sich entsprechend:

$$w_{Ms}(H_2SO_4) = 0{,}0476$$

Mit diesen Zwischenergebnissen lässt sich nun die Masse des Wassers berechnen.

$$m(H_2O) = \frac{132{,}300 \text{ g} \cdot (0{,}8340 \ - \ 0{,}0476)}{0{,}0476} = 2185{,}729 \text{ g}$$

Und das Volumen ergibt sich schließlich über die Dichte nach Gl. (5.1).

$$V(H_2O) = \frac{m(H_2O)}{\rho_{20}(H_2O)} = \frac{2185{,}729 \text{ g}}{0{,}9982 \text{ g} \cdot \text{ml}^{-1}} = 2189{,}670 \text{ ml}$$

*Ergebnis:*

Es muss ein Volumen von 2189,670 ml Wasser zugesetzt werden.

Anmerkung: Berechnet man das Volumen des Verdünnungswassers nach Gl. (5.31), so erhält man den Wert $V(H_2O) = 2175{,}0$ ml. Das tatsächlich für die Vermischung notwendige Wasservolumen ist aber nach den obigen Berechnungen wegen der Volumenkontraktion bei der Vermischung einer wässrigen Schwefelsäurelösung mit Wasser größer als dieser Wert. Generell nimmt eine Volumenkontraktion mit der Konzentration der zugemischten Lösung ebenfalls zu.

## 5.6 Übungsaufgaben

**5.6-1**  Wie viel mg $SO_4^{2-}$ enthalten 50 ml einer Schwefelsäure mit der Stoffmengenkonzentration $c\,(H_2SO_4) = 0,1\ mol \cdot l^{-1}$, und wie groß ist dabei die Massenkonzentration $\beta\,(SO_4^{2-})$?

**5.6-2**  Welche Stoffmenge an HCl enthält bei einer Temperatur von 20 °C ein Volumen von 75 ml einer wässrigen Salzsäurelösung, wenn der relative Massenanteil $w_{rel}\,(HCl) = 20\ \%$ beträgt, und die darin gemessene Dichte den Wert $\rho_{L,20}\,(HCl) = 1,098\ g \cdot ml^{-1}$ hat?

**5.6-3**  Eine Lösung der Verbindung Natriumhydroxid enthält in 65 ml die Masse von 130 mg NaOH. Wie groß sind Stoffmengen- und Massenkonzentration des Natriumhydroxids?

**5.6-4**  Wie viel kg einer 25 %igen Kalilauge werden gebildet, wenn 0,8 kg von einer 18 %igen Kalilauge mit der erforderlichen Masse 30 %iger Kalilauge gemischt werden?

**5.6-5**  Eine Lösung des Salzes Lithiumchlorid hat bei einem relativen Massenanteil von $w_{rel}\,(LiCl) = 12\ \%$ die Dichte $\rho_{L,20}\,(LiCl) = 1,068\ g \cdot ml^{-1}$. Berechnen Sie mit diesen Angaben die entsprechende Stoffmengenkonzentration $c\,(LiCl)$.

**5.6-6**  Eine Masse von 30 g der Verbindung $Na_2SO_4 \cdot 10\ H_2O$ wird in Wasser gelöst und danach das Volumen auf 150 ml eingestellt. Berechnen Sie die Stoffmengenkonzentration der Natriumionen, die damit in dieser Lösung vorliegt.

**5.6-7**  Wie viel mg an chemisch gebundenem Stickstoff enthält ein Volumen von 230 ml einer Kaliumnitratlösung, wenn die Stoffmengenkonzentration $c\,(KNO_3) = 0,25\ mol \cdot l^{-1}$ ist?

**5.6-8**  Um 50 ml einer wässrigen Salpetersäurelösung mit der Stoffmengenkonzentration $c\,(HNO_3) = 6\ mmol \cdot l^{-1}$ herstellen zu können, soll das dafür notwendige Volumen einer wässrigen Ausgangslösung der Massenkonzentration $\beta\,(HNO_3) = 750\ mg \cdot l^{-1}$ mit einer Pipette entnommen und anschließend mit Wasser auf das geforderte Volumen aufgefüllt werden. Welches Volumen muss mit der Pipette entnommen werden?

**5.6-9**  Ein Volumen von 1,5 l einer Mischung von Ethanol und Wasser hat die relative Volumenkonzentration $\sigma_{rel}\,(H_2O) = 37,5\ \%$. Wie viel g Wasser mussten für diese Mischung bei 18 °C neben dem Alkohol eingewogen werden, wenn die Dichte des Wassers $\rho_{18}\,(H_2O) = 0,9986\ g \cdot ml^{-1}$ beträgt?

**5.6-10**   Eine Stoffportion von 120 ml Methanol ($CH_3OH$) wird mit Wasser bis zu einer relativen Volumenkonzentration $\sigma_{rel}$ ($CH_3OH$) = 17,25 % versetzt. Wie viel ml Wasser sind dabei zugefügt worden, und wie groß ist der relative Massenanteil $w_{rel}$ ($H_2O$) der entstandenen Mischung, wenn die Temperatur einheitlich bei 20 °C liegt? Die Dichten sind:

$$\rho_{20}\,(CH_3OH) = 0{,}792\ g \cdot ml^{-1} \qquad \rho_{20}\,(H_2O) = 0{,}9982\ g \cdot ml^{-1}$$

$$\rho_{L,20}\,(CH_3OH,\ 17{,}25\ \%) = 0{,}976\ g \cdot ml^{-1}$$

**5.6-11**   Eine wässrige Ammoniaklösung hat bei 20 °C die Stoffmengenkonzentration $c$ ($NH_3$) = 1,5 mol $\cdot$ l$^{-1}$. Berechnen Sie die Molalität $b$ ($NH_3$), wenn sich bei einer Dichtemessung der Lösung für diese Temperatur ein Wert von $\rho_{L,20}$ ($NH_3$) = 0,987 g $\cdot$ ml$^{-1}$ ergibt.

**5.6-12**   In einer Masse von 500 g Wasser werden bei 20 °C 45 g Kaliumdichromat aufgelöst, die Dichte ist $\rho_{L,20}$ ($K_2Cr_2O_7$) = 1,057 g $\cdot$ ml$^{-1}$. Berechnen Sie die Massenkonzentration $\beta$ ($K_2Cr_2O_7$) und den relativen Stoffmengenanteil $x_{rel}$ ($K_2Cr_2O_7$)?

**5.6-13**   Es werden 450 ml einer 15 %igen Phosphorsäure benötigt, die Dichte dieser Lösung hat den Wert $\rho_{L,20}$ ($H_3PO_4$) = 1,083 g $\cdot$ ml$^{-1}$. Als Ausgangslösung dafür steht eine 36 %ige Phosphorsäure zur Verfügung. Wie viel g von dieser Lösung und wie viel g Wasser müssen gemischt werden, um die erforderliche Säure herstellen zu können?

**5.6-14**   Wie viel ml Wasser sind  notwendig, um unter Zusatz eines Volumens von 320 ml Ethanol ($C_2H_5OH$) eine Mischung herzustellen, in welcher der relative Volumenanteil $\varphi_{rel}$ ($C_2H_5OH$) = 62,5 % beträgt?

**5.6-15**   Zur Vermischung von 50 ml Methanol ($CH_3OH$) wird bei einer Temperatur von 20 °C Wasser bis zum Erreichen der relativen Volumenkonzentration $\sigma_{rel}$ ($CH_3OH$) = 12,4 % zugesetzt. Die entstandene Mischung hat eine Dichte von $\rho_{L,20}$ ($CH_3OH$) = 0,982 g $\cdot$ ml$^{-1}$. Wie groß sind darin die Molalität $b$ ($CH_3OH$) und die Massenkonzentration $\beta$ ($CH_3OH$)? Für das reine Methanol gilt:

$$\rho_{20}\,(CH_3OH) = 0{,}792\ g \cdot ml^{-1}$$

**5.6-16**   Ein Volumen von 420 ml einer wässrigen Lösung von Natriumchlorid hat die Masse 498 g. Welchen relativen Massenanteil $w_{rel}$ (NaCl) hat diese Lösung, wenn sich für $c$ (NaCl) = 5 mol $\cdot$ l$^{-1}$ ergibt?

**5.6-17**   Eine wässrige Lösung von 80 g Kaliumchlorid hat einen relativen Massenanteil von $w_{rel}$ (KCl) = 16 %. Um wie viel Prozent muss die Lösung vorsichtig eingedampft werden, damit die entstehende Lösung die Molalität $b$ (KCl) = 5,5 mol $\cdot$ kg$^{-1}$ hat?

**5.6-18**  In einer homogenisierten Bodenprobe der Masse 1,786 kg wurden in einer Analyse 59,65 mg Blei gefunden. Wie viel ppm entspricht dieser Gehalt?

**5.6-19**  Durch Verdünnung mit Wasser bei 20 °C soll aus 800 ml einer Salzsäurelösung mit der Stoffmengenkonzentration $c\,(\text{HCl}) = 10\ \text{mol} \cdot \text{l}^{-1}$ und der Dichte $\rho_{L,20}\,(\text{HCl}) = 1,157\ \text{g} \cdot \text{ml}^{-1}$ eine 20 %ige Salzsäurelösung hergestellt werden. Wie viel ml Wasser müssen dabei zugesetzt werden? Die Dichte des Wassers beträgt $\rho_{20}\,(\text{H}_2\text{O}) = 0,9982\ \text{g} \cdot \text{ml}^{-1}$.

**5.6-20**  Es sollen 1000 g von einer 40 %igen wässrigen Schwefelsäure hergestellt werden. Dafür stehen eine Schwefelsäure mit der Stoffmengenkonzentration $c\,(\text{H}_2\text{SO}_4) = 15\ \text{mol} \cdot \text{l}^{-1}$ und $\rho_{L,20}\,(\text{H}_2\text{SO}_4) = 1,764\ \text{g} \cdot \text{ml}^{-1}$ und eine zweite 32 %ige Schwefelsäure zur Verfügung. Wie viel g der beiden Säuren müssen gemischt werden, um die erforderliche Schwefelsäure zu erhalten?

**5.6-21**  Aus einer 20 %igen Natronlauge, in der durch eine Messung die Dichte zu $\rho_{L,20}\,(\text{NaOH}) = 1,219\ \text{g} \cdot \text{ml}^{-1}$ bestimmt worden ist, soll durch Verdünnung bei 20 °C ein Volumen von 500 ml einer Natronlauge mit der Massenkonzentration $\beta\,(\text{NaOH}) = 4\ \text{g} \cdot \text{l}^{-1}$ hergestellt werden. Berechnen Sie, wie viel ml der 20 %igen Natronlauge dazu benötigt werden.

**5.6-22**  Ein Industrieabwasser von 20 °C enthält 640 ppb der organischen Halogenverbindung Dichlormethan ($\text{CH}_2\text{Cl}_2$). Wie viel Gramm dieser Verbindung sind in einem Volumen von 2000 m$^3$ enthalten, wenn die Dichte des Abwassers $\rho_{L,20}\,(\text{Abwasser}) = 1,026\ \text{g} \cdot \text{ml}^{-1}$ beträgt?

**5.6-23**  Mit 180 g Natriumhydrogensulfat wird eine wässrige Lösung hergestellt, die einen relativen Massenanteil von $w_{\text{rel}}\,(\text{NaHSO}_4) = 45\ \%$ hat. Welche Masse an Wasser war dafür erforderlich?

**5.6-24**  In 725 ml einer 10 %igen wässrigen Ammoniaklösung wird eine Dichte von $\rho_{L,20}\,(\text{NH}_3) = 0,957\ \text{g} \cdot \text{ml}^{-1}$ gemessen. Wie groß sind in dieser Lösung die Stoffmengen- und die Massenkonzentration des Ammoniaks?

**5.6-25**  Das Volumen von 200 ml einer wässrigen Lösung von Kaliumnitrat hat die Stoffmengenkonzentration $c\,(\text{KNO}_3) = 1,5\ \text{mol} \cdot \text{l}^{-1}$, und die Dichte beträgt $\rho_{L,20}\,(\text{KNO}_3) = 1,098\ \text{g} \cdot \text{ml}^{-1}$. Welchen Wert haben der relative Massenanteil und der relative Stoffmengenanteil von Kaliumnitrat?

**5.6-26**  Von einer Lösung der Verbindung Chrom (III)-chlorid mit der Stoffmengenkonzentration $c\,(\text{CrCl}_3) = 40\ \text{mmol} \cdot \text{l}^{-1}$ werden 250 ml abgenommen und mit einem Volumen von 150 ml einer Lösung des Magnesiumchlorids mit der Stoffmengenkonzentration $c\,(\text{MgCl}_2) = 80\ \text{mmol} \cdot \text{l}^{-1}$ vermischt. Berechnen Sie die Masse des Chlors in dieser Mischung unter der Voraussetzung, dass sich die beiden Volumina beim Mischen additiv verhalten.

**5.6-27** Wie groß ist das erforderliche Volumen einer 25 %igen Salzsäurelösung der Dichte $\rho_{L,20}$ (HCl) $= 1{,}124$ g $\cdot$ ml$^{-1}$, um nach Zugabe der entsprechenden Wassermasse 150 ml einer Salzsäure der Stoffmengenkonzentration $c$ (HCl) $= 3{,}5$ mol $\cdot$ l$^{-1}$ herstellen zu können? Und welchen Wert hat der relative Stoffmengenanteil $x_{rel}$ (HCl) in der 25 %igen Salzsäure?

**5.6-28** Bei 20 °C werden 80 g des Salzes Ammoniumchlorid in 400 ml Wasser gelöst. Berechnen Sie den relativen Massenanteil $w_{rel}$ (NH$_4$Cl), wenn die Dichte des Wassers $\rho_{20}$ (H$_2$O) $= 0{,}9982$ g $\cdot$ ml$^{-1}$ beträgt.

**5.6-29** Ein Volumen von 95 ml Essigsäure (CH$_3$COOH, kurz: HAc) wird bei einer Temperatur von 20 °C mit 350 ml Wasser versetzt. Wie groß sind in dieser Mischung die Größen $w_{rel}$ (HAc), $c$ (HAc) und $\beta$ (HAc), wenn die folgenden Dichten gelten?

$$\rho_{20} \text{ (HAc)} = 1{,}048 \text{ g} \cdot \text{ml}^{-1} \qquad \rho_{20} \text{ (H}_2\text{O)} = 0{,}9982 \text{ g} \cdot \text{ml}^{-1}$$

$$\rho_{L,20} \text{ (HAc)} = 1{,}028 \text{ g} \cdot \text{ml}^{-1}$$

**5.6-30** Eine Masse von 10,2 g der Verbindung (NH$_4$)$_2$Fe(SO$_4$)$_2 \cdot 6$ H$_2$O wird in wenig Wasser aufgelöst und diese Lösung dann mit Wasser auf ein Volumen von 100 ml aufgefüllt. Berechnen Sie dafür die Massenkonzentrationen $\beta$ (NH$_4^+$), $\beta$ (Fe$^{2+}$) und $\beta$ (SO$_4^{2-}$).

# 6 Homogene Gleichgewichte

Bei einer homogenen chemischen Reaktion treten die Reaktionsteilnehmer in einer einheitlichen Phase auf. Dabei handelt es sich hier entweder um eine Gasreaktion, bei der alle Reaktanten und Produkte im Gaszustand vorliegen, oder um eine chemische Umsetzung, die in Lösung abläuft, bei der dann die Reaktanten und die Produkte gelöste Stoffe sind.

## 6.1 Massenwirkungsgesetz

Die meisten bekannten chemischen Reaktionen verlaufen *reversibel* und sind somit umkehrbar.

> Im Verlauf einer reversiblen chemischen Reaktion wird ein Gleichgewichtszustand erreicht, in dem sowohl Reaktanten als auch Reaktionsprodukte nebeneinander vorliegen.

Solch eine reversible Reaktion ist in allgemeiner Form in der nachfolgenden Gleichung angegeben, s. dazu auch Kap. 3.3.

$$\alpha \cdot A + \beta \cdot B \; \rightleftharpoons \; \gamma \cdot C + \delta \cdot D \qquad (6.1)$$

Der Doppelpfeil soll darauf hinweisen, dass diese Reaktion in beiden Richtungen abläuft. Trotzdem wird auch bei reversiblen Reaktionen häufig nur ein einfacher Pfeil gesetzt. Damit zwischen A und B eine Reaktion erfolgen kann, müssen die Teilchen der beiden Stoffe zunächst zusammenstoßen. Sieht man von geringen sterischen Einflüssen beim Zusammenstoß der Teilchen ab, ist daher die Reaktionsgeschwindigkeit dieses Vorgangs der Anzahl der Zusammenstöße je Zeiteinheit proportional. Da diese aber wiederum von der Konzentration der beteiligten Stoffe abhängt, ergibt sich für die Reaktionsgeschwindigkeit $v_\rightarrow$ der in Gl. (6.1) von links nach rechts verlaufenden so genannten Hinreaktion:

$$v_\rightarrow = k_\rightarrow \cdot c^\alpha\,(A) \cdot c^\beta\,(B) \qquad (6.2a)$$

Dabei ist $k_\rightarrow$ die Geschwindigkeitskonstante der Hinreaktion, und die Exponenten der Konzentrationen entsprechen den jeweiligen Reaktionskoeffizienten. Aus den gleichen Gründen folgt für die Rückreaktion:

$$v_\leftarrow = k_\leftarrow \cdot c^\gamma\,(C) \cdot c^\delta\,(D) \qquad (6.2b)$$

Hierin ist jetzt $k_\leftarrow$ die Geschwindigkeitskonstante der Rückreaktion. Im eingestellten Gleichgewicht sind die Geschwindigkeiten der Hin- und der Rückreaktion gleich groß geworden. Dafür gilt dann also:

$$v_\rightarrow = v_\leftarrow \qquad (6.3)$$

Da im eingestellten Gleichgewicht Hin- und Rückreaktion mit gleicher Geschwindigkeit weiterhin ablaufen, wird dieser Gleichgewichtszustand auch als ein *dynamisches Gleichgewicht* bezeichnet. Weil dabei aber insgesamt die Konzentrationen jetzt konstant bleiben, ändert sich die Zusammensetzung des Reaktionsgemisches nicht mehr. Indem man nun gemäß Gl. (6.3) die beiden Gln. (6.1 a) und (6.1 b) gleichsetzt, anschließend die Geschwindigkeitskonstanten $k_\rightarrow$ und $k_\leftarrow$ durcheinander dividiert und dafür die Gleichgewichtskonstante $K_c$ einführt, gelangt man zu einem quantitativen Zusammenhang zwischen Hin- und Rückreaktion.

$$K_c = \frac{c^\gamma\,(C) \cdot c^\delta\,(D)}{c^\alpha\,(A) \cdot c^\beta\,(B)} \qquad (6.4)$$

Diese Gleichung wird als *Massenwirkungsgesetz* (MWG) bezeichnet, die Größe $K_c$ ist dabei die stöchiometrische Gleichgewichtskonstante, in der Hin- und Rückreaktion zusammengefasst werden. Ihr Zahlenwert beschreibt die resultierende Gesamtreaktion. Sie gibt für eine bestimmte chemische Reaktion das Verhältnis der Konzentrationen von Reaktanten und Produkten an, die im eingestellten Gleichgewicht nebeneinander vorliegen. Dabei ist der Begriff der „Massen" historisch zu sehen. Die Einheit einer Gleichgewichtskonstante $K_c$ erhält man für eine betreffende chemische Reaktion durch Kürzen der entsprechenden Konzentrationseinheiten. Die generelle Anwendung des Massenwirkungsgesetzes lässt sich aus den folgenden Beispielen ersehen.

$$3\,Cu_2S + 3\,O_2 \;\rightleftharpoons\; 6\,Cu + 3\,SO_2$$

$$\Rightarrow \qquad K_c = \frac{c^6(Cu) \cdot c^3(SO_2)}{c^3(Cu_2S) \cdot c^3(O_2)} \qquad \text{Einheit: } mol^3 \cdot l^3$$

$$2\,NaCl + 2\,H_2O \;\rightleftharpoons\; Cl_2 + 2\,NaOH + H_2$$

$$\Rightarrow \qquad K_c = \frac{c(Cl_2) \cdot c^2(NaOH) \cdot c(H_2)}{c^2(NaCl) \cdot c^2(H_2O)} \qquad \text{Einheit: } 1$$

$$N_2 + 3\,H_2 \;\rightleftharpoons\; 2\,NH_3$$

$$\Rightarrow \qquad K_c = \frac{c^2(NH_3)}{c(N_2) \cdot c^3(H_2)} \qquad \text{Einheit: } l^2 \cdot mol^{-2}$$

Die Gleichgewichtskonstante hängt noch von der Temperatur ab. Bei einer *exothermen* Reaktion wird $K_c$ mit steigender Temperatur kleiner, bei einer *endothermen* Reaktion wird $K_c$ mit steigender Temperatur größer. Im Fall einer gegebenen und damit feststehenden Temperatur hat eine Gleichgewichtskonstante einen für die betreffende Reaktion charakteristischen Wert. Ist $K_c > 1$, so ist im Gleichgewichtszustand mehr vom Produkt als von den Reaktanten vorhanden. Man sagt dazu, das Gleichgewicht liege auf der rechten Seite der Reaktionsgleichung, und zwar umso mehr, je größer der Zahlenwert von $K_c$ ist. Im umgekehrten Fall, wenn also $K_c < 1$ ist, liegt dann das Gleichgewicht auf der linken Seite der Reaktionsgleichung. Die entsprechende Reaktion verläuft daher unvollständig, und zwar umso mehr, je kleiner der Zahlenwert von $K_c$ ist.

Liegen bei Gasreaktionen Reaktanten und Produkte im Gaszustand vor, so kann die Konzentration $c$ der jeweiligen Komponente der Gasmischung durch deren Partialdruck $p$ ersetzt werden. Denn die Konzentration und der

Partialdruck eines gasförmigen Stoffes sind bei gegebener Temperatur einander proportional. Auf diese Weise gelangt man zur Gleichgewichtskonstante $K_p$. Für das oben angeführte Beispiel der Ammoniaksynthese aus den Elementen lautet diese Gleichgewichtskonstante:

$$K_p = \frac{p^2(NH_3)}{p(N_2) \cdot p^3(H_2)}$$

**Beispiel 6.1**
Ein Gemisch von 0,7 mol $H_2$ und 1,3 mol $I_2$ wird in einem Reaktionsgefäß mit einem Volumen von 1000 ml auf eine Temperatur von 450 °C erhitzt. Eine quantitative Messung ergibt, dass dabei 1,297 mol HI entstanden sind. Wie groß ist die Gleichgewichtskonstante $K_c$ dieser Reaktion?

*Gesucht:* $K_c$           *Gegeben:* $n_R(H_2)$ , $n_R(I_2)$ , $n_P(HI)$ , $V$

*Lösung:*

Die Reaktionsgleichung dieser Gasreaktion lautet:

$$H_2 + I_2 \rightleftharpoons 2\,HI$$

Daraus ergeben sich die folgenden Stoffmengenrelationen:

$$\frac{n_R(H_2)}{n_P(HI)} = \frac{1}{2} \quad \Rightarrow \quad n_R(H_2) = \frac{1}{2}\,n_P(HI)$$

$$\frac{n_R(I_2)}{n_P(HI)} = \frac{1}{2} \quad \Rightarrow \quad n_R(I_2) = \frac{1}{2}\,n_P(HI)$$

Damit folgt insgesamt:

$$n_R(H_2) = n_R(I_2) = \frac{1}{2}\,n_P(HI)$$

Diese Stoffmengenrelationen sind letztlich nur eine andere Form der chemischen Gleichung. Da das Reaktionsvolumen für alle Reaktionsteilnehmer dasselbe ist, gilt auch die folgende Relation:

$$c_R(H_2) = c_R(I_2) = \frac{1}{2}\,c_P(HI)$$

Und damit ist für $V = 1000$ ml:

$$c_R(H_2) = c_R(I_2) = 0,5 \cdot 1,297 \text{ mol} \cdot l^{-1} = 0,6485 \text{ mol} \cdot l^{-1}$$

Durch Anwendung des Massenwirkungsgesetzes wird jetzt die Gleichgewichtskonstante $K_c$ für diese Reaktion aufgestellt.

$$K_c = \frac{c^2(HI)}{c(H_2) \cdot c(I_2)}$$

Die Konzentrationen von $H_2$ und $I_2$ im eingestellten Gleichgewicht ergeben sich jeweils als die Differenz zwischen der Ausgangskonzentration $c_0$ und dem durch die Reaktion verbrauchten Anteil. Es gilt:

$$c(H_2) = c_0(H_2) - c_R(H_2)$$

$$= 0,7 \text{ mol} \cdot l^{-1} - 0,6485 \text{ mol} \cdot l^{-1} = 0,0515 \text{ mol} \cdot l^{-1}$$

$$c(I_2) = c_0(I_2) - c_R(I_2)$$

$$= 1,3 \text{ mol} \cdot l^{-1} - 0,6485 \text{ mol} \cdot l^{-1} = 0,6515 \text{ mol} \cdot l^{-1}$$

Mit diesen Werten lässt sich jetzt $K_c$ berechnen.

$$K_c = \frac{1,297^2 \text{ mol}^2 \cdot l^{-2}}{0,0515 \text{ mol} \cdot l^{-1} \cdot 0,6515 \text{ mol} \cdot l^{-1}} = 50,1370$$

Der Wert von $K_c$ ist dimensionslos, da sich in der Gleichung die Konzentrationseinheiten zu 1 kürzen lassen.

*Ergebnis:*

Die Gleichgewichtskonstante für diese Reaktion beträgt $K_c = 50,1370$.

## 6.2 Aktivität und Ionenstärke

Das in Gl. (6.4) für eine allgemeine chemische Reaktion aufgestellte Massenwirkungsgesetz gilt in dieser Form nur für stark verdünnte Lösungen. In höher konzentrierten Lösungen ist die stöchiometrisch wirksame Konzentration aufgrund von Wechselwirkungen zwischen den Teilchen der gelösten Stoffe geringer als die tatsächliche Konzentration. Das bedeutet, dass der Wert der Gleichgewichtskonstante $K_c$ nicht nur von der Temperatur, sondern auch noch von Art und Konzentration der gelösten Stoffe abhängt. Damit die in Gl. (6.4) definierte Gleichgewichtskonstante auch bei höheren Konzentrationen eine wirkliche Konstante bleibt, muss die tatsächliche Konzentration eines gelösten Stoffes noch mit einem Korrekturfaktor versehen werden. Damit gelangt man zum Begriff der Aktivität $a$ eines gelösten Stoffes X, die sich aus seiner Konzentration berechnen lässt.

$$a(X) = f(X) \cdot c(X) \tag{6.5}$$

Darin wird der dimensionslose Koeffizient $f(X)$ als *Aktivitätskoeffizient* von X bezeichnet. Er kann als der frei wirksame Anteil der an einem Reaktionsgleichgewicht teilnehmenden Teilchen betrachtet werden. Im Allgemeinen hat ein Aktivitätskoeffizient den Wert $f(X) < 1$. Bei Verwendung der Aktivitäten kommt man zur *thermodynamischen* Gleichgewichtskonstante $K_a$. Diese Größe ist von der Konzentration unabhängig und somit nur noch eine Funktion der Temperatur. Für die Reaktion in Gl. (6.1) lautet dann die thermodynamische Gleichgewichtskonstante:

$$K_a = \frac{a^\gamma(C) \cdot a^\delta(D)}{a^\alpha(A) \cdot a^\beta(B)} \tag{6.6}$$

Die Aktivität einer reinen flüssigen oder festen Phase, die an einem heterogenen Gleichgewicht teilnimmt, kann als konstant angenommen werden und erhält den Zahlenwert 1. Mit zunehmender Verdünnung einer Lösung nimmt die gegenseitige Beeinflussung der Teilchen stetig ab, so dass damit $f$ immer mehr gegen 1 geht. Im Grenzfall mit $f = 1$ und $a = c$ gilt dann wieder die stöchiometrische Gleichgewichtskonstante $K_c$. Dadurch kann bei praktischen Beispielen in stark verdünnten Lösungen anstatt mit Aktivitäten in guter Näherung mit Konzentrationen gerechnet werden. Dies gilt insbesondere bei Lösungen von Nichtelektrolyten, in denen die Wechselwirkung der neutralen Moleküle untereinander bei nicht allzu großen Konzentrationen relativ gering ist. Für eine genauere Berechnung müssen aber auch hier stets die Aktivitäten verwendet werden.

Handelt es sich bei den gelösten Stoffen um Elektrolyten, so besteht die Wechselwirkung der Teilchen in der gegenseitigen elektrostatischen Anziehung der Ionen. Dieses so genannte reale Verhalten von Elektrolytlösungen wird dabei hauptsächlich durch die Ionenstärke der Lösung verursacht. Dadurch kann ein Aktivitätskoeffizient zum Teil erheblich von dem

Wert 1 abweichen. Die Ionenstärke $I$ ergibt sich aus der Anzahl, also der Konzentration, und den Ladungszahlen sämtlicher Ionen der Lösung. Für diese Größe gilt die folgende Beziehung.

$$I = \frac{1}{2} \cdot \sum_i c_i \cdot z_i^2 \tag{6.7}$$

In der Gleichung bedeuten $c_i$ die Konzentration des Ions i und $z_i$ seine Ladungszahl. Die Einheit der Ionenstärke ist $mol \cdot l^{-1}$ und damit diejenige der Stoffmengenkonzentration.

**Beispiel 6.2**

Wie groß ist die Ionenstärke $I$ einer Lösung, die in einem Volumen von 200 ml an gelösten Verbindungen die Stoffmengen 0,1 mol Natriumsulfat, 0,05 mol Magnesiumchlorid und 0,02 mol Chrom (III)-chlorid enthält?

*Gesucht: I*          *Gegeben:* $V_L$ , $n(Na_2SO_4)$ , $n(MgCl_2)$ , $n(CrCl_3)$

*Lösung:*

Zunächst ergeben sich nach Gl. (5.3) die folgenden Stoffmengenkonzentrationen:

$$c(Na_2SO_4) = 0,5 \; mol \cdot l^{-1} \qquad\qquad c(MgCl_2) = 0,25 \; mol \cdot l^{-1}$$

$$c(CrCl_3) = 0,1 \; mol \cdot l^{-1}$$

Mit Hilfe von Gl. (6.7) lässt sich damit die Ionenstärke der Lösung als Summe der Ionenstärken der einzelnen gelösten Verbindungen berechnen.

$Na_2SO_4:$   $I_1 = 0,5 \cdot (c(Na^+) \cdot z^2(Na^+) + c(SO_4^{2-}) \cdot z^2(SO_4^{2-}))$

$\qquad\qquad = 0,5 \cdot (1 \cdot 1^2 + 0,5 \cdot 2^2) = 1,5 \qquad$ in $mol \cdot l^{-1}$

$MgCl_2:$   $I_2 = 0,5 \cdot (c(Mg^{2+}) \cdot z^2(Mg^{2+}) + c(Cl^-) \cdot z^2(Cl^-))$

$\qquad\qquad = 0,5 \cdot (0,25 \cdot 2^2 + 0,5 \cdot 1^2) = 0,75 \qquad$ in $mol \cdot l^{-1}$

$CrCl_3:$   $I_3 = 0,5 \cdot (c(Cr^{3+}) \cdot z^2(Cr^{3+}) + c(Cl^-) \cdot z^2(Cl^-))$

$\qquad\qquad = 0,5 \cdot (0,1 \cdot 3^2 + 0,3 \cdot 1^2) = 0,6 \qquad$ in $mol \cdot l^{-1}$

Die gesamte Ionenstärke der Lösung erhält man dann aus der Summe dieser drei einzelnen Beiträge.

$$I = 2{,}85 \ \text{mol} \cdot l^{-1}$$

*Ergebnis:*

Die Ionenstärke der Lösung beträgt $I = 2{,}85 \ \text{mol} \cdot l^{-1}$.

Anmerkung: Aus den Einzelergebnissen ist ersichtlich, dass die Ionenstärke eines gelösten starken Elektrolyten nach G. (6.7) stets ein ganzes Vielfaches der Konzentration dieses Elektrolyten ist.

In einer verdünnten Elektrolytlösung ist der Aktivitätskoeffizient einer bestimmten Ionenart nahezu ausschließlich eine Funktion der Ionenstärke dieser Lösung. Nach einer von *Debye* und *Hückel* abgeleiteten Theorie gilt bei geringer Ionenstärke ($I \leq 0{,}01$) für den Aktivitätskoeffizienten $f_i$ einer Ionensorte i mit der Ionenladung $z_i$ bei einer Temperatur bis 25 °C:

$$\lg f_i = -0{,}5 \cdot z_i^2 \cdot \sqrt{I} \tag{6.8}$$

Bei höherer Ionenstärke ($I < 0{,}1$) kann man den Aktivitätskoeffizienten näherungsweise nach folgender Gleichung berechnen:

$$\lg f_i = -0{,}5 \cdot \frac{z_i^2 \cdot \sqrt{I}}{1 + \sqrt{I}} \tag{6.9}$$

Ist die Ionenstärke der Lösung $I > 0{,}1$, so lassen sich die Aktivitätskoeffizienten nicht mehr theoretisch berechnen, sondern sie müssen in jedem Einzelfall experimentell ermittelt werden. Denn der spezifische Einfluss unterschiedlicher Ionen gleicher Ladungszahl kann dann nicht mehr vernachlässigt werden. Die Tabelle 6.1 enthält nach den Gln. (6.8) bzw. (6.9) berechnete Aktivitätskoeffizienten von gelösten Ionen mit verschiedener Ionenladung $z$ in Abhängigkeit von der jeweiligen Ionenstärke der Lösung. Wie aus diesen Tabellenwerten ersichtlich ist, nimmt der Aktivitätskoeffizient einer Ionenart, z.B. $Fe^{2+}$ oder $Cl^-$, mit ansteigender Ionenstärke der Lösung ab. Und zwar umso mehr, je höher die Ladung der betreffenden Ionenart ist.

**Tabelle 6.1**   Aktivitätskoeffizienten $f_i$ für verschiedene Ionenstärken $I$

| $I$ in mol·l$^{-1}$ | $f_i$ für $z = 1$ | $f_i$ für $z = 2$ | $f_i$ für $z = 3$ |
|---|---|---|---|
| 0 | 1 | 1 | 1 |
| 0,001 | 0,96 | 0,86 | 0,77 |
| 0,005 | 0,92 | 0,72 | 0,48 |
| 0,010 | 0,89 | 0,63 | 0,35 |
| 0,050 | 0,81 | 0,43 | 0,15 |
| 0,100 | 0,76 | 0,33 | 0,08 |

Den Einfluss verschiedener Konzentrationen eines einzigen gelösten Elektrolyten auf die Aktivität einer Ionenart bei 25 °C gibt Tabelle 6.2 wieder. Dabei wurden die Aktivitäten nach Gl. (6.5) berechnet. Da es sich dabei um Natronlauge und somit auch um einen starken Elektrolyten handelt, ist das gelöste Natriumhydroxid vollständig dissoziiert. Die Konzentrationsangaben gelten also genauso für die Hydroxidionen. Im Falle von 1-1-Elektrolyten sind nach der Gl. (6.7) Konzentration und Ionenstärke vom Zahlenwert her gleich, so dass diese Tabellenwerte auch in Tabelle 6.1 an entsprechender Stelle aufgeführt sind.

**Tabelle 6.2**   Aktivitäten bei verschiedenen Konzentrationen

| $c\,(NaOH)$ in mol·l$^{-1}$ | $c\,(OH^-)$ in mol·l$^{-1}$ | $f\,(OH^-)$ | $a\,(OH^-)$ in mol·l$^{-1}$ |
|---|---|---|---|
| 0,10 | 0,10 | 0,76 | 0,076 |
| 0,01 | 0,01 | 0,89 | 0,0089 |
| 0,001 | 0,001 | 0,96 | 0,00096 |
| 0,0001 | 0,0001 | 0,99 | 0,000099 |

Wie die Werte in Tabelle 6.2 zeigen, kann man in stärker verdünnter wässriger Lösung eines 1-1-Elektrolyten, also bei Vorlage von einwertigen Ionen, als Näherung mit Konzentrationen statt mit Aktivitäten rechnen, da dabei die Aktivitätskoeffizienten gegen 1 gehen. Die Tabelle 6.3 enthält für wässrige Lösungen gleicher Chloridkonzentrationen verschiedener Chloride die nach den Gln. (6.8) und (6.5) berechneten Aktivitäten $a\,(Cl^-)$.

**Tabelle 6.3**   Aktivitäten bei gleichen Konzentrationen

| Chlorid in $mol \cdot l^{-1}$ | $c(Cl^-)$ in $mol \cdot l^{-1}$ | $f(Cl^-)$ | $a(Cl^-)$ in $mol \cdot l^{-1}$ |
|---|---|---|---|
| $c(NaCl)$   $= 0,0030$ | 0,0030 | 0,94 | 0,00282 |
| $c(MgCl_2)$ $= 0,0015$ | 0,0030 | 0,93 | 0,00279 |
| $c(AlCl_3)$   $= 0,0010$ | 0,0030 | 0,91 | 0,00273 |

Wie wegen der zunehmenden Ionenstärke der Lösungen in Tabelle 6.3 zu erwarten ist, wird der Aktivitätskoeffizient und damit die Aktivität des Chloridions mit steigender Ionenladung des jeweiligen Kations geringer. Aber es lässt sich auch aus der Tabelle entnehmen, dass man bei einwertigen Ionen in verdünnter Lösung wieder näherungsweise mit Konzentrationen statt mit Aktivitäten rechnen kann. Soweit nicht anders angegeben werden im Folgenden der Einfachheit halber generell Konzentrationen anstatt Aktivitäten verwendet.

Die Aktivitäten reiner flüssiger oder fester Phasen werden 1 gesetzt, der reine Stoff wird dadurch als Standardzustand gewählt. Weil in einer verdünnten wässrigen Lösung das Wasser fast als reines Lösemittel vorliegt, kann dabei die Aktivität des Wassers ebenfalls 1 gesetzt werden, da der Zustand eines reinen Lösemittels wieder dem Standardzustand entspricht. Aus diesem Grund erhält in chemischen Gleichgewichtsreaktionen Wasser als Reaktionsteilnehmer die Aktivität $1 \, mol \cdot l^{-1}$.

**Beispiel 6.3**
In einer wässrigen Lösung, die eine Temperatur von $22 \,^\circ C$ hat, liegen die beiden Verbindungen Natriumchlorid und Natriumsulfat dissoziiert in den Konzentrationen $c(NaCl) = 0,0050 \, mol \cdot l^{-1}$ und $c(Na_2SO_4) = 0,0010 \, mol \cdot l^{-1}$ vor. Berechnen Sie die Aktivitäten der Ionen $Na^+$, $Cl^-$ und $SO_4^{2-}$.

*Gesucht:* $a(Na^+)$, $a(Cl^-)$, $a(SO_4^{2-})$     *Gegeben:* $c(NaCl)$, $c(Na_2SO_4)$

*Lösung:*

Die Ionenstärke der Lösung ergibt sich aus Gl. (6.7), sie wird zunächst für die beiden Verbindungen getrennt ermittelt.

Für NaCl:     $I_1 = 0,5 \cdot (c\,(\mathrm{Na}^+) \cdot z^2\,(\mathrm{Na}^+) + c\,(\mathrm{Cl}^-) \cdot z^2\,(\mathrm{Cl}^-))$

Mit $c\,(\mathrm{Na}^+) = c\,(\mathrm{Cl}^-) = c\,(\mathrm{NaCl})$ folgt:

$$I_1 = 0,5 \cdot (0,005 \cdot 1^2 + 0,005 \cdot 1^2) = 0,005 \quad \text{in mol} \cdot \mathrm{l}^{-1}$$

Für $\mathrm{Na_2SO_4}$:     $I_2 = 0,5 \cdot (c\,(\mathrm{Na}^+) \cdot z^2\,(\mathrm{Na}^+) + c\,(\mathrm{SO_4^{2-}}) \cdot z^2\,(\mathrm{SO_4^{2-}}))$

Mit $c\,(\mathrm{Na}^+) = 2\,c\,(\mathrm{Na_2SO_4})$ und $c\,(\mathrm{SO_4^{2-}}) = c\,(\mathrm{Na_2SO_4})$ folgt:

$$I_2 = 0,5 \cdot (0,002 \cdot 1^2 + 0,001 \cdot 2^2) = 0,003 \quad \text{in mol} \cdot \mathrm{l}^{-1}$$

Als gesamte Ionenstärke erhält man:

$$I = I_1 + I_2 = 0,008 \text{ mol} \cdot \mathrm{l}^{-1}$$

Damit lassen sich jetzt die Aktivitätskoeffizienten nach Gl. (6.8) berechnen.

$$f\,(\mathrm{Na}^+) = 0,90 \quad , \quad f\,(\mathrm{Cl}^-) = 0,90 \quad , \quad f\,(\mathrm{SO_4^{2-}}) = 0,66$$

Um daraus nach Gl. (6.5) die Aktivitäten erhalten zu können, sind noch die entsprechenden Konzentrationen erforderlich. Dafür gilt nach den obigen Konzentrationsrelationen für die beiden Verbindungen:

$$c\,(\mathrm{Na}^+) = 0,0050 \text{ mol} \cdot \mathrm{l}^{-1} + 2 \cdot 0,0010 \text{ mol} \cdot \mathrm{l}^{-1} = 0,0070 \text{ mol} \cdot \mathrm{l}^{-1}$$

$$c\,(\mathrm{Cl}^-) = 0,0050 \text{ mol} \cdot \mathrm{l}^{-1}$$

$$c\,(\mathrm{SO_4^{2-}}) = 0,0010 \text{ mol} \cdot \mathrm{l}^{-1}$$

Mit diesen Werten ergibt sich dann für die Aktivitäten:

$$a\,(\mathrm{Na}^+) = f\,(\mathrm{Na}^+) \cdot c\,(\mathrm{Na}^+) = 0,90 \cdot 0,0070 \text{ mol} \cdot \mathrm{l}^{-1} = 0,0063 \text{ mol} \cdot \mathrm{l}^{-1}$$

$$a\,(\mathrm{Cl}^-) = f\,(\mathrm{Cl}^-) \cdot c\,(\mathrm{Cl}^-) = 0,90 \cdot 0,0050 \text{ mol} \cdot \mathrm{l}^{-1} = 0,0045 \text{ mol} \cdot \mathrm{l}^{-1}$$

$$a\,(\mathrm{SO_4^{2-}}) = f\,(\mathrm{SO_4^{2-}}) \cdot c\,(\mathrm{SO_4^{2-}}) = 0,66 \cdot 0,0010 \text{ mol} \cdot \mathrm{l}^{-1} = 0,0007 \text{ mol} \cdot \mathrm{l}^{-1}$$

*Ergebnis:*

Die Aktivitäten sind: $a\,(\mathrm{Na}^+) = 0,0063 \text{ mol} \cdot \mathrm{l}^{-1}$, $a\,(\mathrm{Cl}^-) = 0,0045 \text{ mol} \cdot \mathrm{l}^{-1}$ und $a\,(\mathrm{SO_4^{2-}}) = 0,0007 \text{ mol} \cdot \mathrm{l}^{-1}$.

## 6.3 Säure-Base-Reaktionen

Säure-Base-Reaktionen stellen ein wesentliches Gebiet der homogenen Reaktionsgleichgewichte dar. Sie finden bei einem gelösten Stoff immer dann statt, wenn zwischen ihm und dem verwendeten Lösemittel Protonen-übertragungen möglich sind. Säure-Base-Reaktionen können aber auch zwischen den Molekülen der gelösten Stoffe selbst oder zwischen den Molekülen des Lösemittels ablaufen.

### 6.3.1 Säure-Base-Paare

Nach einer Theorie von *Brönsted* gelten für Säuren und Basen die nachfolgenden beiden Definitionen.

---

Eine Säure ist ein Stoff, der Protonen abgeben kann.
Eine Base ist ein Stoff, der Protonen aufnehmen kann.

---

Dabei können Säure und Base entweder als Ionen oder als Moleküle vorliegen. Die Protonen werden bei einer Säure-Base-Reaktion häufig als $H^+$- Ionen bezeichnet. Die schematische Grundgleichung für eine Säure-Base-Reaktion lautet:

$$S \quad \rightleftharpoons \quad B \quad + \quad H^+ \qquad (6.10)$$

$$\text{Säure} \quad \rightleftharpoons \quad \text{Base} + \text{Proton}$$

Der Doppelpfeil weist speziell darauf hin, dass es sich hierbei um eine Gleichgewichtsreaktion handelt. Beispiele für diese Grundgleichung sind:

$$HCl \rightleftharpoons Cl^- + H^+$$

$$NH_4^+ \rightleftharpoons NH_3 + H^+$$

$$HS^- \rightleftharpoons S^{2-} + H^+$$

Die Säure und die zugehörige Base unterscheiden sich somit in einem Proton. Dabei geht nach der obigen Gleichung z.B. die Säure HCl durch

Protonenabgabe in die *konjugierte* oder *korrespondierende* Base Cl⁻ über. Umgekehrt geht die Base $NH_3$ durch Protonenaufnahme in die *konjugierte* oder *korrespondierende* Säure $NH_4^+$ über. Säure und Base bilden jeweils ein korrespondierendes *Säure-Base-Paar*, das auch als *Protolytsystem* bezeichnet wird, in dem Säure und Base die *Protolyte* genannt werden. Nach der Ladung der vorliegenden Säuren und Basen unterscheidet man zwischen Neutralsäuren und Neutralbasen, Kationensäuren und Kationenbasen sowie Anionensäuren und Anionenbasen.

Eine Reaktion, bei der aus einer Säure durch Abgabe eines Protons die korrespondierende Base entsteht, kann aber nicht isoliert vor sich gehen. Denn ein Proton hat als Elementarteilchen entsprechend seiner äußerst geringen Größe eine hohe positive Ladungsdichte und kann unter diesen Umständen in Lösungen nicht frei existieren. Folglich muss es nach der Abspaltung von der Säure momentan von einem anderen Molekül oder Ion wieder gebunden werden. Da dann dieses Teilchen wegen der Protonenaufnahme eine Base darstellt, müssen für eine Säure-Base-Reaktion stets mindestens zwei Protolytsysteme vorhanden sein. Die Protonenverteilung zwischen zwei Protolytsystemen wird auch als *Protolyse* bezeichnet. Als Beispiel dafür dient die Einleitung von gasförmigem Chlorwasserstoff in Wasser, wodurch eine Salzsäurelösung hergestellt wird. Die dabei ablaufende Protonenübertragung lässt sich in zwei Teilvorgänge zerlegen.

| | | | |
|---|---|---|---|
| 1. Teilvorgang | $HCl$ | $\rightleftharpoons$ | $Cl^- + H^+$ |
| 2. Teilvorgang | $H^+ + H_2O$ | $\rightleftharpoons$ | $H_3O^+$ |

$$Gesamtvorgang \quad HCl + H_2O \rightleftharpoons Cl^- + H_3O^+$$

$$S_1 + B_2 \rightleftharpoons B_1 + S_2$$

Die Protonenübertragung findet zwischen den beiden korrespondierenden Säure-Base-Paaren $HCl/Cl^-$ ($S_1/B_1$) und $H_3O^+/H_2O$ ($S_2/B_2$) statt. Da ein in dem 1. Teilvorgang abgespaltenes Proton im Anschluss daran in dem 2. Teilvorgang von einem Wassermolekül wieder gebunden wird, reagiert dieses dabei als Base, wodurch die Säure $H_3O^+$ gebildet wird. Das Ion $H_3O^+$ wird als *Oxoniumion* bezeichnet, es liegt aber in verschiedenen Hydraten vor, z.B. als *Hydroniumion* $H_9O_4^+$ ($H_3O^+ \cdot 3\,H_2O$). Demnach ist also $H_3O^+$ nur eine vereinfachte Schreibweise. Das Oxoniumion ist eine Säure, weil es ein Proton abgeben kann. Ob und in welchem Ausmaß es in dieser Salzsäurelösung dann auch so reagiert, ist eine Frage der relativen Säure- und Basestärke, s. dazu Kap. 6.3.3. Umgekehrt ist das entstandene Ion Cl⁻ eine Base, weil es ein Proton aufnehmen kann. Ob und in welchem Ausmaß es so reagiert, hängt wiederum von der relativen Säure- und Basestärke ab.

Ein weiteres Beispiel ist die Darstellung einer Ammoniaklösung durch Einleiten von gasförmigem Ammoniak in Wasser. Die hierbei ablaufenden beiden Teilvorgänge sind:

1. Teilvorgang: $\qquad H_2O \;\rightleftharpoons\; OH^- \,+\, H^+$

2. Teilvorgang: $\quad H^+ \,+\, NH_3 \;\rightleftharpoons\; NH_4^+$

$$\overline{\phantom{Gesamtvorgang:\quad NH_3 + H_2O \rightleftharpoons NH_4^+ + OH^-}}$$

Gesamtvorgang: $\quad NH_3 \,+\, H_2O \;\rightleftharpoons\; NH_4^+ \,+\, OH^-$

$$B_1 \,+\, S_2 \;\rightleftharpoons\; S_1 \,+\, B_2$$

Der Protonenübergang findet zwischen den beiden korrespondierenden Säure- Base-Paaren $NH_4^+/NH_3$ ($S_1/B_1$) und $H_2O/OH^-$ ($S_2/B_2$) statt. Da in diesem Fall vom Wassermolekül ein Proton abgespalten wird, fungiert Wasser hier als eine Säure, wodurch dann die Base $OH^-$ gebildet wird. Das Ion $OH^-$ wird als *Hydroxidion* bezeichnet, es liegt ebenfalls hydratisiert vor, z.B. als $H_7O_4^-$ ($OH^- \cdot 3\,H_2O$). Das abgespaltene Proton wird von der Base $NH_3$ wieder aufgenommen, wodurch die Säure $NH_4^+$ entsteht.

Wenn man weiterhin beispielsweise das korrespondierende Säure-Base-Paar $HAc/Ac^-$ ($CH_3COOH/CH_3COO^-$) betrachtet, dann sind dabei mit dem Lösemittel Wasser folgende protolytische Reaktionen möglich:

Als Säure: $\qquad HAc \,+\, H_2O \;\rightleftharpoons\; Ac^- \,+\, H_3O^+$

Als Base: $\qquad Ac^- \,+\, H_2O \;\rightleftharpoons\; HAc \,+\, OH^-$

Offensichtlich kann also das Wasser je nach Reaktionspartner sowohl als Säure als auch als Base reagieren. Solche Stoffe werden *Ampholyte* genannt, sie reagieren *amphoter*. Daneben gibt es noch weitere Ampholyte, wozu u.a. die Anionen $HS^-$, $HCO_3^-$, $HSO_4^-$ oder $HPO_4^{2-}$ gehören. Wenn man z.B. die Verbindung $KHCO_3$ in Wasser auflöst, dann findet zunächst eine Dissoziation des Salzes statt.

Dissoziation:                $KHCO_3 \rightarrow K^+ + HCO_3^-$

Von den gebildeten Ionen ist das Kation $K^+$ kein Protolyt, aber das Anion ist ein Ampholyt und reagiert mit dem Wasser als Säure und als Base.

Als Säure:        $HCO_3^- + H_2O \rightleftharpoons CO_3^{2-} + H_3O^+$

Als Base:         $HCO_3^- + H_2O \rightleftharpoons H_2CO_3 + OH^-$

Löst man z.B. das Salz Natriumacetat in Wasser auf, so ist zwar das darin enthaltene Anion $Ac^-$ kein Ampholyt, aber analog laufen die folgenden Reaktionen ab.

Dissoziation:                $NaAc \rightarrow Na^+ + Ac^-$

Das dabei entstehende Kation $Na^+$ ist zwar wieder kein Protolyt, aber die Acetationen gehen eine Protolysereaktion ein.

Protolyse:        $Ac^- + H_2O \rightleftharpoons HAc + OH^-$

Deswegen ist eine wässrige Lösung von Natriumacetat leicht basisch. Während also die hydratisierten Kationen $Na^+$ oder $K^+$ keine Protolyte sind, reagieren gelöste höherwertige Kationen als Säure, da sie aufgrund der höheren Ladung aus ihrer *Hydrathülle* Protonen abstoßen können, z.B.:

$$[Al(H_2O)_6]^{3+} + H_2O \rightleftharpoons [Al(H_2O)_5OH]^{2+} + H_3O^+$$

Die beschriebenen Protonenübertragungen sind somit nur bei Anwesenheit von mindestens zwei Protolytsystemen möglich. Dafür kommen nicht nur wässrige Lösungen infrage, sondern generell alle Lösemittel, in denen Protonen übertragen werden können, wie z.B. in flüssigem Ammoniak. Die Säure-Base-Funktion des Lösemittels Ammoniak lässt sich am besten aus einer Gleichung ersehen, in der die *Autoprotolyse* des Ammoniaks dargestellt ist. Unter einer Autoprotolyse versteht man Protonenübertragungen zwischen Teilchen der gleichen Art.

$$NH_3 + NH_3 \rightleftharpoons NH_4^+ + NH_2^-$$

Dabei werden also die Säure $NH_4^+$ und die Base $NH_2^-$ gebildet. Diese Säure oder Base entstehen dann auch, wenn Ammoniak als Lösemittel verwendet wird und mit einem darin gelösten Stoff Protonen austauscht.

Wird aber beispielsweise gasförmiger Chlorwasserstoff in wasserfreies reines Benzol eingeleitet, so kann HCl nicht als Säure reagieren, da Benzol keine basischen Eigenschaften besitzt und deswegen auch keine Protonen aufnehmen kann. HCl liegt somit in Benzol nur molekular gelöst vor.

### 6.3.2 Ionenprodukt des Wassers und pH - Wert

Auch in reinem Wasser läuft in allerdings sehr geringem Ausmaß eine Säure-Base-Reaktion ab. Denn da Wasser ein Ampholyt ist, können durch die Autoprotolyse zwischen den Wassermolekülen Protonen übertragen werden. Für diese Autoprotolyse lautet die Reaktionsgleichung:

$$H_2O + H_2O \rightleftharpoons H_3O^+ + OH^-$$

Dabei reagiert das erste Wassermolekül als Base und nimmt ein Proton auf, während das zweite Wassermolekül als Säure reagiert und dadurch ein Proton abgibt. Das chemische Gleichgewicht liegt aber sehr stark auf der linken Seite der Reaktionsgleichung (s. Kap. 6.1), weshalb auch in reinem Wasser die Konzentrationen $c(H_3O^+)$ und $c(OH^-)$ nur sehr gering sind. Wenn man auf diese Autoprotolysegleichung das Massenwirkungsgesetz anwendet, so erhält man als Gleichgewichtskonstante:

$$K_c = \frac{c(H_3O^+) \cdot c(OH^-)}{c^2(H_2O)} \tag{6.11}$$

Bei diesem Gleichgewicht ist die Konzentration des neutralen Wassers im Verhältnis zu den Konzentrationen der Oxonium- bzw. Hydroxidionen sehr hoch. Werden deshalb die Ionen aufgrund ihrer sehr geringen Konzentration vernachlässigt, dann errechnet sich z.B. bei 24 °C die Konzentration des reinen Wassers mit seiner molaren Masse und der Dichte bei dieser Temperatur zu $c(H_2O) = 55,36 \text{ mol} \cdot l^{-1}$. Da aber ein solch hoher Wert durch die obige Autoprotolysereaktion quasi nicht verändert wird, kann $c(H_2O)$ trotz dieser Reaktion bei einer relativen Betrachtung als konstant angesehen werden. Ausgehend von Gl. (6.11) führt somit das Produkt von $K_c$ und $c^2(H_2O)$ zu einer neuen Konstanten $K_W$, für die sich ergibt:

$$c^2(H_2O) \cdot K_c = c(H_3O^+) \cdot c(OH^-) = K_W \tag{6.12}$$

Diese Gleichung gilt ebenso für verdünnte Lösungen, da durch einen in geringer Konzentration gelösten Stoff die Konzentration des Wassers nur unwesentlich verändert wird. Deswegen kann sie auch in den Fällen als konstant angesehen werden. Der Wert von $K_W$ ist aber wie jede Gleichgewichtskonstante noch von der Temperatur abhängig.

---

Die Konstante

$$K_W = c(H_3O^+) \cdot c(OH^-)$$

wird als das stöchiometrische Ionenprodukt des Wassers bezeichnet. Sie hängt von der Temperatur und bei einer Lösung von Art und Konzentration des Elektrolytgehalts ab.

---

Die Einheit von $K_W$ ist $mol^2 \cdot l^{-2}$. Der beschriebene Sachverhalt bedeutet, dass auch in einer Salzsäurelösung die Konzentration $c(OH^-)$ zwar sehr klein sein kann, sie aber nie Null wird. Und dass man weiterhin bei Kenntnis von $c(H_3O^+)$ und $K_W$ den Betrag von $c(OH^-)$ berechnen kann. Genauso kann man umgekehrt z.B. in einer Natronlauge gegebener Konzentration über das Ionenprodukt des Wassers den noch verbliebenen Wert von $c(H_3O^+)$ berechnen. Die Temperaturabhängigkeit von $K_W$ ist im Folgenden für einige Temperaturen angegeben.

$$10\,^\circ C \quad \Rightarrow \quad K_W = 0{,}292 \cdot 10^{-14}\ mol^2 \cdot l^{-2}$$

$$20\,^\circ C \quad \Rightarrow \quad K_W = 0{,}681 \cdot 10^{-14}\ mol^2 \cdot l^{-2}$$

$$30\,^\circ C \quad \Rightarrow \quad K_W = 1{,}469 \cdot 10^{-14}\ mol^2 \cdot l^{-2}$$

$$40\,^\circ C \quad \Rightarrow \quad K_W = 2{,}919 \cdot 10^{-14}\ mol^2 \cdot l^{-2}$$

Daraus lässt sich ersehen, dass $K_W$ mit ansteigender Temperatur größer wird, weil das Ausmaß der Autoprotolyse des Wassers mit ansteigender Temperatur ebenfalls zunimmt. Bei $24\,^\circ C$ beträgt das Ionenprodukt des Wassers $K_W = 10^{-14}\ mol^2 \cdot l^{-2}$. Damit ergibt sich bei dieser Temperatur für reines Wasser und verdünnte Lösungen, die aber keine Protolyte enthalten dürfen:

$$c(H_3O^+) = c(OH^-) = \sqrt{10^{-14}\ mol^2 \cdot l^{-2}} = 10^{-7}\ mol \cdot l^{-1}$$

Verwendet man statt der Konzentrationen die Aktivitäten (s. Kap. 6.2), so gelangt man zum *thermodynamischen* Ionenprodukt des Wassers.

$$K_W^a = a(H_3O^+) \cdot a(OH^-)$$

mit:

$$a(H_3O^+) = f(H_3O^+) \cdot c(H_3O^+) \quad \text{und} \quad a(OH^-) = f(OH^-) \cdot c(OH^-)$$

Das thermodynamische Ionenprodukt $K_W^a$ ist von Art und Konzentration eines gelösten Elektrolyten unabhängig und somit nur noch eine Funktion der Temperatur. Mit den obigen Beziehungen gilt:

$$K_W^a = f(H_3O^+) \cdot f(OH^-) \cdot c(H_3O^+) \cdot c(OH^-)$$

Nach Gl. (6.12) folgt daher für den Zusammenhang zwischen dem thermodynamischen und dem stöchiometrischen Ionenprodukt:

$$K_W^a = f(H_3O^+) \cdot f(OH^-) \cdot K_W$$

Mit zunehmender Verdünnung einer Lösung wird die gegenseitige Beeinflussung der Ionen immer geringer, so dass dabei gleichzeitig $f$ gegen 1 geht. Beim Erreichen des Grenzfalls mit $f = 1$ und damit $a = c$ wird $K_W^a = K_W$. Deshalb kann bei praktischen Berechnungen in verdünnten Lösungen in guter Näherung mit Konzentrationen statt mit Aktivitäten gerechnet werden.

Bei der Anwendung des Ionenprodukts des Wassers können sich bei den Konzentrationen zum Teil sehr kleine Zahlenwerte ergeben. Aus diesem Grund wurden zur Vereinfachung die folgenden Definitionen eingeführt:

$$pH = -\lg c(H_3O^+) \tag{6.13}$$

$$pOH = -\lg c(OH^-) \tag{6.14}$$

$$pK_W = -\lg K_W \tag{6.15}$$

Die Werte für $pH$, $pOH$ und $pK_W$ sind demnach dimensionslos, weil in die Definitionsgleichungen nur Zahlenwerte ohne Einheit eingegeben werden können. Durch Logarithmieren des Ionenprodukts des Wassers folgt:

$$\lg K_W = \lg c(H_3O^+) + \lg c(OH^-) \quad \Rightarrow \quad -pK_W = -pH - pOH$$

Und damit:

$$pH + pOH = pK_W \tag{6.16}$$

Dies ist das stöchiometrische Ionenprodukt des Wassers in seiner logarithmischen Form. Dadurch kann der *Säuregrad* einer wässrigen Lösung jetzt auf einfache Weise charakterisiert werden. Im Allgemeinen wird zur Kennzeichnung sowohl einer sauren als auch einer basischen Lösung nur der $p$H -Wert angegeben. Dabei lassen sich drei Bereiche unterscheiden.

Die Lösung ist

$$c(\mathrm{H_3O^+}) > c(\mathrm{OH^-}) \quad \Rightarrow \quad p\mathrm{H} < p\mathrm{OH} \qquad \text{sauer}$$

$$c(\mathrm{H_3O^+}) = c(\mathrm{OH^-}) \quad \Rightarrow \quad p\mathrm{H} = p\mathrm{OH} \qquad \text{neutral}$$

$$c(\mathrm{H_3O^+}) < c(\mathrm{OH^-}) \quad \Rightarrow \quad p\mathrm{H} > p\mathrm{OH} \qquad \text{basisch}$$

In wässrigen Lösungen reicht die normale $p$H - Skala von 0 bis 14. Dabei bedeutet wegen der Definitionen in den Gln. (6.13) und (6.14) ein niedriger $p$H -Wert, dass eine Lösung sauer ist, $c(\mathrm{H_3O^+})$ demzufolge relativ groß und gleichzeitig $c(\mathrm{OH^-})$ relativ klein ist. Steigt der $p$H - Wert an, so wird eine Lösung zunehmend basisch. Die Konzentration $c(\mathrm{OH^-})$ wird damit größer, während die Konzentration $c(\mathrm{H_3O^+})$ immer kleiner wird.

Für eine neutrale Lösung gilt nach Gl. (6.16) mit $p\mathrm{H} = p\mathrm{OH}$:

$$p\mathrm{H} = \frac{1}{2} pK_\mathrm{W} \tag{6.17}$$

Aus dieser Gleichung ergibt sich, dass eine neutrale Lösung nicht automatisch einen $p$H -Wert von genau 7 hat, sondern nur in dem Fall, in dem gleichzeitig $pK_\mathrm{W} = 14$ ist, also nur bei 24 $^\circ$C. Bei einer Wassertemperatur von z.B. 10 $^\circ$C gilt für $K_\mathrm{W} = 0{,}292 \cdot 10^{-14}\ \mathrm{mol^2 \cdot l^{-2}}$, wodurch dann der Neutralwert des $p$H bei 7,27 liegt. Hingegen hat aber eine neutrale Lösung von 40 $^\circ$C einen $p$H -Wert von 6,77.

Die exakte Definition des $p$H -Wertes bezieht sich auf die Aktivität der Oxoniumionen, sie lautet:

$$p\mathrm{H} = -\lg a(\mathrm{H_3O^+})$$

Weil aber in verdünnten Lösungen der Aktivitätskoeffizient $f(\mathrm{H_3O^+})$ mit zunehmender Verdünnung gegen 1 geht, kann in den Fällen näherungsweise die Definition in Gl. (6.13) verwendet werden, in welcher der $pH$ -Wert eine Funktion der Konzentration ist. Dies hat dann aber zur Folge, dass in stark sauren oder stark basischen Lösungen die experimentell ermittelten $pH$ - Werte von denen über die Konzentrationen berechneten abweichen.

**Beispiel 6.4**

Eine wässrige Lösung hat einen $pH$ - Wert von 2,7. Wie groß ist darin die Konzentration $c\,(H_3O^+)$?

*Gesucht:* $c\,(H_3O^+)$                                        *Gegeben:* $pH$ -Wert

*Lösung:*

Nach Gl. (6.13) gilt:

$$\lg c\,(H_3O^+) = -pH \qquad \Rightarrow \qquad c\,(H_3O^+) = 10^{-pH}$$

Damit folgt:

$$c\,(H_3O^+) = 10^{-2,7}\ \text{mol}\cdot\text{l}^{-1} = 10^{0,3}\cdot 10^{-3}\ \text{mol}\cdot\text{l}^{-1} = 2\cdot 10^{-3}\ \text{mol}\cdot\text{l}^{-1}$$

*Ergebnis:*

Die Konzentration $c\,(H_3O^+)$ beträgt $2\cdot 10^{-3}\ \text{mol}\cdot\text{l}^{-1}$.

**Beispiel 6.5**

In einer wässrigen Lösung wird ein $pH$ - Wert von 9,26 gemessen. Berechnen Sie die Konzentration der Hydroxidionen, wenn $K_W = 2{,}51\cdot 10^{-14}\ \text{mol}^2\cdot\text{l}^{-2}$ ist.

*Gesucht:* $c\,(OH^-)$                                  *Gegeben:* $pH$ -Wert , $K_W$

*Lösung:*

Zunächst gilt:

$$K_W = 2{,}51\cdot 10^{-14}\ \text{mol}^2\cdot\text{l}^{-2} = 10^{0,40}\cdot 10^{-14}\ \text{mol}^2\cdot\text{l}^{-2} = 10^{-13,60}\ \text{mol}^2\cdot\text{l}^{-2}$$

Mit Gl. (6.15) folgt:

$$pK_W = 13{,}60$$

Nach Gl. (6.16) gilt:

$$p\text{OH} = pK_W - p\text{H} = 13{,}60 - 9{,}26 = 4{,}34$$

Und mit Gl. (6.14):

$$\lg c(\text{OH}^-) = -p\text{OH} \qquad \Rightarrow \qquad c(\text{OH}^-) = 10^{-p\text{OH}}$$

Damit ergibt sich:

$$c(\text{OH}^-) = 10^{-4{,}34}\ \text{mol} \cdot \text{l}^{-1} = 10^{0{,}66} \cdot 10^{-5}\ \text{mol} \cdot \text{l}^{-1} = 4{,}57 \cdot 10^{-5}\ \text{mol} \cdot \text{l}^{-1}$$

*Ergebnis:*

Die Konzentration $c(\text{OH}^-)$ der Hydroxidionen beträgt $4{,}57 \cdot 10^{-5}\ \text{mol} \cdot \text{l}^{-1}$.

## 6.3.3 Säure- und Basestärke

Die Protolyse einer wässrigen Lösung von Essigsäure verläuft nach folgender Reaktionsgleichung:

$$\text{HAc} + \text{H}_2\text{O} \rightleftharpoons \text{Ac}^- + \text{H}_3\text{O}^+$$

Beträgt dabei die Ausgangskonzentration z.B. $c_0(\text{HAc}) = 1\ \text{mol} \cdot \text{l}^{-1}$, so liegen aber im eingestellten Gleichgewicht nur ungefähr 0,4 % davon in Form von Oxonium- bzw. Acetationen vor. Der weitaus überwiegende Teil der Essigsäuremoleküle bleibt unverändert, da das Gleichgewicht der Protolysereaktion auf der linken Seite der Reaktionsgleichung liegt. Deshalb wird die Essigsäure als schwache Säure bezeichnet. Die verschiedenen Säuren, die es gibt, haben alle eine unterschiedliche Tendenz, in der Säure-Base-Reaktion mit Wasser Protonen abzugeben. Das Ausmaß der Protolyse ist also unterschiedlich und damit die Säurestärke.

Ein relatives Maß für die Säurestärke erhält man, indem die Tendenz der verschiedenen Säuren untereinander verglichen wird, an eine bestimmte Base Protonen abzugeben. Diese Vergleichsbase ist das Wasser, denn das Wasser ist ein Ampholyt und kann sowohl als Säure wie auch als Base reagieren. Anders ausgedrückt: Die verschiedenen Säuren protolysieren in wässriger Lösung unterschiedlich stark. Maßzahlen für die Säurestärken sind die Gleichgewichtskonstanten. Für die Protolyse einer Säure S mit Wasser lässt sich eine allgemeine Reaktionsgleichung formulieren, in der die korrespondierende Base B und das Oxoniumion gebildet werden.

$$S + H_2O \; \rightleftharpoons \; B + H_3O^+$$

Nach dem Massenwirkungsgesetz (s. Kap. 6.1) gilt dann für die Gleichgewichtskonstante $K_c$ dieser Reaktion:

$$K_c = \frac{c(B) \cdot c(H_3O^+)}{c(S) \cdot c(H_2O)}$$

Da in verdünnten Lösungen die Konzentration $c(H_2O)$ wieder als konstant angesehen werden kann (s. Kap. 6.3.2), erhält man dadurch die neue Konstante $K_S$.

$$c(H_2O) \cdot K_c = K_S = \frac{c(B) \cdot c(H_3O^+)}{c(S)} \tag{6.18}$$

Die Konstante $K_S$ wird als *Säurekonstante* bezeichnet, ihre Einheit ergibt sich durch Kürzen der einzelnen Konzentrationseinheiten in der Gleichung zu $mol \cdot l^{-1}$. Die Säurekonstante $K_S$ ist wie die Gleichgewichtskonstante $K_c$ von der Temperatur abhängig.

> Die Säurekonstante $K_S$ der Säure S ist ein Maß für die Stärke dieser Säure gegenüber der Base Wasser, und dadurch bei verschiedenen Säuren ebenso ein Maß für die relative Stärke der Säuren untereinander.

Für die Protolyse der Essigsäure folgt mit Gl. (6.18) z.B.:

$$K_S = \frac{c(Ac^-) \cdot c(H_3O^+)}{c(HAc)}$$

Bei der Anwendung der Gleichung für die Stärke einer Säure muss stets berücksichtigt werden, dass es sich bei den angegebenen Konzentrationen um die Konzentrationen im eingestellten Gleichgewicht handelt. Entsprechend der Definition des $pH$-Wertes wird bei einer Säure auf die gleiche Weise ihr *Säureexponent $pK_S$* definiert.

$$pK_S = -\lg K_S \tag{6.19}$$

Je größer der Wert einer Säurekonstanten $K_S$ ist, desto stärker ist die jeweilige Säure, umso kleiner ist aber zugleich nach Gl. (6.19) ihr Säureexponent $pK_S$. Hinsichtlich der Stärke einer Säure gilt die Einteilung:

$$pK_S < 0 \qquad \Rightarrow \qquad \text{starke Säure}$$

$$0 < pK_S < 4,5 \qquad \Rightarrow \qquad \text{mittelstarke Säure}$$

$$pK_S > 4,5 \qquad \Rightarrow \qquad \text{schwache Säure}$$

Die $pK_S$-Werte einiger Säuren sind in Tabelle 6.4 aufgeführt. Das dort tabellierte Oxoniumion reagiert nach folgender Gleichung als Säure:

$$H_3O^+ + H_2O \rightleftharpoons H_2O + H_3O^+$$
$$S_1 + B_2 \rightleftharpoons B_1 + S_2$$

Insgesamt bleibt dabei die Größe $c(H_3O^+)$ konstant, da sich ihr Wert trotz der Reaktion nicht ändert. Als Säurekonstante ergibt sich:

$$K_S = \frac{c(H_2O) \cdot c(H_3O^+)}{c(H_3O^+)} = c(H_2O)$$

Bei $c(H_2O)$ handelt es sich um die Gleichgewichtskonzentration des Wassers. Da aber der Ionenanteil des Wassers gegenüber dem neutralen Wasser vernachlässigt werden kann, lässt sich die Konzentration des reinen Wassers leicht über seine Dichte und seine molare Masse berechnen. Wasser kann auch als Säure reagieren, die entsprechende Gleichung lautet:

$$H_2O + H_2O \rightleftharpoons OH^- + H_3O^+$$
$$S_1 + B_2 \rightleftharpoons B_1 + S_2$$

Dafür folgt die Säurekonstante:

$$K_S = \frac{c(OH^-) \cdot c(H_3O^+)}{c(H_2O)} = \frac{K_W}{c(H_2O)}$$

Auch hier ist $c(H_2O)$ die Konzentration des Wassers im Gleichgewicht.

**Tabelle 6.4**    Säure- und Baseexponenten einiger Säure-Base-Paare bei 25 °C

| Säure | $pK_S$ | korrespondierende Base | $pK_B$ |
|---|---|---|---|
| HCl | < 0 | $Cl^-$ | > 14 |
| $H_2SO_4$ | < 0 | $HSO_4^-$ | > 14 |
| $H_3O^+$ | < 0 | $H_2O$ | > 14 |
| $HSO_4^-$ | 1,92 | $SO_4^{2-}$ | 12,08 |
| HAc | 4,75 | $Ac^-$ | 9,25 |
| $NH_4^+$ | 9,25 | $NH_3$ | 4,75 |
| $HPO_4^{2-}$ | 12,32 | $PO_4^{3-}$ | 1,68 |
| $H_2O$ | > 14 | $OH^-$ | < 0 |

Bei der Protolyse einer Base B mit Wasser entstehen nach der folgenden Reaktionsgleichung die korrespondierende Säure S und das Hydroxidion.

$$B + H_2O \rightleftharpoons S + OH^-$$

Die *Basekonstante* $K_B$ für diese Reaktion lautet dann:

$$K_B = \frac{c(S) \cdot c(OH^-)}{c(B)} \tag{6.20}$$

> Die Basekonstante $K_B$ der Base B ist ein Maß für die Stärke dieser Base gegenüber der Säure Wasser, und dadurch bei verschiedenen Basen ebenso ein Maß für die relative Stärke der Basen untereinander.

Der Ampholyt Wasser fungiert jetzt hierbei als eine Vergleichssäure. Die Einheit der Basekonstanten $K_B$ ergibt sich durch Kürzen der einzelnen Konzentrationen in der obigen Gleichung zu $mol \cdot l^{-1}$, und die Basekonstante ist wie die Säurekonstante noch von der Temperatur abhängig. Ein Beispiel ist die Protolysereaktion von Ammoniak in wässriger Lösung.

$$NH_3 + H_2O \; \rightleftharpoons \; NH_4^+ + OH^-$$

Dafür lautet die Basekonstante:

$$K_B = \frac{c(NH_4^+) \cdot c(OH^-)}{c(NH_3)}$$

Analog zum Säureexponenten wird der Baseexponent $pK_B$ definiert.

$$pK_B = -\lg K_B \qquad (6.21)$$

Je größer eine Basekonstante $K_B$ ist, desto stärker ist auch die jeweilige Base, umso kleiner ist aber nach Gl. (6.21) ihr Baseexponent $pK_B$. Für die Stärke einer Base gilt entsprechend der Säurestärke:

$$pK_B < 0 \qquad \Rightarrow \qquad \text{starke Base}$$

$$0 < pK_B < 4,5 \qquad \Rightarrow \qquad \text{mittelstarke Base}$$

$$pK_B > 4,5 \qquad \Rightarrow \qquad \text{schwache Base}$$

Die $pK_B$-Werte einiger Basen sind ebenfalls in Tabelle 6.4 aufgeführt. Dabei stimmen $pK_S$ von HAc und $pK_B$ von $NH_3$ rein zufällig überein. Säuren, bei denen $pK_S < 0$ ist, wie z.B. HCl, $HNO_3$ oder $H_2SO_4$ (jedoch nicht $HSO_4^-$), sind zwar untereinander von verschiedener Stärke, aber in wässriger Lösung protolysieren sie so vollständig, dass sie alle als starke Säuren bezeichnet werden. Umgekehrt müssen dann die Anionen dieser starken Säuren, im Beispiel also $Cl^-$, $NO_3^-$ oder $HSO_4^-$, so schwache Basen sein ($pK_B > 14$), dass sie in wässriger Lösung praktisch keine Protolyte sind und somit nicht als Base reagieren. Genauso protolysieren Basen, bei denen $pK_B < 0$ ist, wie z.B. $OH^-$ oder $O_2^{2-}$, in wässriger Lösung so vollständig, dass sie als starke Basen bezeichnet werden. Beispielsweise müssen bei Natronlauge, einer Lösung des Salzes NaOH in Wasser, die ja stark basisch reagiert, zwei Vorgänge betrachtet werden.

Dissoziation: $\qquad NaOH \; \rightarrow \; Na^+ + OH^-$

Daran schließt sich die Protolyse der gebildeten Hydroxidionen an.

Protolyse:        $OH^- + H_2O \;\rightleftharpoons\; H_2O + OH^-$

Dabei macht sich die Protonenübertragung nach außen nicht bemerkbar, da auf beiden Seiten der Reaktionsgleichung das Gleiche steht. Dies ist eine Konsequenz der Tatsache, dass hier das Lösemittel die korrespondierende Säure von $OH^-$ ist.

Multipliziert man bei einem korrespondierenden Säure-Base-Paar die Säurekonstante nach Gl. (6.18) mit der Basekonstante nach Gl. (6.20), so erhält man den Ausdruck:

$$K_S \cdot K_B = \frac{c(B) \cdot c(H_3O^+) \cdot c(S) \cdot c(OH^-)}{c(S) \cdot c(B)}$$

Daraus folgt nach Kürzen:

$$K_S \cdot K_B = c(H_3O^+) \cdot c(OH^-) = K_W \qquad (6.22)$$

Das Produkt der beiden Protolysekonstanten einer Säure S und ihrer korrespondierenden Base B ergibt also nach dieser Gleichung das Ionenprodukt des Wassers. Durch Logarithmierung von Gl. (6.22) gelangt man zu der Form:

$$pK_S + pK_B = pK_W \qquad (6.23)$$

Je stärker eine Säure ist, desto schwächer ist demnach ihre korrespondierende Base und umgekehrt. Sind in Gl. (6.23) zwei der drei Größen bekannt, lässt sich außerdem die dritte Größe mit diesen berechnen. Wenn z.B. das Säure-Base-Paar $NH_4^+ / NH_3$ gegeben ist, und der Säureexponent nach Tabelle 6.4 bei 25 °C den Wert 9,25 hat, dann gilt dabei für den Baseexponent der Base $NH_3$:

$$pK_B = pK_W - pK_S = 14 - 9{,}25 = 4{,}75$$

Säuren und Basen, die bei der Protolyse pro Molekül nur ein Proton bzw. Hydroxidion abgeben können, werden als *einwertig* bezeichnet. Können sie aber pro Molekül mehr als ein Proton bzw. Hydroxidion abgeben, so sind es *mehrwertige* Säuren und Basen. Diese mehrwertigen Säuren und

Basen protolysieren stufenweise. Beispielsweise reagiert die Phosphorsäure bei der protolytischen Reaktion in wässriger Lösung als dreiwertige Säure, wobei sie ihre Protonen in drei Stufen abgibt.

1. Stufe $\qquad H_3PO_4 + H_2O \rightleftharpoons H_2PO_4^- + H_3O^+$

2. Stufe $\qquad H_2PO_4^- + H_2O \rightleftharpoons HPO_4^{2-} + H_3O^+$

3. Stufe $\qquad HPO_4^{2-} + H_2O \rightleftharpoons PO_4^{3-} + H_3O^+$

Da sich auf jede dieser einzelnen Teilreaktionen das Massenwirkungsgesetz anwenden lässt, erhält man für die Phosphorsäure auch drei Säurekonstanten. Für eine Temperatur von 25 °C lauten sie:

$$K_{S,1} = \frac{c(H_2PO_4^-) \cdot c(H_3O^+)}{c(H_3PO_4)} = 6{,}92 \cdot 10^{-3} \; mol \cdot l^{-1}$$

$$\Rightarrow \quad pK_{S,1} = 2{,}16$$

$$K_{S,2} = \frac{c(HPO_4^{2-}) \cdot c(H_3O^+)}{c(H_2PO_4^-)} = 6{,}17 \cdot 10^{-8} \; mol \cdot l^{-1}$$

$$\Rightarrow \quad pK_{S,2} = 7{,}21$$

$$K_{S,3} = \frac{c(PO_4^{3-}) \cdot c(H_3O^+)}{c(HPO_4^{2-})} = 4{,}79 \cdot 10^{-13} \; mol \cdot l^{-1}$$

$$\Rightarrow \quad pK_{S,3} = 12{,}32$$

Während $H_3PO_4$ in wässriger Lösung nur als Säure und $PO_4^{3-}$ nur als (dreiwertige) Base reagieren kann, sind alle anderen gebildeten Ionen Ampholyte. Die Säurekonstanten von mehrwertigen Säuren nehmen mit Fortschreiten der Protolysestufe ab, z.B. gilt für Phosphorsäure:

$$K_{S,1} > K_{S,2} > K_{S,3} \quad bzw. \quad pK_{S,1} < pK_{S,2} < pK_{S,3}$$

Da die negative Ladung des nach einer Protonenabgabe zurückbleibenden Ions zugenommen hat, wird die erneute Abgabe eines $H^+$- Ions infolge der gewachsenen elektrostatischen Anziehung erschwert. Dadurch wird die

Säurekonstante kleiner. Entsprechendes gilt bei einer mehrwertigen Base für die Abnahme der Basekonstanten bei der mehrstufigen Protolyse.

Wirklich konstant sind bei gegebener Temperatur nur die thermodynamisch definierten Säure- und Basekonstanten. So erhält man z.B. bei der Protolyse einer allgemeinen Säure HY:

$$HY \; + \; H_2O \; \rightarrow \; Y^- \; + \; H_3O^+ \qquad \Rightarrow \qquad K_S^a \; = \; \frac{a(Y^-) \cdot a(H_3O^+)}{a(HY)}$$

Mit den Gln. (6.5) und (6.18) gilt dann für den Zusammenhang von thermodynamischer und stöchiometrischer Säurekonstante:

$$K_S^a \; = \; \frac{f(Y^-) \cdot f(H_3O^+)}{f(HY)} \cdot \frac{c(Y^-) \cdot c(H_3O^+)}{c(HY)} \; = \; \frac{f(Y^-) \cdot f(H_3O^+)}{f(HY)} \cdot K_S$$

Für praktische Berechnungen in verdünnten Lösungen, in denen $f$ gegen 1 geht, genügt aber die Genauigkeit der stöchiometrischen Säure- oder Basekonstanten.

### 6.3.4 Ostwaldsches Verdünnungsgesetz

Bei der Protolyse von Essigsäure in wässriger Lösung nach der Gleichung

$$HAc \; + \; H_2O \; \rightleftharpoons \; Ac^- \; + \; H_3O^+$$

ist gemäß Tabelle 6.4 bei 25 °C der Säureexponent $pK_S = 4{,}75$. Das bedeutet, dass dabei nur ein geringer Anteil der HAc reagiert, wobei dann die Produkte $Ac^-$ und $H_3O^+$ gebildet werden. Nach der obigen Reaktionsgleichung ergibt sich also (s. dazu auch Beispiel 6.1):

$$c_R(HAc) \; = \; c_P(Ac^-) \; = \; c_P(H_3O^+)$$

Da keine weiteren Säuren oder auch Elektrolyte wie etwa NaAc zugegen sein sollen, die das Gleichgewicht der Essigsäure beeinflussen würden, sind die durch die Reaktion gebildeten Ionen identisch mit den Ionen im Gleichgewicht. Für die umgesetzten Konzentrationen gilt somit:

$$c_R(HAc) \; = \; c(Ac^-) \; = \; c(H_3O^+)$$

Hierbei ist: $\;c(Ac^-) = c_P(Ac^-)$ und $c(H_3O^+) = c_P(H_3O^+)$

Das Verhältnis des Anteils $c_R$ (HAc), der reagiert hat, zu der Ausgangskonzentration $c_0$ (HAc) beschreibt den Grad der Umsetzung und wird als *Protolysegrad* $\alpha$ der Reaktion bezeichnet.

$$\alpha = \frac{c_R\,(\text{HAc})}{c_0\,(\text{HAc})}$$

Generell kann ein Protolysegrad experimentell durch Leitfähigkeitsmessungen ermittelt werden. Mit den bisher angestellten Betrachtungen und unter Verwendung dieses Protolysegrades lassen sich jetzt in der Säurekonstanten der Essigsäure die Gleichgewichtskonzentrationen ersetzen. Dafür wird zunächst die betreffende Säurekonstante $K_S$ aufgestellt.

$$K_S = \frac{c\,(\text{Ac}^-) \cdot c\,(\text{H}_3\text{O}^+)}{c\,(\text{HAc})}$$

Im Zähler des Bruches heißt es dann:

$$c\,(\text{Ac}^-) = c_R\,(\text{HAc}) = \alpha \cdot c_0\,(\text{HAc})$$

und

$$c\,(\text{H}_3\text{O}^+) = c_R\,(\text{HAc}) = \alpha \cdot c_0\,(\text{HAc})$$

Die Konzentration der Essigsäure im Gleichgewicht ergibt sich, indem man von ihrer Ausgangskonzentration den Anteil, der reagiert hat, abzieht. Für den Nenner gilt somit:

$$c\,(\text{HAc}) = c_0\,(\text{HAc}) - c_R\,(\text{HAc}) = c_0\,(\text{HAc}) - \alpha \cdot c_0\,(\text{HAc})$$

Damit lautet die Säurekonstante:

$$K_S = \frac{\alpha^2 \cdot c_0^2\,(\text{HAc})}{c_0\,(\text{HAc}) - \alpha \cdot c_0\,(\text{HAc})} = \frac{\alpha^2 \cdot c_0^2\,(\text{HAc})}{c_0\,(\text{HAc}) \cdot (1 - \alpha)}$$

$$\Rightarrow \qquad K_S = \frac{\alpha^2 \cdot c_0\,(\text{HAc})}{1 - \alpha}$$

Diese Form der Säurekonstanten, hier am Beispiel der Essigsäure, ist das *Ostwaldsche Verdünnungsgesetz*, das für schwache einwertige Säuren gilt. Allgemein lautet es für eine Säure S:

$$K_S = \frac{\alpha^2 \cdot c_0(S)}{1 - \alpha} \tag{6.24}$$

Im Folgenden ist als Lösung der quadratischen Gleichung in (6.24) der Protolysegrad $\alpha$ bei 25 °C für abnehmende Konzentrationen der Essigsäure berechnet worden. Ein Protolysegrad wird auch in Prozenten angegeben.

$$c_0(HAc) = 1 \text{ mol} \cdot l^{-1} \qquad \Rightarrow \qquad \alpha = 0,0042$$

$$c_0(HAc) = 0,1 \text{ mol} \cdot l^{-1} \qquad \Rightarrow \qquad \alpha = 0,0133$$

$$c_0(HAc) = 0,01 \text{ mol} \cdot l^{-1} \qquad \Rightarrow \qquad \alpha = 0,0413$$

$$c_0(HAc) = 0,001 \text{ mol} \cdot l^{-1} \qquad \Rightarrow \qquad \alpha = 0,1248$$

Wie man sieht, wird $\alpha$ umso größer, je kleiner die Ausgangskonzentration der Säure wird. Das Ausmaß der Protolyse hängt also bei schwachen Säuren außer von $K_S$ auch noch von deren Ausgangskonzentration $c_0$ ab.

In gleicher Weise lässt sich das Ostwaldsche Verdünnungsgesetz für eine schwache Base B herleiten, man erhält dann folgende Gleichung:

$$K_B = \frac{\alpha^2 \cdot c_0(B)}{1 - \alpha} \tag{6.25}$$

Da bei schwachen Säuren und Basen $K_S$ bzw. $K_B$ sehr klein sind, ist in den meisten Fällen

$$c_0(S) \gg K_S \qquad \text{bzw.} \qquad c_0(B) \gg K_B$$

und der Protolysegrad ebenfalls gering. Bei diesen Vorraussetzungen kann in den Gln. (6.24) und (6.25) jeweils im Nenner $\alpha$ vernachlässigt werden, so dass die beiden Gleichungen dann lauten:

$$K_S = \alpha^2 \cdot c_0(S) \qquad \text{und} \qquad K_B = \alpha^2 \cdot c_0(B) \tag{6.26}$$

Für $\alpha$ ergibt sich so:

$$\alpha = \sqrt{\frac{K_S}{c_0(S)}} \qquad \text{und} \qquad \alpha = \sqrt{\frac{K_B}{c_0(B)}} \tag{6.27}$$

Dabei darf aber $c_0$ nicht zu klein werden, weil dann die obigen Voraus-setzungen für die Näherung nicht mehr gelten, und $\alpha$ im Nenner der beiden Gln. (6.24) und (6.25) nicht mehr vernachlässigt werden kann. In diesem Fall müssen die quadratischen Gleichungen exakt gelöst werden.

**Beispiel 6.6**
In 200 ml enthält eine wässrige Lösung 11,8 mg Natriumcyanid. Wie groß ist die Basekonstante des Anions $CN^-$, wenn der Protolysegrad $\alpha = 0,1346$ beträgt?

*Gesucht:* $K_B$                              *Gegeben:* $V_L$ , $m(NH_3)$ , $\alpha$

*Lösung:*

Da NaCN vollständig dissoziiert ist, gilt die Beziehung:

$$c_0(CN^-) = c_0(NaCN)$$

Das so entstandene $CN^-$ ist ein Protolyt und reagiert mit dem Wasser.

$$CN^- + H_2O \ \rightleftharpoons\ HCN + OH^-$$

Nach den Gln. (5.3) und (3.2) ergibt sich für $c_0(NaCN)$:

$$c_0(NaCN) = \frac{n_0(NaCN)}{V_L} = \frac{m_0(NaCN)}{M(NaCN)\cdot V_L}$$

$$= \frac{0,0118\ g}{49,0072\ g\cdot mol^{-1}\cdot 0,200\ l} = 0,0012\ mol\cdot l^{-1}$$

Und damit:
$$c_0(CN^-) = 0,0012\ mol\cdot l^{-1}$$

Für die Basekonstante folgt dann nach Gl. (6.25):

$$K_B = \frac{\alpha^2\cdot c_0(CN^-)}{1-\alpha} = \frac{0,1346^2\cdot 0,0012\ mol\cdot l^{-1}}{1-0,1346} = 10^{-4,60}\ mol\cdot l^{-1}$$

*Ergebnis:*

Die Basekonstante des Anions $CN^-$ beträgt $K_B = 10^{-4,60}\ mol\cdot l^{-1}$.

Mit der Näherung in Gl. (6.26) berechnet sich die Basekonstante zu:

$$K_B = 0{,}1346^2 \cdot 0{,}0012 \ \text{mol} \cdot \text{l}^{-1} = 10^{-4{,}66} \ \text{mol} \cdot \text{l}^{-1}$$

## 6.3.5 Berechnung von pH - Werten

Der $pH$-Wert einer wässrigen Lösung ist exakt über die Größe der Affinität $a(\text{H}_3\text{O}^+)$ definiert. Für praktische Zwecke und nicht zu hohe Konzentrationen der Oxoniumionen kann aber ein $pH$-Wert näherungsweise nach Gl. (6.13) berechnet werden (s. Kap. 6.3.2), sie lautet:

$$pH = -\lg c(\text{H}_3\text{O}^+)$$

Zunächst muss dabei die Frage gestellt werden, wer in einem wässrigen System Oxoniumionen zum $pH$-Wert der gesamten Lösung beisteuert. Zum einen ist es der gelöste Protolyt (Säure oder Base) durch seine Reaktion mit dem Wasser. Zum anderen entstehen durch die Autoprotolyse des Wassers ebenfalls Oxoniumionen. Dieser Anteil ist allerdings sehr gering, so dass er im Folgenden bei den Berechnungen eines $pH$-Wertes zunächst vernachlässigt wird. Sind aber die Säure- bzw. Basekonstante des Protolyten oder seine Konzentration sehr klein, so muss bei der $pH$-Berechnung auch die Autoprotolyse des Wassers berücksichtigt werden. Denn dann liegt die durch den Protolyten erzeugte Konzentration an Oxoniumionen in der Größenordnung der durch die Autoprotolyse des Wassers gebildeten Konzentration der Oxoniumionen. Darauf wird in Punkt f) eingegangen.

Im Folgenden werden bei den Berechnungen der $pH$-Werte je nach den vorliegenden Konzentrationsverhältnissen gewisse Näherungen angenommen, so dass dadurch ein $pH$-Wert einfach ermittelt werden kann. Die damit erzielte Genauigkeit ist in den meisten praktischen Fällen ausreichend.

### a) Starke Säuren und Basen

Die allgemeinen Reaktionsgleichungen für die Protolyse der wässrigen Lösung einer S bzw. einer Base B lauten:

$$S + H_2O \ \rightleftharpoons \ B + H_3O^+$$

bzw.
$$B + H_2O \ \rightleftharpoons \ S + OH^-$$

Danach gilt für die umgesetzten Konzentrationen:

$$c_R(S) = c_P(B) = c_P(H_3O^+)$$

bzw. $$c_R(B) = c_P(S) = c_P(OH^-)$$

Bei starken Säuren und Basen kann man jetzt davon ausgehen, dass deren Protolyse vollständig verläuft, weswegen hierbei der reagierende Anteil identisch mit der jeweiligen Ausgangskonzentration $c_0$ ist.

$$c_R(S) = c_0(S) \qquad \text{bzw.} \qquad c_R(B) = c_0(B)$$

Da keine weiteren Säuren oder Basen gelöst sind, ist die infolge der Reaktion sich einstellende Konzentration $c_P(H_3O^+)$ identisch mit der Konzentration $c(H_3O^+)$ der Lösung. Das Gleiche gilt für die beiden Konzentrationen $c_P(OH^-)$ und $c(OH^-)$. Damit folgt:

$$c(H_3O^+) = c_0(S) \qquad \Rightarrow \qquad pH = -\lg c_0(S) \qquad (6.28)$$

bzw. $\quad c(OH^-) = c_0(B) \qquad \Rightarrow \qquad pOH = -\lg c_0(B) \qquad (6.29)$

Mit diesem $pOH$ -Wert gilt dabei nach Gl. (6.16):

$$pH = pK_W + \lg c_0(B)$$

**Beispiel 6.7**

Welchen $pH$ -Wert haben 500 ml einer wässrigen Lösung von 0,005 mol HCl?

*Gesucht:* $pH$ -Wert $\qquad\qquad\qquad$ *Gegeben:* $V_L$ , $n_0(HCl)$

*Lösung:*

Nach Gl. (5.3) gilt:

$$c_0(HCl) = \frac{0,005 \text{ mol}}{0,500 \text{ l}} = 0,01 \text{ mol} \cdot l^{-1}$$

Der $pH$ -Wert wird dann nach Gl. (6.28) berechnet.

$$c(H_3O^+) = c_0(HCl) = 0,01 \text{ mol} \cdot l^{-1} \qquad \Rightarrow \qquad pH = -\lg 0,01 = 2$$

*Ergebnis:*

Der $pH$ -Wert der Salzsäurelösung beträgt 2.

Wird in Beispiel 6.7 die Ausgangskonzentration der Salzsäurelösung auf den Wert $c_0(\text{HCl}) = 0,001 \text{ mol} \cdot \text{l}^{-1}$ erniedrigt, dann hat diese Lösung einen $p\text{H}$-Wert von 3. Sinkt $c_0$ um eine Zehnerpotenz, so steigt demzufolge der $p\text{H}$-Wert um eine Einheit. Dies gilt aber nur bei starken Säuren. Bei starken Basen hingegen sinkt der $p\text{H}$-Wert mit den Gln. (6.16) und (6.29) um eine Einheit, wenn $c_0$ um eine Zehnerpotenz sinkt.

Enthält eine Lösung eine Mischung von mehreren verschiedenen Säuren oder Basen, dann ergeben sich insgesamt $c(\text{H}_3\text{O}^+)$ bzw. $c(\text{OH}^-)$ als Summe der Ausgangskonzentrationen aller Protolyte. Bei mehrwertigen Säuren und Basen gelten die Gln. (6.28) und (6.29) entsprechend. Demnach ist z.B. bei zweiwertigen starken Säuren und Basen:

$$c(\text{H}_3\text{O}^+) = 2 \cdot c_0(\text{S}) \qquad \Rightarrow \qquad p\text{H} = -\lg 2 \cdot c_0(\text{S}) \qquad (6.30)$$

bzw. $\qquad c(\text{OH}^-) = 2 \cdot c_0(\text{B}) \qquad \Rightarrow \qquad p\text{OH} = -\lg 2 \cdot c_0(\text{B}) \qquad (6.31)$

Mit diesem $p\text{OH}$-Wert gilt dabei wieder:

$$p\text{H} = pK_\text{W} + \lg 2 \cdot c_0(\text{B})$$

**Beispiel 6.8**
Berechnen Sie den $p\text{H}$-Wert einer Barytlauge, in der Bariumhydroxid die Konzentration $c_0(\text{Ba(OH)}_2) = 0,01 \text{ mol} \cdot \text{l}^{-1}$ hat. Es gilt: $K_\text{W} = 10^{-13,80} \text{ mol}^2 \cdot \text{l}^{-2}$.

*Gesucht:* $p\text{H}$-Wert $\qquad\qquad\qquad$ *Gegeben:* $c_0(\text{Ba(OH)}_2)$, $K_\text{W}$

*Lösung:*

Barytlauge ist eine wässrige Lösung von Bariumhydroxid und reagiert als starke zweiwertige Base. Nach Gl. (6.31) folgt damit:

$$p\text{OH} = -\lg 2 \cdot c_0(\text{Ba(OH)}_2) = -\lg 0,02$$

Für den $p\text{H}$-Wert ergibt sich so:

$$p\text{H} = pK_\text{W} + \lg 0,02 = 13,80 - 1,70 = 12,10$$

*Ergebnis:*

Der $p\text{H}$-Wert der Barytlauge beträgt 12,10.

## b) Mittelstarke Säuren und Basen

Bei der Protolyse von mittelstarken Säuren und Basen verläuft die Reaktion unvollständig. Das bedeutet, dass im Gleichgewicht neben den gebildeten Produkten auch noch Reaktanten, also unveränderte Ausgangsstoffe, vorliegen. Daher muss hier die Berechnung der $pH$-Werte über die Säurekonstante $K_S$ oder die Basekonstante $K_B$ erfolgen. Als Beispiel wird eine mittelstarke Säure S betrachtet, deren Protolyse wieder durch folgende Reaktionsgleichung beschrieben wird:

$$S + H_2O \ \rightleftharpoons \ B + H_3O^+$$

Danach gilt für die umgesetzten Konzentrationen:

$$c_R(S) = c_P(B) = c_P(H_3O^+)$$

Und $K_S$ ist nach Gl. (6.18)

$$K_S = \frac{c(B) \cdot c(H_3O^+)}{c(S)}$$

Da hierbei nur die Reaktion dieses Protolyten betrachtet werden muss, weil darüber hinaus keine weiteren Säuren und Basen gelöst sein sollen, und die Autoprotolyse des Wassers nach wie vor vernachlässigt wird, ist dadurch die sich einstellende Konzentration $c_P(B)$ identisch mit der Konzentration $c(B)$ der Lösung. Aus den gleichen genannten Gründen kommt man bei den Betrachtungen zu dem Ergebnis, das dann auch die beiden Konzentrationen $c_P(H_3O^+)$ und $c(H_3O^+)$ identisch sein müssen. Deshalb gelten im eingestellten Gleichgewicht der Säure-Base-Reaktion die beiden Beziehungen:

$$c(B) = c_P(B) \qquad \text{und} \qquad c(H_3O^+) = c_P(H_3O^+)$$

Mit $c_P(B) = c_P(H_3O^+)$ (s. oben) folgt damit:

$$c(B) = c(H_3O^+)$$

Der Zähler der Säurekonstanten $K_S$ lautet dann:

$$c(B) \cdot c(H_3O^+) = c^2(H_3O^+)$$

Im Nenner der Säurekonstanten $K_S$ steht die Gleichgewichtskonzentration $c(S)$. Sie ist die Differenz aus der Ausgangskonzentration $c_0(S)$ und dem Anteil $c_R(S)$, der reagiert hat, und ergibt sich nach den obigen Betrachtungen zu:

$$c(S) = c_0(S) - c_R(S) = c_0(S) - c(H_3O^+)$$

Zähler und Nenner werden jetzt in $K_S$ eingesetzt.

$$K_S = \frac{c^2(H_3O^+)}{c_0(S) - c(H_3O^+)} \qquad (6.32)$$

Durch Umformung folgt daraus:

$$c^2(H_3O^+) + K_S \cdot c(H_3O^+) - K_S \cdot c_0(S) = 0$$

Von den beiden mathematischen Lösungen dieser quadratischen Gleichung ist nur eine stöchiometrisch sinnvoll, deswegen gilt:

$$c(H_3O^+) = -\frac{K_S}{2} + \sqrt{\left(\frac{K_S}{2}\right)^2 + K_S \cdot c_0(S)} \qquad (6.33)$$

Für eine mittelstarke Base folgt analog:

$$c(OH^-) = -\frac{K_B}{2} + \sqrt{\left(\frac{K_B}{2}\right)^2 + K_B \cdot c_0(B)} \qquad (6.34)$$

**Beispiel 6.9**
Welchen $pH$-Wert hat eine wässrige Lösung von Methansäure (Ameisensäure), in der die Ausgangskonzentration $c_0(HCOOH) = 0,01 \, mol \cdot l^{-1}$ ist? Der Säureexponent der Methansäure beträgt $pK_S = 3,75$.

*Gesucht:* pH-Wert                    *Gegeben:* $c_0(HCOOH)$ , $pK_S$

*Lösung:*

Da die Methansäure eine mittelstarke Säure ist, muss $c(H_3O^+)$ nach Gl. (6.33) berechnet werden.

$$c\,(\mathrm{H_3O^+}) = -\frac{10^{-3,75}}{2}\;\mathrm{mol}\cdot\mathrm{l}^{-1} + \sqrt{\left(\frac{10^{-3,75}}{2}\right)^2 + 10^{-3,75}\cdot 0,01\;\mathrm{mol}\cdot\mathrm{l}^{-1}}$$

$$= 0,0012\;\mathrm{mol}\cdot\mathrm{l}^{-1} = 10^{-2,92}\;\mathrm{mol}\cdot\mathrm{l}^{-1} \qquad \Rightarrow \qquad p\mathrm{H} = 2,92$$

*Ergebnis:*

Die Lösung der Methansäure hat einen $p\mathrm{H}$-Wert von 2,92.

Bei mehrwertigen Säuren und Basen ist der Protolyt meistens nur in der 1. Stufe der Protolyse mittelstark, in der 2. oder eventuell 3. Stufe handelt es sich dabei um einen schwachen oder sogar sehr schwachen Protolyten. Das bedeutet, dass die 2. und noch viel mehr die 3. Protolysekonstante im Verhältnis zur 1. Protolysekonstante sehr gering sind. Deshalb muss bei einer $p\mathrm{H}$-Berechnung näherungsweise auch nur die 1. Stufe berücksichtigt werden. Die Berechnung erfolgt dann so, als ob es sich um einen einwertigen Protolyten handeln würde. Ein Beispiel dafür ist die Phosphorsäure.

**Beispiel 6.10**
Berechnen Sie den $p\mathrm{H}$-Wert einer wässrigen Lösung von Phosphorsäure, wenn die Konzentration $c_0\,(\mathrm{H_3PO_4}) = 0,01\;\mathrm{mol}\cdot\mathrm{l}^{-1}$ ist. Die drei Säureexponenten der Phosphorsäure sind: $pK_{S,1} = 2,16$, $pK_{S,2} = 7,21$, $pK_{S,3} = 12,32$.

*Gesucht:* $p\mathrm{H}$-Wert          *Gegeben:* $c_0\,(\mathrm{H_3PO_4})$, $pK_{S,1}$, $pK_{S,2}$, $pK_{S,3}$

*Lösung:*

Die Säureexponenten $pK_{S,2}$ und $pK_{S,3}$ können bei der $p\mathrm{H}$-Berechnung gegenüber $pK_{S,1}$ vernachlässigt werden, weil bei der Phosphorsäure gemäß der Größe dieser Werte das Ausmaß der Protolyse in der 2. und 3. Stufe nur sehr gering ist. Weiterhin gilt für die dreistufige Protolyse der Phosphorsäure bei den Gleichgewichtskonzentrationen:

$$c\,(\mathrm{H_3PO_4}) \;\gg\; c\,(\mathrm{H_2PO_4^-}) \;\gg\; c\,(\mathrm{HPO_4^{2-}}) \;\gg\; c\,(\mathrm{PO_4^{3-}})$$

Deswegen ist näherungsweise:

$$c\,(\mathrm{H_3PO_4}) = c_0\,(\mathrm{H_3PO_4})$$

Für die Lösung der Phosphorsäure folgt so nach Gl. (6.33):

$$c(H_3O^+) = -\frac{10^{-2,16}}{2} \, mol \cdot l^{-1} + \sqrt{\left(\frac{10^{-2,16}}{2}\right)^2 + 10^{-2,16} \cdot 0,01 \, mol \cdot l^{-1}}$$

$$= 0,0055 \, mol \cdot l^{-1} = 10^{-2,26} \, mol \cdot l^{-1} \quad \Rightarrow \quad pH = 2,26$$

*Ergebnis:*

Der $pH$-Wert der Phosphorsäurelösung beträgt 2,26.

Verglichen mit der Lösung einer starken einwertigen Säure, in der die Ausgangskonzentration ebenfalls $c_0(S) = 0,01 \, mol \cdot l^{-1}$ und der $pH$-Wert damit 2 beträgt, ist also die Lösung der Phosphorsäure bei gleicher Ausgangskonzentration weniger sauer, da die Phosphorsäure eine mittelstarke Säure ist.

## c) Schwache Säuren und Basen

Bei der Protolyse von schwachen Säuren und Basen liegt das Gleichgewicht der Säure-Base-Reaktionen stark auf der linken Seite der betreffenden Reaktionsgleichung. $K_S$ bzw. $K_B$ sind daher gering. Nimmt man als Beispiel eine Säure S an, so wird hierbei durch die Protolysereaktion

$$S + H_2O \rightleftharpoons B + H_3O^+$$

nur sehr wenig $H_3O^+$ gebildet. Dies bedeutet aber, dass im Nenner in der Gl. (6.32) die Konzentration $c(H_3O^+)$ vernachlässigt werden kann. Damit vereinfacht sich die Gleichung zu:

$$c^2(H_3O^+) = K_S \cdot c_0(S) \quad \Rightarrow \quad c(H_3O^+) = \sqrt{K_S \cdot c_0(S)} \qquad (6.35)$$

Durch Logarithmieren erhält man daraus:

$$pH = \frac{1}{2} \cdot (pK_S - \lg c_0(S)) \qquad (6.36)$$

Für eine schwache Base lässt sich analog ableiten:

$$c(OH^-) = \sqrt{K_B \cdot c_0(B)} \qquad (6.37)$$

Und:
$$pOH = \frac{1}{2} \cdot (pK_B - \lg c_0(B)) \qquad (6.38)$$

Mit Gl. (6.16) ist dann der $pH$-Wert der basischen Lösung:

$$pH = pK_W - \frac{1}{2} \cdot (pK_B - \lg c_0(B)) \qquad (6.39)$$

Je größer $K_S$ bzw. $K_B$ und je kleiner $c_0(S)$ bzw. $c_0(B)$ werden, desto größer wird damit nach Gl. (6.27) der Protolysegrad $\alpha$. Da dabei aber das Reaktionsprodukt $c(H_3O^+)$ ebenfalls zunimmt, wird durch die Vernachlässigung dieser Konzentration im Nenner von Gl. (6.32) der Fehler bei der näherungsweisen Berechnung des $pH$-Wertes immer größer. So beträgt in einer wässrigen Lösung von Essigsäure, für die $pK_S = 4{,}75$ gilt, bei einer Ausgangskonzentration $c_0(HAc) = 0{,}1\,\text{mol} \cdot l^{-1}$ der Fehler des nach der Gl. (6.36) erhaltenen Näherungswertes ca. $-0{,}10\,\%$ gegenüber dem Wert der $pH$-Berechnung mit Gl. (6.33). Hingegen macht bei einer Ausgangskonzentration $c_0(HAc) = 0{,}001\,\text{mol} \cdot l^{-1}$ der Fehler bereits $-0{,}74\,\%$ aus. Ob man bei praktischen Arbeiten einen Näherungswert akzeptieren kann, hängt dann von den jeweiligen Genauigkeitsansprüchen an einen ermittelten $pH$-Wert ab.

**Beispiel 6.11**
Wie groß ist der $pH$-Wert von einer wässrigen Lösung des Salzes Natriumacetat, in der $c_0(NaAc) = 0{,}01\,\text{mol} \cdot l^{-1}$ ist? Der Säureexponent der Essigsäure hat den Wert $pK_S = 4{,}75$, und für das Ionenprodukt des Wassers beträgt $pK_W = 14{,}00$.

*Gesucht:* $pH$-Wert               *Gegeben:* $c_0(NaAc)$ , $pK_S$ , $pK_W$

*Lösung:*

Das Salz NaAc liegt vollständig dissoziiert vor, daher gilt:

$$c_0(Ac^-) = c_0(NaAc)$$

Das dabei entstandene Anion $Ac^-$ ist ein Protolyt und reagiert nach der folgenden Gleichung mit dem Wasser.

$$Ac^- + H_2O \;\rightleftharpoons\; HAc + OH^-$$

Der im weiteren Rechengang erforderliche Baseexponent von $Ac^-$ wird jetzt mit Gl. (6.23) ermittelt.

$$pK_B = pK_W - pK_S = 14,00 - 4,75 = 9,25$$

Nach Gl. (6.39) folgt damit:

$$pH = pK_W - 0,5 \cdot (pK_B - \lg c_0(Ac^-))$$

$$= 14 - 0,5 \cdot (9,25 + 2) = 8,38$$

*Ergebnis:*

Der $pH$ -Wert der Lösung von Natriumacetat beträgt 8,38.

Bei mehrwertigen schwachen Säuren und Basen unterscheiden sich zumeist die Säure- bzw. Basekonstanten der einzelnen Protolysestufen um mehrere Zehnerpotenzen. In diesen Fällen kann eine Berechnung des $pH$ - Wertes der Lösung wie schon bei den mittelstarken Säuren und Basen wiederum so erfolgen, als wenn dabei einwertige Protolyte vorliegen würden. (s. dazu auch das Beispiel 6.10). Gemische verschieden starker Säuren und Basen werden in den Übungsaufgaben zu Kap. 6 behandelt.

### d)  Verbindungen aus schwachen Säuren und Basen

Wird ein Salz wie z.B. $NH_4Ac$ oder $NH_4CN$, dessen Ionen eine schwache Säure und eine schwache Base darstellen, in Wasser gelöst, so erfolgt zunächst die Dissoziation in seine Ionen. Daran schließt sich dann bei den Ionen eine Protolyse an, und zwar sowohl mit dem Wasser als auch direkt zwischen einem Kation und einem Anion. Insgesamt müssen deswegen bei der $pH$ - Berechnung der Lösung drei Protolysegleichgewichte betrachtet werden. Im Folgenden werden das Kation und das Anion des Salzes entsprechend dem Reaktionsverhalten allgemein mit S und B bezeichnet.

Protolyse 1:         $S_1 + H_2O \rightleftharpoons B_1 + H_3O^+$         (6.40)

Protolyse 2:         $B_2 + H_2O \rightleftharpoons S_2 + OH^-$         (6.41)

Protolyse 3:         $S_1 + B_2 \rightleftharpoons B_1 + S_2$         (6.42)

Danach würde es z.B. für eine wässrige Lösung des Salzes Ammonium-acetat heißen:

Protolyse 1:         $NH_4^+ + H_2O \rightleftharpoons NH_3 + H_3O^+$

Protolyse 2:         $Ac^- + H_2O \rightleftharpoons HAc + OH^-$

Protolyse 3:         $NH_4^+ + Ac^- \rightleftharpoons NH_3 + HAc$

Nach den Gln. (6.40) und (6.41) lauten die Säure- und Basekonstante:

$$K_{S,1} = \frac{c(B_1) \cdot c(H_3O^+)}{c(S_1)} \qquad \text{und} \qquad K_{B,2} = \frac{c(S_2) \cdot c(OH^-)}{c(B_2)}$$

Durch Division von $K_{S,1}$ und $K_{B,2}$ ergibt sich:

$$\frac{K_{S,1}}{K_{B,2}} = \frac{c(B_1) \cdot c(H_3O^+) \cdot c(B_2)}{c(S_1) \cdot c(S_2) \cdot c(OH^-)}$$

Und mit Gl. (6.12):

$$c(H_3O^+) = \sqrt{\frac{K_{S,1} \cdot K_W}{K_{B,2}} \cdot \frac{c(S_1) \cdot c(S_2)}{c(B_1) \cdot c(B_2)}} \tag{6.43}$$

Für den $p$H -Wert gilt dann:

$$pH = \frac{1}{2} \cdot (pK_W + pK_{S,1} - pK_{B,2}) + \frac{1}{2} \cdot \lg \frac{c(S_1) \cdot c(S_2)}{c(B_1) \cdot c(B_2)} \tag{6.44}$$

Unter Berücksichtigung der in der Lösung vorliegenden Konzentrations-verhältnisse lässt jetzt sich dieser Ausdruck durch Annahme bestimmter Näherungen vereinfachen. Denn unabhängig vom Ausmaß der Protolyse müssen nämlich die Gesamtkonzentrationen der beiden Protolytsysteme stets gleich sein, deswegen muss gelten:

$$c(S_1) + c(B_1) = c(S_2) + c(B_2) \tag{6.45}$$

Diese Beziehung folgt aus der Tatsache, dass hier die korrespondierenden Säure-Base-Paare aus einem Salz stammen.

Nach Gleichung (6.45) bedeutet das z.B. für das Salz $NH_4Ac$:

$$c(NH_4^+) + c(NH_3) = c(HAc) + c(Ac^-)$$

Vergleicht man die einzelnen Säure-Base-Stärken miteinander, dann liegen die Gleichgewichte in den Gln. (6.40) und (6.41), da es sich hierbei um schwache Protolyte handelt, stark auf der linken Seite der Reaktionsgleichung. Daher sind die in diesen beiden Protolysereaktionen gebildeten Konzentrationen $c(B_1)$ und $c(S_2)$ sehr gering. Im Gegensatz dazu verläuft die direkte Protolyse zwischen $S_1$ und $B_2$ nach Gl. (6.42) erheblich stärker, so dass demgegenüber deren Protolysereaktionen mit dem Wasser vernachlässigt werden können. Also werden $c(B_1)$ und $c(S_2)$ näherungsweise nur durch die direkte Reaktion gebildet, und in der betreffenden Gleichung gilt dann auf der Produktseite:

$$c(B_1) = c(S_2)$$

Aus der Beziehung für die Gesamtkonzentration ergibt sich damit:

$$c(S_1) = c(B_2)$$

Dadurch wird in Gl. (6.44) der Ausdruck unter dem Logarithmus 1, und die Gleichung lautet dann:

$$pH = \frac{1}{2} \cdot (pK_W + pK_{S,1} - pK_{B,2}) \qquad (6.46)$$

Dabei ergeben sich die Indizes 1 und 2 aus der Ableitung dieser Gleichung. Der Säureexponent $pK_{S,1}$ und der Baseexponent $pK_{B,2}$ gehören somit zum jeweiligen Ion des gelösten Salzes. Der $pH$-Wert der Lösung ist also näherungsweise von der Konzentration des Salzes unabhängig. Wird aber die Konzentration der Salzlösung und damit auch der Protolyte geringer, so steigt dadurch zugleich der Protolysegrad $\alpha$ an, und der sich aus der gemachten Näherung ergebende Fehler nimmt ebenfalls zu. Genauso wird der Fehler umso größer, je mehr sich die Zahlenwerte von Säure- und Basekonstante unterscheiden, weil dann das Ausmaß der Protolyse in den Gln. (6.40) und (6.41) immer unterschiedlicher wird.

**Beispiel 6.12**

Gegeben ist eine wässrige Ammoniumcyanidlösung mit der Ausgangskonzentration $c_0\,(NH_4CN) = 0,01\ mol \cdot l^{-1}$. Berechnen Sie den $pH$ -Wert, wenn dabei für das Kation $NH_4^+$ ein $pK_S$ -Wert von 9,25 und für das Anion $CN^-$ ein $pK_B$ -Wert von 4,60 gelten. Der $pK_W$ -Wert beträgt 14,00.

*Gesucht:* $pH$ -Wert          *Gegeben:* $c_0\,(NH_4CN)$ , $pK_S$ , $pK_B$ , $pK_W$

*Lösung:*

Das Salz $NH_4CN$ dissoziiert vollständig nach folgender Gleichung:

$$NH_4CN \;\rightarrow\; NH_4^+ + CN^-$$

Die durch Dissoziation gebildeten Ionen sind beide Protolyte und reagieren mit dem Lösemittel Wasser, außerdem läuft parallel dazu zwischen den Ionen eine direkte Protolyse ab.

Protolyse 1:          $NH_4^+ + H_2O \;\rightleftharpoons\; NH_3 + H_3O^+$

Protolyse 2:          $CN^- + H_2O \;\rightleftharpoons\; HCN + OH^-$

Protolyse 3:          $NH_4^+ + CN^- \;\rightleftharpoons\; NH_3 + HCN$

Der $pH$ -Wert dieser Lösung ergibt sich dann, unabhängig von der Konzentration, nach Gl. (6.46) zu:

$$pH = 0,5 \cdot (14 + 9,25 - 4,60) = 9,33$$

*Ergebnis:*

Die Lösung von Ammoniumcyanid hat einen $pH$ -Wert von 9,33.

e)  Verbindungen eines Ampholyten

Salze wie $NaHS$, $NaH_2PO_4$ oder $KHCO_3$ enthalten Anionen, die Ampholyte darstellen (s. dazu Kap. 6.3.1). Wenn diese Salze in Wasser gelöst werden, können deren Anionen mit dem Wasser als Säure und zugleich als Base reagieren. Da Ampholyte sowohl schwache Säuren als auch schwache Basen sind, kann der $pH$ -Wert der Lösung ebenfalls mit Gl. (6.46) berechnet werden. Im Unterschied zu Punkt d) sind hier aber $S_1$ und $B_2$ chemisch identisch. Im Fall von $NaHS$ sind nach erfolgter Dissoziation in die Ionen $Na^+$ und $HS^-$ die folgenden Protolysegleichgewichte von Einfluss.

Protolyse 1:          $HS^- + H_2O \;\rightleftharpoons\; S^{2-} + H_3O^+$

Protolyse 2:          $HS^- + H_2O \;\rightleftharpoons\; H_2S + OH^-$

Protolyse 3:          $HS^- + HS^- \;\rightleftharpoons\; S^{2-} + H_2S$

Die Gleichung der Protolyse 1 beschreibt die Reaktion von $HS^-$ als Säure, und bei der Protolyse 2 die Reaktion von $HS^-$ als Base. Bei der dritten Protolysegleichung handelt es sich um die Autoprotolysereaktion des Ampholyten $HS^-$. Da hierbei eine Unterscheidung durch Indizes nicht mehr erforderlich ist, folgt unter Berücksichtigung der in Gl. (6.43) angenommenen Näherungen:

$$c(H_3O^+) = \sqrt{\frac{K_S \cdot K_W}{K_B}} \qquad (6.47)$$

Ein Ampholyt leitet sich naturgemäß von einer mehrwertigen Säure ab. Bei einer zweiwertigen Säure mit den Säurekonstanten $K_{S,1}$ und $K_{S,2}$ gelten für die beiden Reaktionen eines Ampholyten mit dem Wasser die Beziehungen $K_S = K_{S,2}$ und $K_B = K_W / K_{S,1}$. Diese Umrechnung der Basekonstanten $K_B$ über $K_W$ ist möglich, weil dabei das betreffende korrespondierende Säure-Base-Paar betrachtet wird. Setzt man die damit erhaltenen Werte in Gl. (6.47) ein, so folgt:

$$c(H_3O^+) = \sqrt{K_{S,1} \cdot K_{S,2}} \quad \Rightarrow \quad pH = \frac{1}{2} \cdot (pK_{S,1} + pK_{S,2}) \qquad (6.48)$$

Damit ist der $pH$-Wert näherungsweise von der Konzentration des Ampholyten unabhängig. Die gemachten Näherungen gelten aber nicht für den Ampholyten $HSO_4^-$, da $H_2SO_4$ in der ersten Stufe eine starke Säure ist. Also kann nicht auch nur näherungsweise $c(H_2SO_4) = c(SO_4^{2-})$ gesetzt werden. Die $pH$-Berechnung einer Hydrogensulfat- oder Schwefelsäurelösung erfolgt in den Übungsaufgaben zu Kap. 6. Bei einer dreiwertigen Säure ist die Zuordnung der Säurekonstanten analog, s. auch Beispiel 6.14.

**Beispiel 6.13**
Welchen $pH$-Wert hat eine wässrige Lösung von $NaHCO_3$ mit der Ausgangskonzentration $c_0(NaHCO_3) = 0,01\ mol \cdot l^{-1}$? Für die Kohlensäure gelten dabei die Säureexponenten $pK_{S,1} = 6,52$ und $pK_{S,2} = 10,40$.

*Gesucht:* pH -Wert                    *Gegeben:* $c_0 (NaHCO_3)$ , $pK_{S,1}$ , $pK_{S,2}$

*Lösung:*

Die Verbindung $NaHCO_3$ dissoziiert vollständig nach folgender Gleichung:

$$NaHCO_3 \rightarrow Na^+ + HCO_3^-$$

Während von den durch die Dissoziation gebildeten Ionen das Kation $Na^+$ kein Protolyt ist, geht hingegen das Anion $HCO_3^-$ als Ampholyt drei Säure-Base-Reaktionen ein.

Protolyse 1:        $HCO_3^- + H_2O \rightleftharpoons CO_3^{2-} + H_3O^+$

Protolyse 2:        $HCO_3^- + H_2O \rightleftharpoons H_2CO_3 + OH^-$

Protolyse 3:        $HCO_3^- + HCO_3^- \rightleftharpoons CO_3^{2-} + H_2CO_3$

Nach Gl. (6.48) ist dabei der pH - Wert der Lösung in erster Näherung von der Konzentration des Ampholyten unabhängig, so dass gilt:

$$pH = 0,5 \cdot (6,52 + 10,40) = 8,46$$

*Ergebnis:*

Die wässrige Lösung von $NaHCO_3$ hat einen pH -Wert von 8,46.

**Beispiel 6.14**
Wie groß ist der pH -Wert einer wässrigen Lösung von $K_2HPO_4$, wenn die Ausgangskonzentration $c_0 (K_2HPO_4) = 0,01 \, mol \cdot l^{-1}$ ist? Die drei Säureexponenten der Phosphorsäure sind $pK_{S,1} = 2,16$, $pK_{S,2} = 7,21$ und $pK_{S,3} = 12,32$.

*Gesucht:* pH -Wert                    *Gegeben:* $c_0 (K_2HPO_4)$ , $pK_{S,1}$ , $pK_{S,2}$ , $pK_{S,3}$

*Lösung:*

Beim Lösen von $K_2HPO_4$ erfolgt zunächst die Dissoziation.

$$K_2HPO_4 \rightarrow 2 K^+ + HPO_4^{2-}$$

Von den entstandenen Ionen ist das $HPO_4^{2-}$ ein Ampholyt, wodurch drei Protolysengleichgewichte berücksichtigt werden müssen.

| | | | |
|---|---|---|---|
| Protolyse 1: | $HPO_4^{2-} + H_2O$ | $\rightleftharpoons$ | $PO_4^{3-} + H_3O^+$ |
| Protolyse 2: | $HPO_4^{2-} + H_2O$ | $\rightleftharpoons$ | $H_2PO_4^- + OH^-$ |
| Protolyse 3: | $HPO_4^{2-} + HPO_4^{2-}$ | $\rightleftharpoons$ | $PO_4^{3-} + H_2PO_4^-$ |

Nach der ersten Gleichung erfolgt die Reaktion des Anions als Säure, und die Säurekonstante $K_S$ entspricht $K_{S,3}$ der Phosphorsäure. Die zweite Protolysegleichung beschreibt die Reaktion des Anions als Base, bei der die Basekonstante $K_B$ durch den Ausdruck $K_W / K_{S,2}$ ersetzt werden kann, da $H_2PO_4^-$ und $HPO_4^{2-}$ ein korrespondierendes Säure-Base-Paar bilden. Damit ergibt sich mit Gl. (6.47):

$$c(H_3O^+) = \sqrt{\frac{K_S \cdot K_W}{K_B}} = \sqrt{K_{S,2} \cdot K_{S,3}}$$

Danach ist der $pH$-Wert der Lösung wiederum näherungsweise von der Konzentration des Ampholyten unabhängig, und es folgt analog Gl. (6.48):

$$pH = 0{,}5 \cdot (7{,}21 + 12{,}32) = 9{,}77$$

*Ergebnis:*

Der $pH$-Wert der wässrigen Lösung von $K_2HPO_4$ beträgt 9,77.

Anmerkung: In allen bisherigen Beispielen von Kap. 6.3.5 ist die Ausgangskonzentration stets die Gleiche. Auf diese Weise kann der Leser die einzelnen Ergebnisse der jeweiligen $pH$-Berechnungen stets miteinander vergleichen.

## f) Autoprotolyse des Wassers und schwache Säuren und Basen

Wenn in der wässrigen Lösung eines Protolyten $c(H_3O^+)$ bzw. $c(OH^-)$ in der Größenordnung der durch die Autoprotolyse des Wassers gebildeten Konzentrationen liegen, dann kann dieser Anteil bei der $pH$-Berechnung nicht mehr vernachlässigt werden. Bei den folgenden Betrachtungen wird von einer schwachen Neutralsäure S ausgegangen, die durch die Protolyse in die anionische Base B übergeht, welche hier zwecks besserer Anschaulichkeit mit $Y^-$ bezeichnet wird. Die Reaktionsgleichung für die Protolyse lautet demnach:

$$S + H_2O \rightleftharpoons Y^- + H_3O^+$$

Dafür ist die Säurekonstante:

$$K_S = \frac{c(Y^-) \cdot c(H_3O^+)}{c(S)} \qquad (6.49)$$

In dieser Säurekonstanten sind jetzt aber im Zähler die beiden Konzentrationen $c(H_3O^+)$ und $c(Y^-)$ nicht mehr näherungsweise gleich groß, wie es in Punkt b) noch der Fall war. Da weiterhin die Gleichgewichtskonzentration $c(S)$ die Differenz aus der Ausgangskonzentration $c_0(S)$ und dem Anteil $c_R(S)$ ist, der reagiert hat, folgt für eine schwache Säure, bei welcher der reagierende Anteil hier vernachlässigt werden kann:

$$c(S) = c_0(S) - c_R(S) \approx c_0(S)$$

Damit wird die Säurekonstante zu:

$$K_S = \frac{c(Y^-) \cdot c(H_3O^+)}{c_0(S)} \qquad (6.50)$$

Für das Ionenprodukt des Wassers gilt:

$$K_W = c(H_3O^+) \cdot c(OH^-) \qquad (6.12)$$

Da in einer Elektrolytlösung nach der Elektroneutralitätsbedingung die Summe aller positiven Ladungen gleich der Summe aller negativen Ladungen sein muss, gilt bei der Protolyse einer Neutralsäure in wässriger Lösung stets:

$$c(H_3O^+) = c(Y^-) + c(OH^-) \qquad (6.51)$$

Durch Einsetzen der Gln. (6.12) und (6.50) in Gl. (6.51) und anschließender Multiplikation der entstandenen Gleichung mit $c(H_3O^+)$ folgt:

$$c(H_3O^+) = \sqrt{K_S \cdot c_0(S) + K_W} \qquad (6.52)$$

Ist in dieser Gleichung unter der Wurzel das Glied $K_S \cdot c_0(S)$ sehr viel größer als $K_W$, so kann $K_W$ als Summand vernachlässigt werden, und man erhält Gl. (6.35) für eine schwache Säure ohne Berücksichtigung der Autoprotolyse des Wassers. Analog ergibt sich für eine schwache Base:

$$c(OH^-) = \sqrt{K_B \cdot c_0(B) + K_W} \qquad (6.53)$$

**Beispiel 6.15**

Eine wässrige Lösung enthält im Liter 0,00001 mol $NH_4Cl$. Wie groß ist in dieser Lösung der $pH$ - Wert, wenn für den $pK_S$ - Wert des Ammoniumkations 9,25 und für den $pK_W$ - Wert der Lösung 14,00 gilt?

*Gesucht:* $pH$ - Wert              *Gegeben:* $n_0(NH_4Cl)$ , $pK_S$ , $pK_W$

*Lösung:*

Zunächst wird nach Gl. (5.3) die Konzentration $c_0(NH_4Cl)$ berechnet. Das Salz Ammoniumchlorid liegt in der Lösung vollständig dissoziiert vor, daher gilt:

$$c_0(NH_4^+) = c_0(NH_4Cl)$$

Das Kation ist ein Protolyt und reagiert als Säure.

$$NH_4^+ + H_2O \rightleftharpoons NH_3 + H_3O^+$$

Nach Gl. (6.52) folgt dann:

$$c(H_3O^+) = \sqrt{10^{-9,25} \, mol \cdot l^{-1} \cdot 10^{-5} \, mol \cdot l^{-1} + 10^{-14} \, mol^{-2} \cdot l^{-2}}$$

$$= 1,2499 \cdot 10^{-7} \, mol \cdot l^{-1} \qquad \Rightarrow \qquad pH = 6,90$$

*Ergebnis:*

   Die Lösung von Ammoniumchlorid hat einen $pH$ - Wert von 6,90.

Mit der Näherung der Gl. (6.35) errechnet sich ein $pH$ - Wert von 7,13. Generell wird der Unterschied der mit den Methoden in c) und f) ermittelten $pH$ - Werte umso geringer, je größer $K_S$ und je höher die Konzentration des Protolyten werden. Deshalb muss im Einzelfall geprüft werden, nach welcher der beiden Methoden der $pH$ - Wert berechnet werden kann. Dies hängt von den Anforderungen an die Genauigkeit eines $pH$ - Wertes ab.

## 6.3.6 Neutralisation

Die Protonenübertragungen zwischen einer gelösten Säure und einer gelösten Base werden speziell als *Neutralisation* bezeichnet. Die Definition einer solchen Reaktion ergibt sich aus dem $pH$ - Wert der dabei entstandenen Gesamtlösung.

> Unter Neutralisation versteht man eine Säure-Base-Reaktion, die zur Bildung einer neutralen oder auch einer annähernd neutralen Gesamtlösung führt.

Eine Neutralisation von starken Säuren und Basen verläuft nach der allgemeinen Reaktionsgleichung:

$$\text{Säure} + \text{Base} \rightarrow \text{Salz} + \text{Wasser}$$

Neutralisiert man z.B. eine Salzsäurelösung (starke Säure) mit Natronlauge (starke Base), so lautet diese Gleichung:

$$\text{HCl} + \text{NaOH} \rightarrow \text{NaCl} + \text{H}_2\text{O}$$

Bei der Reaktion wird eine molare *Neutralisationswärme* frei, deren Betrag sich nicht ändert, wenn man die Salzsäure durch eine andere starke Säure, z.B. Salpetersäure, ersetzt. Denn beim Ablauf einer Neutralisation ist zu berücksichtigen, dass starke Säuren und Basen in wässriger Lösung praktisch vollständig protolysiert vorliegen. Demnach verläuft im hier betrachteten Beispiel die Neutralisation im Einzelnen nach der Gleichung:

$$\text{H}_3\text{O}^+ + \text{Cl}^- + \text{Na}^+ + \text{OH}^- \rightarrow \text{Na}^+ + \text{Cl}^- + 2\,\text{H}_2\text{O}$$

Neben dem gelösten Salz Natriumchlorid entsteht also Wasser, was das Auftreten einer konstanten Neutralisationswärme erklärt, unabhängig von der Art der Säure und Base. Denn es handelt sich dabei stets um die freiwerdende Bildungsenergie des Wassers. Dies gilt allerdings nur für starke Säuren und Basen.

Bei der langsamen Zugabe der Natronlauge zur Salzsäure wird sofort das Ionenprodukt des Lösemittels Wasser überschritten, es gilt also:

$$c(\text{H}_3\text{O}^+) \cdot c(\text{OH}^-) > K_{\text{W}}$$

Deshalb werden die Ionen $\text{H}_3\text{O}^+$ und $\text{OH}^-$ solange zu $\text{H}_2\text{O}$ zusammentreten, bis das Produkt ihrer Konzentrationen wieder $K_{\text{W}}$ entspricht. Auf diese Weise kann die Salzsäure durch Zugabe einer äquivalenten Menge Natronlauge (s. Kap. 5.2.2) vollständig neutralisiert werden, wodurch dann eine neutrale Salzlösung entstanden ist. Wenn man zu einer Neutralisation keine äquivalenten Stoffmengen an Säure und Base verwendet, dann ist der $pH$-Wert am Ende dieser unvollständigen Neutralisation je nachdem größer oder kleiner als der neutrale $pH$-Wert, s. dazu Beispiel 6.17. Die Neutralisation einer starken Base mit einer starken Säure verläuft analog.

Auch mittelstarke oder schwache Säuren und Basen lassen sich neutralisieren. Beispielsweise kann die dreiwertige Phosphorsäure in drei Stufen neutralisiert werden:

1. Stufe: $\quad H_3PO_4 + OH^- \rightarrow H_2PO_4^- + H_2O$

2. Stufe: $\quad H_3PO_4 + 2\,OH^- \rightarrow HPO_4^{2-} + 2\,H_2O$

3. Stufe: $\quad H_3PO_4 + 3\,OH^- \rightarrow PO_4^{3-} + 3\,H_2O$

Bei Verwendung von z.B. Natronlauge liegen die gebildeten gelösten Phosphorverbindungen als entsprechende Natriumsalze vor. Dampft man die Reaktionslösungen bis zur Trockne ein, so erhält man dadurch die Verbindungen $NaH_2PO_4$, $Na_2HPO_4$ oder $Na_3PO_4$ in reiner Form.

Als weitere Beispiele folgen die Neutralisation der schwachen Essigsäure mit Natronlauge und der schwachen Base Ammoniak mit Salzsäure.

$$HAc + OH^- \rightarrow Ac^- + H_2O$$

Oder als Bruttoreaktionsgleichung:

$$HAc + NaOH \rightarrow NaAc + H_2O$$

$$NH_3 + H_3O^+ \rightarrow NH_4^+ + H_2O$$

Oder als Bruttoreaktionsgleichung:

$$NH_3 + HCl \rightarrow NH_4Cl$$

Die erste der beiden Neutralisationen führt also zu einer Lösung von Natriumacetat, und die zweite zu einer Lösung von Ammoniumchlorid.

Zwar werden Lösungen, die neutralisiert werden sollen, dafür überwiegend mit starken Säuren und Basen versetzt, aber auch mit schwachen Säuren und Basen ist eine Neutralisation möglich, wie z.B.:

$$HCN + NH_3 \rightarrow CN^- + NH_4^+$$

Oder als Bruttoreaktionsgleichung:

$$HCN + NH_3 \rightarrow NH_4CN$$

Während bei starken Säuren und Basen nach Beendigung einer vollständigen Neutralisation der neutrale $pH$-Wert der jeweiligen Salzlösung vorliegt, entstehen bei der Neutralisation von mittelstarken oder schwachen Säuren und Basen Salze, bei denen zumindest ein Bestandteil ein Protolyt ist. So geht z.B. die Essigsäure bei der Neutralisation mit Natronlauge in eine Lösung des Salzes Natriumacetat über, wobei sich dann das gebildete Anion $Ac^-$ in einer Protolysereaktion mit dem Wasser umsetzt.

$$Ac^- + H_2O \rightleftharpoons HAc + OH^-$$

Das bedeutet, dass der $pH$-Wert der neutralisierten Lösung identisch ist mit dem $pH$-Wert einer Natriumacetatlösung, also im schwach basischen Bereich liegt. Und wenn andererseits eine Ammoniaklösung mit Salzsäure neutralisiert wird, dann liegt der $pH$-Wert der neutralisierten Lösung wegen der Protolyse des entstandenen $NH_4^+$ im schwach sauren Bereich. In beiden Fällen handelt es sich demnach entsprechend der Definition der Neutralisation um eine annähernd neutrale Gesamtlösung.

**Beispiel 6.16**
Wie viel kg einer 10 %igen Kalkmilch sind erforderlich, um 2000 m$^3$ stark saures Industrieabwasser mit einem $pH$-Wert von 2 zu neutralisieren?

*Gesucht: $m_L$*                                    *Gegeben: $w_{rel}$ (Ca(OH)$_2$) , $V_L$ , $pH$-Wert*

*Lösung:*

Kalkmilch ist eine wässrige Aufschlämmung von Calciumhydroxid, die als zweiwertige starke Base wirkt. Für die fragliche Neutralisation gilt:

$$H_3O^+ + OH^- \rightarrow 2\,H_2O \quad \Rightarrow \quad n_R\,(H_3O^+) = n_R\,(OH^-)$$

In diese Stoffmengenrelation müssen jetzt diejenigen Größen eingesetzt werden, die chemisch gegeben sind. Da von dem Industrieabwasser nur bekannt ist, dass darin eine starke Säure vorliegt, die aber selbst nicht genannt wird, genügt als gegebene Größe $n_R(H_3O^+)$. Mit

$$n_R(OH^-) = 2\, n_R(Ca(OH)_2) \quad \text{und} \quad n_R(H_3O^+)$$

folgt nach der Stoffmengenrelation zwischen $H_3O^+$ und $OH^-$ die Beziehung:

$$n_R(Ca(OH)_2) = \frac{1}{2}\, n_R(H_3O^+)$$

Dies ist die für die Lösung der Aufgabe notwendige Stoffmengenrelation, wobei auf der linken Seite der Gleichung die unbekannte Größe steht. Mit der Definition des $pH$ - Wertes lässt sich jetzt $c(H_3O^+)$ berechnen, so dass sich dann mit dem Gesamtvolumen des Industrieabwassers diejenige Stoffmenge $n_R(H_3O^+)$ ergibt, die mit der Kalkmilch neutralisiert werden soll.

$$n_R(H_3O^+) = V_L(H_3O^+) \cdot c(H_3O^+)$$

$$= 2 \cdot 10^6 \; 1 \cdot 10^{-2} \; mol \cdot l^{-1} = 2 \cdot 10^4 \; mol$$

Also ist:

$$n_R(Ca(OH)_2) = 10^4 \; mol$$

Dieser Stoffmenge entspricht die Masse:

$$m_R(Ca(OH)_2) = n_R(Ca(OH)_2) \cdot M(Ca(OH)_2)$$

$$= 10^4 \; mol \cdot 74{,}093 \; g \cdot mol^{-1} = 740930 \; g$$

Da sich das so erhaltene Ergebnis auf die reine Verbindung bezieht, muss es noch für die verwendete Kalkmilch umgerechnet werden. Mit dem angegebenen Massenanteil folgt dann nach Gl. (5.13):

$$m_L = \frac{m_R(Ca(OH)_2)}{w(Ca(OH)_2)} = \frac{740930 \; g}{0{,}1} = 7409{,}300 \; kg$$

*Ergebnis:*

Zur Neutralisation sind 7409,300 kg der 10 %igen Kalkmilch erforderlich.

**Beispiel 6.17**

Ein Volumen von 200 ml einer wässrigen Essigsäurelösung mit der Ausgangskonzentration $c_0$ (HAc) $=$ 0,5 mol $\cdot$ l$^{-1}$ wird durch Zugabe von 35 ml Natronlauge mit $c$ (NaOH) $=$ 2 mol $\cdot$ l$^{-1}$ teilweise neutralisiert. Welcher $p$H -Wert wird damit eingestellt, wenn der $pK_S$ -Wert der Essigsäure 4,75 beträgt und die Volumenveränderungen dabei nicht berücksichtigt werden?

*Gesucht:* $p$H -Wert

*Gegeben:* $V_L$ (HAc) , $c_0$ (HAc) , $V_L$ (NaOH) , $c$ (NaOH) , $pK_S$

*Lösung:*

Die Neutralisation der Essigsäure verläuft nach folgender Reaktionsgleichung:

$$HAc \ + \ NaOH \ \rightarrow \ NaAc \ + \ H_2O$$

Für den umgesetzten Anteil gilt damit:

$$n_R \text{ (HAc)} = n_R \text{ (NaOH)}$$

Nach erfolgter Neutralisation verbleibt die Differenz $n_D$ (HAc) zwischen der ursprünglichen Stoffmenge $n_0$ (HAc) und dem Anteil $n_R$ (HAc), der reagiert hat, in Lösung, so dass gilt:

$$n_D \text{ (HAc)} = n_0 \text{ (HAc)} - n_R \text{ (HAc)} = n_0 \text{ (HAc)} - n_R \text{ (NaOH)}$$

Die Anwendung der Gln. (5.3), (5.5) und (5.6) ergibt dann mit

$$n_0 \text{ (HAc)} = 0{,}200 \text{ l} \cdot 0{,}5 \text{ mol} \cdot \text{l}^{-1} = 0{,}100 \text{ mol}$$

und $\qquad n_R \text{ (NaOH)} = 0{,}035 \text{ l} \cdot 2 \text{ mol} \cdot \text{l}^{-1} = 0{,}070 \text{ mol}$

für die Differenz:

$$n_D \text{ (HAc)} = 0{,}100 \text{ mol} - 0\,070 \text{ mol} = 0{,}030 \text{ mol}$$

Bei dieser Umsetzung wird gleichzeitig das gelöste Salz NaAc gebildet, das vollständig dissoziiert ist. Aus der Reaktionsgleichung folgt dann:

$$n_P \text{ (NaAc)} = n_R \text{ (NaOH)} = 0{,}070 \text{ mol}$$

Um nach der Neutralisation die Konzentrationen von HAc und Ac$^-$ im dann neu eingestellten Säure-Base-Gleichgewicht zu ermitteln, müssen deren Protolysereaktionen betrachtet werden.

Protolyse 1: $\qquad$ $HAc + H_2O \;\rightleftharpoons\; Ac^- + H_3O^+$

Protolyse 2: $\qquad$ $Ac^- + H_2O \;\rightleftharpoons\; HAc + OH^-$

Da es sich um eine schwache Säure und eine schwache Base handelt, liegen die beiden Gleichgewichte stark auf der linken Seite der betreffenden Reaktionsgleichung (s. Kap. 6.1). Darüber hinaus werden beide Gleichgewichte noch mehr nach links verschoben, da HAc bzw. $Ac^-$ auf das Gleichgewicht der jeweils anderen Protolysegleichung auf der rechten Seite einwirken und damit die Protolyse weiter zurückdrängen. Daher sind die Stoffmengen $n_D$ (HAc) und $n_P$ (NaAc) näherungsweise identisch mit den entsprechenden Stoffmengen im Säure-Base-Gleichgewicht. Damit gelten die Beziehungen:

$$n\,(HAc) = n_D\,(HAc) = 0{,}030 \text{ mol}$$

und $\qquad$ $$n\,(Ac^-) = n_P\,(NaAc) = 0{,}070 \text{ mol}$$

Die Stoffmengenkonzentrationen sind dann:

$$c\,(HAc) = \frac{0{,}030 \text{ mol}}{0{,}235 \text{ l}} = 0{,}128 \text{ mol} \cdot \text{l}^{-1}$$

$$c\,(Ac^-) = \frac{0{,}070 \text{ mol}}{0{,}235 \text{ l}} = 0{,}298 \text{ mol} \cdot \text{l}^{-1}$$

Für das chemische Gleichgewicht und damit auch für den $pH$-Wert in dieser vorliegenden Lösung ist die Säurekonstante maßgeblich.

$$K_S = \frac{c\,(Ac^-) \cdot c\,(H_3O^+)}{c\,(HAc)} \qquad \Rightarrow \qquad c\,(H_3O^+) = \frac{K_S \cdot c\,(HAc)}{c\,(Ac^-)}$$

Daraus folgt:

$$c\,(H_3O^+) = \frac{10^{-4{,}75} \text{ mol} \cdot \text{l}^{-1} \cdot 0{,}128 \text{ mol} \cdot \text{l}^{-1}}{0{,}298 \text{ mol} \cdot \text{l}^{-1}} = 10^{-5{,}12} \text{ mol} \cdot \text{l}^{-1}$$

$$\Rightarrow \qquad pH = 5{,}12$$

*Ergebnis:*

Durch die teilweise Neutralisation wird ein $pH$-Wert von 5,12 eingestellt.

### 6.3.7 Pufferlösungen

Wenn zu einer Lösung eine geringe Menge an starker Säure oder Base hinzugefügt werden kann, ohne dass sich dadurch ihr $pH$-Wert wesentlich ändert, dann ist diese Lösung gepuffert. Eine *Pufferlösung* kann demnach die Ionen $H_3O^+$ bzw. $OH^-$ abfangen. In ungepufferten Lösungen hingegen würde sich dabei der $pH$-Wert erheblich ändern. Im Folgenden werden dazu drei Beispiele betrachtet.

a) Ein vorgegebenes Wasservolumen wird mit einem geringen Volumen einer konzentrierten Salzsäure versetzt.

$$1000 \text{ ml Wasser} \; + \; 0,1 \text{ ml Salzsäure mit } c\,(HCl) = 10 \text{ mol} \cdot l^{-1}$$

Für die addierte Stoffmenge $n^*\,(HCl)$ gilt:

$$n^*\,(HCl) = V_L\,(HCl) \cdot c\,(HCl) = 0,0001\,l \cdot 10 \text{ mol} \cdot l^{-1} = 0,001 \text{ mol}$$

Da sich dabei das Gesamtvolumen nur um $0,01\,\%$ vergrößert hat, kann es in guter Näherung als konstant geblieben angesehen werden, wodurch die verwendeten Zahlenwerte einfach bleiben. Es beträgt damit nach wie vor 1000 ml, womit sich dann die addierte Konzentration der entstandenen Lösung zu $c^*\,(HCl) = 0,001 \text{ mol} \cdot l^{-1}$ berechnet. Mit $pK_W = 14$ folgt damit nach dieser Zugabe für die $pH$-Änderung:

$$pH = 7 \quad \rightarrow \quad pH = 3 \qquad \Delta pH = 4$$

Die Differenz macht also 4 $pH$-Einheiten aus.

b) Im zweiten Fall wird statt des Wasservolumens eine Lösung verwendet, für die gilt: $c\,(HAc) = c\,(Ac^-) = 0,2 \text{ mol} \cdot l^{-1}$.

Der $pH$-Wert der Lösung lässt sich aus der Säurekonstanten der Essigsäure berechnen, weil als Gleichgewichtskonzentrationen näherungsweise die gegebenen Konzentrationen eingesetzt werden können. Denn die geringe Protolyse von HAc wird durch die zugefügte Base $Ac^-$ und die geringe Protolyse von $Ac^-$ durch die zugefügte Säure HAc jeweils noch weiter zurückgedrängt, s. dazu auch Beispiel 6.17. Logarithmieren von $K_S$ ergibt:

$$K_S = \frac{c\,(Ac^-) \cdot c\,(H_3O^+)}{c\,(HAc)} \qquad \Rightarrow \qquad pH = pK_S + \lg \frac{c\,(Ac^-)}{c\,(HAc)}$$

Für diesen Fall folgt daraus mit $pK_S = 4{,}75$:

$$pH = 4{,}75 + \lg \frac{0{,}2}{0{,}2} = 4{,}75$$

Zu der Lösung mit einem $pH$-Wert von 4,75 wird nun wie unter dem Punkt a) konzentrierte Salzsäure zugefügt.

1000 ml Lösung   +   0,1 ml Salzsäure mit $c(HCl) = 10 \text{ mol} \cdot l^{-1}$

Die addierte Konzentration $c^*(HCl) = 0{,}001 \text{ mol} \cdot l^{-1}$ reagiert nach der folgenden chemischen Reaktionsgleichung in einer Neutralisation mit den Acetationen.

$$Ac^- + H_3O^+ \rightarrow HAc + H_2O$$

Dadurch wird die Konzentration $c(Ac^-)$ um $0{,}001 \text{ mol} \cdot l^{-1}$ vermindert, während gleichzeitig $c(HAc)$ um denselben Betrag erhöht wird. Auf diese Weise ergibt sich für den $pH$-Wert:

$$pH = 4{,}75 + \lg \frac{0{,}2 - 0{,}001}{0{,}2 + 0{,}001} = 4{,}75 - 0{,}0043 = 4{,}7457$$

$$pH = 4{,}75 \quad \rightarrow \quad pH = 4{,}7457 \qquad \Delta pH = -0{,}0043$$

Die Differenz macht jetzt - 0,0043 $pH$-Einheiten aus. Der $pH$-Wert der Lösung hat sich durch die Säurezugabe zwar verändert, aber diese Änderung ist relativ zum Ausgangswert so gering, dass der $pH$-Wert dabei für praktische Zwecke als stabil angesehen werden kann. Er ist dadurch gepuffert worden.

c) Im letzten Beispiel wird zu der Lösung statt der Salzsäure eine gleich konzentrierte Natronlauge zugegeben.

1000 ml Lösung   +   0,1 ml Natronlauge mit $c(NaOH) = 10 \text{ mol} \cdot l^{-1}$

Mit der damit addierten Konzentration $c^*(NaOH) = 0{,}001 \text{ mol} \cdot l^{-1}$ gilt in diesem Fall für die ablaufende Neutralisation:

$$HAc + OH^- \rightarrow Ac^- + H_2O$$

Dadurch nimmt jetzt die Konzentration $c\,(\text{HAc})$ um $0,001\,\text{mol} \cdot 1^{-1}$ ab, während $c\,(\text{Ac}^-)$ um diesen Betrag steigt. Für den $p$H-Wert gilt dann:

$$p\text{H} = 4,75 + \lg \frac{0,2 + 0,001}{0,2 - 0,001} = 4,75 + 0,0043 = 4,7543$$

$$p\text{H} = 4,75 \quad \rightarrow \quad p\text{H} = 4,7543 \qquad \Delta p\text{H} = +0,0043$$

Die Differenz beträgt damit $+0,0043$ $p$H-Einheiten. Auch bei Zugabe von Natronlauge ist der $p$H-Wert also praktisch stabil geblieben, da dabei die Änderung $\Delta p\text{H}$ ebenfalls nur sehr gering ausfällt. Das Gemisch des korrespondierenden Säure-Base-Paares HAc/Ac$^-$ wird deshalb als Puffergemisch bezeichnet, weil es starke Säure oder hier Base abpuffern kann. Bei der Verdünnung einer Lösung kann die dadurch bedingte Änderung von $c\,(\text{H}_3\text{O}^+)$ ebenfalls durch ein Puffergemisch abgefangen werden.

---

Eine Pufferlösung besteht aus einem korrespondierenden Säure-Base-Paar, wobei Säure und Base zumeist die gleiche Konzentration haben. Bei Zusatz von $\text{H}_3\text{O}^+$- bzw. OH$^-$-Ionen puffert sie den $p$H-Wert der Lösung nach beiden Seiten des $pK_S$-Wertes der Säure ab.

---

Nach den obigen Ausführungen lässt sich jetzt allgemein für die Pufferlösung einer schwachen Säure S und ihrer korrespondierenden schwachen Base B bei Zugabe von starker Säure oder starker Base der sich einstellende $p$H-Wert näherungsweise berechnen.

Bei Zugabe von starker Säure:

$$p\text{H} = pK_S + \lg \frac{c\,(\text{B}) - c^*(\text{H}_3\text{O}^+)}{c\,(\text{S}) + c^*(\text{H}_3\text{O}^+)} \tag{6.54}$$

Bei Zugabe von starker Base:

$$p\text{H} = pK_S + \lg \frac{c\,(\text{B}) + c^*(\text{OH}^-)}{c\,(\text{S}) - c^*(\text{OH}^-)} \tag{6.55}$$

Für eine Pufferlösung werden neben den freien Säuren und Basen geeignete Salze verwendet, aus denen beim Lösen durch die Dissoziation der zweite Reaktionspartner entsteht. Als Puffergemisch werden z.B. die folgenden Gemische eingesetzt, wobei die angegebenen $pK_S$-Werte für eine Temperatur von 25 °C gelten.

$$HAc + NaAc \qquad\qquad \Rightarrow \qquad HAc/Ac^- \qquad pK_S = 4{,}75$$

$$NaH_2PO_4 + Na_2HPO_4 \qquad \Rightarrow \qquad H_2PO_4^-/HPO_4^{2-} \quad pK_S = 7{,}21$$

$$NH_3 + NH_4Cl \qquad\qquad \Rightarrow \qquad NH_4^+/NH_3 \qquad pK_S = 9{,}25$$

$$NaHCO_3 + Na_2CO_3 \qquad \Rightarrow \qquad HCO_3^-/CO_3^{2-} \qquad pK_S = 10{,}4$$

Solche Puffergemische gibt es auch für andere $pH$-Bereiche. Da beim Phosphatpuffer ($H_2PO_4^-/HPO_4^{2-}$) mit $pK_S = 7{,}21$ die durch die Protolyse gebildete Konzentration $c(H_3O^+)$ in der Größenordnung der durch die Autoprotolyse des Wassers gebildeten Konzentration liegt, kann in dem Fall der entstehende $pH$-Wert nicht mit den Gln. (6.54) und (6.55) berechnet werden. Denn die Autoprotolyse des Wassers ist bei der Ableitung der beiden Gleichungen nicht berücksichtigt worden. Hier kann der $pH$-Wert der Lösung empirisch bestimmt werden.

In der Praxis lässt sich eine Pufferlösung herstellen, indem man die jeweilige schwache Säure oder Base mit starker Base bzw. starker Säure z.B. zur Hälfte neutralisiert, so dass dabei das dazugehörige dissoziierte Salz entsteht. Pufferlösungen haben bei analytischen oder auch bei technischen Verfahren eine große Bedeutung, weil bei diesen oft ein stabiler $pH$-Wert eine Voraussetzung für den gewünschten Ablauf einer entsprechenden chemischen Reaktion ist. Auch die Vorgänge in biologischen Systemen sind häufig gepuffert.

Anmerkung: Genau genommen müssten in den Gln. (6.54) und (6.55) die thermodynamisch definierten Säurekonstanten verwendet werden. Und statt der Konzentrationen müssten wieder die Aktivitäten eingesetzt werden. Aus diesem Grund weichen in der Praxis die gemessenen $pH$-Werte geringfügig von den nach diesen Gleichungen berechneten $pH$-Werten ab.

**Beispiel 6.18**

Wie viel g reines Natriumacetat müssen zu 500 ml einer Essigsäurelösung mit der Konzentration $c$ (HAc) $=$ 0,5 mol $\cdot$ l$^{-1}$ zugegeben werden, um damit eine Pufferlösung mit einem $p$H -Wert von 4,85 zu erhalten? Der $pK_S$ -Wert der Essigsäure beträg 4,75, und die geringe Vergrößerung des Volumens durch die Zugabe des Natriumacetats wird nicht berücksichtigt.

*Gesucht:* $m$ (NaAc)                    *Gegeben:* $V_L$ , $c$ (HAc) , $p$H , $pK_S$

*Lösung:*

Da das Natriumacetat in der Lösung vollständig dissoziiert ist, gilt zunächst:

$$c\,(\text{Ac}^-) \;=\; c\,(\text{NaAc})$$

Der $p$H -Wert ergibt sich durch Logarithmieren der Säurekonstanten zu:

$$pH \;=\; pK_S \;+\; \lg \frac{c\,(\text{Ac}^-)}{c\,(\text{HAc})}$$

Und durch Auflösung nach $\lg c\,(\text{Ac}^-)$ folgt daraus:

$$\lg c\,(\text{Ac}^-) \;=\; pH \;-\; pK_S \;+\; \lg c\,(\text{HAc})$$

$$=\; 4,85 \;-\; 4,75 \;+\; \lg 0,5 \;=\; -\,0,2010$$

$$\Downarrow$$

$$c\,(\text{Ac}^-) \;-\; c\,(\text{NaAc}) \;=\; 0,6295 \text{ mol} \cdot \text{l}^{-1}$$

Mit den Beziehungen

$$c\,(\text{NaAc}) \;=\; \frac{n\,(\text{NaAc})}{V_L} \;=\; \frac{m\,(\text{NaAc})}{V_L \cdot M\,(\text{NaAc})}$$

folgt:

$$m\,(\text{NaAc}) \;=\; V_L \cdot M\,(\text{NaAc}) \cdot c\,(\text{NaAc})$$

$$=\; 0,500 \text{ l} \cdot 82,0337 \text{ g} \cdot \text{mol}^{-1} \cdot 0,6295 \text{ mol} \cdot \text{l}^{-1} \;=\; 25,8201 \text{ g}$$

*Ergebnis:*

Für einen $p$H -Wert von 4,85 müssen 25,8201 g NaAc zugegeben werden.

**Beispiel 6.19**

Eine Pufferlösung enthält Ammoniak und Ammoniumchlorid jeweils in der Konzentration 0,2 mol $\cdot$ l$^{-1}$. Welcher $p$H -Wert stellt sich ein, wenn 250 ml dieser Lösung mit 10 ml Natronlauge der Konzentration $c$ (NaOH) $= 0,1$ mol $\cdot$ l$^{-1}$ versetzt werden? Der $pK_S$ -Wert von NH$_4^+$ beträgt 9,25.

*Gesucht:* $p$H -Wert

*Gegeben:* $c$ (NH$_3$) , $c$ (NH$_4$Cl) , $V_L$ (Lösung) , $V_L$ (NaOH) , $c$ (NaOH) , $pK_S$

*Lösung:*

Das Salz Ammoniumchlorid ist vollständig in seine Ionen dissoziiert. Durch die Zugabe der Natronlauge wird ein entsprechender Anteil des Ammoniums neutralisiert, die Reaktionsgleichung lautet:

$$NH_4^+ \ + \ OH^- \ \rightarrow \ NH_3 \ + \ H_2O$$

Die zugefügte Konzentration der Natronlauge vor dieser Reaktion ist:

$$c^* (NaOH) \ = \ \frac{n^* (NaOH)}{V_L (gesamt)} \ = \ \frac{0,001 \ mol}{0,260 \ l} \ = \ 0,004 \ mol \cdot l^{-1}$$

Die Konzentrationen $c$ (NH$_3$) und $c$ (NH$_4^+$) sind nach der Zugabe der Natronlauge, aber noch vor der Reaktion:

$$c (NH_3) \ = \ c (NH_4^+) \ = \ \frac{n (NH_4^+)}{V_L (gesamt)} \ = \ \frac{0,05 \ mol}{0,260 \ l} \ = \ 0,192 \ mol \cdot l^{-1}$$

Damit ergibt sich mit Gl. (6.55) für den $p$H -Wert nach der Neutralisation:

$$pH \ = \ 9,25 \ + \ \lg \frac{0,192 \ + \ 0,004}{0,192 \ - \ 0,004} \ = \ 9,25 \ + \ 0,02 \ = \ 9,27$$

*Ergebnis:*

Durch die Reaktion stellt sich ein $p$H -Wert von 9,27 ein.

Diejenige Menge an starker Säure oder Base, die von einer Pufferlösung abgefangen werden kann, wird als seine *Pufferkapazität* $\beta$ bezeichnet. Sie ist abhängig von der Konzentration des Puffergemisches. Bei einer Pufferlösung mit $c\,(HAc) = c\,(Ac^-) = 0{,}2 \; mol \cdot l^{-1}$ stieg der $pH$-Wert durch die Zugabe von 0,1 ml Natronlauge der Konzentration $10 \; mol \cdot l^{-1}$ um den Betrag von $+\,0{,}0043$ Einheiten. Bei einer Verringerung der Konzentrationen auf $c\,(HAc) = c\,(Ac^-) = 0{,}02 \; mol \cdot l^{-1}$ nimmt der $pH$-Wert nach Zugabe von derselben Menge Natronlauge jetzt um $+\,0{,}0435$ Einheiten zu. Die Pufferkapazität der Lösung hat also abgenommen. Generell beschreibt die Pufferkapazität die differentielle $pH$-Änderung einer Pufferlösung bei der differentiellen Zugabe der Konzentrationen von starker Säure oder Base. Es gilt bei

Zugabe von starker Säure:
$$\beta = -\,\frac{\partial c^*(H_3O^+)}{\partial\,pH} \tag{6.56}$$

Zugabe von starker Base:
$$\beta = \frac{\partial c^*(OH^-)}{\partial\,pH} \tag{6.57}$$

Wenn eine Pufferlösung mit starker Säure versetzt wird, dann nimmt damit ihr $pH$-Wert ab, wobei $\beta$ durch das negative Vorzeichen in Gl. (6.56) stets positiv bleibt. Wird hingegen eine starke Base abgefangen, so steigt dadurch ihr $pH$-Wert an, und $\beta$ ist nach Gl. (6.57) wiederum positiv. Den größten Wert erreicht die Pufferkapazität $\beta$ an dem Punkt $pH = pK_S$. Die Berechnung der Pufferkapazität für eine gegebene Pufferlösung wird hier nicht durchgeführt, sondern es wird in diesem Zusammenhang auf die verschiedenen Lehrbücher der analytischen Chemie verwiesen.

## 6.4 Komplexreaktionen

In einer wässrigen Lösung liegen die gelösten Ionen nicht in freier Form vor, sondern sie sind von einer Hydrathülle umgeben. Diese besteht, abhängig von Größe und Ladung des betreffenden Ions, aus einer bestimmten Anzahl von Wassermolekülen, die an das Ion chemisch gebunden sind. So läuft z.B. in einer wässrigen Lösung von zweiwertigem Kupfer folgende Reaktion ab:

$$Cu^{2+} + 4\,H_2O \;\rightleftharpoons\; [Cu(H_2O)_4]^{2+}$$

Durch diese Reaktion entsteht ein *Komplex*, hier ein *Komplexion*, wobei die Formel des komplexen Teilchens zumeist in eckige Klammern gesetzt wird. Eine *Komplexverbindung* ist dann z.B. $[Cu(H_2O)_4]Cl_2$. Die Art der chemischen Bindung zwischen dem Kupferion und den Wassermolekülen wird als *Komplexbindung* bezeichnet, und die Reaktion generell als eine Komplexreaktion.

> Durch Anlagerung von *Liganden* an ein Zentralatom oder ein Zentralion entsteht eine Komplexverbindung oder ein Komplexion. Die Gesamtladung des komplexen Teilchens ergibt sich dabei aus der Summe der Einzelladungen.

Je nach Ladung unterscheidet man zwischen kationischen, anionischen und neutralen Komplexen. Bei den Liganden handelt es sich entweder um Anionen wie z.B. $F^-$, $Cl^-$, $Br^-$, $I^-$, $OH^-$, $CN^-$ oder um neutrale Moleküle wie $H_2O$, $NH_3$ und $NH_2OH$. Das zentrale Atom oder Ion wird in einem Komplex von seinen Liganden koordiniert, weshalb man auch von einer *koordinativen Bindung* spricht. Die Anzahl dieser Liganden wird deshalb *Koordinationszahl* genannt. Wenn die Liganden außerdem Protolyte sind, dann sind der Verlauf und das Ausmaß einer Komplexreaktion auch noch vom *pH*-Wert der Lösung abhängig. Bei den Komplexen treten bevorzugt die geometrischen Anordnungen des Tetraeders (Koordinationszahl 4) und des Oktaeders (Koordinationszahl 6) auf, wobei diese auch verzerrt aufgebaut sein können. Daneben kommen noch die Koordinationszahl 2 und weitere höhere Koordinationszahlen vor, die aber nicht so häufig sind. Im Folgenden einige Beispiele für Komplexreaktionen.

$$Al^{3+} + 4\,F^- \;\rightleftharpoons\; \left[AlF_4\right]^-$$

$$Ag^+ + 2\,NH_3 \;\rightleftharpoons\; \left[Ag(NH_3)_2\right]^+$$

$$Cr^{3+} + 6\,NH_3 \;\rightleftharpoons\; \left[Cr(NH_3)_6\right]^{3+}$$

$$Fe^{3+} + 6\,CN^- \;\rightleftharpoons\; \left[Fe(CN)_6\right]^{3-}$$

$$Ni + 4\,CO \;\rightleftharpoons\; \left[Ni(CO)_4\right]$$

Obwohl Ionen in wässriger Lösung stets hydratisiert sind, werden aber die komplex gebundenen Wassermoleküle in den Formeln meistens nicht berücksichtigt. Wird z.B. eine Lösung von $Cr^{3+}$ mit Ammoniak versetzt, so findet tatsächlich ein Ligandenaustausch statt. Die Ammoniakmoleküle verdrängen dabei die Wassermoleküle aus dem *Aquakomplex* und bilden als Liganden mit dem Chromion den *Amminkomplex*.

$$[Cr(H_2O)_6]^{3+} + 6\,NH_3 \;\rightleftharpoons\; [Cr(NH_3)_6]^{3+} + 4\,H_2O$$

Eine weitere Ligandenaustauschreaktion:

$$[Co(NH_3)_6]^{3+} + 6\,CN^- \;\rightleftharpoons\; [Co(CN)_6]^{3-} + 6\,NH_3$$

Komplexreaktionen sind Gleichgewichtsreaktionen, auf die deswegen das Massenwirkungsgesetz (Kap. 6.1) angewendet werden kann. So gilt z.B. für 20 °C:

$$Ni^{2+} + 6\,NH_3 \;\rightleftharpoons\; [Ni(NH_3)_6]^{2+}$$

$$\Rightarrow \qquad K_B = \frac{c\left([Ni(NH_3)_6]^{2+}\right)}{c(Ni^{2+}) \cdot c^6(NH_3)} = 3{,}98 \cdot 10^8 \; l^6 \cdot mol^{-6}$$

Die Konstante $K_B$ wird als *Komplexbildungs-* oder *Stabilitätskonstante* bezeichnet, die reziproke Größe $1/K_B$ als *Komplexdissoziationskonstante*. Die Konstante $K_B$ ist ein Maß für die Stabilität eines Komplexes. Je größer ihr Wert ist, desto weiter liegt das Gleichgewicht auf der rechten Seite der Komplexbildungsgleichung. Dabei ist ein Komplex bei gleicher Koordinationszahl und Symmetrie umso stabiler, je größer $K_B$ ist. Es gilt generell:

$$pK_B = \lg K_B \qquad\qquad (6.58)$$

Der umgekehrte Fall liegt bei einer Säure-Base-Reaktion (s. Kap. 6.3) vor, bei der es im Prinzip um den Zerfall einer Verbindung infolge der Protolyse geht. Je größer für eine Säure S bei der Protolyse nach

$$S + H_2O \;\rightleftharpoons\; B + H_3O^+ \qquad \text{mit} \qquad K_S = \frac{c(B) \cdot c(H_3O^+)}{c(S)}$$

der $K_S$-Wert ist, desto instabiler ist sie.

Ein Ligandenaustausch erfolgt stets stufenweise, wobei sich auf jede einzelne Stufe das Massenwirkungsgesetz anwenden lässt. So reagieren z.B. die Silberionen einer wässrigen Lösung in zwei Stufen mit Ammoniak zu zwei Komplexen, dem *Monoammin-* und dem *Diamminkomplex.*

$$Ag^+ + NH_3 \ \rightleftharpoons \ [AgNH_3]^+$$

$$[AgNH_3]^+ + NH_3 \ \rightleftharpoons \ [Ag(NH_3)_2]^+$$

Dafür lauten bei 20 °C die beiden Stabilitätskonstanten:

$$K_{B,1} = \frac{c([AgNH_3]^+)}{c(Ag^+) \cdot c(NH_3)} = 1{,}58 \cdot 10^3 \ 1 \cdot mol^{-1}$$

$$K_{B,2} = \frac{c([Ag(NH_3)_2]^+)}{c([AgNH_3]^+) \cdot c(NH_3)} = 6{,}31 \cdot 10^3 \ 1 \cdot mol^{-1}$$

Die Multiplikation der beiden Stabilitätskonstanten $K_{B,1}$ und $K_{B,2}$ ergibt die *Bruttostabilitätskonstante* $K_B$, die den Gesamtvorgang beschreibt.

$$Ag^+ + 2\,NH_3 \ \rightleftharpoons \ [Ag(NH_3)_2]^+$$

$$K_B = K_{B,1} \cdot K_{B,2} = \frac{c([Ag(NH_3)_2]^+)}{c(Ag^+) \cdot c^2(NH_3)} = 10^7 \ 1^2 \cdot mol^{-2}$$

Analog dazu wird z.B. das Komplexion $[Ni(NH_3)_6]^{2+}$ in 6 Stufen gebildet, so dass es deswegen auch 6 einzelne Stabilitätskonstanten gibt. Zur analytischen Anwendung von organischen Komplexbildnern s. Kap. 9.

**Beispiel 6.20**
Zu einer wässrigen Lösung von Silbernitrat der Konzentration $0{,}01 \ mol \cdot 1^{-1}$ wird solange Ammoniak zugefügt, bis $c(NH_3) = 0{,}02 \ mol \cdot 1^{-1}$ erreicht ist. Wie groß ist dann die Konzentration der freien Silberionen, wenn die beiden Stabilitätskonstanten $K_{B,1} = 1{,}58 \cdot 10^3 \ 1 \cdot mol^{-1}$ und $K_{B,2} = 6{,}31 \cdot 10^3 \ 1 \cdot mol^{-1}$ sind?

*Gesucht:* $c(Ag^+)$            *Gegeben:* $c_0(AgNO_3)$ , $c(NH_3)$ , $K_{B,1}$ , $K_{B,2}$

*Lösung:*

Da das Silbernitrat in der Lösung vollständig dissoziiert ist, gilt zunächst:

$$c_0(Ag^+) = c_0(AgNO_3)$$

Die Totalkonzentration $c_{tot}(Ag^+)$ der ammoniakalischen Lösung setzt sich aus den freien und den komplex gebundenen Silberionen zusammen und ist identisch mit der Ausgangskonzentration $c_0(Ag^+)$.

$$c_{tot}(Ag^+) = c(Ag^+) + c([AgNH_3]^+) + c([Ag(NH_3)_2]^+)$$

⇩

$$= c(Ag^+) + K_{B,1} \cdot c(Ag^+) \cdot c(NH_3) + K_{B,1} \cdot K_{B,2} \cdot c(Ag^+) \cdot c^2(NH_3)$$

⇩

$$= c(Ag^+) \cdot (1 + K_{B,1} \cdot c(NH_3) + K_{B,1} \cdot K_{B,2} \cdot c^2(NH_3))$$

Damit folgt:

$$c(Ag^+) = \frac{c_{tot}(Ag^+)}{1 + K_{B,1} \cdot c(NH_3) + K_{B,1} \cdot K_{B,2} \cdot c^2(NH_3)}$$

$$= \frac{0,01\ mol \cdot l^{-1}}{1 + 31,60 + 3987,92} = 10^{-5,60}\ mol \cdot l^{-1}$$

*Ergebnis:*

Die Konzentration an freien Silberionen beträgt $2,51 \cdot 10^{-6}\ mol \cdot l^{-1}$.

## 6.5 Nernstscher Verteilungssatz

Die Löslichkeit eines Stoffes ist je nach dem verwendeten Lösemittel unterschiedlich. Wird ein bestimmter Stoff in zwei nicht miteinander mischbaren Flüssigkeiten gelöst, so verteilt sich dieser Stoff entsprechend seiner Löslichkeit zwischen den beiden Flüssigkeiten, die in dem Zusammenhang auch als Phasen bezeichnet werden. Zu diesem Zweck müssen die beiden nicht miteinander mischbaren Flüssigkeiten zunächst in innigen Kontakt gebracht werden, wozu sie z.B. in einem dafür vorgesehenen Glasgerät (Scheidetrichter) kräftig geschüttelt und damit durchmischt werden können. Auf diese Weise wird die Phasengrenzfläche stark erhöht, so dass ein Stoffübergang zwischen den Phasen möglich wird. Danach hat sich dann nach erfolgter Phasentrennung ein so genanntes *Verteilungsgleichgewicht* zwischen den beiden Phasen eingestellt, das von den jeweiligen absoluten

Massen des gelösten Stoffes unabhängig ist. Das Verteilungsgleichgewicht ändert sich, wenn die Temperatur der jeweiligen Lösungen verändert wird.

---

Der *Nernstsche* Verteilungssatz beschreibt das Verhältnis der Konzentrationen eines Stoffes, der in zwei nicht miteinander mischbaren Lösemitteln gelöst ist, die aneinander grenzen. Dieses Verhältnis ist bei gegebener Temperatur konstant.

---

Für einen gelösten Stoff X lautet damit bei zwei Phasen 1 und 2 der Nernstsche Verteilungssatz:

$$\frac{c_1(X)}{c_2(X)} = K \tag{6.59}$$

Die Konstante $K$ wird als *Verteilungskoeffizient* bezeichnet und hat bei zwei bestimmten Phasen für jeden Stoff einen charakteristischen Wert. Als Phasen werden neben Wasser z.B. Benzol, Diethylether, Schwefelkohlenstoff oder Tetrachlormethan eingesetzt. In dieser Form gilt der Nernstsche Verteilungssatz allerdings nur für geringe Konzentrationen und bei dem gleichen Assoziationszustand des gelösten Stoffes in beiden Phasen.

Ist die Löslichkeit eines Stoffes in einem der beiden Lösemittel größer, so kann der Stoff infolge des Verteilungssatzes in diesem Lösemittel angereichert werden. Dies ist in der präparativen Chemie die Grundlage für die *Extraktion* eines Stoffes. Unter einer Extraktion versteht man die Überführung eines Stoffes aus einer Phase in eine andere Phase. Je nach Größe des betreffenden Verteilungskoeffizienten muss die Extraktion für eine genügende Anreicherung des Stoffes mit reinem Lösemittel auch mehrmals wiederholt werden. Die Extrakte werden anschließend vereinigt, wodurch dann insgesamt eine ausreichende Abtrennung des fraglichen Stoffes aus einem Stoffgemisch möglich ist.

Wenn z.B. die an einem vorliegenden Verteilungsgleichgewicht teilnehmende Phase 2 ein Gas oder ein Gasgemisch ist, so kann die Konzentration des Stoffes X auch durch seinen Partialdruck $p(X)$ ausgedrückt werden. Es gilt dann:

$$c_1(X) = K_H \cdot p(X) \tag{6.60}$$

Danach ist die Löslichkeit eines Gases X in einem flüssigen Lösemittel (hier Phase 1) bei gegebener Temperatur dem Partialdruck dieses Gases über seiner flüssigen Lösung proportional. Die Konstante $K_H$ wird hierbei als *Henry*-Konstante bezeichnet (*Henry-Daltonsches Gesetz*). Sie nimmt in der Regel mit steigender Temperatur ab, weil dabei die Löslichkeit des Gases in der flüssigen Phase kleiner wird. Beispielsweise lässt sich damit die Löslichkeit von $CO_2$ aus der überstehenden Luft in Wasser berechnen.

**Beispiel 6.21**

Um den Verteilungskoeffizienten von Schwefel bei 25 °C zwischen den Lösemitteln Benzol (Phase 1) und Tetrachlormethan (Phase 2) zu ermitteln, wird der Schwefel im eingestellten Verteilungsgleichgewicht in beiden Phasen analytisch bestimmt. Dabei ergibt sich, dass 70 ml der Lösung in Benzol 182 mg Schwefel enthalten und 200 ml der Lösung in Tetrachlormethan 391 mg Schwefel. Berechnen Sie den Verteilungskoeffizienten für Benzol/Tetrachlormethan?

*Gesucht: K*                        *Gegeben:* $V_{L,1}$ , $m_{L,1}$ , $V_{L,2}$ , $m_{L,2}$

*Lösung:*

Für Phase 1 (Benzol) gilt:

$$c_1(S) = \frac{n_1(S)}{V_{L,1}} = \frac{m_1(S)}{V_{L,1} \cdot M(S)} = \frac{0,182 \text{ g}}{0,070 \text{ l} \cdot 32,065 \text{ g} \cdot \text{mol}^{-1}} = 0,081 \text{ mol} \cdot \text{l}^{-1}$$

Für Phase 2 (Tetrachlormethan) gilt:

$$c_2(S) = \frac{n_2(S)}{V_{L,2}} = \frac{m_2(S)}{V_{L,2} \cdot M(S)} = \frac{0,391 \text{ g}}{0,200 \text{ l} \cdot 32,065 \text{ g} \cdot \text{mol}^{-1}} = 0,061 \text{ mol} \cdot \text{l}^{-1}$$

Und damit ist nach Gl. (6.59):

$$\frac{c_1(S)}{c_2(S)} = K = \frac{0,081 \text{ mol} \cdot \text{l}^{-1}}{0,061 \text{ mol} \cdot \text{l}^{-1}} = 1,328$$

*Ergebnis:*

Der Verteilungskoeffizient von Schwefel für die beiden Phasen Benzol/Tetrachlormethan beträgt 1,328.

Anmerkung: Da es sich in beiden Phasen um gelösten Schwefel handelt und dadurch die molare Masse in den vorstehenden Gleichungen identisch ist, führt die Division der beiden Massenkonzentrationen zum selben Ergebnis. Geringfügige Unterschiede entstehen hier nur durch die Rundungen.

## 6.6 Übungsaufgaben

**6.6-1**  2 mol $PCl_5$ werden in einem luftleeren Reaktionsgefäß mit einem Volumen von 2 l auf 250 °C erhitzt. Eine anschließende Analyse ergibt, dass dabei 18,4 % der Stoffmenge des $PCl_5$ in $PCl_3$ und $Cl_2$ zerfallen sind. Wie groß ist für diese Zerfallsreaktion die Gleichgewichtskonstante?

**6.6-2**  Die Veresterung von Essigsäure mit Ethanol zu Ethylethanoat (auch Essigsäureethylester oder Ethylacetat) verläuft nach folgender Gleichung:

$$C_2H_5OH + CH_3COOH \rightarrow CH_3COOC_2H_5 + H_2O$$

a) Berechnen Sie den relativen Umsatz der Essigsäure, wenn bei dieser Reaktion 1,3 mol Ethanol und 0,5 mol Essigsäure eingesetzt werden. Die Gleichgewichtskonstante beträgt hierbei $K_c = 4$, und das Gesamtvolumen soll bei dieser Reaktion konstant bleiben.

b) Wie groß ist der relative Umsatz, wenn bei der unter a) angegebenen Veresterung die Stoffmenge von Ethanol verdoppelt wird?

**6.6-3**  Die Ionenstärke einer wässrigen Lösung des Salzes Calciumchlorid beträgt $I = 0,15 \text{ mol} \cdot l^{-1}$. Geben Sie an, welchen Wert dabei die Stoffmengenkonzentration $c(CaCl_2)$ hat.

**6.6-4**  Eine wässrige Lösung hat einen $pH$-Wert von 3,78. Berechnen Sie die Konzentrationen $c(H_3O^+)$ und $c(OH^-)$, wenn $pK_W = 14,26$ ist.

**6.6-5**  In einer wässrigen Lösung von Natriumchlorid mit der Stoffmengenkonzentration $c(NaCl) = 0,05 \text{ mol} \cdot l^{-1}$ hat das stöchiometrische Ionenprodukt des Wassers den Wert $K_W = 10^{-14} \text{ mol}^2 \cdot l^2$. Wie groß ist dabei das thermodynamische Ionenprodukt $K_W^a$?

**6.6-6**  Die nachfolgenden Volumina einer Salpetersäurelösung werden in einen 100 ml-Messkolben pipettiert und mit Wasser bis zur Messmarke aufgefüllt. Welchen $pH$-Wert haben die hergestellten Lösungen?

a) 5 ml von $c_0(HNO_3) = 0,2 \text{ mol} \cdot l^{-1}$

b) 1,5 ml von $\beta_0(HNO_3) = 30 \text{ g} \cdot l^{-1}$

c) 0,1 ml von $w_{rel}(HNO_3) = 20 \%$ mit $\rho_{L,20}(HNO_3) = 1,115 \text{ g} \cdot ml^{-1}$

**6.6-7**    Eine schwache Säure der allgemeinen Form HY wird in Wasser gelöst. Die Ausgangskonzentration beträgt dabei $c_0$ (HY) = 0,1 mol $\cdot$ l$^{-1}$ mit einem $p$H -Wert von 3,2. Wie groß ist der Protolysegrad $\alpha$ in Prozent?

**6.6-8**    150 ml wässrige Lösung enthalten bei 25 °C Ammoniumbromid der Ausgangsmasse $m_0$ (NH$_4$Br) = 225 mg. Berechnen Sie $c$ (OH$^-$), wenn für das Ammonium $pK_S$ = 9,25 und für die Lösung $pK_W$ = 14,00 gilt.

**6.6-9**    Die Ausgangskonzentration einer wässrigen Lösung des Salzes Kaliumcyanid beträgt $c_0$ (KCN) = 0,01 mol $\cdot$ l$^{-1}$. Geben Sie die Basekonstante des Anions CN$^-$ an, wenn der relative Protolysegrad $\alpha_{rel}$ = 5 % ist.

**6.6-10**    Wie groß sind die Säurekonstante der Essigsäure und der $p$H -Wert ihrer wässrigen Lösung, wenn $c_0$ (HAc) = 0,15 mol $\cdot$ l$^{-1}$ ist und der protolytische Umsatz 1,2 % ausmacht?

**6.6-11**    Welchen Wert hat in einer wässrigen Lösung von Salpetriger Säure die Konzentration der Hydroxidionen, wenn die Ausgangskonzentration der Säure 0,025 mol $\cdot$ l$^{-1}$ und der $K_S$ -Wert 4,47 $\cdot$ 10$^{-4}$ mol $\cdot$ l$^{-1}$ (!) betragen? In der Lösung ist $pK_W$ = 14,00.

**6.6-12**    200 ml einer wässrigen Lösung von Aluminiumchorid enthalten eine Masse von 750 mg dieser Verbindung. Welcher $p$H -Wert hat sich dabei eingestellt, wenn die Säurekonstante des bei dem Lösevorgang entstandenen Hexaquaaluminiumions 1,41 $\cdot$ 10$^{-5}$ mol $\cdot$ l$^{-1}$ ist?

**6.6-13**    Ein Volumen von 70 ml wässriger Essigsäurelösung mit dem Säureexponenten 4,75 und der Konzentration 0,01 mol $\cdot$ l$^{-1}$ wird mit 30 ml Salzsäure der Konzentration 0,001 mol $\cdot$ l$^{-1}$ vermischt. Berechnen Sie für die entstandenen Mischung den $p$H -Wert unter der Voraussetzung, dass sich die Einzelvolumina additiv verhalten.

**6.6-14**    100 ml einer wässrigen Lösung enthalten eine Mischung der beiden Verbindungen Ammoniak ($pK_B$ = 4,75) mit $c_0$ (NH$_3$) = 0,04 mol $\cdot$ l$^{-1}$ und Natriumcyanid ($pK_B$ = 4,60) mit $c_0$ (NaCN) = 0,05 mol $\cdot$ l$^{-1}$. Wie groß ist der $p$H -Wert der Mischung, wenn $pK_W$ = 14,00 ist?

**6.6-15**    Eine wässrige Lösung enthält in 250 ml 300 mg NaHSO$_4$. Welchen $p$H -Wert hat diese Lösung, wenn für HSO$_4^-$ der $pK_S$ -Wert 1,96 beträgt?

**6.6-16**    Berechnen Sie den $p$H -Wert der Mischung, wenn 50 ml einer wässrigen Ammoniaklösung mit $c_0$ (NH$_3$) = 0,01 mol $\cdot$ l$^{-1}$ und 2,5 ml einer Salzsäurelösung mit $c_0$ (HCl) = 0,2 mol $\cdot$ l$^{-1}$ zusammengegeben werden. Für den $K_S$ -Wert von NH$_4^+$ gilt 5,62 $\cdot$ 10$^{-10}$ mol $\cdot$ l$^{-1}$, und das Gesamtvolumen ist die Summe der Einzelvolumina.

**6.6-17**  Ein Volumen von 250 ml einer Phosphorsäurelösung mit einer Konzentration von $c_0 (H_3PO_4) = 0{,}1$ mol $\cdot$ l$^{-1}$ soll mit Natronlauge zweistufig neutralisiert werden. Die Säureexponenten der dreiwertigen Phosphorsäure sind $pK_{S,1} = 2{,}16$, $pK_{S,2} = 7{,}21$ und $pK_{S,3} = 12{,}32$.

    a) Wie viel ml Natronlauge mit $c (NaOH) = 0{,}4$ mol $\cdot$ l$^{-1}$ müssen dabei zugegeben werden?

    b) Welcher $pH$ - Wert stellt sich nach erfolgter Neutralisation unter der Annahme ein, dass die Volumina additiv sind?

    c) Welcher $pH$ - Wert resultiert, wenn die Phosphorsäurelösung einstufig neutralisiert wird?

**6.6-18**  100 ml Natronlauge enthalten 4 g Natriumhydroxid. Zu dieser Lösung werden 10 ml 20 %ige Salzsäure mit $\rho_{L,20} (HCl) = 1{,}098$ g $\cdot$ ml$^{-1}$ gegeben. Wie groß ist der $pH$ - Wert der neuen Lösung, wenn $pK_W = 14{,}17$ ist und die Volumina additiv sind?

**6.6-19**  Berechnen Sie für eine wässrige Lösung von Schwefelsäure mit der Konzentration $c (H_2SO_4) = 0{,}01$ mol $\cdot$ l$^{-1}$ den $pH$ - Wert, wenn für die mittelstarke Säure $HSO_4^{-}$ der $pK_{S,2}$ -Wert 1,92 beträgt.

**6.6-20**  Zur Herstellung einer Pufferlösung werden 100 ml Essigsäurelösung der Konzentration $c_0 (HAc) = 4$ mol $\cdot$ l$^{-1}$ mit Wasser auf ein Volumen von ca. 400 ml verdünnt und anschließend 40 ml Natronlauge der Konzentration $c_0 (NaOH) = 5$ mol $\cdot$ l$^{-1}$ zugesetzt. Die Lösung wird dann auf genau 500 ml aufgefüllt. Welcher $pH$ - Wert liegt vor, wenn zu 50 ml dieser Pufferlösung 8 ml einer Salzsäure mit $c (HCl) = 0{,}1$ mol $\cdot$ l$^{-1}$ gegeben werden? Die Säurekonstante der Essigsäure beträgt $1{,}32 \cdot 10^{-5}$ mol $\cdot$ l$^{-1}$, und die Volumina sollen sich dabei stets additiv verhalten.

**6.6-21**  Eine wässrige Lösung von Methansäure (Ameisensäure) hat die Konzentration $c_0 (HCOOH) = 0{,}1$ mol $\cdot$ l$^{-1}$. Von dieser Lösung wird ein Volumen von 50 ml entnommen und dann mit 20 ml einer Natronlauge der Konzentration $c_0 (NaOH) = 0{,}1$ mol $\cdot$ l$^{-1}$ versetzt. Welchen Wert hat die stöchiometrische Säurekonstante der Methansäure, wenn der $pH$ - Wert der gebildeten Lösung 3,58 beträgt und das Gesamtvolumen die Summe der Einzelvolumina ist?

**6.6-22**  75 ml einer Lösung von 420 mg der Verbindung NaHS in Wasser werden mit 15,0 ml einer Natronlauge mit $c_0 (NaOH) = 0{,}5$ mol $\cdot$ l$^{-1}$ versetzt. Berechnen Sie den $pH$ - Wert der entstandenen Lösung, wenn für $H_2S$ die beiden Säureexponenten $pK_{S,1} = 6{,}92$ und $pK_{S,2} = 12{,}92$ sowie für die Lösung $pK_W = 14{,}00$ gelten. Die beiden Volumina sollen sich dabei additiv verhalten.

**6.6-23** Wie viel ml Salzsäure mit $c_0$ (HCl) $= 1$ mol $\cdot$ l$^{-1}$ müssen zu 100 ml einer Natriumacetatlösung mit $c_0$ (NaAc) $= 2$ mol $\cdot$ l$^{-1}$ gegeben werden, damit eine Pufferlösung mit einem $p$H - Wert von 4,54 entsteht? Der Baseexponent von Ac$^-$ beträgt 9,25 und der $pK_W$ -Wert ist 14,00. Das Reaktionsvolumen ergibt sich als Summe der Einzelvolumina.

**6.6-24** Zu 150 ml einer wässrigen Lösung von Natriumcarbonat mit der Konzentration $c_0$ (Na$_2$CO$_3$) $= 0,5$ mol $\cdot$ l$^{-1}$ werden 50 ml Salzsäurelösung mit der Konzentration $c_0$ (HCl) $= 1,5$ mol $\cdot$ l$^{-1}$ gegeben. Wie groß ist danach der $p$H - Wert? Für die zweiwertige Kohlensäure gelten die Säurekonstanten $K_{S,1} = 3,02 \cdot 10^{-7}$ mol $\cdot$ l$^{-1}$ und $K_{S,2} = 3,98 \cdot 10^{-11}$ mol $\cdot$ l$^{-1}$. Die Volumina sollen dabei additiv sein.

**6.6-25** 100 ml einer Lösung der Säure HY in Wasser enthalten 0,001 mol dieser Säure. Durch Zugabe von Kalilauge mit $c$ (KOH) $= 0,025$ mol $\cdot$ l$^{-1}$ wird diese Säure zu a) 30 %, b) 50 % und c) 70 % neutralisiert. Welcher $p$H - Wert hat sich jeweils nach der Neutralisation eingestellt, wenn die Säurekonstante $K_S = 6,31 \cdot 10^{-6}$ mol $\cdot$ l$^{-1}$ beträgt und die einzelnen Volumina additiv sind?

**6.6-26** Die stöchiometrische Säurekonstante der schwachen Essigsäure hat den Wert $1,78 \cdot 10^{-5}$ mol $\cdot$ l$^{-1}$. Wie groß ist die thermodynamische Säurekonstante bei der Konzentration $c_0$ (HAc) $= 0,05$ mol $\cdot$ l$^{-1}$

a) in einer wässrigen Lösung?

b) in einer wässrigen Lösung von Natriumsulfat mit der Ausgangskonzentration $c_0$ (Na$_2$SO$_4$) $= 0,02$ mol $\cdot$ l$^{-1}$?

**6.6-27** Ein Volumen von 600 ml einer wässrigen Lösung von 445 mg Calciumhydroxid soll neutralisiert werden. Wie viel ml einer 15 %igen Salzsäure der Dichte $\rho_{L,20}$ (HCl) $= 1,073$ g $\cdot$ ml$^{-1}$ sind dafür erforderlich?

**6.6-28** In einer wässrigen Analysenlösung soll der Gehalt an Ammoniak durch Titration mit einer Salzsäure-Maßlösung ermittelt werden. Am Äquivalenzpunkt ist die Konzentration von Ammoniumchlorid 0,5 mol $\cdot$ l$^{-1}$. Berechnen Sie, welcher $p$H -Wert zugleich vorliegt, wenn die Basekonstante für Ammoniak $1,78 \cdot 10^{-5}$ mol $\cdot$ l$^{-1}$ beträgt und für das Ionenprodukt des Wassers der Wert $1 \cdot 10^{-14}$ mol$^2 \cdot$ l$^{-2}$ gilt. Das Endvolumen ergibt sich als Summe der Einzelvolumina.

**6.6-29** Eine wässrige Lösung enthält in 500 ml eine Masse von 70 mg Ammoniumacetat. Wie groß ist der $p$H -Wert dieser Lösung, wenn für die Säurekonstante von NH$_4^+$ der Wert $K_S = 5,62 \cdot 10^{-10}$ mol $\cdot$ l$^{-1}$ gilt und für die Säurekonstante von HAc $K_S = 1,78 \cdot 10^{-5}$ mol $\cdot$ l$^{-1}$ ist? Das Ionenprodukt des Wassers beträgt dabei $K_W = 1 \cdot 10^{-14}$ mol$^2 \cdot$ l$^{-2}$.

**6.6-30** In einem Volumen von 200 ml einer wässrigen Lösung sind 6,5 g Ethandisäure (Oxalsäure, $H_2C_2O_4$) gelöst. Wie viel g festes Natriumhydroxid müssen zugefügt werden, damit die Lösung neutralisiert wird? Und welcher $pH$-Wert liegt dann vor, wenn die Basekonstante von $C_2O_4^{2-}$ den Wert $1,62 \cdot 10^{-10}$ mol $\cdot$ l$^{-1}$ hat und $pK_W = 14,00$ ist? Die Änderung des Volumens durch die Feststoffzugabe bleibt unberücksichtigt.

**6.6-31** Berechnen Sie für eine ammoniakalische Lösung von $CuSO_4$ das Verhältnis der Konzentrationen von $[Cu(NH_3)_3]^{2+}$ und $[Cu(NH_3)_2]^{2+}$, wenn die Ammoniakkonzentration a) 0,01 mol $\cdot$ l$^{-1}$ und b) 1,00 mol $\cdot$ l$^{-1}$ ist. Es gilt: $pK_{B,1} = 4,13$, $pK_{B,2} = 3,48$, $pK_{B,3} = 2,87$ und $pK_{B,4} = 2,11$.

**6.6-32** Das Kation $Cd^{2+}$ bildet mit dem Anion $CN^-$ als Ligand in ingesamt 4 Stufen Komplexe. In einer wässrigen Lösung sind die Totalkonzentrationen $c_{tot}(Cd^{2+}) = 0,0001$ mol $\cdot$ l$^{-1}$ und $c_{tot}(CN^-) = 1$ mol $\cdot$ l$^{-1}$. Wie groß sind $c(Cd^{2+})$ und $c([Cd(CN)_3]^-)$, wenn dabei für die Komplexe gilt: $pK_{B,1} = 6,01$, $pK_{B,2} = 5,11$, $pK_{B,3} = 4,53$ und $pK_{B,4} = 2,27$?

**6.6-33** Eine wässrige Lösung des Salzes Silbernitrat mit einer Gesamtkonzentration von 0,15 mol $\cdot$ l$^{-1}$ soll mit einer Ammoniaklösung versetzt werden, bis $c(NH_3) = 0,15$ mol $\cdot$ l$^{-1}$ ist. Wie groß ist die addierte Konzentration von Ammoniak, wenn die Stabilitätskonstanten der Amminkomplexe des Silbers $K_{B,1} = 1,58 \cdot 10^3$ l $\cdot$ mol$^{-1}$ und $K_{B,2} = 6,31 \cdot 10^3$ l $\cdot$ mol$^{-1}$ sind?

**6.6-34** 500 ml einer wässrigen Iodlösung enthalten 130 mg Iod. Wie viele Milligramm des Halogens bleiben in der wässrigen Phase zurück, wenn die Lösung bei 20 °C

a) einmal mit 50 ml Tetrachlormethan ausgeschüttelt wird?

b) zweimal mit je 25 ml Tetrachlormethan ausgeschüttelt wird?

Der Verteilungskoeffizient für Tetrachlormethan/Wasser beträgt 80.

(Die Extraktion einer Phase mit einer zweiten Phase kann z.B. durch kräftiges Durchschütteln der beiden Phasen in einem Scheidetrichter erfolgen. Diese Vorgehensweise wird als „Ausschütteln" bezeichnet.)

**6.6-35** 400 ml einer Lösung von Schwefel in Tetrachlormethan enthalten nach dreimaligem Ausschütteln mit je 50 ml Benzol noch 403,7 mg Schwefel. Wie viel mg haben ursprünglich in der Lösung vorgelegen, wenn der Verteilungskoeffizient für Benzol/Tetrachlormethan 1,328 ist?

# 7 Heterogene wässrige Systeme

Bei einer heterogenen chemischen Reaktion befinden sich die Reaktionsteilnehmer in unterschiedlichen Phasen. Dabei kann es sich dann z.B. um das *heterogene Gleichgewicht* zwischen einem Gas und einem festen Stoff oder zwischen einer Lösung und einem festen Stoff handeln. In der chemischen Praxis haben die wässrigen Systeme eine große Bedeutung.

## 7.1 Löslichkeitsprodukt

Hierbei geht es generell um Salze, die sich in Wasser mehr oder weniger schwer lösen. Fügt man z.B. zu festem Silberchlorid Wasser hinzu, so geht das Silberchlorid zu einem geringen Teil in Lösung, indem aus dem Feststoff Kationen und Anionen (hydratisiert, s. Kap. 6.4) in die wässrige Phase diffundieren. Dafür lautet die Auflösungsgleichung:

$$(AgCl)_s \; \rightleftharpoons \; Ag^+ + Cl^-$$

Der Index s steht für das englische Wort „solid" (fest). Auf diese Weise geht das Silberchlorid solange in Lösung, bis der Maximalwert der Auflösung erreicht ist. Die Lösung wird dann als *gesättigte* Lösung bezeichnet, in der ein heterogenes Gleichgewicht zwischen dem festen Silberchlorid, hier allgemein Bodenkörper genannt, und seiner Lösung besteht. In diesem *Lösegleichgewicht* ist pro Zeiteinheit die Anzahl der aus dem Kristallgitter des Silberchlorids in Lösung gehenden Ionenpaare genauso groß wie die Anzahl der sich aus der Lösung als festes Silberchlorid wieder abscheidenden Ionenpaare. In dem dynamischen Gleichgewicht bleibt damit der gelöste Anteil des Silberchlorids konstant.

Wendet man auf die gesättigte Lösung das Massenwirkungsgesetz an, so erhält man das Löslichkeitsprodukt $K_L$ von Silberchlorid. Bei einer Temperatur von 20 °C gilt:

$$K_L = c\,(Ag^+) \cdot c\,(Cl^-) = 10^{-10} \; mol^2 \cdot l^{-2}$$

Dabei sind $c\,(\text{Ag}^+)$ und $c\,(\text{Cl}^-)$ die entsprechenden Sättigungskonzentrationen. Das AgCl selbst erscheint in dieser Gleichung als ein reiner Feststoff nicht mehr.

---

Das Löslichkeitsprodukt eines Salzes ist ein Maß für seine Löslichkeit in Wasser, wobei es bei unterschiedlichen Salzen verschieden groß ist. Als eine Gleichgewichtskonstante ist das Löslichkeitsprodukt noch von der Temperatur abhängig, gewöhnlich nimmt es mit steigender Temperatur zu.

---

Für ein Salz mit der allgemeinen Formel $\text{A}_m\text{B}_n$ lautet es:

$$K_L = c^m\,(\text{A}^{n+}) \cdot c^n\,(\text{B}^{m-}) \qquad (7.1)$$

Das gelöste Salz ist praktisch vollständig dissoziiert. Wie sich bereits im Fall des Silberchlorids gezeigt hat, können die Löslichkeitsprodukte der verschiedenen Salze häufig sehr kleine Zahlenwerte annehmen. Aus diesem Grund wird definiert:

$$pK_L = -\lg K_L \qquad (7.2)$$

Die Anwendung von Gl. (7.1) soll an den nachfolgenden drei Beispielen verdeutlicht werden.

$\text{Ca(OH)}_2 \quad \Rightarrow \quad K_L = c\,(\text{Ca}^{2+}) \cdot c^2\,(\text{OH}^-) \quad$ Einheit: $\text{mol}^3 \cdot \text{l}^{-3}$

$\text{Ag}_2\text{CrO}_4 \quad \Rightarrow \quad K_L = c^2\,(\text{Ag}^+) \cdot c\,(\text{CrO}_4^{2-}) \quad$ Einheit: $\text{mol}^3 \cdot \text{l}^{-3}$

$\text{Bi}_2\text{S}_3 \quad \Rightarrow \quad K_L = c^2\,(\text{Bi}^{3+}) \cdot c^3\,(\text{S}^{2-}) \quad$ Einheit: $\text{mol}^5 \cdot \text{l}^{-5}$

Direkt vergleichen lassen sich nur die Löslichkeitsprodukte von Salzen, die in einem identischen Formeltyp vorliegen ($\text{AB}, \text{AB}_2, \text{A}_2\text{B}_3$ usw.), also bei gleicher Einheit von $K_L$. Dabei ist ein Salz umso schwerer löslich, je kleiner sein Löslichkeitsprodukt ist. In der Tabelle 7.1 sind die $pK_L$-Werte einiger schwer löslicher Salze bei 25 °C aufgeführt. Bei in Wasser leicht löslichen Salzen wie z.B. NaCl, $\text{Na}_2\text{SO}_4$, $\text{NH}_4\text{Ac}$, $\text{CuSO}_4$ u.a.m. ist das Löslichkeitsprodukt so groß, dass sie meistens vollständig dissoziiert sind.

**Tabelle 7.1**    $pK_L$ -Werte einiger Salze bei 25 °C

| Salz | $pK_L$ | Salz | $pK_L$ | Salz | $pK_L$ |
|------|--------|------|--------|------|--------|
| CuBr | 7,42 | $MgCO_3$ | 4,52 | $Fe(OH)_2$ | 14,70 |
| $PbF_2$ | 7,60 | $CaCO_3$ | 8,30 | $Ni(OH)_2$ | 16,52 |
| $MgF_2$ | 8,22 | $Ag_2CO_3$ | 11,22 | $Cr(OH)_3$ | 30,15 |
| AgCl | 9,70 | $PbCO_3$ | 13,52 | $Fe(OH)_3$ | 37,30 |
| AgBr | 12,30 | $BaCrO_4$ | 10,12 | FeS | 18,40 |
| AgI | 16,10 | $Ag_2CrO_4$ | 11,40 | ZnS | 24 |
| $CaSO_4$ | 4,70 | $PbCrO_4$ | 13,70 | PbS | 27,52 |
| $PbSO_4$ | 7,70 | $Ca(OH)_2$ | 5,40 | CuS | 44,10 |
| $BaSO_4$ | 9 | $Mg(OH)_2$ | 12 | HgS | 53,70 |

Das *stöchiometrische Löslichkeitsprodukt* $K_L$ hängt außer von der Temperatur weiterhin noch von der Ionenstärke der Lösung und damit von der Konzentration ab. Dagegen ist das *thermodynamische Löslichkeitsprodukt* $K_L^a$ von der Konzentration unabhängig. Für ein allgemeines Salz $A_m B_n$ gilt:

$$K_L^a = a^m(A^{n+}) \cdot a^n(B^{m-})$$

Da aber die Ionenkonzentrationen bei schwer löslichen Salzen größtenteils sehr gering sind, weichen bei der Lösung eines reinen schwer löslichen Stoffes Aktivität und Konzentration nicht sehr voneinander ab. Für praktische Zwecke kann bei Berechnungen das stöchiometrische Löslichkeitsprodukt verwendet werden, wenn Ladung und Konzentration von Fremdionen der Lösung nicht zu groß sind.

**Beispiel 7.1**
250 ml einer wässrigen Lösung enthalten 265 mg Natriumcarbonat. Welche Masse an festem Silbernitrat kann maximal zu dieser Lösung zugefügt werden, ohne dass festes Silbercarbonat gebildet wird? Für das Silbercarbonat gilt $pK_L = 11,28$. Die Protolyse der Carbonationen wird dabei vernachlässigt.

*Gesucht:* $m(AgNO_3)$                    *Gegeben:* $V_L$ , $m(Na_2CO_3)$ , $pK_L$

*Lösung:*

Mit $n(CO_3^{2-}) = n(Na_2CO_3)$ gilt:

$$c(CO_3^{2-}) = c(Na_2CO_3) = \frac{m(Na_2CO_3)}{V_L \cdot M(Na_2CO_3)}$$

$$= \frac{0{,}265 \text{ g}}{0{,}250 \text{ l} \cdot 105{,}9885 \text{ g} \cdot \text{mol}^{-1}} = 10^{-2} \text{ mol} \cdot \text{l}^{-1}$$

Durch die Zugabe des festen Silberchlorids wird das vorliegende Volumen, wie das Endergebnis zeigen wird, quasi nicht verändert. Das Löslichkeitsprodukt von Silbercarbonat lautet:

$$K_L = c^2(Ag^+) \cdot c(CO_3^{2-}) \qquad \Rightarrow \qquad c(Ag^+) = \sqrt{\frac{K_L}{c(CO_3^{2-})}}$$

$$c(Ag^+) = \sqrt{\frac{10^{-11{,}28} \text{ mol}^3 \cdot \text{l}^{-3}}{10^{-2} \text{ mol} \cdot \text{l}^{-1}}} = 10^{-4{,}64} \text{ mol} \cdot \text{l}^{-1}$$

Mit $n(AgNO_3) = n(Ag^+)$ folgt dann:

$$n(AgNO_3) = \frac{m(AgNO_3)}{M(AgNO_3)} = V_L \cdot c(AgNO_3)$$

$$\Rightarrow \qquad m(AgNO_3) = V_L \cdot c(AgNO_3) \cdot M(AgNO_3)$$

$$= 0{,}250 \text{ l} \cdot 10^{-4{,}64} \text{ mol} \cdot \text{l}^{-1} \cdot 169{,}8731 \text{ g} \cdot \text{mol}^{-1}$$

$$= 0{,}9729 \text{ mg}$$

*Ergebnis:*

Es können 0,9729 mg Silbernitrat zur Lösung zugefügt werden.

**Beispiel 7.2**

150 ml einer gesättigten wässrigen Lösung enthalten 130 mg Calciumhydroxid.

a)  Wie groß ist das Löslichkeitsprodukt von Calciumhydroxid?

b)  Welche Masse des Salzes ist in diesem Volumen bei $pH = 12$ gelöst, wenn für die Lösung $pK_W = 14{,}00$ ist und die Temperatur konstant bleibt?

*Gesucht:* a) $K_L$     b) $m_2 (Ca(OH)_2)$

*Gegeben:* a) $V_L$ , $m_1 (Ca(OH)_2)$       b) jetzt $K_L$ , $pH$ , $pK_W$ , $M(Ca(OH)_2)$

*Lösung:*

a) Das gelöste $Ca(OH)_2$ ist vollständig dissoziiert.

$$Ca(OH)_2 \;\rightarrow\; Ca^{2+} \;+\; 2\,OH^-$$

Dafür gelten die beiden Stoffmengenrelationen:

$$\frac{n_R (Ca(OH)_2)}{n_P (Ca^{2+})} = \frac{1}{1} \quad\Rightarrow\quad n_P (Ca^{2+}) = n_R (Ca(OH)_2) = n(Ca^{2+})$$

$$\frac{n_R (Ca(OH)_2)}{n_P (OH^-)} = \frac{1}{2} \quad\Rightarrow\quad n_P (OH^-) = 2\,n_R (Ca(OH)_2) = n(OH^-)$$

Und damit:

$$n(Ca^{2+}) = n_R (Ca(OH)_2) = \frac{m_{1,R} (Ca(OH)_2)}{M(Ca(OH)_2)}$$

$$= \frac{0{,}130 \text{ g}}{74{,}093 \text{ g} \cdot \text{mol}^{-1}} = 10^{-2,76} \text{ mol}$$

$$n(OH^-) = 2 \cdot 10^{-2,76} \text{ mol} = 10^{-2,46} \text{ mol}$$

Für die Konzentrationen folgt:

$$c(Ca^{2+}) = \frac{10^{-2,76} \text{ mol}}{0{,}150 \text{ l}} = 10^{-1,94} \text{ mol} \cdot \text{l}^{-1}$$

$$c(OH^-) = \frac{10^{-2,46} \text{ mol}}{0{,}150 \text{ l}} = 10^{-1,64} \text{ mol} \cdot \text{l}^{-1}$$

Das gesuchte Löslichkeitsprodukt ist dann:

$$K_L = c(Ca^{2+}) \cdot c^2 (OH^-) = 10^{-5,22} \text{ mol}^3 \cdot \text{l}^{-3} = 6{,}03 \cdot 10^{-6} \text{ mol}^3 \cdot \text{l}^{-3}$$

b) Bei $pH = 12$ gilt:     $pOH = pK_W - pH = 14 - 12 = 2$

Damit lässt sich aus dem Löslichkeitsprodukt die bei dieser Temperatur maximal mögliche Konzentration $c(Ca^{2+})$ berechnen.

$$c(Ca^{2+}) = \frac{K_L}{c^2(OH^-)} = \frac{10^{-5,22}\ mol^3 \cdot l^{-3}}{(10^{-2})^2\ mol^2 \cdot l^{-2}} = 10^{-1,22}\ mol \cdot l^{-1}$$

Die berechnete Konzentration entspricht der Stoffmenge:

$$n(Ca^{2+}) = V_L \cdot c(Ca^{2+}) = 0,150\ l \cdot 10^{-1,22}\ mol \cdot l^{-1} = 10^{-2,04}\ mol$$

In der gesättigten Lösung muss gelten:

$$n(Ca(OH)_2) = n(Ca^{2+}) = 10^{-2,04}\ mol$$

Und mit $M(Ca(OH)_2) = 74,093\ g \cdot mol^{-1}$ ergibt sich dann:

$$m_2(Ca(OH)_2) = 676\ mg$$

*Ergebnis:*

   a) Das Löslichkeitsprodukt von $Ca(OH)_2$ beträgt $K_L = 6,03 \cdot 10^{-6}\ mol^3 \cdot l^{-3}$.

   b) Die bei $pH = 12$ gelöste Masse ist $m_2(Ca(OH)_2) = 676\ mg$.

## 7.2 Löslichkeit

Die Löslichkeit der Verbindung Silberchlorid in Wasser lässt sich aus dem für die jeweilige Temperatur geltenden Löslichkeitsprodukt berechnen. Wenn man den gelösten Anteil von AgCl, also seine Löslichkeit $L$, unabhängig von den in Lösung vorliegenden Ionen, mit der fiktiven Konzentration $c(AgCl_{gelöst})$ bezeichnet, so gilt gemäß der Auflösungsgleichung:

$$c(AgCl_{gelöst}) = c(Ag^+) = c(Cl^-) = L$$

Die Löslichkeit beschreibt damit den Anteil der Verbindung, der maximal in Lösung geht, indem er dissoziiert. Mit $K_L = c(Ag^+) \cdot c(Cl^-)$ folgt für Silberchlorid:

$$L^2 = K_L \qquad \Rightarrow \qquad L = \sqrt{K_L}$$

Die Löslichkeit eines Salzes gibt an, welche Stoffmenge der gesamten Verbindung in 1 l einer wässrigen Lösung bei der gegebenen Temperatur höchstens enthalten sein kann.

Für ein Salz mit der allgemeinen Formel $A_m B_n$ ergibt sich dabei die Löslichkeit aus der Gleichung:

$$L = \sqrt[m+n]{\frac{K_L}{m^m \cdot n^n}} \qquad (7.3)$$

So ist z.B. bei $PbCl_2$:

$$c(Pb^{2+}) = c(PbCl_{2,\,gelöst}) = L$$

$$c(Cl^-) = 2\,c(PbCl_{2,\,gelöst}) = 2\,L$$

Mit $K_L = c(Pb^{2+}) \cdot c^2(Cl^-)$ folgt daher:

$$K_L = L \cdot (2\,L)^2 = 4\,L^3 \qquad \Rightarrow \qquad L = \sqrt[3]{\frac{K_L}{4}}$$

Diesen Ausdruck erhält man auch nach Gl. (7.3). Die Löslichkeit hat die Dimension einer Stoffmengenkonzentration, wodurch sich mit Gl. (5.6) die entsprechende Massenkonzentration ergibt. Weiterhin lässt sich die Löslichkeit durch einen gleichionigen Zusatz zur Lösung verringern, weil damit die Sättigungskonzentration insgesamt kleiner wird.

Bei einem schwer löslichen Salz ist seine Löslichkeit in der Lösung anderer leicht löslicher Salze, die aber keine Ionen des schwer löslichen Salzes enthalten, im Allgemeinen größer als in reinem Wasser. So gilt z.B. für $AgCl$:

$$K_L^a = a(Ag^+) \cdot a(Cl^-)$$

$$= f(Ag^+) \cdot f(Cl^-) \cdot c(Ag^+) \cdot c(Cl^-) = f(Ag^+) \cdot f(Cl^-) \cdot K_L$$

Da $K_L^a$ eine wirkliche Konstante ist und die Aktivitätskoeffizienten mit wachsender Ionenstärke zumeist kleiner werden, muss nach dieser Gleichung $K_L$ und damit auch die Löslichkeit mit der Ionenstärke der gesamten Lösung zunehmen.

**Beispiel 7.3**

Wie groß ist die Löslichkeit von AgCl, wenn $K_L = 1,20 \cdot 10^{-10}$ mol$^2 \cdot$ l$^{-2}$ beträgt,

a) in reinem Wasser?

b) in einer wässrigen Lösung von Chlorid mit $c\,(Cl^-) = 10^{-3}$ mol $\cdot$ l$^{-1}$?

*Gesucht:* $L$ (in Wasser) , $L$ (in Chloridlösung)          *Gegeben:* $K_L$ , $c\,(Cl^-)$

*Lösung:*

a)  Nach Gl. (7.3) gilt für Silberchlorid:

$$L = \sqrt[1+1]{\frac{1,20 \cdot 10^{-10}\ \text{mol}^2 \cdot \text{l}^{-2}}{1^1 \cdot 1^1}} = 10^{-4,96}\ \text{mol} \cdot \text{l}^{-1} = 1,10 \cdot 10^{-5}\ \text{mol} \cdot \text{l}^{-1}$$

Dies entspricht einer Massenkonzentration von 1,57 mg $\cdot$ l$^{-1}$.

b)  Bei der Chloridlösung ergibt Gl. (7.1):

$$L = c\,(Ag^+) = \frac{K_L}{c\,(Cl^-)}$$

$$= \frac{1,20 \cdot 10^{-10}\ \text{mol}^2 \cdot \text{l}^{-2}}{10^{-3}\ \text{mol} \cdot \text{l}^{-1}} = 1,20 \cdot 10^{-7}\ \text{mol} \cdot \text{l}^{-1}$$

*Ergebnis:*

Die Löslichkeit von AgCl a) in reinem Wasser beträgt $1,10 \cdot 10^{-5}$ mol $\cdot$ l$^{-1}$ und b) in der Chloridlösung $1,20 \cdot 10^{-7}$ mol $\cdot$ l$^{-1}$.

**Beispiel 7.4**

Das Gesamtvolumen von 1 l eines wässrigen Systems enthält 100 mg an ungelöstem $Cr(OH)_3$ als sogenannten Bodenkörper und $1,2 \cdot 10^{-8}$ mol von in der wässrigen Phase gelöstem $Cr(OH)_3$. Berechnen Sie daraus das Löslichkeitsprodukt des Chromsalzes.

*Gesucht:* $K_L$                                      *Gegeben:* $L$

*Lösung:*

Die Lösung steht im Gleichgewicht mit dem Feststoff und ist deswegen gesättigt. Da die Masse an Feststoff nur 100 mg beträgt, kann als Lösungsvolumen 1 l angenommen werden. Nach Gl. (7.3) gilt dann für $Cr(OH)_3$:

$$L = \sqrt[4]{\frac{K_L}{27}} \quad \Rightarrow \quad K_L = 27 \cdot L^4$$

Und damit:

$$K_L = 27 \cdot (1{,}2 \cdot 10^{-8} \text{ mol} \cdot \text{l}^{-1})^4 = 5{,}60 \cdot 10^{-31} \text{ mol}^4 \cdot \text{l}^{-4}$$

*Ergebnis:*

Das Löslichkeitsprodukt von $Cr(OH)_3$ ist $K_L = 5{,}60 \cdot 10^{-31} \text{ mol}^4 \cdot \text{l}^{-4}$.

**Beispiel 7.5**

Eine Mischung von 50 mg $CaCO_3$ und 50 mg $BaCO_3$ wird mit Wasser auf ein Gesamtvolumen von 500 ml aufgefüllt. Welchen Wert haben in der überstehenden Lösung $c(Ca^{2+})$, $c(Ba^{2+})$ und $c(CO_3^{2-})$, wenn für $CaCO_3$ $pK_{L,1} = 8{,}30$ und für $BaCO_3$ $pK_{L,2} = 8{,}70$ sind?

*Gesucht:* $c(Ca^{2+})$, $c(Ba^{2+})$, $c(CO_3^{2-})$         *Gegeben:* $pK_{L,1}$, $pK_{L,2}$

*Lösung:*

Die überstehende Lösung ist mit beiden Salzen gesättigt, und ihr Volumen beträgt wegen der geringen Masse an Feststoff 500 ml. Zur weiteren Lösung der Aufgabe werden 3 Bestimmungsgleichungen herangezogen.

$$1.) \quad K_{L,1} = c(Ca^{2+}) \cdot c(CO_3^{2-})$$

$$2.) \quad K_{L,2} = c(Ba^{2+}) \cdot c(CO_3^{2-})$$

$$3.) \quad c(CO_3^{2-}) = c(Ca^{2+}) + c(Ba^{2+})$$

Zunächst wird die 3. Bestimmungsgleichung nach $c(Ba^{2+})$ aufgelöst. Anschließend wird dann in die damit entstandene weitere Gleichung die 1. Bestimmungsgleichung eingesetzt.

$$c(Ba^{2+}) = c(CO_3^{2-}) - \frac{K_{L,1}}{c(CO_3^{2-})}$$

Mit der 2. Bestimmungsgleichung folgt daraus:

$$\frac{K_{L,2}}{c\,(CO_3^{2-})} = c\,(CO_3^{2-}) - \frac{K_{L,1}}{c\,(CO_3^{2-})}$$

Diese Gleichung wird mit $c\,(CO_3^{2-})$ multipliziert.

$$K_{L,2} = c^2\,(CO_3^{2-}) - K_{L,1} \qquad \Rightarrow \qquad c\,(CO_3^{2-}) = \sqrt{K_{L,1} + K_{L,2}}$$

$$= 10^{-4,08}\ mol \cdot l^{-1}$$

Damit ergibt sich aus den Löslichkeitsprodukten:

$$c\,(Ca^{2+}) = \frac{10^{-8,30}\ mol^2 \cdot l^{-2}}{10^{-4,08}\ mol \cdot l^{-1}} = 10^{-4,22}\ mol \cdot l^{-1}$$

$$c\,(Ba^{2+}) = \frac{10^{-8,70}\ mol^2 \cdot l^{-2}}{10^{-4,08}\ mol \cdot l^{-1}} = 10^{-4,62}\ mol \cdot l^{-1}$$

*Ergebnis:*

Für die überstehende Lösung gelten folgende Konzentrationen:

$$c\,(Ca^{2+}) = 10^{-4,22}\ mol \cdot l^{-1} \ , \ \ c\,(Ba^{2+}) = 10^{-4,62}\ mol \cdot l^{-1}$$

$$c\,(CO_3^{2-}) = 10^{-4,08}\ mol \cdot l^{-1}$$

## 7.2.1 Nebenreaktionen der Anionen

Die Löslichkeit einer Verbindung lässt sich erhöhen, wenn die Ionen des Lösegleichgewichtes daneben noch an anderen Gleichgewichten beteiligt sind. Durch diese *Nebenreaktionen* der gelösten Ionen wird das Löslichkeitsprodukt des jeweiligen Salzes unterschritten, so dass sich erneut Feststoff auflösen kann, bis das entsprechende Löslichkeitsprodukt wieder erreicht ist. Das kann dann unter Umständen bis zur völligen Auflösung des Feststoffes führen. Die Löslichkeit lässt sich daher nur nach Gl. (7.3) berechnen, wenn diese Nebenreaktionen nicht ablaufen können.

Häufig betreffen die Nebenreaktionen Salze, deren Anionen schwache oder mittelstarke Basen darstellen. Die Nebenreaktionen der Anionen sollen am Beispiel des schwer löslichen Bleisulfids erklärt werden, für das bei einer Temperatur von 25 °C $pK_L = 27{,}52$ ist. Nach dem geltenden Löslichkeitsprodukt geht zunächst äußerst wenig von dem Feststoff PbS in

Form von $Pb^{2+}$ und $S^{2-}$ in Lösung. Wird dann zu der gesättigten Lösung eine starke Säure hinzugegeben, so reagieren die in Lösung befindlichen Anionen in einer Säure-Base-Reaktion in zwei Stufen mit den addierten Oxoniumionen.

$$(PbS)_s \ \rightleftharpoons \ Pb^{2+} \ + \ S^{2-}$$

$$\Downarrow$$

$$\text{1. Stufe} \quad S^{2-} + H_3O^+ \ \rightleftharpoons \ HS^- + H_2O$$

$$\text{2. Stufe} \quad HS^- + H_3O^+ \ \rightleftharpoons \ H_2S + H_2O$$

Dadurch wird $S^{2-}$ aus dem Lösegleichgewicht entfernt, so dass $K_L$ unterschritten wird. Deswegen muss sich neues PbS auflösen, bis $K_L$ wieder eingestellt ist. Abhängig von der zur Verfügung stehenden Säuremenge kann so die Auflösung durch diese Nebenreaktionen fortschreiten, indem permanent weiteres $S^{2-}$ aus dem Lösegleichgewicht entfernt wird. Die Löslichkeit von PbS ist somit eine Funktion des $pH$-Wertes.

Die Konzentrationen aller in Lösung vorhandenen Schwefelformen werden in der Totalkonzentration $c_{tot}(S^{2-})$ zusammengefasst.

$$c_{tot}(S^{2-}) = c(S^{2-}) + c(HS^-) + c(H_2S)$$

Mit den beiden Säurekonstanten der Säure $H_2S$

$$K_{S,1} = \frac{c(HS^-) \cdot c(H_3O^+)}{c(H_2S)} \quad \text{und} \quad K_{S,2} = \frac{c(S^{2-}) \cdot c(H_3O^+)}{c(HS^-)}$$

ergibt sich nach dem Einsetzen in die Gleichung für $c_{tot}(S^{2-})$:

$$c_{tot}(S^{2-}) = c(S^{2-}) + \frac{c(S^{2-}) \cdot c(H_3O^+)}{K_{S,2}} + \frac{c(S^{2-}) \cdot c^2(H_3O^+)}{K_{S,1} \cdot K_{S,2}}$$

$$= c(S^{2-}) \cdot (1 + \frac{c(H_3O^+)}{K_{S,2}} + \frac{c^2(H_3O^+)}{K_{S,1} \cdot K_{S,2}})$$

$$\Downarrow$$

$$\alpha(H)$$

Der Klammerausdruck in der vorstehenden Gleichung für die Totalkonzentration wird als *Nebenreaktionskoeffizient* $\alpha$ (H) bezeichnet. Der reziproke Wert $1/\alpha$ (H) beschreibt den $pH$ - abhängigen Anteil von $S^{2-}$ an der Totalkonzentration. Aus der Ableitung des Nebenreaktionskoeffizienten folgt dann:

$$c\,(S^{2-}) = \frac{c_{\mathrm{tot}}\,(S^{2-})}{\alpha\,(H)}$$

Durch Einsetzen in das Löslichkeitsprodukt ergibt sich so:

$$K_{\mathrm{L}} \cdot \alpha\,(H) = c\,(Pb^{2+}) \cdot c_{\mathrm{tot}}\,(S^{2-})$$

Für jedes schwefelhaltige Teilchen, das in Lösung vorliegt, muss auch stets ein Teilchen $Pb^{2+}$ vorhanden sein. Denn beide sind ja letzten Endes aus einem Teilchen PbS durch Dissoziation im Verhältnis 1 : 1 entstanden. Aus diesem Grund gilt:

$$c\,(Pb^{2+}) = c\,(S^{2-}) + c\,(HS^-) + c\,(H_2S) = c_{\mathrm{tot}}\,(S^{2-})$$

Und damit:

$$K_{\mathrm{L}} \cdot \alpha\,(H) = c^2\,(Pb^{2+})$$

Da die Löslichkeit von PbS genauso groß ist wie die Konzentration der Bleiionen, ergibt sich die $pH$ - abhängige Löslichkeit zu:

$$L = c\,(Pb^{2+}) = \sqrt{K_{\mathrm{L}} \cdot \alpha\,(H)}$$

Im Folgenden sind diese Löslichkeiten von PbS für drei $pH$ - Werte berechnet worden, dabei gilt für die verwendeten Konstanten:

$pK_{\mathrm{L}} = 27{,}52$ $\qquad\qquad pK_{\mathrm{S},1} = 6{,}92$ $\qquad\qquad pK_{\mathrm{S},2} = 12{,}92$

$pH = 0 \quad \Rightarrow \quad \alpha\,(H) = 10^{19,84} \quad \Rightarrow \quad L = 10^{-3,84}\ \mathrm{mol} \cdot \mathrm{l}^{-1}$

$pH = 2 \quad \Rightarrow \quad \alpha\,(H) = 10^{15,84} \quad \Rightarrow \quad L = 10^{-5,84}\ \mathrm{mol} \cdot \mathrm{l}^{-1}$

$pH = 4 \quad \Rightarrow \quad \alpha\,(H) = 10^{11,84} \quad \Rightarrow \quad L = 10^{-7,84}\ \mathrm{mol} \cdot \mathrm{l}^{-1}$

Damit sind bei $pH = 0$ im Liter immerhin bereits 34,6 mg gelöst, während es ohne einen $pH$ - Einfluss nur 4,16 pg wären. Denn in dem Grenzfall $c(H_3O^+) = 0 \ mol \cdot l^{-1}$ wird $\alpha(H) = 1$, so dass die Löslichkeit jetzt wieder aus der Gleichung ohne $\alpha(H)$ berechnet werden kann.

Bei einem Salz mit der allgemeinen Formel $A_m B_n$, dessen Anion B eine Säure-Base Reaktion eingeht, wird die $pH$ - abhängige Löslichkeit aus Gl. (7.4) berechnet.

$$L = \sqrt[m+n]{\frac{K_L \cdot \alpha^n(H)}{m^m \cdot n^n}} \qquad (7.4)$$

Die Löslichkeit eines schwer löslichen Salzes wird also bei Säure-Base-Reaktionen der Anionen durch 3 Faktoren bestimmt, und zwar durch

1.) das Löslichkeitsprodukt,

2.) die Säurestärke der Anionen,

3.) die Konzentration $c(H_3O^+)$.

**Beispiel 7.6**

Wie groß ist in einer gesättigten wässrigen Lösung von Magnesiumfluorid bei einem $pH$ - Wert von 1,7 die Konzentration der Fluoridionen, wenn dabei für das Salz $MgF_2$ $pK_L = 8{,}22$ und für die Säure HF der Säureexponent 3,14 gilt?

*Gesucht:* $c(F^-)$ \hspace{3cm} *Gegeben:* $pK_L$ , $pK_S$

*Lösung:*

Aus der Größe von $pK_S$ lässt sich ersehen (Kap. 6.3.3), dass HF eine mittelstarke Säure ist. Damit ergibt sich die Löslichkeit von $MgF_2$ aus Gl. (7.4).

$$L = \sqrt[3]{\frac{K_L \cdot \alpha^2(H)}{4}}$$

Der Nebenreaktionskoeffizient lautet in diesem Fall:

$$\alpha(H) = 1 + \frac{c(H_3O^+)}{K_S} = 1 + \frac{10^{-1{,}7} \ mol \cdot l^{-1}}{10^{-3{,}14} \ mol \cdot l^{-1}} = 28{,}54$$

Die Löslichkeit ist dann:

$$L = \sqrt[3]{\frac{10^{-8,22}\ \mathrm{mol}^3 \cdot \mathrm{l}^{-3} \cdot 28,54}{4}} = 10^{-2,46}\ \mathrm{mol} \cdot \mathrm{l}^{-1}$$

Aus der Auflösungsgleichung folgt zunächst: $\quad L = c\,(\mathrm{Mg}^{2+}) = \dfrac{1}{2}\,c_{\mathrm{tot}}\,(\mathrm{F}^-)$

Mit $c_{\mathrm{tot}}\,(\mathrm{F}^-) = \alpha\,(\mathrm{H}) \cdot c\,(\mathrm{F}^-)$ ergibt sich damit:

$$c\,(\mathrm{F}^-) = \frac{2\,L}{\alpha\,(\mathrm{H})} = \frac{2 \cdot 10^{-2,46}\ \mathrm{mol} \cdot \mathrm{l}^{-1}}{28,54}$$

$$= 10^{-3,61}\ \mathrm{mol} \cdot \mathrm{l}^{-1} = 2,45 \cdot 10^{-4}\ \mathrm{mol} \cdot \mathrm{l}^{-1}$$

*Ergebnis:*

Die Konzentration der Fluoridionen beträgt $2,45 \cdot 10^{-4}\ \mathrm{mol} \cdot \mathrm{l}^{-1}$.

### 7.2.2 Nebenreaktionen der Kationen

Wenn die Anionen eines schwer löslichen Salzes keine Säure-Base-Reaktionen eingehen, so kann man trotzdem durch die Zugabe eines Komplexbildners zur teilweisen oder sogar vollständigen Auflösung dieses Salzes gelangen. Dabei bilden die in der gesättigten Lösung vorhandenen Kationen des Salzes Komplexe, wodurch dann wieder das Löslichkeitsprodukt unterschritten wird. Diese Nebenreaktionen der Kationen werden am Beispiel des schwer löslichen Silberchlorids erklärt, dessen Anionen quasi keine Basizität aufweisen. Wenn zu einer gesättigten Lösung dieses Salzes Ammoniak hinzugegeben wird, so können die Silberionen damit in zwei Stufen Komplexe bilden. Dabei liegen die Silberionen in der wässrigen Lösung tatsächlich hydratisiert und dadurch ebenfalls komplexiert vor, es handelt sich also bei dieser Komplexbildung eigentlich um eine Ligandenaustauschreaktion (s. Kap.6.4).

$$(\mathrm{AgCl})_\mathrm{s} \;\rightleftharpoons\; \mathrm{Ag}^+ + \mathrm{Cl}^-$$

$$\Downarrow$$

1. Stufe $\quad \mathrm{Ag}^+ + \mathrm{NH}_3 \;\rightleftharpoons\; [\mathrm{AgNH}_3]^+$

2. Stufe $\quad [\mathrm{AgNH}_3]^+ + \mathrm{NH}_3 \;\rightleftharpoons\; [\mathrm{Ag(NH}_3)_2]^+$

Damit werden jetzt $Ag^+$-Ionen aus dem Lösegleichgewicht entfernt, so dass $K_L$ wieder unterschritten wird und sich deshalb weiteres AgCl auflösen muss, bis $K_L$ erneut eingestellt ist. Je nach der zugefügten Ammoniakmenge kann dieser Vorgang bis zur völligen Auflösung des Silberchlorids gehen. Die Löslichkeit von AgCl ist daher eine Funktion der Ammoniakkonzentration.

Die Summe der Konzentrationen von allen in Lösung vorliegenden Formen der Silberionen lässt sich durch die Totalkonzentration $c_{tot}(Ag^+)$ beschreiben.

$$c_{tot}(Ag^+) = c(Ag^+) + c([AgNH_3]^+) + c([Ag(NH_3)_2]^+$$

Mit den beiden Komplexbildungskonstanten

$$K_{B,1} = \frac{c([AgNH_3]^+)}{c(Ag^+) \cdot c(NH_3)} \quad \text{und} \quad K_{B,2} = \frac{c([Ag(NH_3)_2]^+)}{c([AgNH_3]^+) \cdot c(NH_3)}$$

ergibt sich nach dem Einsetzen in die Gleichung für $c_{tot}(Ag^+)$:

$$c_{tot}(Ag^+) = c(Ag^+) + K_{B,1} \cdot c(Ag^+) \cdot c(NH_3) +$$
$$K_{B,1} \cdot K_{B,2} \cdot c(Ag^+) \cdot c^2(NH_3)$$

$$= c(Ag^+) \cdot (1 + K_{B,1} \cdot c(NH_3) + K_{B,1} \cdot K_{B,2} \cdot c^2(NH_3))$$

$$\Downarrow$$

$$\alpha(NH_3)$$

Der Klammerausdruck in der vorstehenden Gleichung für die Totalkonzentration wird als *Nebenreaktionskoeffizient* $\alpha(NH_3)$ bezeichnet. Sein reziproker Wert $1/\alpha(NH_3)$ beschreibt den von der Ammoniakkonzentration abhängigen Anteil von $Ag^+$ an der Totalkonzentration. Nach Einsetzen von

$$c(Ag^+) = \frac{c_{tot}(Ag^+)}{\alpha(NH_3)}$$

in das Löslichkeitsprodukt des Silberchlorids folgt:

$$K_L \cdot \alpha(NH_3) = c_{tot}(Ag^+) \cdot c(Cl^-)$$

Für jedes silberhaltige Kation, das in der Lösung vorliegt, muss auch ein Chloridanion vorhanden sein, denn beide Teilchen sind aus einem Teilchen Silberchlorid durch Dissoziation im Verhältnis 1 : 1 entstanden. Also muss gelten:

$$c(Cl^-) = c(Ag^+) + c([AgNH_3]^+) + c([Ag(NH_3)_2]^+ = c_{tot}(Ag^+)$$

Und damit auch:

$$K_L \cdot \alpha(NH_3) = c^2(Cl^-)$$

Da aber die Löslichkeit von AgCl identisch sein muss mit $c(Cl^-)$, ergibt sich die von der Ammoniakkonzentration abhängige Löslichkeit zu:

$$L = c(Cl^-) = \sqrt{K_L \cdot \alpha(NH_3)}$$

Im Folgenden sind die Löslichkeiten von AgCl für drei Ammoniakkonzentrationen berechnet worden, dabei gilt für die verwendeten Konstanten:

$$pK_L = 10 \qquad pK_{B,1} = 3{,}20 \qquad pK_{B,2} = 3{,}80$$

$$c(NH_3) = 1\ mol \cdot l^{-1} \quad \Rightarrow \quad \alpha(NH_3) = 10^7 \quad \Rightarrow \quad L = 10^{-1,5}\ mol \cdot l^{-1}$$

$$c(NH_3) = 0{,}1\ mol \cdot l^{-1} \quad \Rightarrow \quad \alpha(NH_3) = 10^5 \quad \Rightarrow \quad L = 10^{-2,5}\ mol \cdot l^{-1}$$

$$c(NH_3) = 0{,}01\ mol \cdot l^{-1} \quad \Rightarrow \quad \alpha(NH_3) = 10^3 \quad \Rightarrow \quad L = 10^{-3,5}\ mol \cdot l^{-1}$$

Während in einer Lösung ohne Ammoniak im Liter nur 1,4 mg des Salzes Silberchlorid vorhanden sind, enthält also eine Lösung beispielsweise bei $c(NH_3) = 0{,}1\ mol \cdot l^{-1}$ bereits 453 mg im Liter. Diese starke Erhöhung der Löslichkeit bei Ammoniakzugabe ist aber bei dem Salz Silberiodid nicht der Fall. Denn das Löslichkeitsprodukt von AgI ist gegenüber dem von AgCl so klein, dass auch bei hohen Ammoniakkonzentrationen kein Silberiodid in Lösung geht. Hierbei könnte nur durch die Verwendung eines stärkeren Komplexbildners oder durch eine Oxidation (s. Kap. 8) des Anions $I^-$ das Löslichkeitsprodukt des Silberiodids unterschritten werden.

Wenn beim Lösen eines Salzes mit der allgemeinen Formel $A_m B_n$ das Kation A mit einem Komplexbildner wie $NH_3$, $S_2O_3^{2-}$ oder $CN^-$ Komplexe eingehen kann, so gilt für die Löslichkeit des Salzes:

$$L = \sqrt[m+n]{\frac{K_L \cdot \alpha^m \, (\text{Komplexbildner})}{m^m \cdot n^n}} \qquad (7.5)$$

Dabei muss bei mehr als zwei Komplexstufen der Komplexbildungsreaktion der Nebenreaktionskoeffizient entsprechend erweitert werden. Die Löslichkeit eines schwer löslichen Salzes wird somit bei diesen Nebenreaktionen der Kationen durch drei Faktoren bestimmt, und zwar durch

1.) das Löslichkeitsprodukt,

2.) die Komplexbildungsstärke der Kationen,

3.) die Konzentration des Komplexbildners.

**Beispiel 7.7**
Welche Masse Silbersulfid kann in 350 ml einer wässrigen Lösung von Natriumthiosulfat vorliegen, wenn $c\,(Na_2S_2O_3) = 1 \, mol \cdot l^{-1}$ beträgt? $K_L$ von $Ag_2S$ hat den Wert $5 \cdot 10^{-51} \, mol^3 \cdot l^{-3}$, und die Stabilitätskonstanten der Thiosulfatokomplexe des Silbers sind $K_{B,1} = 1,58 \cdot 10^{13} \, l \cdot mol^{-1}$ und $K_{B,2} = 2,51 \, l \cdot mol^{-1}$.

*Gesucht:* $m\,(Ag_2S)$ \qquad *Gegeben:* $V_L$ , $c\,(Na_2S_2O_3)$ , $K_L$ , $K_{B,1}$ , $K_{B,2}$

*Lösung:*

Da $Na_2S_2O_3$ vollständig dissoziiert ist, gilt zunächst:

$$Na_2S_2O_3 \;\rightarrow\; 2\,Na^+ + S_2O_3^{2-}$$

Das Anion $S_2O_3^{2-}$ bildet mit dem Kation $Ag^+$ in zwei Stufen die Komplexionen

$$[AgS_2O_3]^- \text{ und } [Ag(S_2O_3)_2]^{3-},$$

so dass sich die Löslichkeit von $Ag_2S$ aus Gl. (7.5) ergibt.

$$L = \sqrt[3]{\frac{K_L \cdot \alpha^2\,(S_2O_3)}{4}}$$

Der Nebenreaktionskoeffizient lautet:

$$\alpha(S_2O_3) = 1 + K_{B,1} \cdot c(S_2O_3^{2-}) + K_{B,1} \cdot K_{B,2} \cdot c^2(S_2O_3^{2-})$$

$$= 1 + 10^{13,20}\ 1 \cdot mol^{-1} \cdot 1\ mol \cdot l^{-1} +$$

$$10^{13,20}\ 1 \cdot mol^{-1} \cdot 10^{0,40}\ 1 \cdot mol^{-1} \cdot 1^2\ mol^2 \cdot l^{-2}$$

$$\alpha(S_2O_3) = 10^{13,75}$$

Damit folgt für die Löslichkeit:

$$L = \sqrt[3]{\frac{10^{-50,3}\ mol^3 \cdot l^{-3} \cdot (10^{13,75})^2}{4}} = 10^{-7,80}\ mol \cdot l^{-1}$$

Dies entspricht der Massenkonzentration:

$$\beta(Ag_2S_{gelöst}) = M(Ag_2S) \cdot c(Ag_2S_{gelöst})$$

$$= 247,801\ g \cdot mol^{-1} \cdot 10^{-7,80}\ mol \cdot l^{-1} = 3,93\ \mu g \cdot l^{-1}$$

In 350 ml sind also gelöst:

$$m(Ag_2S_{gelöst}) = V_L \cdot \beta(Ag_2S_{gelöst}) = 0,350\ l \cdot 3,93\ \mu g \cdot l^{-1} = 1,38\ \mu g$$

*Ergebnis:*

> In 350 ml sind 1,38 μg Silbersulfid gelöst. Das bedeutet, dass sich Silbersulfid in einer Lösung von Thiosulfat praktisch nicht auflöst.

## 7.3 Chemische Fällung

Die chemische Fällung eines Salzes ist der Umkehrfall der Auflösung des betreffenden Salzes. Demnach geht es dabei um feste Stoffe, die sich in Wasser mehr oder weniger schwer auflösen. Die Grundlagen zu diesem Kapitel sind somit bereits in Kap. 7.1 bzw. 7.2 behandelt worden und können dort nachgelesen werden. Von der *Fällung* eines Stoffes oder von einem *Niederschlag* wird gesprochen, wenn aus einer vorliegenden Lösung bestimmter Ionen eine chemische Verbindung in Form eines festen Stoffes ausgeschieden wird.

> Wird in einer wässrigen Lösung verschiedener Ionen für ein bestimmtes Salz sein Löslichkeitsprodukt überschritten, dann muss dieses Salz ausfallen.

Gibt man z.B. zu einer Lösung von Silbernitrat eine Lösung von Natriumchlorid, so wird in der dadurch entstandenen Mischung für das Salz Silberchlorid das Löslichkeitsprodukt überschritten, weswegen es ausfällt. Es ist dann folgende Fällungsreaktion abgelaufen:

$$Ag^+ + NO_3^- + Na^+ + Cl^- \; \rightleftharpoons \; AgCl\downarrow + Na^+ + NO_3^-$$

Der nach unten zeigende Pfeil besagt, dass die dadurch gekennzeichnete Verbindung dabei ausgefallen ist. Der Fällungsvorgang dauert so lange an, bis für die überstehende Lösung wieder gilt:

$$c(Ag^+) \cdot c(Cl^-) = K_L$$

Die Ionengleichung

$$Ag^+ + Cl^- \; \rightleftharpoons \; AgCl\downarrow$$

ist hierbei die entsprechende *Fällungsgleichung*, in der nur diejenigen Ionen stehen, die auch tatsächlich miteinander reagiert haben. Mit dieser Gleichung wird von links nach rechts die Fällung von AgCl beschrieben, und von rechts nach links dessen Auflösung. Beispielsweise kommt es beim Zusammengeben der folgenden Salzlösungen in beiden Fällen zur Überschreitung des Löslichkeitsproduktes von Bariumsulfat, das daher aus der jeweiligen Lösung ausfällt. Die gelösten Salze liegen dissoziiert vor.

$$BaCl_2 + ZnSO_4 \; \rightleftharpoons \; BaSO_4\downarrow + ZnCl_2$$

$$Ba(NO_3)_2 + CuSO_4 \; \rightleftharpoons \; BaSO_4\downarrow + Cu(NO_3)_2$$

Demnach lautet die Fällungsgleichung:

$$Ba^{2+} + SO_4^{2-} \; \rightleftharpoons \; BaSO_4\downarrow$$

In der Reaktionsgleichung einer chemische Fällung stehen generell stöchiometrische Stoffmengen für einen vollständigen Umsatz. Beim Begriff der Vollständigkeit ist aber zu bedenken, dass trotz einer Fällung aufgrund des Löslichkeitsproduktes stets ein geringer Teil in der Lösung verbleibt, der also nicht fällbar ist. Dieser Anteil ist unabhängig von der absoluten gefällten Menge, denn er richtet sich nur nach dem Löslichkeitsprodukt. Da sich aber die Löslichkeit eines Salzes durch einen gleichionigen Zusatz zur Lösung verringern lässt, gelingt es genauso, durch einen Überschuss an *Fällmittel* den Wirkungsgrad der Ausfällung noch zu erhöhen. Denn die Löslichkeit des Fällproduktes wird dadurch zurückgedrängt.

Chemische Fällungen haben eine große analytische und technische Bedeutung. So wird die Entgiftung von schwermetallhaltigen Industrieabwässern mit einer Hydroxidfällung eingeleitet, bei der das fällende Ion OH⁻ in Form von Kalkmilch zugegeben wird, z.B.:

$$Cr^{3+} + 3\,OH^- \;\rightleftharpoons\; Cr(OH)_3 \downarrow$$

In einer kommunalen Kläranlage kann als gelöstes Phosphat vorliegender Phosphor eliminiert werden, indem z.B. mit einem Eisensalz gefällt wird. Das gefällte Phosphat wird dann zumeist gemeinsam mit dem Klärschlamm entsorgt. Die Fällungsgleichung hierfür lautet:

$$Fe^{3+} + PO_4^{3-} \;\rightleftharpoons\; FePO_4 \downarrow$$

**Beispiel 7.8**
280 m³ Produktionsabwasser eines Industriebetriebes enthalten 37,5 kg gelöstes Cadmium. Wie viel kg 20 %ige Kalkmilch müssen zugesetzt werden, damit das Cadmium vollständig als Hydroxid ausfällt?

*Gesucht:* $m_L$             *Gegeben:* $V_L$ , $m_R\,(Cd^{2+})$ , $w_{rel}\,(Cd(OH)_2)$

*Lösung:*

Kalkmilch ist eine Aufschlämmung von Calciumhydroxid in Wasser, was man generell als eine *Suspension* bezeichnet. Das Calciumhydroxid ist also hierbei das Fällmittel, und OH⁻ das fällende Ion, wobei der gelöste Anteil des Fällmittels dissoziiert vorliegt.

$$Ca(OH)_2 \;\rightarrow\; Ca^{2+} + 2\,OH^-$$

Die Fällungsgleichung für die Hydroxidfällung lautet:

$$Cd^{2+} + 2\,OH^- \;\rightleftharpoons\; Cd(OH)_2 \downarrow$$

Daraus folgt die Stoffmengenrelation:

$$\frac{n_R\,(Cd^{2+})}{n_R\,(OH^-)} = \frac{1}{2} \qquad \Rightarrow \qquad n_R\,(OH^-) = 2\,n_R\,(Cd^{2+})$$

Mit $n_R\,(OH^-) = 2\,n_R\,(Ca(OH)_2)$ gilt dann:

$$n_R\,(Ca(OH)_2) = n_R\,(Cd^{2+})$$

Dabei ist:

$$n_R\,(Cd^{2+}) = \frac{m_R\,(Cd^{2+})}{M\,(Cd^{2+})}$$

$$= \frac{37500\ g}{112{,}411\ g \cdot mol^{-1}} = 333{,}6\ mol = n_R\,(Ca(OH)_2)$$

Damit ergibt sich mit Gl. (5.13 ) für die Masse der Lösung (Kalkmilch):

$$m_L = \frac{m_R\,(Ca(OH)_2)}{w\,(Ca(OH)_2)} = \frac{n_R\,(Ca(OH)_2) \cdot M\,(Ca(OH)_2)}{w\,(Ca(OH)_2)}$$

$$= \frac{333{,}6\ mol \cdot 74{,}093\ g \cdot mol^{-1}}{0{,}2} = 123587{,}124\ g$$

*Ergebnis:*

Es müssen 123,587 kg der 20 %igen Kalkmilch zugesetzt werden.

**Beispiel 7.9**

Zur Fällung von MnS wird zu einer beim $pH = 5$ gepufferten wässrigen Lösung von 12,6 g $MnCl_2$ eine wässrige Lösung von 7,8 g $Na_2S$ gegeben. Berechnen Sie die trotz dieser Fällung verbleibende Konzentration $c\,(Mn^{2+})$. Für die dafür notwendigen Konstanten gilt: $pK_L = 15{,}15$ , $pK_{S,1} = 6{,}92$ , $pK_{S,2} = 12{,}92$

*Gesucht:* $c\,(Mn^{2+})$

*Gegeben:* $pH$ -Wert , $m_R\,(MnCl_2)$ , $m_R\,(Na_2S)$ , $pK_L$ , $pK_{S,1}$ , $pK_{S,2}$

*Lösung:*

Die beiden Salze $MnCl_2$ und $Na_2S$ sind vollständig dissoziiert, und die Fällungsgleichung mit der sich daraus ergebenden Stoffmengenrelation lautet:

$$Mn^{2+} + S^{2-} \rightleftharpoons MnS \downarrow \qquad \Rightarrow \qquad \frac{n_R(Mn^{2+})}{n_R(S^{2-})} = \frac{1}{1}$$

Weiterhin gilt:

$$n_R(Mn^{2+}) = n_R(MnCl_2) = \frac{m_R(MnCl_2)}{M(MnCl_2)} = \frac{12{,}6 \text{ g}}{125{,}844 \text{ g} \cdot mol^{-1}} = 10^{-1} \text{ mol}$$

$$n_R(S^{2-}) = n_R(Na_2S) = \frac{m_R(Na_2S)}{M(Na_2S)} = \frac{7{,}8 \text{ g}}{78{,}045 \text{ g} \cdot mol^{-1}} = 10^{-1} \text{ mol}$$

Da für die Fällung somit *äquimolare* Stoffmengen eingesetzt werden, ergibt sich die verbleibende Konzentration der Manganionen mit Gl. (7.4).

$$c(Mn^{2+}) = L = \sqrt{K_L \cdot \alpha(H)}$$

Mit $\alpha(H) = 10^{9{,}85}$ folgt dann:

$$c(Mn^{2+}) = \sqrt{10^{-15{,}15} \text{ mol}^2 \cdot l^{-2} \cdot 10^{9{,}85}} = 10^{-2{,}65} \text{ mol} \cdot l^{-1}$$

*Ergebnis:*

Die verbleibende Konzentration der Manganionen beträgt $2{,}24 \cdot 10^{-3} \text{ mol} \cdot l^{-1}$.

## 7.4 Übungsaufgaben

**7.4-1**    330 ml einer gesättigten Lösung von $PbF_2$ enthalten 150 mg dieser Verbindung. Wie groß ist das Löslichkeitsprodukt von $PbF_2$?

**7.4-2**    Zu einem Volumen von 1000 ml Wasser wird 1 g $Ag_2CrO_4$ gegeben. Berechnen Sie $c(Ag^+)$, $c(CrO_4^{2-})$ und die Masse des nicht gelösten Silberchromats. Die Protolyse von $CrO_4^{2-}$ wird nicht berücksichtigt, und für die Verbindung $Ag_2CrO_4$ gilt $pK_L = 11{,}40$.

**7.4-3**    Zu einer Mischung von 75 mg AgCl und 120 mg AgBr werden mit einem Messzylinder 1000 ml Wasser gegeben. Berechnen Sie die Silberionenkonzentration $c(Ag^+)$ der entstandenen Lösung, wenn für das Silberchlorid $pK_{L,1} = 9{,}70$ und für das Silberbromid $pK_{L,2} = 12{,}30$ ist.

**7.4-4**   Zu 100 ml einer wässrigen Lösung von Calciumchlorid mit der Konzentration $c\,(CaCl_2) = 0{,}2\ mol \cdot l^{-1}$ werden 100 ml einer Ammoniaklösung mit der Konzentration $c\,(NH_3) = 5\ mol \cdot l^{-1}$ gegeben. Welche Masse an festem Ammoniumchlorid muss außerdem noch zugefügt werden, damit eine Fällung von Calciumhydroxid gerade unterbleibt? Dabei wird eine Volumenveränderung durch die Feststoffzugabe nicht berücksichtigt, und die beiden Lösungsvolumina sollen sich additiv verhalten. Für Calciumhydroxid gilt $pK_L = 5{,}40$, für Ammonium $pK_S = 9{,}25$ und für die Lösungen $pK_W = 14{,}00$.

**7.4-5**   Wie groß ist die Löslichkeit von $Cu\,(OH)_2$ bei den $pH$ -Werten 5 und 10, wenn das Löslichkeitsprodukt dieser Verbindung $2 \cdot 10^{-19}\ mol^3 \cdot l^{-3}$ ist? Ferner gilt: $K_W = 10^{-14{,}00}\ mol^2 \cdot l^{-2}$

**7.4-6**   Aus einer sauren wässrigen Lösung mit $c_0\,(Mg^{2+}) = 0{,}1\ mol \cdot l^{-1}$ und mit $c_0\,(Fe^{3+}) = 0{,}1\ mol \cdot l^{-1}$ soll das gelöste Eisen als Hydroxid so weit gefällt werden, bis $c\,(Fe^{3+}) \leq 10^{-6}\ mol \cdot l^{-1}$ ist. Dabei soll das Mangan aber in Lösung bleiben. Welcher $pH$ - Bereich ist bei der Fällung einzuhalten? Für $Mg\,(OH)_2$ gilt $pK_{L,1} = 12$, für $Fe\,(OH)_3$ $pK_{L,2} = 37{,}3$. Des Weiteren ist $pK_W = 14{,}00$.

**7.4-7**   Welche Masse an MnS löst sich in 350 ml schwach saurem Wasser, das einen $pH$ - Wert von 5,2 hat, wenn das Löslichkeitsprodukt von MnS den Wert $7 \cdot 10^{-16}\ mol^2 \cdot l^{-2}$ hat? Die Säurekonstanten von Schwefelwasserstoff sind $K_{S,1} = 1{,}20 \cdot 10^{-7}\ mol \cdot l^{-1}$ und $K_{S,2} = 1{,}20 \cdot 10^{-13}\ mol \cdot l^{-1}$.

**7.4-8**   In einer schwach sauren wässrigen Lösung von $PbCO_3$, die im Gleichgewicht mit dem Niederschlag dieses Salzes steht, wird die Bleikonzentration $c\,(Pb^{2+})$ analytisch zu $10^{-4}\ mol \cdot l^{-1}$ bestimmt. Welchen $pH$ - Wert hat die Lösung, wenn für das Carbonat $pK_L = 13{,}52$ ist? Die Kohlensäure hat die Säureexponenten $pK_{S,1} = 6{,}52$ und $pK_{S,2} = 10{,}40$.

**7.4-9**   Berechnen Sie für eine mit Bariumsulfat gesättigte Salzsäurelösung mit einem $pH$ - Wert von 1,5 die Konzentration der Bariumionen. Das Löslichkeitsprodukt von Bariumsulfat beträgt $1 \cdot 10^{-9}\ mol^2 \cdot l^{-2}$, und die mittelstarke Säure $HSO_4^-$ hat den $K_S$ -Wert $10^{-1{,}92}\ mol \cdot l^{-1}$.

**7.4-10**   Welchen Wert hat die Löslichkeit von Silberbromid in a) reinem Wasser und b) einer Ammoniaklösung mit $c\,(NH_3) = 0{,}1\ mol \cdot l^{-1}$? Für Silberbromid ist $pK_L = 12{,}40$, und für die beiden Amminkomplexe des Silbers gelten $pK_{B,1} = 3{,}20$ und $pK_{B,2} = 3{,}80$.

**7.4-11**   Wie groß ist in einer wässrigen Lösung von Natriumcyanid mit der Konzentration $c\,(CN^-) = 0{,}01\ mol \cdot l^{-1}$, in der außerdem ein Niederschlag von $Zn\,(OH)_2$ vorliegt, die Konzentration $c\,(Zn^{2+})$? Der $pK_L$ - Wert von

Zinkhydroxid beträgt 16,70, und für die Komplexbildungskonstanten der vier Cyanokomplexe des gelösten Zinkions gelten die folgenden Werte: $pK_{B,1} = 5,30$, $pK_{B,2} = 5,77$, $pK_{B,3} = 4,98$ und $pK_{B,4} = 3,57$.

**7.4-12** Eine gesättigte wässrige Lösung von Calciumfluorid enthält in einem Liter 29 mg dieser Verbindung. Wir groß sind a) das stöchiometrische und b) das thermodynamische Löslichkeitsprodukt?

**7.4-13** Stellen Sie die Reaktionsgleichung für die Fällung von $Cr(OH)_3$ aus einer wässrigen Lösung von $Cr_2(SO_4)_3$ mit Kalilauge auf. Gehen Sie dabei von der Fällungsgleichung aus.

**7.4-14** 10 l einer stark sauren Lösung enthalten 40 mg dreiwertiges Eisen. Durch Zugabe von festem Natriumhydroxid wird der $pH$-Wert der Lösung langsam angehoben. Bei welchem $pH$-Wert beginnt dabei die Ausfällung von Eisen(III)-hydroxid, wenn die Volumenveränderung durch das feste Natriumhydroxid nicht berücksichtigt wird? Für $pK_L$ von $Fe(OH)_3$ gilt der Wert 37,30 und $pK_W$ ist 14,00.

**7.4-15** 800 l einer wässrigen Lösung enthalten 1,5 kg Silbernitrat. Welche Masse an Natriumcarbonat muss zugefügt werden, um das in der Lösung vorhandene Silber vollständig als Carbonat auszufällen? Für das Silbercarbonat gilt $pK_L = 11,22$. Wie groß ist die trotz Fällung verbleibende Restmasse an gelöstem Silber?

# 8 Redoxgleichgewichte

Während es bei einer Säure-Base-Reaktion zwischen den Reaktionspartnern zu Protonenübertragen kommt, werden in einem *Redoxgleichgewicht* (Red steht für Reduktion und ox für Oxidation) Elektronen ausgetauscht. Dies ist z.B. der Fall, wenn Erdgas verbrennt, bei der Elektrolyse einer Salzlösung, oder wenn ein Metalloxid mit elementarem Kohlenstoff umgesetzt wird, um damit das reine Metall zu gewinnen.

## 8.1 Oxidation und Reduktion

> Eine Abgabe von Elektronen wird als *Oxidation* eines Stoffes bezeichnet, wohingegen eine Aufnahme von Elektronen als *Reduktion* eines Stoffes bezeichnet wird.

So beschreiben die folgenden schematischen Reaktionsgleichungen jeweils den Vorgang einer Oxidation, wobei ein Elektron mit dem Symbol $e^-$ dargestellt wird.

$$Na \quad \rightarrow \quad Na^+ + e^-$$

$$Fe^{2+} \quad \rightarrow \quad Fe^{3+} + e^-$$

$$Sn^{2+} \quad \rightarrow \quad Sn^{4+} + 2\,e^-$$

Reduktionsvorgänge sind z.B.:

$$Cu^{2+} + 2\,e^- \quad \rightarrow \quad Cu$$

$$Fe^{3+} + e^- \quad \rightarrow \quad Fe^{2+}$$

$$Li^+ + e^- \quad \rightarrow \quad Li$$

Die Stoffe auf der linken und der rechten Seite dieser Oxidations - bzw. Reduktionsgleichungen unterscheiden sich jeweils nur in der Anzahl der Elektronen, sie bilden somit ein *korrespondierendes Redoxpaar* oder auch *Redoxsystem*. Im korrespondierenden Redoxpaar $Fe^{3+}/Fe^{2+}$ etwa ist das Ion $Fe^{3+}$ die oxidierte Form und das Ion $Fe^{2+}$ die reduzierte Form. Je nach Reaktionspartner (s. später) kann $Fe^{2+}$ zu $Fe^{3+}$ oxidiert oder aber $Fe^{3+}$ zu dem Ion $Fe^{2+}$ reduziert werden. Zwischen beiden Formen stellt sich ein Redoxgleichgewicht ein, was in der Gleichung durch einen Doppelpfeil zum Ausdruck gebracht wird.

$$Fe^{2+} \rightleftharpoons Fe^{3+} + e^-$$

Wird allgemein die reduzierte Form eines Stoffes mit red, die oxidierte Form mit ox und die Anzahl der ausgetauschten Elektronen mit z bezeichnet, so lautet der Redoxvorgang:

$$red \rightleftharpoons ox + z \cdot e^- \qquad (8.1)$$

Da bei diesen Redoxprozessen freie Elektronen nicht auftreten können, muss bei der Oxidation eines Stoffes, bei der also Elektronen abgegeben werden, gleichzeitig ein anderer Stoff vorhanden sein, der diese Elektronen aufnimmt und somit reduziert wird. An solch einer *Redoxreaktion* sind daher stets zwei korrespondierende Redoxpaare beteiligt. Im Folgenden werden die Redoxreaktionen durch ihre *Redoxgleichungen* anhand von drei Beispielen beschrieben. Es handelt sich dabei um Ionengleichungen, in denen nur diejenigen Stoffe aufgeführt sind, welche direkt am Elektronenaustausch teilnehmen. In diesen Ionengleichungen sind aber die Stoff- und Ladungsbilanz stets ausgeglichen. Rechts daneben stehen die entsprechenden korrespondierenden Redoxpaare, in denen üblicherweise zuerst die oxidierte Form und danach die reduzierte Form genannt wird.

$$Zn + 2H^+ \rightleftharpoons Zn^{2+} + H_2 \qquad\qquad Zn^{2+}/Zn \quad , \quad H^+/H_2$$

$$Zn + Cu^{2+} \rightleftharpoons Zn^{2+} + Cu \qquad\qquad Zn^{2+}/Zn \quad , \quad Cu^{2+}/Cu$$

$$Sn^{2+} + 2Fe^{3+} \rightleftharpoons Sn^{4+} + 2Fe^{2+} \qquad Sn^{4+}/Sn^{2+}, \quad Fe^{3+}/Fe^{2+}$$

In Redoxgleichungen wird hier und allgemein im Folgenden wegen der besseren Übersichtlichkeit statt $H_3O^+$ nur $H^+$ geschrieben, obwohl freie Protonen in wässrigen Lösungen nicht auftreten. Der ablaufende Gesamtvorgang setzt sich bei einer Redoxreaktion also immer aus einer Oxidation und einer Reduktion zusammen. So wird gemäß der 2. Redoxgleichung das elementar vorliegende Zink durch die $Cu^{2+}$- Ionen zu ionogenem Zink oxidiert, wobei die Elektronen des Zinks von den $Cu^{2+}$- Ionen aufgenommen werden, die somit zu elementarem Kupfer reduziert werden. Deshalb ist Zn bei dieser Redoxreaktion für die $Cu^{2+}$- Ionen das *Reduktionsmittel*, und umgekehrt sind die $Cu^{2+}$- Ionen für das Zn das *Oxidationsmittel*.

Generell ist bei einem starken Oxidationsmittel, bei dem folglich die oxidierte Form des korrespondierenden Redoxpaares leicht Elektronen aufnehmen kann, im Gegensatz dazu die Wirkung der reduzierten Form dieses Redoxpaares als Reduktionsmittel relativ gering. Die Elektronen können in dem Fall nur schwer von der reduzierten Form abgegeben werden. Die Oxidations- bzw. Reduktionsstärke eines Redoxsystems insgesamt ergibt sich quantitativ aus dem elektrochemischen Standardpotenzial des korrespondierenden Redoxpaares, aus dem mit den Konzentrationen der Reaktionspartner das wirksame  Redoxpotenzial dieses Redoxsystems berechnet werden kann (s. Kap. 8.4 oder 8.5). Stoffe wie z.B. $Sn^{2+}$- Ionen, die einerseits unter Elektronenaufnahme ($Sn^{2+} + 2\,e^- \rightarrow Sn$) als Oxidationsmittel und andererseits unter Elektronenabgabe ($Sn^{2+} \rightarrow Sn^{4+} + 2\,e^-$) als Reduktionsmittel auftreten können, werden allgemein als *redoxamphotere* Stoffe bezeichnet.

## 8.2 Oxidationszahlen

Bei Redoxprozessen ist die ablaufende Elektronenübertragung häufig nicht ohne weiteres zu erkennen. Aus diesem Grund wurde als eine Hilfsgröße die *Oxidationszahl* eingeführt. Sie geht von der Hypothese aus, dass alle Moleküle oder Molekülionen aus positiv und negativ geladenen Atomionen aufgebaut sind, sie ist somit identisch mit der Wertigkeit der angenommenen Atomionen. Diese Oxidationszahl ist in einer unterschiedlichen Elektronegativität der Bindungspartner in dem jeweiligen Atomverband begründet. Sie ergibt sich aus der Ladung, die ein betrachteter Bindungspartner innerhalb des Atomverbandes haben würde, wenn die Bindungselektronen vollständig dem elektronegativeren Bindungspartner zugeordnet werden könnten. Daraus resultieren auf diese Weise Zahlen mit negativem und positivem Vorzeichen. Demgegenüber ist es aber bei Ionenladungen (Wertigkeiten) von freien Atomionen oder Molekülionen in ihrer Gesamtheit üblich, die Ladungszahl dem Ladungszeichen voranzustellen. Für das Aufsuchen einer bestimmten Oxidationszahl gibt es einige Regeln, die im Folgenden angegeben werden.

a) In Elementen und Elementverbindungen erhalten alle Atome die Oxidationszahl Null, z.B.

$$Zn \; , \; Cu \; , \; H_2 \; , \; O_2 \; , \; Cl_2$$

b) In allen sonstigen neutralen Molekülen oder Formeleinheiten ist die Summe der einzelnen Oxidationszahlen Null, z.B.:

$$HCl \; , \; H_2O \; , \; NaBr \; , \; FeCl_3$$

c) Bei einem freien Atomion ist die Oxidationszahl identisch mit seiner Ionenladung, z.B.:

$$Fe^{2+} \quad \Rightarrow \quad +2$$

d) Bei einem Molekülion ist die Summe aus allen Oxidationszahlen identisch mit der Gesamtladung, z.B.:

$$SO_4^{2-} \quad \Rightarrow \quad -2$$

Um diese Regeln sinnvoll anwenden zu können, muss noch vor der Verteilung der Oxidationszahlen für einige Elemente eine Rangfolge festgelegt werden. In einem Atomverband gilt dann außerdem:

1. Metalle erhalten stets eine positive Oxidationszahl. Speziell bekommen die Alkalimetalle die Oxidationszahl + 1 und die Erdalkalimetalle + 2.

2. Fluoratome haben immer die Oxidationszahl - 1.

3. Wasserstoffatome bekommen im Allgemeinen die Oxidationszahl + 1.

4. Sauerstoffatome bekommen im Allgemeinen die Oxidationszahl - 2.

5. Halogenatome erhalten im Allgemeinen die Oxidationszahl - 1.

Die in der Rangfolge genannten Oxidationszahlen gelten nicht in Atomverbänden, in denen sich die betreffenden Atome mit sich selbst verbinden wie im Molekül $F_2$. Von diesen Werten abweichende Oxidationszahlen ergeben sich aus der Rangfolge selbst. An einigen Beispielen werden jetzt die Oxidationszahlen ermittelt.

HCl:    Die Summe der Oxidationszahlen der beiden Bestandteile des Moleküls muss nach Regel b) Null ergeben. Wasserstoff steht in der Rangfolge vor den Halogenen und hat somit die Oxidationszahl + 1, so dass sich daraus für Cl - 1 ergibt.

$FeBr_3$:    Zunächst erhält Fe eine positive Oxidationszahl, und Br hat als Halogen nach der Rangfolge die Oxidationszahl - 1. Bei drei Bromatomen folgt damit für Fe die Oxidationszahl + 3.

$KNO_3$:    Das Alkalimetall K erhält als erstes die Oxidationszahl + 1. Da ein O - Atom die Oxidationszahl - 2 hat und drei O - Atome im Atomverband vorhanden sind, bekommt das N - Atom in der neutralen Formeleinheit die Oxidationszahl + 5.

LiH:    Das Alkalimetall Li hat die Oxidationszahl + 1. Bei einer neutralen Formeleinheit muss deswegen das H - Atom die Oxidationszahl - 1 erhalten. Dies steht auch im Einklang mit der Rangfolge, in der Li gegenüber H die höhere Priorität hat.

$KClO_3$:    Der Fall ist ähnlich dem des $KNO_3$. Aber im $KClO_3$ bekommt hier das Cl - Atom unter Einhaltung der Rangfolge die Oxidationszahl + 5.

## 8.3 Redoxreaktionen

Im Verlauf einer Redoxreaktion werden zwischen den an der Umsetzung beteiligten Reaktionspartnern Elektronen übertragen, wodurch sich Oxidationszahlen ändern müssen. Während bei dem einen Reaktionspartner die Oxidationszahl erhöht wird, also eine Oxidation abläuft, wird sie bei dem anderen Reaktionspartner erniedrigt, was einer Reduktion entspricht. Um für eine Redoxreaktion die Reaktionsgleichung aufstellen zu können, müssen Reaktanten und Reaktionsprodukte bekannt sein, weil dabei von den korrespondierenden Redoxpaaren ausgegangen wird. Man stellt zunächst Teilgleichungen auf, die dann in mehreren Schritten zu einer Endgleichung kombiniert werden. Die Vorgehensweise soll an einem Beispiel erläutert werden. Dabei geht es um die Redoxreaktion zwischen festem $MnO_2$ und einer wässrigen Lösung von HCl, bei der $MnCl_2$ und $Cl_2$ entstehen. Die korrespondierenden Redoxpaare sind dann $MnO_2/Mn^{2+}$ und $Cl_2/Cl^-$.

1. Schritt: Zunächst werden die Oxidationszahlen und die Anzahl der ausgetauschen Elektronen festgestellt. Dazu werden Oxidations- und Reduktionsteilgleichungen formuliert, in denen die Stoff- und Ladungsbilanz noch nicht ausgeglichen sein müssen.

$$\text{Ox-Teilgl.:} \qquad 2\,Cl^- \qquad \rightarrow \quad Cl_2 + 2\,e^-$$

$$\text{Red-Teilgl.:} \qquad MnO_2 + 2\,e^- \rightarrow \quad Mn^{2+}$$

In der Ox-Teilgleichung wird die linke Seite als Red-Seite bezeichnet, da hier Chlor in der reduzierten Form vorliegt. Die rechte Seite ist dann die Ox-Seite, da dort Chlor in der oxidierten Form steht. In der Red-Teilgleichung ist es umgekehrt. Bei den O - Atomen im $MnO_2$ ändert sich die Oxidationszahl nicht, sie erhalten nur einen neuen Bindungspartner.

2. Schritt: In den Teilgleichungen werden jetzt Stoff- und Ladungsbilanz ausgeglichen. Dazu wird bei den häufig vorkommenden sauerstoffhaltigen Oxidationsmitteln (wie hier $MnO_2$) in saurer Lösung auf der Ox-Seite $H^+$ hinzugefügt, wodurch auf der Red-Seite eine entsprechende Anzahl Wassermoleküle entsteht. In basischer Lösung wird auf der Ox-Seite $H_2O$ hinzugefügt und auf der Red-Seite die entsprechende Anzahl Hydroxidionen.

$$\text{Red-Teilgl.:} \quad MnO_2 + 4\,H^+ + 2\,e^- \rightarrow \quad Mn^{2+} + 2\,H_2O$$

3. Schritt: Die beiden Teilgleichungen werden jetzt so zu der Redoxgleichung zusammengefasst, dass dabei die Elektronen eliminiert werden. Denn die Anzahl der durch Oxidation abgegebenen Elektronen muss identisch mit der Anzahl der durch Reduktion aufgenommenen Elektronen sein. Freie Elektronen dürfen nicht auftreten. Hier genügt dafür eine einfache Addition der Teilgleichungen. Die auf diese Weise gebildete Ionengleichung besitzt bereits den vollen stöchiometrischen Informationsgehalt.

$$MnO_2 + 2\,Cl^- + 4\,H^+ \rightleftharpoons Mn^{2+} + Cl_2 + 2\,H_2O$$

4. Schritt:  Durch Hinzufügen der noch fehlenden Gegenionen gelangt man zu der Bruttoreaktionsgleichung, die meistens in undissoziierter Form formuliert wird.

$$MnO_2 + 4\,HCl \;\rightleftharpoons\; MnCl_2 + Cl_2 + 2\,H_2O$$

**Beispiel 8.1**

Eine schwefelsaure Lösung von Eisen(II)-sulfat wird mit einer wässrigen Lösung von Kaliumdichromat versetzt, wobei Eisen(III)-sulfat und Chrom(III)-sulfat gebildet werden. Stellen Sie die Redoxgleichung auf.

Reaktanten und Produkte liegen in wässriger Lösung dissoziiert vor.

$$K_2Cr_2O_7 \;\rightarrow\; 2\,K^+ + Cr_2O_7^{2-} \quad\bigg|\quad Cr_2(SO_4)_3 \;\rightarrow\; 2\,Cr^{3+} + 3\,SO_4^{2-}$$

$$FeSO_4 \;\rightarrow\; Fe^{2+} + SO_4^{2-} \quad\bigg|\quad Fe_2(SO_4)_3 \;\rightarrow\; 2\,Fe^{3+} + 3\,SO_4^{2-}$$

Betrachtet man dabei die Änderung der Oxidationszahlen, so ergeben sich als korrespondierende Redoxpaare $Cr_2O_7^{2-}/Cr^{3+}$ und $Fe^{3+}/Fe^{2+}$. Durch die ablaufende Redoxreaktion werden die beiden Chromatome des Dichromatanions mit der Oxidationszahl von jeweils $+6$ von den $Fe^{2+}$- Ionen zu zwei $Cr^{3+}$- Ionen reduziert. Dadurch werden die $Fe^{2+}$- Ionen zu $Fe^{3+}$- Ionen oxidiert, womit dann die Teilgleichung für die Oxidation lautet:

$$Fe^{2+} \;\rightarrow\; Fe^{3+} + e^-$$

Die Red-Teilgleichung wird schrittweise entwickelt.

$$Cr_2O_7^{2-} + 6\,e^- \;\rightarrow\; 2\,Cr^{3+}$$

Aus dem gebundenen Sauerstoff des Oxidationsmittels wird in dem vorliegenden sauren Milieu Wasser gebildet.

$$Cr_2O_7^{2-} + 6\,e^- \;\rightarrow\; 2\,Cr^{3+} + 7\,H_2O$$

Deshalb müssen auf der Ox-Seite 14 $H^+$ hinzugefügt werden.

$$Cr_2O_7^{2-} + 14\,H^+ + 6\,e^- \;\rightarrow\; 2\,Cr^{3+} + 7\,H_2O$$

Um jetzt Oxidations- und Reduktionsteilgleichung zur gesamten Redoxgleichung kombinieren zu können, muss die Anzahl der abgegebenen Elektronen genauso groß sein wie die Anzahl der aufgenommenen Elektronen. Durch Multiplikation der Oxidationsteilgleichung mit dem Faktor 6 werden damit dem $Cr_2O_7^{2-}$ die pro Anion benötigten 6 Elektronen zur Verfügung gestellt. Die sich daran anschließende Addition ergibt:

$$Cr_2O_7^{2-} + 6\,Fe^{2+} + 14\,H^+ \rightleftharpoons 2\,Cr^{3+} + 6\,Fe^{3+} + 7\,H_2O$$

Es lässt sich leicht nachprüfen, dass in dieser Ionengleichung wie zu erwarten die Stoff- und Ladungsbilanz ausgeglichen sind. Um daraus die Bruttoreaktionsgleichung aufstellen zu können, müssen noch die Gegenionen hinzugefügt werden. So liegt z.B. das zweiwertige Eisen als gelöstes Eisen(II)-sulfat vor.

$$Cr_2O_7^{2-} + 6\,Fe^{2+} + 14\,H^+ \rightleftharpoons 2\,Cr^{3+} + 6\,Fe^{3+} + 7\,H_2O$$

$$\downarrow \qquad \downarrow \qquad \downarrow \qquad \downarrow \qquad \downarrow$$

$$2\,K^+ \quad 6\,SO_4^{2-} \quad 7\,SO_4^{2-} \qquad 3\,SO_4^{2-} \quad 9\,SO_4^{2-} \quad 2\,K^+ \quad SO_4^{2-}$$

Aus der Bilanzierung folgt, dass als Reaktionsprodukt auch Kaliumsulfat entstanden sein muss. Denn durch die Schwefelsäure ist in großen Mengen das Anion Sulfat vorhanden, so dass alle möglichen gebildeten Salze Sulfate sein werden. Damit lautet die Gesamtgleichung für diese Redoxreaktion:

$$K_2Cr_2O_7 + 6\,FeSO_4 + 7\,H_2SO_4 \rightleftharpoons Cr_2(SO_4)_3 + 3\,Fe_2(SO_4)_3$$

$$+ K_2SO_4 + 7\,H_2O$$

**Beispiel 8.2**
Metallisches Kupfer löst sich mit einer Redoxreaktion in Salpetersäurelösung. Dabei entstehen Kupfernitrat, Stickstoffmonoxid und Wasser. Leiten Sie die maßgebliche Redoxgleichung ab.

An der Reaktion sind die beiden Redoxsysteme $NO_3^-/NO$ und $Cu^{2+}/Cu$ beteiligt, so dass die Ox-Teilgleichung lautet:

$$Cu \rightarrow Cu^{2+} + 2\,e^-$$

Die Red-Teilgleichung, nach der die Reduktion des Oxidationsmittels $NO_3^-$ verläuft, wird wieder schrittweise aufgestellt. Das Stickstoffatom im $NO_3^-$ mit der Oxidationszahl $+5$ geht über in die Oxidationszahl $+2$ und liegt dann als NO vor.

$$NO_3^- + 3\,e^- \rightarrow NO$$

Da es sich beim Nitrat wieder um ein sauerstoffhaltiges Oxidationsmittel handelt, werden in saurer Lösung mit den beiden restlichen gebundenen Sauerstoffatomen auf der Red-Seite zwei Wassermoleküle gebildet.

$$NO_3^- + 3\,e^- \rightarrow NO + 2\,H_2O$$

Folglich werden auf der Ox-Seite vier Wasserstoffionen benötigt.

$$NO_3^- + 4\,H^+ + 3\,e^- \rightarrow NO + 2\,H_2O$$

Indem jetzt die Ox-Teilgleichung insgesamt mit dem Faktor 3 multipliziert wird und die Red-Teilgleichung mit dem Faktor 2, wird dadurch die Anzahl der abgegebenen Elektronen identisch mit der Anzahl der aufgenommenen Elektronen. Mathematisch gesehen ist die Zahl von damit erhaltenen 6 Elektronen das gemeinsame kleinste Vielfache der Zahlen 2 und 3. Durch Addition dieser Gleichungen erhält man dann die Redoxgleichung in Ionenform.

$$3\,Cu + 2\,NO_3^- + 8\,H^+ \rightleftharpoons 3\,Cu^{2+} + 2\,NO + 4\,H_2O$$

Da die Wasserstoffionen naturgemäß aus der Salpetersäure stammen, müssen auf beiden Seiten noch 6 $NO_3^-$ hinzugefügt werden. Damit ergibt sich schließlich die Bruttoreaktionsgleichung der Redoxreaktion.

$$3\,Cu + 8\,HNO_3 \rightleftharpoons 3\,Cu(NO_3)_2 + 2\,NO + 4\,H_2O$$

**Beispiel 8.3**
Ethandisäure (Oxalsäure, $H_2C_2O_4$) wird in schwefelsaurer Lösung von Kaliumpermanganat zu Kohlenstoffdioxid oxidiert, dabei entsteht neben anderem gelöstes Mangan (II)-sulfat. Nach welcher Redoxgleichung (Ionenform) läuft diese Reaktion ab?

Die korrespodierenden Redoxpaare sind $MnO_4^-/Mn^{2+}$ und $CO_2/H_2C_2O_4$. In der Ethandisäure hat jedes Kohlenstoffatom die Oxidationszahl $+3$, und im Kohlenstoffdioxid hat das Kohlenstoffatom die Oxidationszahl $+4$. Deshalb gilt die folgende Ox-Teilgleichung:

$$H_2C_2O_4 \rightarrow 2\,CO_2 + 2\,e^-$$

Zum Stoff- und Ladungsausgleich werden auf der Seite des sauerstoffhaltigen Oxidationsmittels 2 $H^+$ hinzugefügt. Auf der Red-Seite erübrigt sich das Hinzufügen von $H_2O$, da hier die beiden $H^+$-Ionen aus der Ethandisäure selbst stammen.

$$H_2C_2O_4 \rightarrow 2\,CO_2 + 2\,H^+ + 2\,e^-$$

Im Anion $MnO_4^-$ hat das Mangan die Oxidationszahl $+7$. Die Red-Teilgleichung wird dann analog der Vorgehensweise im Beispiel 8.1 in drei Schritten aufgestellt.

$$MnO_4^- + 5\,e^- \rightarrow Mn^{2+}$$

$$MnO_4^- + 5\,e^- \rightarrow Mn^{2+} + 4\,H_2O$$

$$MnO_4^- + 8\,H^+ + 5\,e^- \rightarrow Mn^{2+} + 4\,H_2O$$

Vor der jetzt folgenden Kombination durch Addition wird die Ox-Teilgleichung mit 5 und die Red-Teilgleichung mit 2 multipliziert. Damit ergibt sich:

$$2\,MnO_4^- + 5\,H_2C_2O_4 + 16\,H^+ \rightleftharpoons 2\,Mn^{2+} + 10\,CO_2 + 8\,H_2O$$
$$+ 10\,H^+$$

Nach Substraktion von $10\,H^+$ auf beiden Seiten der Gleichung lautet die Redoxgleichung in der Ionenform:

$$2\,MnO_4^- + 5\,H_2C_2O_4 + 6\,H^+ \rightleftharpoons 2\,Mn^{2+} + 10\,CO_2 + 8\,H_2O$$

Wenn man dabei berücksichtigt, dass die $H^+$ - Ionen vereinbarungsgemäß eigentlich als $H_3O^+$ - Ionen vorliegen, so müssten auf beiden Seiten der Redoxgleichung noch $6\,H_2O$ - Moleküle addiert werden. Die Gleichung lautet in dem Fall:

$$2\,MnO_4^- + 5\,H_2C_2O_4 + 6\,H_3O^+ \rightleftharpoons 2\,Mn^{2+} + 10\,CO_2 + 14\,H_2O$$

**Beispiel 8.4**

In basischer Lösung (NaOH) ist $Na_2SO_3$ ein starkes Reduktionsmittel. Wie lautet die Redoxgleichung für die Reduktion von $KMnO_4$, wobei $MnO_2$ ausfällt und außerdem gelöstes $Na_2SO_4$ entsteht? Geben Sie die Ionenform an.

An der Reaktion nehmen die Redoxsysteme $MnO_4^-/MnO_2$ und $SO_4^{2-}/SO_3^{2-}$ teil. Da sich beim Schwefel die Oxidationszahl von $+4$ nach $+6$ ändert, ergibt sich für die Ox-Teilgleichung:

$$SO_3^{2-} \rightarrow SO_4^{2-} + 2\,e^-$$

Für den Stoff- und Ladungsausgleich wird in einer basischen Lösung auf der Ox-Seite $H_2O$ hinzugefügt und auf der Red-Seite die entsprechende Anzahl an $OH^-$.

$$SO_3^{2-} + 2\,OH^- \rightarrow SO_4^{2-} + H_2O + 2\,e^-$$

Die Red-Teilgleichung wird wie im Beispiel 8.3 schrittweise ermittelt. Auch hier wird auf der Ox-Seite $H_2O$ hinzugefügt und auf der Red-Seite $OH^-$.

$$MnO_4^- + 3\,e^- \rightarrow MnO_2\downarrow$$

$$MnO_4^- + 2\,H_2O + 3\,e^- \rightarrow MnO_2\downarrow + 4\,OH^-$$

Nach Multiplikation der beiden Teilgleichungen mit 3 bzw. 2 ergibt die Addition:

$$2\,MnO_4^- + 3\,SO_3^{2-} + 6\,OH^- + 4\,H_2O \;\rightleftharpoons\; 2\,MnO_2\downarrow + 3\,SO_4^{2-}$$

$$+\; 8\,OH^- + 3\,H_2O$$

Daraus folgt:

$$2\,MnO_4^- + 3\,SO_3^{2-} + H_2O \;\rightleftharpoons\; 2\,MnO_2\downarrow + 3\,SO_4^{2-} + 2\,OH^-$$

**Beispiel 8.5**
Benzoesäure ($C_6H_5COOH$) kann durch eine Reaktion der Verbindung Methylbenzol (Toluol, $C_6H_5CH_3$) mit Chrom (VI)-oxid in einer schwefelsauren Lösung hergestellt werden, wobei Chrom (III)-sulfat entsteht. Geben Sie dafür die Redoxgleichung an.

Die Ermittlung der Oxidationszahlen in organischen Verbindungen wird nach den angegebenen Regeln vorgenommen, nur bleibt in dem Fall die $C-C$-Bindung unberücksichtigt. Bei dieser Reaktion wird im Methylbenzol das Kohlenstoffatom der Methylgruppe oxidiert, das vor der Oxidation die Oxidationszahl -3 hat. In der Carboxylgruppe der gebildeten Benzoesäure hat dieses Kohlenstoffatom dann die Oxidationszahl +3, so dass also bei der ablaufenden Redoxreaktion pro Molekül Methylbenzol 6 Elektronen freigesetzt werden. Die korrespondierenden Redoxpaare sind somit $CrO_3/Cr^{3+}$ und $C_6H_5COOH/C_6H_5CH_3$, wobei im $CrO_3$ das Element Chrom die Oxidationszahl +6 hat. Die Ox-Teilgleichung lautet daher:

$$C_6H_5CH_3 \;\rightarrow\; C_6H_5COOH + 6\,e^-$$

Stoff- und Ladungsausgleich in der sauren Lösung ergeben:

$$C_6H_5CH_3 + 2\,H_2O \;\rightarrow\; C_6H_5COOH + 6\,H^+ + 6\,e^-$$

Die Red-Teilgleichung wird wieder schrittweise aufgestellt.

$$CrO_3 + 3\,e^- \;\rightarrow\; Cr^{3+}$$

$$CrO_3 + 6\,H^+ + 3\,e^- \;\rightarrow\; Cr^{3+} + 3\,H_2O$$

Vor der Addition der beiden Teilgleichungen wird die Red-Teilgleichung mit dem Faktor 2 multipliziert. Danach lautet die Redoxgleichung in der Ionenform:

$$2\,CrO_3 \;+\; C_6H_5CH_3 \;+\; 12\,H^+ \;+\; 2\,H_2O \;\rightleftharpoons\; 2\,Cr^{3+} \;+\; C_6H_5COOH$$
$$+ \; 6\,H^+ \;+\; 6\,H_2O$$

Und damit:

$$2\,CrO_3 \;+\; C_6H_5CH_3 \;+\; 6\,H^+ \;\rightleftharpoons\; 2\,Cr^{3+} \;+\; C_6H_5COOH \;+\; 4\,H_2O$$

Mit Sulfat als Gegenion folgt für die Bruttoreaktionsgleichung:

$$2\,CrO_3 \;+\; C_6H_5CH_3 \;+\; 3\,H_2SO_4 \;\rightleftharpoons\; Cr_2(SO_4)_3 \;+\; C_6H_5COOH$$
$$+ \; 4\,H_2O$$

Wenn bei einer Redoxreaktion ein Ion oder ein Element (allein oder in einem Atomverband) von einer mittleren Oxidationsstufe sowohl in eine höhere als auch in eine niedrigere Oxidationsstufe übergeht dann spricht man von einer *Disproportionierung*. Entsteht umgekehrt durch eine Redoxreaktion zwischen einer niedrigeren und einer höheren Oxidationsstufe desselben Elementes dieses Element in einer gemeinsamen mittleren Oxidationsstufe, so wird die Reaktion als eine *Symproportionierung* oder auch *Komproportionierung* bezeichnet.

**Beispiel 8.6**
Beim Einleiten von gasförmigem Chlor in eine Natronlauge entstehen Natriumhypochlorid (NaClO) und Natriumchlorid (NaCl). Wie lautet die Redoxgleichung?

Wegen der Disproportionierung geht das Element Chlor mit der Oxidationszahl 0 zum einen durch eine Oxidationsreaktion in die Oxidationszahl + 1 im Natriumhypochlorid über, und zum anderen entsteht dabei durch eine Reduktionsreaktion die Oxidationszahl - 1 im Natriumchlorid. Die Salze liegen dissoziiert vor. Für die Ox-Teilgleichung gilt somit:

$$Cl_2 \;\rightarrow\; 2\,ClO^- \;+\; 2\,e^-$$

Stoff- und Ladungsausgleich erfolgen nach der Regel für basische Lösungen.

$$Cl_2 \;+\; 4\,OH^- \;\rightarrow\; 2\,ClO^- \;+\; 2\,H_2O \;+\; 2\,e^-$$

Die Red-Teilgleichung lautet:

$$Cl_2 + 2\,e^- \rightarrow 2\,Cl^-$$

Die Addition der beiden Teilgleichungen ergibt:

$$2\,Cl_2 + 4\,OH^- \rightleftharpoons 2\,Cl^- + 2\,ClO^- + 2\,H_2O$$

Da in chemischen Gleichungen die geringste mögliche Anzahl von Teilchen steht, muss diese Gleichung noch durch 2 dividiert werden. Mit dem Gegenion $Na^+$ erhält man damit als Bruttoreaktionsgleichung:

$$Cl_2 + 2\,NaOH \rightleftharpoons NaCl + NaClO + H_2O$$

**Beispiel 8.7**
Kaliumbromat ($KBrO_3$) setzt sich in saurer Lösung mit Kaliumbromid (KBr) zu elementarem Brom um. Nach welcher Redoxgleichung (Ionenform) läuft diese Reaktion ab?

In saurer Lösung liegen wegen der Dissoziation die beiden Salze in Form ihrer Anionen $BrO_3^-$ und $Br^-$ vor. Im Bromat hat Brom die Oxidationszahl $+5$ und im Bromid die Oxidationszahl $-1$. Zunächst wird die Ox-Teilgleichung aufgestellt.

$$2\,Br^- \rightarrow Br_2 + 2\,e^-$$

Die Red-Teilgleichung wird für die saure Lösung schrittweise ermittelt.

$$2\,BrO_3^- + 10\,e^- \rightarrow Br_2$$

$$2\,BrO_3^- + 12\,H^+ + 10\,e^- \rightarrow Br_2 + 6\,H_2O$$

Nach Multiplikation der Ox-Teilgleichung mit dem Faktor 5 können anschließend die beiden Teilgleichungen zur Redoxgleichung addiert werden.

$$2\,BrO_3^- + 10\,Br^- + 12\,H^+ \rightleftharpoons 6\,Br_2 + 6\,H_2O$$

Und nach Division durch 2 (s. Beispiel 8.6) ergibt sich dann die Gleichung für die Symproportionierung in der Ionenform.

$$BrO_3^- + 5\,Br^- + 6\,H^+ \rightleftharpoons 3\,Br_2 + 3\,H_2O$$

## 8.4 Elektrodenpotenzial

Bei einer Redoxreaktion laufen zwischen den Reaktionspartnern die Oxidations- und Reduktionsvorgänge miteinander gekoppelt ab, wodurch sich Oxidationszahlen ändern. Offenbar haben die beteiligten Stoffe ein unterschiedliches Bestreben, Elektronen abzugeben oder aufzunehmen, die relativen *Elektronenaffinitäten* ihrer Atombausteine sind verschieden.

Wenn z.B. ein Zinkstab in die wässrige Lösung eines seiner Salze taucht, etwa in eine Zinksulfatlösung, so sind zwei elektrochemische Vorgänge möglich. Einerseits können Zinkionen aus dem Metallverband in die Lösung übertreten und dabei ihre Elektronen zurücklassen. Dies führt zu einer Anreicherung dieser Elektronen an der Oberfläche des Metallstabes und damit zu einem Elektronenüberschuss auf dem Zinkstab (a). Andererseits können sich Zinkionen aus der Lösung unter Elektronenaufnahme am Zinkstab abscheiden, was dann dort zu einem Elektronenmangel führt (b).

(a)   $Zn \rightarrow Zn^{2+} + 2\,e^-$   $\Rightarrow$   Elektronenüberschuss

(b)   $Zn^{2+} + 2\,e^- \rightarrow Zn$   $\Rightarrow$   Elektronenmangel

Die Tendenz, nach (a) zu reagieren, hängt von der Stärke der Metallbindung im Zinkstab ab und damit von der Art des Metalls. Und die Tendenz, nach (b) zu reagieren, wird größer, wenn die Konzentration $c(Zn^{2+})$ zunimmt. Allgemein werden dabei der Metallstab als *Elektrode* und die Lösung als *Elektrolyt* bezeichnet. An der Grenzfläche zwischen Elektrode und Elektrolyt bildet sich eine Potenzialdifferenz aus, die charakteristisch für die jeweilige Kombination Metall / Metallionenlösung ist. Solch eine Kombination wird auch *Halbzelle* oder *Halbelement* genannt. Die Potenzialdifferenz wird jetzt dem jeweiligen System Metall / Metallionenlösung zugeordnet und ist sein *Elektrodenpotenzial*.

> Das Elektrodenpotenzial ist ein Maß für die Oxidations- bzw. Reduktionskraft einer Kombination Metall / Metallionenlösung.

Je höher ein Elektrodenpotenzial ist, desto leichter können Elektronen von den Metallionen (oxidierte Form) aufgenommen werden. Und je niedriger ein Elektrodenpotenzial ist, desto leichter können Elektronen vom Metall (reduzierte Form) abgegeben werden. Demnach hat ein korrespondierendes Redoxpaar als Ganzes betrachtet ein bestimmtes Oxidations- bzw. Reduktionsvermögen. Ein Elektrodenpotenzial lässt sich quantitativ mit der *Nernst*schen Gleichung berechnen, sie lautet:

$$E = E^0 + \frac{R \cdot T}{z \cdot F} \cdot \ln \frac{a\,(\text{Ox})}{a\,(\text{Red})} \qquad (8.2)$$

Hierin bedeuten:

| | |
|---|---|
| $E$ | Elektrodenpotenzial in der Einheit Volt |
| $E^0$ | Standardpotenzial = Elektrodenpotenzial in der Einheit Volt für die Metallionenaktivität $1 \text{ mol} \cdot l^{-1}$ |
| $R$ | Molare Gaskonstante: $8{,}3145 \text{ J} \cdot \text{K}^{-1} \cdot \text{mol}^{-1}$ |
| $T$ | Thermodynamische Temperatur in Kelvin |
| $z$ | Anzahl der pro reagierendem Teilchen ausgetauschten Elektronen |
| $F$ | *Faraday*-Konstante: $96500 \text{ C} \cdot \text{mol}^{-1}$ einwertiger Ionen (s. Kap. 8.6.4) |
| $a\,(\text{Ox})$ | Aktivität der oxidierten Form (Metallionen) in $\text{mol} \cdot l^{-1}$ |
| $a\,(\text{Red})$ | Aktivität der reduzierten Form (Metall) in $\text{mol} \cdot l^{-1}$ |

Der Faktor vor dem Logarithmus in der Nernstschen Gleichung hat nach einer Umrechnung der angegebenen Einheiten ebenfalls die Einheit Volt. Und für die Aktivitäten werden nur die Zahlenwerte ohne ihre Einheit eingesetzt. Die übliche Form der Nernstschen Gleichung erhält man, wenn der natürliche in den dekadischen Logarithmus ($\ln = 2{,}303 \cdot \lg$) umgewandelt wird. Da ferner die Aktivität eines reinen Stoffes (hier des Metalls) gleich 1 gesetzt werden kann, ergibt sich insgesamt für eine Temperatur von 298,15 K:

$$E = E^0 + \frac{0{,}059 \text{ Volt}}{z} \cdot \lg a\,(\text{Ox}) \qquad (8.3)$$

Mit zunehmender Verdünnung der Elektrolytlösung geht der Aktivitätskoeffizient $f$ immer mehr gegen 1, so dass im Grenzfall wieder $a = c$ ist.
Dafür gilt dann mit Gl. (8.3):

$$E = E^0 + \frac{0{,}059 \text{ Volt}}{z} \cdot \lg c \, (\text{Ox}) \qquad (8.4)$$

Den Absolutwert eines Elektrodenpotenzials kann man nicht messen,
wohl aber die Differenz zweier Elektrodenpotenziale. Bei der Kombination
von zwei unterschiedlichen Halbelementen tritt eine Potenzialdifferenz
auf, die als Spannung mit einem Voltmeter gemessen werden kann. Wenn
dabei das zweite Halbelement als Bezugselement betrachtet wird, lässt sich
die gemessene Spannung dem relativen Redoxverhalten des ersten Halbelementes zuordnen. Indem man nun nacheinander die unterschiedlichen
Halbelemente, wie etwa $Zn^{2+}/Zn$, $Cu^{2+}/Cu$ oder $Ag^+/Ag$, gegenüber
diesem Bezugselement vermisst, erhält man dabei auch unterschiedliche
Spannungswerte. Sorgt man weiterhin dafür, dass bei den Messungen die
Konzentrationen der Metallionen und die Temperatur gleich bleiben, so
entsprechen die erhaltenen Spannungswerte in der relativen Größe den verschiedenen Elektrodenpotenzialen.

Als Bezugselement wird die *Standard-Wasserstoffelektrode* verwendet.
Zu diesem Zweck wird ein oberflächlich behandeltes platiniertes Platinblech, das an der eigentlichen Redoxreaktion nicht beteiligt ist und in eine
saure Lösung mit der Aktivität $a\,(H_3O^+) = 1 \text{ mol} \cdot l^{-1}$ taucht, bei Normaldruck mit $p = 1{,}013$ bar und bei der Temperatur $T = 298{,}15$ K mit Wasserstoff umspühlt (Standardbedingungen). Dabei verhält sich das oberflächlich mit dem Wasserstoffgas gesättigte Platinblech wie ein Wasser-
stoffstab, so dass sich folgendes Redoxgleichgewicht einstellt:

$$H_2 + 2\,H_2O \rightleftharpoons 2\,H_3O^+ + 2\,e^-$$

Das Elektrodenpotenzial der Standard-Wasserstoffelektrode hat einen
nicht bekannten absoluten Wert, der jetzt willkürlich null gesetzt wird. Da
bei Reaktionen in verdünnten wässrigen Lösungen die Aktivität des Wassers hier generell nicht berücksichtigt werden muss (s. dazu Kap. 8.5) und
außerdem bei niedrigen Partialdrücken $a = p$ gesetzt werden kann, lautet
gemäß Gl. (8.2) die Nernstsche Gleichung für die Wasserstoffelektrode:

$$E\,(H^+/H_2) = E^0\,(H^+/H_2) + \frac{0{,}059 \text{ Volt}}{2} \cdot \lg \frac{a^2\,(H_3O^+)}{p\,(H_2)} \qquad (8.5)$$

Als die Nernstsche Gleichung aufgestellt wurde, galt als Druckeinheit die Atmosphäre (atm). Bei normalem Druck lag 1 atm (heute 1,01325 bar) vor, weswegen der Nenner unter dem Logarithmus den Wert 1 bekommt. Da in verdünnten Lösungen im Grenzfall $a = c$ ist, gilt mit Gl. (6.13):

$$E\,(\mathrm{H^+/H_2}) = 0 \text{ Volt} - 0{,}059 \cdot p\mathrm{H} \text{ Volt} = -0{,}059 \cdot p\mathrm{H} \text{ Volt} \qquad (8.6)$$

Die unterschiedlichen Halbelemente werden jetzt gegenüber der Standard-Wasserstoffelektrode vermessen. Dabei ist die Aktivität der Metallionen einheitlich $1 \text{ mol} \cdot 1^{-1}$ und die Temperatur beträgt stets 298,15 K, es liegen damit in allen Fällen Standardbedingungen vor. Durch die Verschiebung der Messskala um einen konstanten Betrag ergeben sich so bei einer Messung Spannungswerte, die dem Standardpotenzial $E^0$ des jeweiligen Halbelementes entsprechen. Wenn ein Redoxsystem im Vergleich mit der Standard-Wasserstoffelektrode eine höhere Oxidationskraft hat, dann bekommt sein Standardpotenzial ein positives Vorzeichen. Und zwar ist die Oxidationskraft umso stärker, je positiver ein Standardpotenzial ist. Wenn umgekehrt ein Redoxsystem eine niedrigere Oxidationskraft als die Standard-Wasserstoffelektrode besitzt, so erhält sein Standardpotenzial ein negatives Vorzeichen. Dabei ist dann die Oxidationskraft umso schwächer, je negativer das Standardpotenzial ist. Deshalb sind Halbelemente mit einem stark negativen Standardpotenzial zugleich ein starkes Reduktionsmittel. Weitere vor allem in der Praxis verwendete Bezugselemente sind die *Kalomelelektrode* (s. Übungsaufgabe 8.7-31) und die *Silberchloridelektrode*.

Wenn man die unterschiedlichen Halbelemente nach ansteigenden Standardpotenzialen ordnet, gelangt man zur so genannten *Spannungsreihe der Metalle*, die ausschnittsweise in Tabelle 8.1 aufgeführt ist. Die Tatsache, dass ein bestimmtes Halbelement je nach dem Reaktionspartner sowohl als Oxidations- wie auch als Reduktionsmittel reagieren kann, wird in der Tabelle durch einen Doppelpfeil zum Ausdruck gebracht. Ein Redoxsystem aus Tabelle 8.1 mit einem höheren Standardpotenzial ist in der Lage, unter Standardbedingungen ein anderes Redoxsystem mit einem niedrigeren Standardpotenzial zu oxidieren. Folglich kann z.B. eine Lösung von Kupfersulfat mit dem Kation $Cu^{2+}$ metallisches Magnesium auflösen, da durch die Oxidation das Kation $Mg^{2+}$ gebildet wird. Diesen Sachverhalt kann man auch so ausdrücken, dass wegen der Lage der Standardpotenziale metallisches Magnesium das Kation $Cu^{2+}$ reduziert und dabei in $Mg^{2+}$ übergeht. Allgemein nehmen Ionen (oxidierte Form) umso leichter Elektronen auf, je höher $E^0$ ist. Und je niedriger $E^0$ ist, desto leichter gibt dann ein Metall (reduzierte Form) Elektronen ab.

**Tabelle 8.1**    Spannungsreihe einiger Metalle bei 25 °C

| Elektrodenreaktion | $E^0$ in Volt | Elektrodenreaktion | $E^0$ in Volt |
|---|---|---|---|
| $K \rightleftarrows K^+ + e^-$ | - 2,92 | $Pb \rightleftarrows Pb^{2+} + 2\,e^-$ | - 0,13 |
| $Na \rightleftarrows Na^+ + e^-$ | - 2,71 | $H_2 \rightleftarrows 2\,H^+ + 2\,e^-$ | 0 |
| $Mg \rightleftarrows Mg^{2+} + 2\,e^-$ | - 2,36 | $Cu \rightleftarrows Cu^{2+} + 2\,e^-$ | + 0,34 |
| $Al \rightleftarrows Al^{3+} + 3\,e^-$ | -1,68 | $Ag \rightleftarrows Ag^+ + e^-$ | + 0,80 |
| $Zn \rightleftarrows Zn^{2+} + 2\,e^-$ | - 0,76 | $Pt \rightleftarrows Pt^{2+} + 2\,e^-$ | +1,20 |
| $Fe \rightleftarrows Fe^{2+} + 2\,e^-$ | - 0,42 | $Au \rightleftarrows Au^{3+} + 3\,e^-$ | +1,48 |

Das Reduktionsvermögen eines Redoxsystems ist also umso größer, je negativer sein Standardpotenzial ist. $E^0$ von $Zn^{2+}/Zn$ ist z.B. relativ positiver als $E^0$ von $Al^{3+}/Al$, da es absolut gesehen weniger negativ ist. Auch hier kann deshalb zwischen den beiden Halbelementen eine Redoxreaktion ablaufen, in der $Zn^{2+}$ durch Al reduziert wird. Das Redoxsystem der Wasserstoffelektrode $H^+/H_2$ hat zwar definitionsgemäß das Standardpotenzial null, trotzdem kann es je nach Reaktionspartner oxidierend oder reduzierend wirken. Denn null ist hierbei vom Betrag her ebenfalls ein definierter Wert in der Spannungsreihe, der nur aus praktischen Gründen auf null gesetzt wird. Metalle von Redoxsystemen mit $E^0 > 0$ werden auch als *edel* bezeichnet, bei $E^0 < 0$ spricht man hingegen von *unedlen* Metallen.

**Beispiel 8.8**
In einem Halbelement aus einer Silberelektrode und einer Silbernitratlösung wird bei 25 °C ein Elektrodenpotenzial von 0,610 V gemessen. Wie groß ist die Konzentration der Silbernitratlösung?

*Gesucht:* $c\,(AgNO_3)$            *Gegeben:* $E\,(Ag^+/Ag)$ , $\vartheta$

*Lösung:*

Der potenzialbildende Redoxvorgang lautet:

$$Ag \rightleftarrows Ag^+ + e^-$$

Nach Gl. (8.4) gilt dann in Verbindung mit der Tabelle 8.1 für die Konzentration:

$$\lg c\,(\text{Ag}^+) = \frac{0{,}610 \text{ V} - 0{,}80 \text{ V}}{0{,}059 \text{ V}} = -3{,}220$$

Daraus folgt:

$$c\,(\text{Ag}^+) = 10^{-3{,}220} \text{ mol} \cdot \text{l}^{-1} = 0{,}0006 \text{ mol} \cdot \text{l}^{-1} \quad \text{mit } c\,(\text{Ag}^+) = c\,(\text{AgNO}_3)$$

*Ergebnis:*

Die Konzentration des Silbernitrats beträgt $c\,(\text{AgNO}_3) = 0{,}0006 \text{ mol} \cdot \text{l}^{-1}$.

**Beispiel 8.9**
In einer Wasserstoffelektrode liegt als Elektrolyt eine Salzsäurelösung der Konzentration $c\,(\text{HCl}) = 0{,}0001 \text{ mol} \cdot \text{l}^{-1}$ vor. Berechnen Sie das Elektrodenpotential bei 25 °C.

*Gesucht:* $E\,(\text{H}^+/\text{H}_2)$ *Gegeben:* $c\,(\text{HCl})$ , $\vartheta$

*Lösung:*

Da Salzsäure eine starke Säure ist, gilt $c\,(\text{H}_3\text{O}^+) = c\,(\text{HCl})$. Das gesuchte Elektrodenpotenzial ergibt sich damit nach Gl. (8.6).

$$E\,(\text{H}^+/\text{H}_2) = -0{,}059 \cdot 4 \text{ V} = -0{,}236 \text{ V}$$

*Ergebnis:*

Das Elektrodenpotenzial der Wasserstoffelektrode ist $E\,(\text{H}^+/\text{H}_2) = -0{,}236$ V.

Vorhersagen über das relative Redoxverhalten zweier Redoxsysteme (Oxidation oder Reduktion) aufgrund ihrer Stellung in der Spannungsreihe sind nur dann möglich, wenn die tabellierten Standardpotenziale $E^0$ nicht zu nahe beieinander liegen. Denn nur in dem Fall können die Konzentrationsverhältnisse in den Elektrolytlösungen gemäß Nernstscher Gleichung nicht entscheidend das Verhältnis der Einzelpotenziale $E$ zueinander verändern, weil es in weiten Konzentrationsbereichen durch das Verhältnis der Standardpotenziale bestimmt wird. Im Einzelfall müssen die beiden Elektrodenpotenziale vorher berechnet werden, wobei aber noch Reaktionshemmungen von Einfluss sein können.

Die verschiedenen Elektrodenpotenziale der unterschiedlichen Halbelemente ermöglichen es, die Kombination von zwei Halbelementen als Spannungsquelle zu nutzen. Denn durch die Kombination entsteht eine Potenzialdifferenz $\Delta E$, die jetzt als *Elektromotorische Kraft* (*EMK*) bezeichnet
wird. Solch eine *galvanische Kette* oder ein *galvanisches Element* wird
z.B. gebildet, wenn die Halbelemente $Zn^{2+}/Zn$ und $Cu^{2+}/Cu$ elektrisch
leitend verbunden werden. Das Schema dieser galvanischen Kette lautet:

$$Zn \ / \ Zn^{2+} // \ Cu^{2+} / \ Cu$$

Darin bedeutet ein Schrägstrich eine Phasengrenze und zwei Schrägstri-
che eine ionisch leitende Verbindung zwischen den beiden Halbelementen,
die aber deren Vermischung verhindert. Dies kann z.B. ein Diaphragma
oder eine so genannte Salzbrücke sein, bei der die Verbindung durch eine
gesättigte Salzlösung hergestellt wird. Die hier genannte galvanische Kette
heißt speziell *Daniell*-Element, bei dem Standardbedingungen vorliegen.
Wenn die Elektroden der beiden Halbelemente mit einem äußeren Metall-
draht elektrisch leitend verbunden werden, so kommt es durch die *EMK* zu
einem Elektronenfluss. Und zwar fließen die Elektronen über diesen Draht
vom Zink-Halbelement zum Kupfer-Halbelement, wo sie die $Cu^{2+}$ - Ionen
der Lösung reduzieren. Dabei gehen gleichzeitig in der Zink-Halbzelle aus
der Elektrode weitere $Zn^{2+}$ - Ionen in Lösung.

$$Zn \ / \ Zn^{2+} // \ Cu^{2+} / \ Cu$$

$$E^0 = - \ 0{,}76 \ V \ \ // \ \ E^0 = + \ 0{,}34 \ V$$

Elektronenflussrichtung $\rightarrow$

Die Gesamtreaktion ist somit hierbei:

$$Zn \ + \ Cu^{2+} \ \rightleftharpoons \ Zn^{2+} \ + \ Cu$$

Generell ist in einer galvanischen Kette die Elektrode in der Halbzelle
mit dem höheren Potenzial der Pluspol und die Elektrode in der Halbzelle
mit dem niedrigeren Potenzial der Minuspol. Damit die *EMK*, die ja eine
Spannung $U$ darstellt, immer ein positives Vorzeichen bekommt, muss zu
ihrer Berechnung das Elektrodenpotenzial des Minuspols vom Elektrodenpotenzial des Pluspols abgezogen werden und nicht umgekehrt. Bei dem
obigen Daniell-Element gilt damit:

$$EMK = \Delta E = E^0 (Cu^{2+}/Cu) - E^0 (Zn^{2+}/Zn) = + 1{,}10 \ V$$

**Beispiel 8.10**
In einem Daniell-Element ist die Spannung zwischen den beiden Halbzellen auf null abgesunken. Wie groß ist in diesem Fall das Verhältnis der beiden Konzentrationen $c\,(Zn^{2+})$ und $c\,(Cu^{2+})$ geworden? Die Temperatur beträgt 25 °C.

*Gesucht:* $c\,(Zn^{2+})$ und $c\,(Cu^{2+})$

*Gegeben:* $\Delta E$ , $E^0\,(Zn^{2+}/Zn)$ , $E^0\,(Cu^{2+}/Cu)$ , $\vartheta$

*Lösung:*

Der abgelaufene Redoxvorgang ist:

$$Zn \;+\; Cu^{2+} \;\rightleftharpoons\; Zn^{2+} \;+\; Cu$$

Bei $U = \Delta E = 0$ muss gelten:

$$E\,(Zn^{2+}/Zn) = E\,(Cu^{2+}/Cu)$$

Mit den Werten der Tabelle 8.1 folgt damit:

$$-\,0{,}76\ V \;+\; \frac{0{,}059\ V}{2} \cdot \lg c\,(Zn^{2+}) = +\,0{,}34\ V \;+\; \frac{0{,}059\ V}{2} \cdot \lg c\,(Cu^{2+})$$

Daraus ergibt sich:

$$\lg \frac{c\,(Zn^{2+})}{c\,(Cu^{2+})} = \frac{(+\,0{,}34\ V \;-\; (-\,0{,}76\ V))\cdot 2}{0{,}059\ V} = 37{,}29$$

*Ergebnis*

Das Konzentrationsverhältnis $c\,(Zn^{2+})\,/\,c\,(Cu^{2+})$ beträgt $10^{37,29}$.

Entscheidend für den Ablauf einer Redoxreaktion ist als treibende Kraft eine Potenzialdifferenz $\Delta E$ zwischen zwei Halbelementen, wobei die jeweiligen Einzelpotenziale mit Gl. (8.4) berechnet werden können. Beträgt die Konzentration der Metallionen $1\ mol \cdot l^{-1}$, dann ist dieses Einzelpotenzial $E$ identisch mit dem Standardpotenzial $E^0$ des Halbelementes. Taucht in beide Halbzellen dasselbe Metall in verschieden konzentrierte Elektrolytlösungen, so liegt hiermit eine galvanische *Konzentrationskette* vor. Da sich nämlich die beiden Elektrodenpotenziale wegen der verschiedenen Konzentrationen unterscheiden, wird wieder eine *EMK* aufgebaut, und es kann bei einer elektrisch leitenden Verbindung der Halbzellen ein Strom fließen.

$$Cu \; / \; Cu^{2+} \; c \; = \; 0{,}001 \; mol \cdot l^{-1} \; // \; Cu^{2+} \; c \; = \; 1 \; mol \cdot l^{-1} \; / \; Cu$$

$$Elektronenflussrichtung \quad \rightarrow$$

Diejenige Halbzelle mit der höheren Konzentration hat nach der Nernstschen Gleichung auch das höhere Potenzial, so dass damit die Elektrode den Pluspol darstellt. Die Elektrode in der Halbzelle mit der geringeren Konzentration ist dann wegen des niedrigeren Potenzials der Minuspol.

**Beispiel 8.11**

In einer galvanischen Konzentrationskette bestehen die Halbzellen aus Zinkelektroden, die jeweils in eine Zinksulfatlösung tauchen. In den Elektrolyten sind die Konzentrationen $c_1(Zn^{2+}) = 1 \; mol \cdot l^{-1}$ und $c_2(Zn^{2+}) = 0{,}0005 \; mol \cdot l^{-1}$. Welche Spannung $U$ wird damit gebildet, wenn die Temperatur 25 °C beträgt?

*Gesucht: U*                      *Gegeben: $c_1(Zn^{2+})$ , $c_2(Zn^{2+})$ , $\vartheta$*

*Lösung:*

Der potenzialbildende Redoxvorgang lautet:

$$Zn \; \rightleftharpoons \; Zn^{2+} \; + \; 2 \, e^{-}$$

Nach Gl. (8.4) gilt dann in Verbindung mit Tabelle 8.1:

Pluspol:       $E_1(Zn^{2+}/Zn) = E^0(Zn^{2+}/Zn) + \dfrac{0{,}059 \; V}{2} \cdot \lg c_1(Zn^{2+})$

$$= -0{,}76 \; V \; + \; \frac{0{,}059 \; V}{2} \cdot \lg 1 \; = \; -0{,}76 \; V$$

Minuspol:     $E_2(Zn^{2+}/Zn) = E^0(Zn^{2+}/Zn) + \dfrac{0{,}059 \; V}{2} \cdot \lg c_2(Zn^{2+})$

$$= -0{,}76 \; V \; + \; \frac{0{,}059 \; V}{2} \cdot \lg 0{,}0005 \; = \; -0{,}857 \; V$$

Und damit:

$$U = \Delta E = E_1 - E_2 = -0{,}76 \; V \; + \; 0{,}857 \; V = 0{,}097 \; V$$

*Ergebnis:*

Die galvanische Konzentrationskette hat die Spannung $U = 0,097$ V.

## 8.5 Redoxpotenzial

Bei den bisherigen Redoxvorgängen, die zum Aufbau eines elektrochemischen Potenzials führten, war die metallische Form des Redoxsystems als Elektrode stets in diese Vorgänge einbezogen. Oxidations- bzw. Reduktionskraft eines Redoxsystems sind aber auch vorhanden, wenn oxidierte und reduzierte Form nebeneinander gelöst vorliegen. So hat z.B. eine Lösung von $Fe^{2+}$ - Ionen (reduzierte Form) und $Fe^{3+}$ - Ionen (oxidierte Form) insgesamt betrachtet ein bestimmtes *Redoxpotenzial*. Das Redoxpotenzial lässt sich durch Anwendung von Gl. (8.2) berechnen, wobei hier in diesem Beispiel $a\,(Ox) = a\,(Fe^{3+})$ und $a\,(Red) = a\,(Fe^{2+})$ ist. Damit lautet nach Gl. (8.2) die Nernstsche Gleichung mit dem dekadischen Logarithmus und bei 298,15 K:

$$E\,(Fe^{3+}/Fe^{2+}) = E^0\,(Fe^{3+}/Fe^{2+}) + \frac{0{,}059\ \text{V}}{1} \cdot \lg \frac{a\,(Fe^{3+})}{a\,(Fe^{2+})}$$

Wegen der sich je nach dem Verhältnis der Aktivitäten ergebenden unterschiedlichen Vorzeichen des logarithmischen Ausdrucks in dieser Gleichung gelten folgende drei Bereiche:

$$a\,(Fe^{3+}) > a\,(Fe^{2+}) \quad \Rightarrow \quad E\,(Fe^{3+}/Fe^{2+}) > E^0\,(Fe^{3+}/Fe^{2+})$$

$$a\,(Fe^{3+}) = a\,(Fe^{2+}) \quad \Rightarrow \quad E\,(Fe^{3+}/Fe^{2+}) = E^0\,(Fe^{3+}/Fe^{2+})$$

$$a\,(Fe^{3+}) < a\,(Fe^{2+}) \quad \Rightarrow \quad E\,(Fe^{3+}/Fe^{2+}) < E^0\,(Fe^{3+}/Fe^{2+})$$

Um das Potenzial $E\,(Fe^{3+}/Fe^{2+})$ berechnen zu können, muss neben den Aktivitäten noch das Standardpotenzial $E^0\,(Fe^{3+}/Fe^{2+})$ gemessen werden können. Dazu greift man wie bei der Standard-Wasserstoffelektrode auf so genannte *indifferente* Elektroden zurück. Diese *Redoxelektroden* sind z.B. aus Gold oder Platin gefertigt und nehmen am Redoxvorgang selbst nicht teil. Ihr Metallgitter fungiert nur als Medium für die ausgetauschten Elektronen des betreffenden Redoxvorgangs, hier

$$Fe^{2+} \ \rightleftharpoons \ Fe^{3+} + e^-.$$

Taucht beispielsweise eine Platinelektrode in eine wässrige Lösung der Ionen $Fe^{2+}$ und $Fe^{3+}$, so stoßen beide Ionenarten wegen der *Brownschen Bewegung* auf die Redoxelektrode. Dabei können $Fe^{2+}$ - Ionen Elektronen an die Elektrode abgeben und anschließend als $Fe^{3+}$ - Ionen wieder in die Lösung zurückgehen (s. Abb. 8.1). Treffen hingegen $Fe^{3+}$ - Ionen auf die Redoxelektrode, so können sie jetzt umgekehrt Elektronen von der Elektrode aufnehmen und dann als $Fe^{2+}$ - Ionen in die Lösung zurückkehren. Dadurch kommt es zu einem Gleichgewicht, in dem die Aufladung der Redoxelektrode zeigt, welcher der beiden Vorgänge, die Oxidation oder die Reduktion, überwiegt. Bei $a(Fe^{3+}) = a(Fe^{2+})$ wird der logarithmische Ausdruck in der Nernstschen Gleichung null, so dass in dem Fall das gemessene Potenzial dem Standardpotenzial $E^0(Fe^{3+}/Fe^{2+})$ entspricht. Das Standardpotenzial ist damit ein Maß für das Verhältnis der oxidierenden Kraft zur reduzierenden Kraft des Redoxsystems $Fe^{3+}/Fe^{2+}$ in seiner Gesamtheit.

Nehmen neben der oxidierten und der reduzierten Form des fraglichen Redoxsystems auch noch andere Ionen oder Moleküle an der Redoxreaktion teil, so müssen auch deren Aktivitäten in der Nernstschen Gleichung berücksichtigt werden, da sie die Gleichgewichtslage beeinflussen. Die Vorgehensweise ist ähnlich der Anwendung des Massenwirkungsgesetzes auf eine Reaktionsgleichung (s. Kap. 6.1). Die Stoffe der Oxidationsseite einer Redox-Teilgleichung stehen als Produkt ihrer Aktivitäten unter dem Logarithmus der Nernstschen Gleichung im Zähler, wobei diese Aktivitäten noch mit dem zugehörigen Reaktionskoeffizienten potenziert werden müssen. Analog dazu steht dann im Nenner die entsprechende Reduktionsseite der Redox-Teilgleichung.

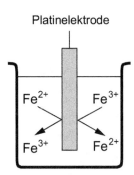

Platinelektrode

**Abb. 8.1**    Entstehung des Redoxpotenzials einer Lösung von $Fe^{3+}/Fe^{2+}$

So gilt z.B. für die Redox-Teilgleichung

$$I^- + 3\,H_2O \;\rightleftharpoons\; IO_3^- + 6\,H^+ + 6\,e^-$$

in verdünnter wässriger Lösung, die bezogen auf das Lösemittel Wasser einen fast reinen Stoff darstellt und in der damit $a(H_2O) = 1\,mol \cdot l^{-1}$ ist, die folgende Nernstsche Gleichung:

$$E(IO_3^-/I^-) = E^0(IO_3^-/I^-) + \frac{R \cdot T}{z \cdot F} \cdot \ln \frac{a(IO_3^-) \cdot a^6(H^+)}{a(I^-)}$$

Aus der Gleichung lässt sich ersehen, dass das Oxidationsvermögen der Iodationen nicht unerheblich vom $pH$-Wert der Lösung abhängig ist. Da mit zunehmender Verdünnung der Elektrolytlösung die Aktivitätskoeffizienten $f$ gegen 1 gehen, folgt für den Grenzfall $a = c$ mit dem dekadischen Logarithmus und bei 298,15 K:

$$E(IO_3^-/I^-) = E^0(IO_3^-/I^-) + \frac{0,059\ V}{6} \cdot \lg \frac{c(IO_3^-) \cdot c^6(H^+)}{c(I^-)}$$

Neben den Elektrodenpotenzialen (s. Kap. 8.4) entstehen also auch bei Ionenumladungen (z.B. $Fe^{3+}/Fe^{2+}$) oder bei Redoxreaktionen von Nichtmetallen (z.B. $IO_3^-/I^-$) Redoxpotenziale, was ja schon bei der Standard-Wasserstoffelektrode genutzt wurde. Das Gleiche gilt für Redoxreaktionen von anionischen Metallionen wie $MnO_4^-$ oder $Cr_2O_7^{2-}$. In der Gesamtheit lässt sich dadurch eine *elektrochemische Spannungsreihe* aufstellen, die in Tabelle 8.2 in Auszügen aufgeführt ist und die jeweiligen Standardpotenziale enthält. Die Spannungsreihe der Metalle ist darin integriert. Oxidations- und Reduktionsvermögen der verschiedenen Redoxsysteme verhalten sich in dieser elektrochemischen Spannungsreihe im Prinzip wie in der Spannungsreihe der Metalle. Je höher also ein Standardpotenzial ist, desto stärker ist auch die oxidierende Kraft des jeweiligen Redoxsystems. Und je niedriger ein Standardpotenzial ist, desto stärker ist die reduzierende Kraft des betreffenden Redoxsystems.

Wie Tabelle 8.2 zeigt, kann z.B. eine saure Lösung von $Cr_2O_7^{2-}$ nach der Potenziallage gelöste $Sn^{2+}$-Ionen zu $Sn^{4+}$-Ionen oxidieren. Umgekehrt lässt sich aber genauso sagen, dass $Sn^{2+}$-Ionen die $Cr_2O_7^{2-}$-Ionen zu $Cr^{3+}$-Ionen reduzieren können, wodurch sie selbst zu $Sn^{4+}$-Ionen oxidiert werden. Dabei hängt nach der Nernstschen Gleichung das Redoxpotenzial der sauren Lösung eines Dichromats noch vom $pH$-Wert ab, weshalb eine stark saure Lösung auch ein starkes Oxidationsmittel ist. Eine

**Tabelle 8.2**    Elektrochemische Spannungsreihe einiger Redoxsysteme bei 25 °C

| Redox-Teilgleichung | | Redoxsystem | $E^0$ in Volt |
|---|---|---|---|
| K | $\rightleftarrows$ K$^+$ + e$^-$ | K$^+$/K | - 2,92 |
| Mg | $\rightleftarrows$ Mg$^{2+}$ + 2 e$^-$ | Mg$^{2+}$/Mg | - 2,36 |
| Zn | $\rightleftarrows$ Zn$^{2+}$ + 2 e$^-$ | Zn$^{2+}$/Zn | - 0,76 |
| H$_2$C$_2$O$_4$ | $\rightleftarrows$ 2 CO$_2$ + 2 H$^+$ + 2 e$^-$ | CO$_2$/H$_2$C$_2$O$_4$ | - 0,47 |
| H$_2$ | $\rightleftarrows$ 2 H$^+$ + 2 e$^-$ | H$^+$/H$_2$ | 0 |
| Sn$^{2+}$ | $\rightleftarrows$ Sn$^{4+}$ + 2 e$^-$ | Sn$^{4+}$/Sn$^{2+}$ | + 0,15 |
| Fe$^{2+}$ | $\rightleftarrows$ Fe$^{3+}$ + e$^-$ | Fe$^{3+}$/Fe$^{2+}$ | + 0,77 |
| Ag | $\rightleftarrows$ Ag$^+$ + e$^-$ | Ag$^+$/Ag | + 0,80 |
| 2 Cl$^-$ | $\rightleftarrows$ Cl$_2$ + 2 e$^-$ | Cl$_2$/Cl$^-$ | + 1,36 |
| 2 Cr$^{3+}$ + 7 H$_2$O | $\rightleftarrows$ Cr$_2$O$_7^{2-}$ + 14 H$^+$ + 6 e$^-$ | Cr$_2$O$_7^{2-}$/Cr$^{3+}$ | + 1,36 |
| Br$^-$ + 3 H$_2$O | $\rightleftarrows$ BrO$_3^-$ + 6 H$^+$ + 6 e$^-$ | BrO$_3^-$/Br$^-$ | + 1,44 |
| Mn$^{2+}$ + 4 H$_2$O | $\rightleftarrows$ MnO$_4^-$ + 8 H$^+$ + 5 e$^-$ | MnO$_4^-$/Mn$^{2+}$ | + 1,51 |
| 2 F$^-$ | $\rightleftarrows$ F$_2$ + 2 e$^-$ | F$_2$/F$^-$ | + 2,86 |

Redoxreaktion zwischen zwei Redoxsystemen ist beendet, wenn die beiden Redoxpotenziale gleich geworden sind und damit das Redoxgleichgewicht erreicht worden ist. Dies bedeutet bei nicht zu geringer Differenz der Standardpotenziale, dass sich durch die Redoxreaktion die Aktivitäten bzw. die Konzentrationen der Reaktionsteilnehmer in erheblichem Ausmaß geändert haben müssen, da diese Größen logarithmisch in die Nernstsche Gleichung eingehen. Das Redoxgleichgewicht liegt daher oft weit auf der rechten Seite der Reaktionsgleichung und damit bei den Reaktionsprodukten. Ist aber die Differenz der Standardpotenziale nur gering, so liegt das Redoxgleichgewicht auch nicht auf der rechten Seite. Die Redoxreaktion verläuft dann nur unvollständig (s. die Übungsaufgaben 8.7-26 und 8.7-27).

**Beispiel 8.12**
Eine wässrige Lösung von Kaliumpermanganat und Mangan (II) - sulfat hat die Konzentrationen $c$ (MnO$_4^-$) = 0,01 mol $\cdot$ l$^{-1}$ und $c$ (Mn$^{2+}$) = 0,001 mol $\cdot$ l$^{-1}$. Berechnen Sie das Redoxpotenzial bei $p$H = 2 und $\vartheta$ = 25 °C.

*Gesucht:* $E\,(MnO_4^-/Mn^{2+})$    *Gegeben:* $c\,(MnO_4^-)$ , $c\,(Mn^{2+})$ , $pH$ -Wert , $\vartheta$

*Lösung:*

Die Redox-Teilgleichung lautet:

$$Mn^{2+} + 4\,H_2O \;\rightleftharpoons\; MnO_4^- + 8\,H^+ + 5\,e^-$$

Für die verdünnte Lösung gilt die Nernstsche Gleichung:

$$E\,(MnO_4^-/Mn^{2+}) = E^0\,(MnO_4^-/Mn^{2+}) + \frac{0{,}059\;V}{5} \cdot \lg \frac{c\,(MnO_4^-) \cdot c^8\,(H^+)}{c\,(Mn^{2+})}$$

Mit den Angaben der Aufgabe und Tabelle 8.2 folgt damit:

$$E\,(MnO_4^-/Mn^{2+}) = +1{,}51\;V + \frac{0{,}059\;V}{5} \cdot \lg \frac{0{,}01 \cdot (0{,}01)^8}{0{,}005} = +1{,}32\;V$$

*Ergebnis:*

Das Redoxpotenzial der Lösung beträgt $E\,(MnO_4^-/Mn^{2+}) = +1{,}32\;V$.

## 8.6 Elektrolyse

Bei den bisher behandelten Redoxreaktionen liefen Oxidation und Reduktion stets freiwillig ab. Durch das Anlegen einer Gleichspannung an die Elektroden eines galvanischen Elementes lassen sich diese beiden Vorgänge aber auch erzwingen.

> Eine Elektrolyse ist die Umkehrreaktion einer zwischen zwei Redoxelektroden sonst freiwillig ablaufenden Redoxreaktion.

In einem als Spannungsquelle genutzten Daniell-Element gehen bei der Stromentnahme $Zn^{2+}$ - Ionen aus der Zinkelektrode in Lösung, während sich zugleich $Cu^{2+}$ - Ionen des Elektrolyten der Kupfer-Halbzelle an der Kupferelektrode als elementares Kupfer abscheiden. Die dabei entstehende elektrische Spannung entspricht der *EMK* dieses Vorganges. Jetzt wird an das galvanische Element eine Gleichspannungsquelle angeschlossen, wobei die Zinkelektrode als Kathode (negativer Pol) und die Kupferelektrode als Anode (positiver Pol) geschaltet werden. Die Kathode fungiert als ein Elektronenspender, so dass sich in der Zink-Halbzelle die gelöst vorliegenden $Zn^{2+}$- Ionen als elementares Zink an der Elektrode abscheiden können. Die $Zn^{2+}$- Ionen werden somit kathodisch reduziert.

$$\text{Kathodenvorgang:} \quad Zn^{2+} + 2\,e^- \rightarrow Zn$$

In der Kupfer-Halbzelle werden dafür der Kupferelektrode Elektronen entzogen, wodurch Kupfer in Form von $Cu^{2+}$- Ionen in Lösung geht. Das Kupfer wird anodisch oxidiert.

$$\text{Anodenvorgang:} \quad Cu \rightarrow Cu^{2+} + 2\,e^-$$

Die Gesamtreaktion lautet also:

$$Zn^{2+} + Cu \rightarrow Zn + Cu^{2+}$$

Damit diese erzwungene Reaktion so ablaufen kann, muss aber die angelegte Spannung etwas größer als die *EMK* des galvanischen Vorganges sein. Andernfalls läuft die freiwillige Redoxreaktion

$$Zn + Cu^{2+} \rightleftharpoons Zn^{2+} + Cu$$

ab. Diese Gegenspannung wird allgemein als die *Zersetzungsspannung* bezeichnet, und sie entspricht beim Daniell-Element mit seinen Standardbedingungen theoretisch der Differenz der Standardpotenziale der beiden Redoxsysteme. Praktisch kann aber eine Zersetzungsspannung durch so genannte Überspannungseffekte (s. Kap. 8.6.2) größer sein als die jeweilige mit der Nernstchen Gleichung berechnete Potenzialdifferenz.

## 8.6.1 Indifferente Elektroden

Eine Elektrolyse lässt sich auch mit indifferenten Elektroden durchführen, die sich in einer Elektrolysezelle befinden. Dabei tauchen z.B. zwei Platinelektroden in einen Elektrolyten, der aus einer leitenden Lösung (Säure, Base, Salzlösung) oder einer Salzschmelze bestehen kann. In Abb. 8.2 ist die Elektrolyse einer wässrigen Lösung von $CuCl_2$ dargestellt. Durch die angelegte Gleichspannung wird zwischen den Elektroden ein elektrisches

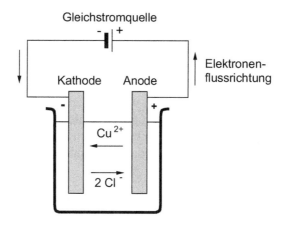

**Abb. 8.2** Elektrolyse einer wässrigen Lösung von $CuCl_2$

Feld aufgebaut, in dem die gelösten Ionen wandern. Und zwar wandern die Kationen ($Cu^{2+}$) zur negativen Kathode und werden dort zu elementarem Kupfer reduziert, das sich an der Elektrode abscheidet. Im Gegensatz dazu wandern die Anionen ($Cl^-$) zur positiven Anode und werden dort zu elementarem Chlor oxidiert, so dass sich an dieser Elektrode $Cl_2$ entwickelt. Durch die Ionenwanderung wird somit der Stromkreis geschlossen, wobei die Elektronen durch die Spannungsquelle von der Anode zur Kathode gepumpt werden. Für die hier abgelaufenen Elektronenübertragungen gilt:

Kathodenvorgang: $\quad Cu^{2+} + 2\,e^- \rightarrow Cu$

Anodenvorgang: $\quad 2\,Cl^- \rightarrow Cl_2 + 2\,e^-$

Die Gesamtreaktion lautet dann:

$$Cu^{2+} + 2\,Cl^- \rightarrow Cu + Cl_2$$

Der Elektrolyt ($CuCl_2$) wird also durch die elektrochemische Reaktion zersetzt, woher die Zersetzungsspannung ihren Namen hat.

Die beschriebenen Elektronenübertragungen sind bei den indifferenten Elektroden möglich, da sich die Elektronen im Metallgitter des Elektrodenmaterials relativ frei bewegen können. Diese Beweglichkeit der Elektronen, speziell der Valenzelektronen eines Metalls, begründet auch seine hohe elektrische Leitfähigkeit.

Enthält ein Elektrolyt mehrere Ionensorten, so werden unter dem Einfluss des elektrischen Feldes auch alle Ionen zu den Polen wandern. Die Entladung eines Ions richtet sich dann aber nach seinem Redoxpotenzial. An der Kathode, die Elektronen an den Elektrolyten abgibt, wird zunächst diejenige Ionensorte reduziert, die zu dem Redoxsystem mit dem höchsten Redoxpotenzial gehört. Hingegen wird an der Anode diejenige Ionensorte oxidiert, die zu dem Redoxsystem mit dem niedrigsten Redoxpotenzial gehört. Die Reihenfolge bei der elektrolytischen Reaktion hängt also von der relativen Größe der jeweiligen Redoxpotenziale ab.

## 8.6.2 Überspannungen

In einer wässrigen Lösung des Salzes Natriumchlorid mit einer Konzentration von $0,1 \cdot mol \ l^{-1}$ liegen die folgenden Ionen vor:

$$Na^+, \ H^+, \ Cl^-, \ OH^-$$

Bei der Elektrolyse dieser Lösung mit Platinelektroden kommen für die kathodische Reduktion im Prinzip die Kationen $Na^+$ und $H^+$ infrage. Nach den Gln. (8.4) und (8.6) ergeben sich mit Tabelle 8.1 und für $pH = 7$ bei Normaldruck die beiden Potenziale zu:

$$E\,(Na^+/Na) \ = \ -2,71 \ V \ + \ 0,059 \ V \cdot lg \ 10^{-1} \ = \ -2,769 \ V$$

$$E\,(H^+/H_2) \ = \ -0,059 \ V \cdot 7 \ = \ -0,413 \ V$$

Das Redoxsystem $H^+/H_2$ hat also das relativ höhere Potenzial, so dass sich an der Kathode durch Reduktion Wasserstoffgas entwickelt. Wird dabei für den Gesamtvorgang $2\,H_2O \ + \ 2\,e^- \ \rightarrow \ H_2 \ + \ 2\,OH^-$ zu Grunde gelegt, so führen die quantitativen Betrachtungen zum selben Ergebnis.

Bei der Elektrolyse einer wässrigen Lösung von Natriumchlorid mit einer Quecksilberelektrode wird aber trotz des stark negativen Potenzials des Redoxsystems $Na^+/Na$ metallisches Natrium abgeschieden, weil Wasserstoff an Quecksilber eine sehr hohe *Überspannung* $\eta$ hat. Ferner ist noch die Amalgambildung des Natriums von Einfluss. Eine Überspannung wird durch Reaktionshemmungen verursacht, so dass die tatsächliche Zersetzungsspannung größer ist als diejenige, welche mit der Nernstschen Gleichung berechnet werden kann. Um also für eine elektrolytische Reaktion das Gesamtpotenzial zu erhalten, muss zu dem aus den Konzentrationen und dem Standardpotenzial berechneten Redoxpotenzial noch ein weiterer

Potenzialbeitrag addiert werden. Dieser Beitrag ist je nach Reaktionstyp (Oxidation oder Reduktion) positiv oder negativ, wodurch die Überspannungen stets zu einer Erhöhung der gesamten Potenzialdifferenz führen. Das Ausmaß einer Überspannung hängt neben anderem vor allem vom Elektrodenmaterial und von der Stromdichte (Stromstärke/Fläche) ab, bei Temperaturerhöhung nimmt sie ab. Am selben Elektrodenmaterial haben unterschiedliche Stoffe auch unterschiedliche Überspannungen. Speziell bei den Metallen ist die Überspannung im Allgemeinen vernachlässigbar.

Betrachtet man die Vorgänge an der Anode, so könnten bei der Elektrolyse der Natriumchloridlösung die Anionen $Cl^-$ und $OH^-$ nach den folgenden Ox-Teilgleichungen oxidiert werden:

$$2\,Cl^- \;\rightarrow\; Cl_2 + 2\,e^-$$

$$4\,OH^- \;\rightarrow\; O_2 + 2\,H_2O + 4\,e^-$$

Dafür lauten die Nernstchen Gleichungen:

$$E(Cl_2/Cl^-) \;=\; E^0(Cl_2/Cl^-) + \frac{0{,}059\ V}{2} \cdot \lg \frac{p(Cl_2)}{c^2(Cl^-)}$$

$$E(O_2/OH^-) \;=\; E^0(O_2/OH^-) + \frac{0{,}059\ V}{4} \cdot \lg \frac{p(O_2)}{c^4(OH^-)}$$

Mit dem Standardpotenzial $E^0(O_2/OH^-) = +0{,}40$ V folgt damit mit Tabelle 8.2 für $pH = 7$ bei $pK_W = 14$ und Normaldruck:

$$E(Cl_2/Cl^-) \;=\; +1{,}36\ V + \frac{0{,}059\ V}{2} \cdot \lg \frac{1}{(0{,}1)^2} \;=\; +1{,}419\ V$$

$$E(O_2/OH^-) \;=\; +0{,}40\ V + \frac{0{,}059\ V}{4} \cdot \lg \frac{1}{(10^{-7})^4} \;=\; +0{,}813\ V$$

Wenn der Gesamtvorgang $2\,H_2O \;\rightarrow\; O_2 + 4\,H^+ + 4\,e^-$ betrachtet wird, so ergibt sich bei der Berechnung ebenfalls derselbe Potenzialwert, weil dafür $E^0$ einen anderen Wert hat. Vergleicht man die beiden berechneten Potenzialwerte miteinander, so sollte sich bei der anodischen Oxidation Sauerstoff entwickeln. Wegen der großen Überspannung von $O_2$ an Platin entsteht aber an der Anode zunächst nur $Cl_2$, obwohl sein Potenzial nach der Nernstchen Gleichung beträchtlich höher liegt. Wenn mit Fortschreiten dieser Elektrolyse die Konzentration der Chloridionen abnimmt, wird damit das Redoxpotenzial $E(\text{Cl}_2/\text{Cl}^-)$ immer größer, wodurch sich neben Chlor zunehmend auch Sauerstoff entwickelt.

### 8.6.3 Elektrolytische Trennungen

Bei der Elektrolyse einer wässrigen Lösung von Ionen der Alkalimetalle, der Erdalkalimetalle und des Aluminiums sind die Potenziale der entsprechenden Redoxsysteme erheblich niedriger als das Potenzial des Redoxsystems $\text{H}^+/\text{H}_2$, so dass sich in diesen Fällen an der Kathode im Allgemeinen Wasserstoffgas entwickelt. Dies gilt nicht, wenn Wasserstoff am verwendeten Elektrodenmaterial eine hohe Überspannung hat. So scheidet sich bei der Elektrolyse einer Zinksulfatlösung mit Platinelektroden wegen der vernachlässigbaren Überspannung das Wasserstoffs an Platin auch aus neutraler Lösung Wasserstoffgas ab. Ist die Kathode aber verzinkt, so kann jetzt wegen der Überspannung des Wasserstoffs an Zink je nach $p\text{H}$-Wert und Konzentration der Zinkionen die Wasserstoffentwicklung unterdrückt werden. Insgesamt kann dadurch neben Zink auch Wasserstoff entstehen.

Auch bei der Elektrolyse sind Vorhersagen über die ablaufende Redoxreaktion durch Vergleich der tabellierten Standardpotenziale immer dann möglich, wenn diese Werte nicht zu nahe beieinander liegen (s. Kap. 8.4) und ferner Überspannungen dabei keine gravierende Rolle spielen. Enthält ein Elektrolyt z.B. neben $\text{Cu}^{2+}$- Ionen noch $\text{Ag}^+$- Ionen, so wird an der Kathode wegen des höheren Potenzials metallisches Silber gebildet.

Wird als Elektrolyt ein Sulfat eingesetzt, z.B. $\text{Na}_2\text{SO}_4$, dann wird an der Anode das Anion $\text{SO}_4^{2-}$ nur in dem Fall nach der Gleichung

$$2\,\text{SO}_4^{2-} \;\rightleftharpoons\; \text{S}_2\text{O}_8^{2-} + 2\,\text{e}^-$$

oxidiert, wenn seine Konzentration sehr groß ist und zugleich durch eine hohe Stromdichte die Überspannung des Sauerstoffs stark vergrößert wird. Da das Standardpotenzial des Redoxsystems $\text{S}_2\text{O}_8^{2-}/\text{SO}_4^{2-}$ mit 2 Volt sehr positiv ist, wird bei der Durchführung dieser Elektrolyse normalerweise Sauerstoff entwickelt. Wegen der Überspannung des Sauerstoffs entsteht aber andererseits bei einer Mischung der beiden Salze Natriumchlorid und Natriumsulfat anodisch zunächst nur elementares Chlor (s. Kap. 8.6.2).

Das metallische Elektrodenmaterial der Anode kann auch selbst an dem Redoxgleichgewicht teilnehmen. Bei der elektrolytischen Kupferraffination wird das Rohkupfer, das noch verschiedene Beimengungen enthält, als Anode geschaltet. In der anschließenden Elektrolyse mit dem Elektrolyten Kupfersulfat geht das Kupfer dieser Anode zusammen mit den beigemengten unedleren Metallen wie Co, Ni oder Zn in Lösung. Die ebenfalls beigemengten edleren Metalle wie Ag oder Au, deren Potenzial also höher als das des Kupfers ist, werden dabei nicht oxidiert und fallen als so genannter Anodenschlamm ab. Das Kupfer wandert dann zur Kathode und scheidet sich dort als reines Kupfer wieder ab. Auf diese Weise lässt sich Elektrolytkupfer mit einem Reinheitsgrad von 99,95 % Cu gewinnen.

**Beispiel 8.13**

Bei der Elektrolyse einer wässrigen Lösung zweier Kupfer- und Silbersalze mit den Konzentrationen $c_1(Cu^{2+}) = 0,5 \; mol \cdot l^{-1}$ und $c_1(Ag^+) = 0,5 \; mol \cdot l^{-1}$ wird zunächst Silber abgeschieden. Welchen Wert hat dann $c_2(Ag^+)$ erreicht, wenn daneben die Abscheidung von Kupfer beginnt? Die Temperatur beträgt 25 °C und Überspannungen werden nicht berücksichtigt.

*Gesucht:* $c_2(Ag^+)$                 *Gegeben:* $c_1(Cu^{2+})$ , $c_1(Ag^+)$ , $\vartheta$

*Lösung:*

Da aufgrund der Potenziallage zunächst nur Silber abgeschieden wird, sinkt während der Elektrolyse die Konzentration von $Ag^+$ und damit sein Potenzial. Das Elektrodenpotenzial von $Cu^{2+}/Cu$ errechnet sich mit Tabelle 8.1 nach Gl. (8.4).

$$E(Cu^{2+}/Cu) = +0,34 \; V + \frac{0,059 \; V}{2} \cdot lg \; 0,5 = +0,3311 \; V$$

Bei Erreichen dieses Potenzials beginnt die Abscheidung von Kupfer. Die dann vorliegende Konzentration von $Ag^+$ ergibt sich ebenfalls aus Gl. (8.4).

$$E(Ag^+/Ag) = +0,3311 \; V = 0,80 \; V + \frac{0,059 \; V}{1} \cdot lg \; c_2(Ag^+)$$

$$\Rightarrow \quad lg \; c_2(Ag^+) = -7,95 \quad \Rightarrow \quad c_2(Ag^+) = 10^{-7,95} \; mol \cdot l^{-1}$$

*Ergebnis:*

Bei Beginn der Kupferabscheidung beträgt $c_2(Ag^+) = 10^{-7,95} \; mol \cdot l^{-1}$.

## 8.6.4 Faradaysche Gesetze

Der Begriff der Stoffmenge bezieht sich nach seiner Definition generell auf ein System und gilt somit bei einer Oxidation oder Reduktion auch für die entsprechende Anzahl der ausgetauschten Elektronen. Wird z.B. eine Silbersalzlösung elektrolysiert, und wird dabei von der Spannungsquelle gerade 1 mol Elektronen an die Kathode gepumpt, so kann dadurch 1 mol metallisches Silber abgeschieden werden.

$$Ag^+ + e^- \rightarrow Ag$$

$$1 \text{ mol} + 1 \text{ mol} \rightarrow 1 \text{ mol}$$

Die abgeschiedene Masse des Silbers beträgt also 107,8682 g. Fließt nur die Hälfte der Elektronen, so kann auch nur die Hälfte Silber abgeschieden werden. Die gebildete Masse $m\,(Ag)$ ist folglich - nach einem Gesetz von *Faraday* - der insgesamt geflossenen Ladungsmenge $Q$ proportional.

---

1. Faradaysches Gesetz
Die Masse eines bei einer Elektrolyse an einer der Elektroden gebildeten Stoffes ist der durch den Elektrolyten geflossenen elektrischen Ladungsmenge proportional.

---

Da sich die von 1 mol Elektronen transportierte Ladungsmenge aus dem Produkt der Avogadro-Konstante $N_A = 6{,}0221367 \cdot 10^{23} \text{ mol}^{-1}$ (Anzahl der Elektronen pro Mol) und der elektrischen Ladung eines Elektrons in Höhe von $1{,}6021773 \cdot 10^{-19}$ C (Coulomb) (elektrische Elementarladung) ergibt, sind damit im Beispiel pro Mol des $Ag^+$ aufgerundet 96500 C geflossen. Diese Ladungsmenge wird als Faraday-Konstante $F$ bezeichnet.

---

Ein Faraday (1F) $= 96500$ C $\cdot$ mol$^{-1}$ ist die Ladungsmenge, die aufgewendet werden muss, um 1 mol eines einwertigen Stoffes elektrolytisch abzuscheiden.

---

Im Folgenden werden also z.B. bei elektrolytischen Entladungen benötigt:

Für 1 mol $Cl^-$ ⇨ $1\,F$ , ergibt 0,5 mol $Cl_2$

Für 1 mol $Cu^{2+}$ ⇨ $2\,F$ , ergeben 1 mol Cu

Für 1 mol $Al^{3+}$ ⇨ $3\,F$ , ergeben 1 mol Al

Da die gesamte Ladungsmenge $Q$ ein Bruchteil oder ein Vielfaches von 1 Faraday ist, entspricht bei einer elektrolytischen Abscheidung eines einwertigen Stoffes der Quotient $Q/F$ seiner Stoffmenge. Ist die Wertigkeit eines Stoffes X und damit auch die Anzahl der bei der Elektrodenreaktion ausgetauschten Elektronen $z$ größer als eins, so gilt für die Stoffmenge:

$$n(X) = \frac{Q}{z \cdot F} \qquad (8.7)$$

Mit $n(X) = \dfrac{m(X)}{M(X)}$ folgt dann für die abgeschiedene Masse:

$$m(X) = \frac{Q \cdot M(X)}{z \cdot F} \qquad (8.8)$$

Bei elektrolytischen Ionenumladungen wie $Fe^{3+} + e^- \rightarrow Fe^{2+}$ gilt die Gl. (8.8) entsprechend. Die in der Zeit $t$ geflossene Ladungsmenge $Q$ lässt sich aus der vorliegenden Stromstärke $I$ berechnen. Die Einheit der Stromstärke ist Ampere (A), wobei $1\,A = 1\,C \cdot s^{-1}$ ist.

$$Q = I \cdot t \qquad (8.9)$$

Aus Gl. (8.8) wird damit:

$$m(X) = \frac{I \cdot t \cdot M(X)}{z \cdot F} \qquad (8.10)$$

Allerdings gilt diese Gleichung nur, wenn die Stromausbeute für den betreffenden Stoff 100 % beträgt. Elektrodenreaktionen von anderen Stoffen müssen demnach ausgeschlossen sein. Ist die Stromstärke konstant, so ist die abgeschiedene Masse der Elektrolysezeit proportional.

Mit dem Begriff *Ionenäquivalent* wird der Bruchteil eines Ions gekennzeichnet, der **eine** positive oder negative Ladung trägt. Damit ergibt sich die molare Masse $M(X_{eq})$ des Ionenäquivalents eines Stoffes X, der die

Ionenwertigkeit $z(X)$ hat, nach der Gleichung:

$$M(X_{eq}) = \frac{M(X)}{z(X)} \qquad (8.11)$$

So gilt z.B. für:

$$Cu^{2+} \quad \Rightarrow \quad M(Cu_{eq}) = \frac{63,546 \ g \cdot mol^{-1}}{2} = 31,773 \ g \cdot mol^{-1}$$

$$Ag^{+} \quad \Rightarrow \quad M(Ag_{eq}) = \frac{107,8682 \ g \cdot mol^{-1}}{1} = 107,8682 \ g \cdot mol^{-1}$$

Diejenige Ladungsmenge, die zur Abscheidung der molaren Masse des Ionenäquivalents eines Stoffes erforderlich ist, beträgt also 96500 C. Aus den erläuterten Zusammenhängen leitet sich das 2. Faradaysche Gesetz ab.

---

2. Faradaysches Gesetz
Die von gleichen Elektrizitätsmengen aus unterschiedlichen Elektrolyten abgeschiedenen Massen der unterschiedlichen Stoffe sind den molaren Massen der diesen entsprechenden Ionenäquivalente proportional.

---

Wenn z.B. Lösungen der Salze $CuSO_4$, $Ag(NO_3)$ und $Pb(NO_3)_2$ nacheinander elektrolysiert werden und dabei stets die gleich große Ladungsmenge fließt, so gilt für die an der Kathode abgeschiedenen Massen:

$$m(Cu) : m(Ag) : m(Pb) = M(Cu_{eq}) : M(Ag_{eq}) : M(Pb_{eq})$$

**Beispiel 8.14**
Ein Volumen von 600 ml einer wässrigen Lösung von Kupfersulfat wird bei einer Stromstärke von 0,3 A für 35 min elektrolysiert. Wie viel mg elementares Kupfer werden in dieser Zeit abgeschieden?

*Gesucht:* $m(Cu)$                    *Gegeben:* $V_L$ , $I$ , $t$ , $M(Cu)$

*Lösung:*

Die bei der Elektrolyse geflossene Ladung $Q$ ergibt sich nach Gl. (8.9) zu:

$$Q = I \cdot t = 0{,}3 \text{ A} \cdot 35 \text{ min} \cdot 60 \text{ s} \cdot \text{min}^{-1} = 630 \text{ A} \cdot \text{s} = 630 \text{ C}$$

Nach Gl. (8.8) gilt dann mit $M(\text{Cu})$ aus Tabelle A 2 und mit $z(\text{Cu}) = 2$ für die abgeschiedene Masse:

$$m(\text{Cu}) = \frac{630 \text{ C} \cdot 63{,}546 \text{ g} \cdot \text{mol}^{-1}}{2 \cdot 96500 \text{ C} \cdot \text{mol}^{-1}} = 0{,}207 \text{ g}$$

*Ergebnis:*

Bei der Elektrolyse werden 207 mg metallisches Kupfer abgeschieden.

**Beispiel 8.15**

Bei der Elektrolyse einer Lösung von $CuCl_2$ werden an der Kathode 2 g Kupfer abgeschieden, und an der Anode entwickelt sich dabei Chlorgas. Wie groß ist das Volumen des gebildeten Chlors im Normzustand?

*Gesucht:* $V_n(Cl_2)$

*Gegeben:* $m(\text{Cu})$ , $M(\text{Cu})$ , $M(Cl_2)$ , $z(\text{Cu})$ , $z(Cl_2)$ , $V_{m,n}(Cl_2)$

*Lösung:*

Es finden folgende Elektrodenreaktionen statt:

Kathode: $Cu^{2+} + 2\,e^- \rightarrow Cu$ $\qquad\qquad$ Anode: $2\,Cl^- \rightarrow Cl_2 + 2\,e^-$

Die molaren Massen der Ionenäquivalente ergeben sich mit Gl. (8.11) und den Werten der Tabelle A 2.

$$M(\text{Cu}_{eq}) = \frac{M(\text{Cu})}{z(\text{Cu})} = \frac{63{,}546 \text{ g} \cdot \text{mol}^{-1}}{2} = 31{,}773 \text{ g} \cdot \text{mol}^{-1}$$

$$M(Cl_{2,eq}) = \frac{M(Cl_2)}{z(Cl_2)} = \frac{70{,}906 \text{ g} \cdot \text{mol}^{-1}}{2} = 35{,}453 \text{ g} \cdot \text{mol}^{-1}$$

Nach dem 2. Faradayschen Gesetz gilt für das Verhältnis der beiden Massen:

$$\frac{m(Cl_2)}{m(Cu)} = \frac{M(Cl_{2,eq})}{M(Cu_{eq})} \qquad \Rightarrow \qquad m(Cl_2) = \frac{M(Cl_{2,eq}) \cdot m(Cu)}{M(Cu_{eq})}$$

Und damit:

$$m(Cl_2) = \frac{35,453 \text{ g} \cdot \text{mol}^{-1} \cdot 2 \text{ g}}{31,773 \text{ g} \cdot \text{mol}^{-1}} = 2,232 \text{ g}$$

Diese Masse entspricht der Stoffmenge:

$$n(Cl_2) = \frac{m(Cl_2)}{M(Cl_2)} = \frac{2,232 \text{ g}}{70,906 \text{ g} \cdot \text{mol}^{-1}} = 0,031 \text{ mol}$$

Das molare Volumen im Normzustand wird Tabelle 3.1 entnommen. Damit ist das gesuchte Volumen $V_n(Cl_2)$ nach Gl. (3.4):

$$V_n(Cl_2) = n(Cl_2) \cdot V_{m,n}(Cl_2) = 0,031 \text{ mol} \cdot 22,061 \text{ l} \cdot \text{mol}^{-1} = 0,684 \text{ l}$$

*Ergebnis:*

Das Volumen des gebildeten Chlors beträgt im Normzustand 0,684 l.

## 8.7 Übungsaufgaben

**8.7-1**  Welche Oxidationszahl hat Mangan in den folgenden Verbindungen?

a) $KMnO_4$

b) $MnO_2$

c) $MnSO_4$

d) $Mn_2O_3$

**8.7-2**  Wie lautet die Oxidationszahl des jeweiligen Metalls in den folgenden Komplexionen?

a) $[Ni(CN)_4]^{2-}$

b) $[Fe(OH)(H_2O)_5]^{2+}$

c) $[SbF_4]^{-}$

d) $[MoOCl_5]^{2-}$

e) $[Co(NH_3)_6]^{3+}$

**8.7-3**   Nennen Sie in den folgenden Verbindungen die Oxidationszahl des betreffenden Elements.

a) $CaH_2$   eines Wasserstoffatoms

b) $NO_2$   des Stickstoffatoms

c) $H_2O_2$   eines Sauerstoffatoms

d) $HClO_2$   des Chloratoms

e) $CrCl_3$   eines Chloratoms

**8.7-4**   Eine schwefelsaure Lösung von Eisen (II) - sulfat wird mit einer wässrigen Lösung von Kaliumpermanganat versetzt. Dabei werden Eisen (III) - sulfat und Mangan (II) - sulfat gebildet. Stellen Sie die Reaktionsgleichung auf.

**8.7-5**   Iodsäure ($HIO_3$) kann durch Oxidation von Iod mit Chlor in wässriger Lösung gewonnen werden, wobei noch Salzsäure entsteht. Wie lautet die Reaktionsgleichung?

**8.7-6**   Beim qualitativen Nachweis von Nitraten wird eine wässrige Lösung von Eisen (II) - sulfat vorsichtig mit konzentrierter Schwefelsäure unterschichtet. In der Berührungsphase entsteht bei Anwesenheit von Nitrat eine hohe Konzentration an Salpetersäure, die $Fe^{2+}$ - Ionen zu $Fe^{3+}$ - Ionen oxidiert und selbst zu Stickstoffoxid reduziert wird. Das Stickstoffoxid lagert sich dann an überschüssige $Fe^{2+}$ - Ionen an (Ringprobe). Leiten Sie dafür die Reaktionsgleichung her.

**8.7-7**   Ergänzen Sie in den nachfolgenden Ionengleichungen die noch fehlenden Reaktionskoeffizienten.

a) $Cr_2O_7^{2-} + Cl^- + H^+ \rightleftharpoons Cr^{3+} + Cl_2 + H_2O$

b) $MnO_4^- + NO_2^- + H^+ \rightleftharpoons Mn^{2+} + NO_3^- + H_2O$

c) $BrO_3^- + As^{3+} + H^+ \rightleftharpoons Br^- + As^{5+} + H_2O$

d) $ClO_3^- + Br^- + H^+ \rightleftharpoons Br_2 + Cl^- + H_2O$

**8.7-8**   Leiten Sie bei den nachfolgenden Bruttoreaktionsgleichungen die noch fehlenden Reaktionskoeffizienten her.

a) $PbO_2 + HCl \rightleftharpoons PbCl_2 + Cl_2 + H_2O$

b) $Sn + HNO_3 \rightleftharpoons SnO_2\downarrow + NO_2 + H_2O$

c) $KMnO_4 + H_2O_2 + H_2SO_4 \rightleftharpoons MnSO_4 + O_2$
$$+ K_2SO_4 + H_2O$$

d) $K_2Cr_2O_7 + H_2S + H_2SO_4 \rightleftharpoons Cr_2(SO_4)_3 + S\downarrow$
$$+ K_2SO_4 + H_2O$$

**8.7-9**   Ammoniak verbrennt in reinem Sauerstoff mit fahler Flamme zu Stickstoff und Wasser. Geben Sie die chemische Reaktionsgleichung an.

**8.7-10**   Chlor wird durch Natriumthiosulfat ($Na_2S_2O_3$) in Chlorid überführt, wobei das Thiosulfat selbst in Sulfat übergeht. Stellen Sie die Ionenform der Redoxgleichung auf.

**8.7-11**   Erhitzt man reines Kaliumchlorat ($KClO_3$), so zersetzt es sich unter Bildung von Kaliumchlorid (KCl) und Kaliumperchlorat ($KClO_4$). Wie lautet die vollständige Reaktionsgleichung?

**8.7-12**   Eine verdünnte wässrige Lösung von Kaliumchlorat wird mit konzentrierter Salzsäure versetzt. Dabei entstehen elementares Chlor und Wasser. Geben Sie dafür die Reaktionsgleichung in Ionenform an.

**8.7-13**   Der Alkohol Ethanol ($CH_3CH_2OH$) wird in schwefelsaurer Lösung durch Kaliumdichromat zu Ethanal ($CH_3CHO$, Acetaldehyd) oxidiert. Daneben entstehen neben Chrom(III)-sulfat noch Kaliumsulfat und Wasser. Leiten Sie die Reaktionsgleichung ab.

**8.7-14**   Anilin ($C_6H_5NH_2$) kann durch eine Reduktion der Verbindung Nitrobenzol ($C_6H_5NO_2$) mit Zinn und Salzsäure dargestellt werden. Außerdem werden Zinn(IV)-chlorid und Wasser gebildet. Nach welcher chemischen Gleichung läuft diese Reaktion ab?

**8.7-15**   Toluol ($C_6H_5CH_3$) wird durch Mangan(IV)-oxid in schwefelsaurer Lösung zu Benzaldehyd ($C_6H_5CHO$) oxidiert. Dabei entstehen auch noch Mangan(II)-sulfat und Wasser. Wie lautet für diese Umsetzung die vollständige Reaktionsgleichung?

**8.7-16**   Welchen Wert hat für eine verdünnte wässrige Lösung nach der Nernstschen Gleichung mit dem dekadischen Logarithmus und bei 298,15 K das Redoxpotenzial $E$ der folgenden Redoxgleichgewichte?

a) $2\,Cr^{3+} + 7\,H_2O \;\rightleftharpoons\; Cr_2O_7^{2-} + 14\,H^+ + 6\,e^-$

b) $S_2O_3^{2-} + 6\,OH^- \;\rightleftharpoons\; 2\,SO_3^{2-} + 3\,H_2O + 4\,e^-$

c) $Cl^- + 2\,OH^- \;\rightleftharpoons\; ClO^- + H_2O + 2\,e^-$

d) $Br_2 + 6\,H_2O \;\rightleftharpoons\; 2\,BrO_3^- + 12\,H^+ + 10\,e^-$

**8.7-17**   In einer Salzsäurelösung wird mit einer Wasserstoffelektrode ein Elektrodenpotenzial von - 0,149 V gemessen, die Temperatur beträgt 25 °C. Berechnen Sie, wie groß die Konzentration $c\,(Cl^-)$ ist.

**8.7-18**   In einem Halbelement taucht eine Zinkelektrode in eine wässrige Lösung von Zinksulfat mit der Konzentration $c\,(Zn^{2+}) = 0{,}0025\ mol \cdot l^{-1}$. Wie groß ist in diesem Elektrolyten das Elektrodenpotenzial, wenn dabei eine Temperatur von 25 °C vorliegt?

**8.7-19** In einer galvanischen Konzentrationskette tauchen zwei Silberelektroden jeweils in eine Silbernitratlösung. Die beiden Konzentrationen betragen dabei $c_1 (AgNO_3) = 0,05$ mol $\cdot$ $l^{-1}$ und $c_2 (AgNO_3) = 0,001$ mol $\cdot$ $l^{-1}$. Welche *EMK* entsteht dadurch bei 15 °C? Welches Ergebnis ergibt sich, wenn man bei der Berechnung anstatt der Konzentrationen die Aktivitäten verwendet?

**8.7-20** Eine Silberelektrode taucht in eine wässrige gesättigte Lösung von Silberchromat. In diesem Halbelement wird bei 25 °C ein Elektrodenpotenzial von + 0,582 V gemessen. Berechnen Sie daraus das vorliegende Löslichkeitsprodukt von $Ag_2CrO_4$.

**8.7-21** In der wässrigen Lösung einer schwachen Säure HY mit der Ausgangskonzentration $c_0 (HY) = 0,01$ mol $\cdot$ $l^{-1}$ wird mit einer Wasserstoffelektrode bei 20 °C ein Elektrodenpotenzial von - 0,212 V gemessen. Geben Sie den $pK_S$ -Wert dieser Säure an.

**8.7-22** Eine saure Lösung von Kaliumpermanganat und Mangan (II) - sulfat hat ein Redoxpotenzial von + 1,35 V. Berechnen Sie mit Tabelle 2 die Konzentration $c (Mn^{2+})$, wenn im eingestellten Redoxgleichgewicht die Konzentration $c (MnO_4^-) = 0,01$ mol $\cdot$ $l^{-1}$ und $pH = 1,8$ gemessen werden.

**8.7-23** Wie viel ml einer Lösung der Verbindung Kaliumdichromat mit der Konzentration $c (K_2Cr_2O_7) = 0,02$ mol $\cdot$ $l^{-1}$ sind erforderlich, um in schwefelsaurer Lösung 900 mg Eisen (II) - sulfat zu oxidieren?

**8.7-24** In einem galvanischen Kupfer-Silberelement hat der Elektrolyt der Silber-Halbzelle die Konzentration $c (Ag^+) = 0,01$ mol $\cdot$ $l^{-1}$. Welche Konzentration $c (Cu^{2+})$ muss für den Elektrolyten der Kupfer-Halbzelle gewählt werden, wenn eine Spannung von 430 mV erzeugt werden soll? Die Temperatur beträgt in beiden Halbzellen 25 °C.

**8.7-25** Zwei Kupfer-Halbzellen bilden eine galvanische Konzentrationskette, wobei der Elektrolyt in beiden Fällen aus einer Kupfersulfatlösung besteht. In der Halbzelle des Pluspols beträgt $c (Cu^{2+}) = 0,4$ mol $\cdot$ $l^{-1}$. Welche Konzentration liegt in der Halbzelle des Minuspols vor, wenn bei einer Temperatur von 14 °C eine elektromotorische Kraft von 60 mV gemessen wird?

**8.7-26** Berechnen Sie unter Verwendung der Tabelle 8.2 die Gleichgewichtskonstante für die folgende Reaktion.

$$Sn^{2+} + 2 Fe^{3+} \rightleftharpoons Sn^{4+} + 2 Fe^{2+}$$

**8.7-27** Berechnen Sie mit den Standardpotenzialen nach Tabelle 8.2 die Gleichgewichtskonstante für die folgende Reaktion.

$$Fe^{2+} + Ag^+ \rightleftharpoons Fe^{3+} + Ag$$

**8.7-28** Die *EMK* der galvanischen Konzentrationskette

$$Ag \left| \begin{array}{c} \text{Natriumbromidlösung} \\ c\,(NaBr) = 0,2\,\text{mol} \cdot l^{-1} \\ \text{mit AgBr gesättigt} \end{array} \right| \left| \begin{array}{c} \text{Silbernitratlsg.} \\ 0,01\,\text{mol} \cdot l^{-1} \\ AgNO_3 \end{array} \right| Ag$$

beträgt bei 22 °C 565 mV. Wie groß ist dann das Löslichkeitsprodukt von Silberbromid?

**8.7-29** Bei einem galvanischen Zink-Wasserstoffelement liegt bei Normaldruck und 25 °C die folgende Kette vor.

$$Zn \left| \begin{array}{c} \text{Zinksulfatlsg.} \\ 0,01\,\text{mol} \cdot l^{-1} \\ ZnSO_4 \end{array} \right| \left| \begin{array}{c} \text{Natronlauge} \\ 0,015\,\text{mol} \cdot l^{-1} \\ NaOH \end{array} \right| H_2\,(Pt)$$

Die damit gemessene *EMK* beträgt 101 mV. Welches stöchiometrische Ionenprodukt des Wassers lässt sich mit diesen Angaben berechnen?

**8.7-30** Ein Daniell-Element, bei dem zu Beginn die Konzentrationen der Zink- und Kupferionen gleich groß sind, hat bei einer Temperatur von 25 °C eine *EMK* von 1,10 Volt. Nach einer erfolgten Stromentnahme beträgt die Massenkonzentration $\beta\,(Cu^{2+}) = 63,5\,\text{mg} \cdot l^{-1}$. Wie groß ist dann die Massenkonzentration der Zinkionen unter der Annahme, dass sich die Volumina der Elektrolyten nicht verändert haben? Welche *EMK* ist dadurch entstanden?

**8.7-31** Die Kalomelelektrode mit dem potenzialbildenden Vorgang

$$2\,Hg \rightleftharpoons Hg_2^{2+} + 2\,e^-$$

ist ein Bezugselement (Referenzelektrode) aus elementarem Quecksilber, das mit festem $Hg_2Cl_2$ (Kalomel) beschichtet ist. Der Elektrolyt dieser Halbzelle besteht aus einer mit $Hg_2Cl_2$ gesättigten Kaliumchloridlösung, so dass die Konzentration der Quecksilberionen durch das Löslichkeitsprodukt $K_L = c\,(Hg_2^{2+}) \cdot c^2\,(Cl^-)$ bestimmt wird. Zur Ableitung des Potenzials taucht ein indifferenter Platindraht in das Quecksilber. Das Potenzial dieser Kalomelelektrode beträgt bei einer Temperatur von 25 °C gegenüber der Standard-Wasserstoffelektrode + 0,246 V. Welche *EMK* hat die galvanische Kette

$$\text{(Pt)}\,H_2 \,\left|\, \begin{matrix} \text{Salzsäurelsg.} \\ 0{,}001\ \text{mol} \cdot l^{-1} \\ \text{HCl} \end{matrix} \,\right|\!\!\left|\, \begin{matrix} \text{Kaliumchloridlsg.} \\ \text{mit } Hg_2Cl_2 \\ \text{gesättigt} \end{matrix} \,\right|\, Hg\,\text{(Pt)}$$

bei 25 °C und Normaldruck?

**8.7-32** Die *EMK* der galvanischen Konzentrationskette

$$\text{(Pt)}\,H_2 \,\left|\, \begin{matrix} \text{Kalilauge} \\ 0{,}001\ \text{mol} \cdot l^{-1} \\ \text{KOH} \end{matrix} \,\right|\!\!\left|\, \begin{matrix} \text{Salzsäurelsg.} \\ \text{Konzentration} \\ \text{unbekannt} \end{matrix} \,\right|\, H_2\,\text{(Pt)}$$

beträgt bei einer Temperatur von 15 °C und Normaldruck 573 mV. Welche Konzentration *c* (HCl) liegt vor, wenn *pK*$_W$ = 14,35 ist?

**8.7-33** Mit der galvanischen Kette

$$\text{(Pt)}\,H_2 \,\left|\, \begin{matrix} \text{Propansäure} \\ 0{,}01\ \text{mol} \cdot l^{-1} \\ C_2H_5COOH \end{matrix} \,\right|\!\!\left|\, \begin{matrix} \text{Silbernitratlsg.} \\ 0{,}01\ \text{mol} \cdot l^{-1} \\ AgNO_3 \end{matrix} \,\right|\, Ag$$

wird bei Normaldruck und bei 25 °C eine *EMK* von 885 mV gemessen. Berechnen Sie den $K_S$-Wert der schwachen Säure.

**8.7-34** Bei einer elektrolytischen Kupferraffination fließt der Strom mit der Stärke 1000 Ampere (A) durch eine Elektrolysezelle mit Kupfersulfatlösung als Elektrolyt. Wie lange muss dabei elektrolysiert werden, damit bei einer Stromausbeute von 92 % 15 kg metallisches Kupfer an der Kathode abgeschieden werden können?

**8.7-35** Eine Lösung von Schwefelsäure wird mit zwei Platinelektroden elektrolysiert. Dabei entstehen an der Anode im Normzustand 0,56 l Sauerstoff. Wie groß ist das gleichzeitig an der Kathode gebildete Volumen an Wasserstoff im Normzustand?

**8.7-36** Die elektrolytische Gewinnung von Aluminium durch Schmelzflusselektrolyse von $Al_2O_3$ wird bei 950 °C durchgeführt. Das metallische Aluminium wird dabei an der Kathode, die aus einer mit Kohlenstoff ausgekleideten eisernen Elektrolysierwanne besteht, abgeschieden. Wie viel kg des Aluminiums lassen sich dadurch mit einer Stromstärke von 100000 A bei einer Stromausbeute von 93,5 % in 1 h gewinnen?

**8.7-37** Eine Lösung von Kupfersulfat soll mit platinierten Platinelektroden elektrolytisch in Cu und $O_2$ zersetzt werden. Dabei gelten die Standardpotenziale $E^0(Cu^{2+}/Cu) = +0,34$ V und $E^0(O_2/OH^-) = +0,40$ V. Geben Sie an, bei welcher Spannung die Zersetzung beginnt, wenn bei 25 °C die Konzentration $c(Cu^{2+}) = 0,05$ mol $\cdot$ l$^{-1}$ ist und bei vorliegen von Normaldruck $pH = 7$ gilt? Der $pK_W$-Wert ist 14, und die Überspannung des Sauerstoffs beträgt $\eta(O_2) = 0,52$ V. Die Überspannung des Kupfers kann dabei vernachlässigt werden.

**8.7-38** Aus einer Silbernitratlösung sollen in 5 h elektrolytisch 80 g elementares Silber abgeschieden werden. Wie groß muss die dabei verwendete Stromstärke sein?

**8.7-39** Eine Scheibe aus Kupfer hat eine Oberfläche von 80 cm$^2$ und soll in einer Schichtdicke von 10 μm mit reinem Nickel überzogen werden. Dazu wird sie in einem Nickelsalzbad als Kathode geschaltet und bei einer Temperatur von 55 °C und einer Stromstärke von 2,3 A für 20 min elektrolysiert.

a) Berechnen Sie die Stromausbeute, wenn dafür 720 mg Nickel abgeschieden werden müssen.

b) Welche Dichte lässt sich aus diesen Angaben für Nickel berechnen?

**8.7-40** Ein Volumen von 300 ml einer wässrigen Kupfersulfatlösung der Konzentration $c(CuSO_4) = 0,50$ mol $\cdot$ l$^{-1}$ wird 90 min lang mit einer Stromstärke von 5 A elektrolysiert, wobei Kupfer an der Kathode abgeschieden wird. Auf welchen Wert ist dadurch die Stoffmengenkonzentration der Kupferionen gesunken, wenn dabei das Lösungsvolumen als konstant betrachtet wird?

**8.7-41** Die Verbindung Anilin ($C_6H_5NH_2$) kann durch kathodische Reduktion von Nitrobenzol ($C_6H_5NO_2$) im sauren Medium dargestellt werden.

$$C_6H_5NO_2 + 6\,H^+ + 6\,e^- \rightarrow C_6H_5NH_2 + 2\,H_2O$$

Wie viel Kilowattstunden (kWh) müssen aufgewendet werden, um auf diese Weise 800 g Anilin herstellen zu können? Die Elektrolyse wird bei einer Spannung von 1,2 V mit einer Stromausbeute von 92,5 % durchgeführt. (Zur notwendigen Umrechnung der Einheiten siehe bei der Lösung.)

**8.7-42** Eine Lösung von Natriumsulfat mit $c(Na_2SO_4) = 0,025$ mol $\cdot$ l$^{-1}$ wird bei niedriger Stromdichte mit zwei Platinelektroden elektrolysiert. Dabei wird ein Strom der Stärke 1 A für 10 min durch die Lösung geschickt.

a) Welche Stoffe scheiden sich an Kathode und Anode ab und welche Massen erhält man davon?

b) Geben Sie das Stoffmengenverhältnis dieser Stoffe an.

**8.7-43** Ein Schmuckstück aus Stahl mit einer Gesamtoberfläche von 56 cm$^2$ soll auf elektrolytischem Wege vergoldet werden, die Goldauflage soll gleichmäßig 8 μm betragen. Deshalb wird es in einem Goldsalzbad als Kathode geschaltet und bei 50 °C mit einer Stromdichte von 0,12 A · dm$^{-2}$ elektrolytisch beschichtet.

a) Wie lange dauert diese Elektrolyse, wenn die Dichte des Goldes den Wert 19,3 g · cm$^{-3}$ hat?

b) Wie viel Kilowattstunden (kWh) werden dabei verbraucht, wenn die Spannung 1 V beträgt?

**8.7-44** Bei einem verzinkten Werkstück soll die Zinkauflage elektrolytisch erhöht werden. Die Elektrolyse wird mit einer wässrigen Zinksulfatlösung bei niedriger Stromdichte durchgeführt, bis im Elektrolyten die Massenkonzentration $\beta(ZnSO_4) = 2,1 \, g \cdot l^{-1}$ erreicht ist. Wie klein darf in der Lösung der $p$H-Wert sein, ohne dass während der Elektrolyse kathodisch Wasserstoff gebildet wird? Die Überspannung von Wasserstoff an Zink beträgt - 0,65 V und die Temperatur der Elektrolyse 25 °C.

**8.7-45** Kaliumpermanganat ($KMnO_4$) wird technisch durch anodische Oxidation einer alkalischen Lösung von Kaliummanganat ($K_2MnO_4$) hergestellt. Wie viel kg $KMnO_4$ entstehen bei dieser Elektrolyse durch 2 kWh, wenn die Spannung 10 V und die Stromausbeute 100 % betragen?

**8.7-46** Zwei Elektrolysezellen sind hintereinander geschaltet. Die erste Zelle enthält eine Silbernitratlösung, die zweite eine Kupfersulfatlösung. In die beiden Zellen tauchen jeweils Platinelektroden. Bei der Elektrolyse scheiden sich kathodisch in der ersten Zelle 3,653 g Silber ab. Wie viel g Kupfer werden in der zweiten Zelle gebildet?

**8.7-47** Die wässrige Lösung eines Metallbromids wird für 90 min mit der Stromstärke 1 A elektrolysiert. Dabei werden an der Kathode 1,79 g des Metalls abgeschieden, gleichzeitig entsteht an der Anode Brom. Berechnen Sie die molare Masse von einem Ionenäquivalent des Metalls, wenn die Stromausbeute 100 % beträgt.

**8.7-48** Bei der Elektrolyse von 400 ml einer Salzsäurelösung mit der Konzentration $c(HCl) = 0,05 \, mol \cdot l^{-1}$ mit Platinelektroden entwickeln sich an der Anode 250 mg $Cl_2$. Berechnen Sie den $p$H-Wert, der nach Beendigung der Elektrolyse vorliegt, wenn dabei die Veränderung des Volumens vernachlässigt wird?

**8.7-49** Die Masse von 300 g einer wässrigen 20 %igen Natriumsulfatlösung wird mit einer Stromstärke von 6 A elektrolysiert, wobei ausschließlich das Lösungswasser zersetzt wird. Wie lange muss diese Elektrolyse andauern, wenn dadurch 30 %ige Natriumsulfatlösung erhalten werden soll?

**8.7-50** Ein wässriger Elektrolyt besteht aus gelöstem Kupfersulfat und gelöstem Silbernitrat mit $c\,(\mathrm{Cu}^{2+})\ =\ c\,(\mathrm{Ag}^{+})\ =\ 0{,}01\ \mathrm{mol}\cdot\mathrm{l}^{-1}$. Bis zu welchem Wert kann in dieser Lösung durch eine Elektrolyse die Konzentration der Silberionen verringert werden, bis sich Kupfer abzuscheiden beginnt? Die Temperatur beträgt 25 $^{\circ}$C.

# 9 Analytische Anwendungen

Eine chemische Umsetzung, die nach einer eindeutig zu beschreibenden Reaktionsgleichung abläuft, kann als Grundlage für die quantitative Bestimmung eines Stoffes dienen. Zu diesem Zweck muss die dafür infrage kommende Reaktion vollständig verlaufen.

## 9.1 Gravimetrie

> Bei der Gravimetrie wird die unbekannte Masse eines Stoffes im abgemessenen Volumen einer *Analysenlösung* durch die stöchiometrische Auswertung einer für den Stoff spezifischen Fällungsreaktion quantitativ bestimmt.

Zu der Analysenlösung, die eine unbekannte Menge einer Ionensorte enthält, wird eine Reagenslösung im Überschuss hinzugefügt, wodurch die zu bestimmenden Ionen in eine schwerlösliche Verbindung überführt werden. Diese fällt aus der Lösung als so genannter *Niederschlag* aus, weswegen man dabei auch von einer *Fällungsanalyse* spricht. Der Niederschlag wird dann von der Lösung abgetrennt und nach einer geeigneten analytischen Behandlung ausgewogen. Durch die bekannte stöchiometrische Zusammensetzung der als Feststoff vorliegenden reinen Verbindung kann jetzt die Masse des fraglichen Stoffes berechnet werden.

Die Anwendbarkeit einer gravimetrischen Bestimmung ist an die nachfolgenden Voraussetzungen gebunden.

a) Die Ausfällung muss quasi vollständig verlaufen, das Gleichgewicht einer Fällungsreaktion muss demzufolge sehr weit auf der Seite der Reaktionsprodukte liegen.

b) Der Niederschlag oder die daraus hergestellte Verbindung muss eine bekannte stöchiometrische Zusammensetzung haben.

c) Der Niederschlag bzw. die daraus hergestellte Verbindung muss eine reproduzierbare Massenbestimmung mittels einer Waage zulassen.

Nähere Einzelheiten über die Gravimetrie und deren praktische Durchführung enthalten die Lehrbücher der analytischen Chemie.

**Beispiel 9.1**
Eine saure Analysenlösung von $Fe^{3+}$-Ionen wird im Überschuss mit einer Ammoniaklösung versetzt, wodurch das dreiwertige Eisen quantitativ als Hydroxid ausfällt. Der Niederschlag wird abfiltriert, gewaschen und anschließend bis zur Gewichtskonstanz geglüht. Die Wägung des dabei gebildeten Eisen(III)-oxids ergibt eine Masse von 320 mg. Wie groß war die Masse des gelösten Eisens in der Analysenlösung?

*Gesucht:* $m(Fe^{3+})$                                      *Gegeben:* $m(Fe_2O_3)$

*Lösung:*

Die Reaktionsgleichung für die Oxidbildung lautet:

$$2\,Fe(OH)_3 \;\rightarrow\; Fe_2O_3 + 3\,H_2O$$

Daraus ergibt sich für das gebildete Eisen(III)-oxid die Stoffmengenrelation:

$$\frac{n(Fe\,in\,Fe_2O_3)}{n(Fe_2O_3)} = \frac{2}{1} \qquad \Rightarrow \qquad n(Fe\,in\,Fe_2O_3) = 2\,n(Fe_2O_3)$$

Es gilt:

$$n(Fe_2O_3) = \frac{m(Fe_2O_3)}{M(Fe_2O_3)} = \frac{0{,}320\;g}{159{,}688\;g\cdot mol^{-1}} = 0{,}002\;mol$$

Nach der Stoffmengenrelation ist:

$$n(Fe\,in\,Fe_2O_3) = 0{,}004\;mol$$

Damit folgt für den Eisengehalt:

$$m(Fe) = n(Fe)\cdot M(Fe) = 0{,}004\;mol \cdot 55{,}845\;g\cdot mol^{-1} = 0{,}223\;g$$

*Ergebnis:*

Die Analysenlösung enthielt die Masse von 223 mg an gelöstem Eisen.

## 9.2 Maßanalyse

> Bei der Maßanalyse wird die unbekannte Konzentration eines Stoffes einer abgemessenen Analysenlösung durch Zugabe einer Reagenslösung bekannten Gehalts, der so genannten Maßlösung, quantitativ bestimmt. Dabei ist das hinzugefügte Volumen der Maßlösung gemäß der Reaktionsgleichung der Stoffmenge des zu bestimmenden Stoffes äquivalent.

Die Maßlösung wird aus einer *Bürette*, einem graduierten Glasrohr, unter Rühren schrittweise zu der Analysenlösung hinzugefügt. Dazu dient ein Bürettenhahn, der sich am unteren Ende der Bürette befindet, durch den man die Maßlösung portions- oder auch tropfenweise zugeben kann. Der Gesamtvorgang wird als *Titration* bezeichnet (s. Abb. 9.1), die Analysenlösung wird mit der Maßlösung titriert. In einer Titration wird dasjenige Volumen der Maßlösung ermittelt, das gerade für den vollständigen Umsatz des zu bestimmenden Stoffes erforderlich ist. Dieser Endpunkt der Titration wird als *Äquivalenzpunkt* bezeichnet, weil dann gemäß der Reaktionsgleichung die der zu bestimmenden Stoffmenge der Analysenlösung äquivalente Stoffmenge der Maßlösung zugegeben worden ist. Allgemein nähert man sich ihm durch tropfenweise Zugabe der Maßlösung. Ist er erreicht, dann wird die Zugabe durch Schließen des Bürettenhahnes beendet und das bei der Titration verbrauchte Volumen an der Bürette abgelesen. Das Erkennen des Äquivalenzpunktes kann z.B. anhand des Farbwechsels eines der Analysenlösung zugefügten *Indikators* (*chemische Indikation*) oder auch durch die Anwendung physikalischer Methoden (*physikalische Indikation*) wie z.B. der *Potenziometrie* erfolgen. Weitere Informationen zur Durchführung einer maßanalytischen Bestimmung enthalten die Lehrbücher der analytischen Chemie.

Die Anwendbarkeit der Maßanalyse zur quantitativen Bestimmung eines Stoffes ist noch an die nachfolgenden Voraussetzungen gebunden.

a)  Die zugrunde liegende Reaktion muss schnell, vollständig und allein nach den Vorgaben der Reaktionsgleichung ablaufen. Nebenreaktionen dürfen dabei also nicht auftreten.

b)  Eine geeignete Maßlösung mit bekanntem Gehalt muss herstellbar sein und zumindest für die Dauer der Titration stabil bleiben.

c)  Der Äquivalenzpunkt muss deutlich erkennbar sein.

Je nach dem Reaktionstyp einer Titration lassen sich bei der Maßanalyse eine *Säure-Base-Titration* (s. auch Kap. 6.3), eine *Redoxtitration* (s. auch Kap. 8.3), eine *komplexometrische Titration* (s. auch Kap. 6.4) und eine *Fällungstitration* (s. auch Kap. 7.3) unterscheiden.

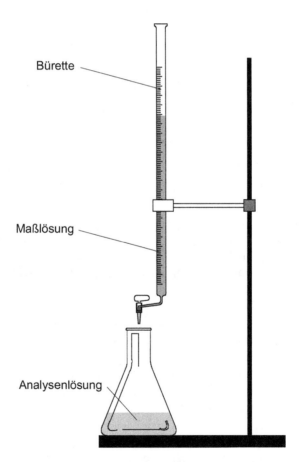

**Abb. 9.1**   Prinzip einer Titration

**Beispiel 9.2**

Wie viel mg $H_2SO_4$ enthalten 250 ml einer Schwefelsäurelösung, zu der für eine Säure-Base-Titration einige Tropfen einer Methylorangelösung als Indikator gegeben werden und die mit Natronlauge der Konzentration $0,1\ mol \cdot l^{-1}$ bis zum Farbumschlag von Rot nach Gelborange titriert wird? Der Verbrauch beträgt 23,60 ml.

*Gesucht:* $m_R(H_2SO_4)$     *Gegeben:* $V_L(H_2SO_4)$ , $c(NaOH)$ , $V_L(NaOH)$

*Lösung:*

Die Reaktionsgleichung für die Neutralisation lautet:

$$H_2SO_4\ +\ 2\ NaOH\ \rightarrow\ Na_2SO_4\ +\ 2\ H_2O$$

Somit gilt die Stoffmengenrelation:

$$\frac{n_R(H_2SO_4)}{n_R(NaOH)} = \frac{1}{2} \quad \Rightarrow \quad n_R(H_2SO_4) = \frac{1}{2}\,n_R(NaOH)$$

Dabei ist:

$$n_R(NaOH) = V_L(NaOH) \cdot c(NaOH) = 0,02360\ l \cdot 0,1\ mol \cdot l^{-1}$$

$$= 0,00236\ mol$$

Und damit:

$$n_R(H_2SO_4) = 0,00118\ mol$$

$$m_R(H_2SO_4) = n_R(H_2SO_4) \cdot M(H_2SO_4)$$

$$= 0,00118\ mol \cdot 98,078\ g \cdot mol^{-1} = 115,73\ mg$$

*Ergebnis:*

    Die Schwefelsäurelösung enthält 115,73 mg $H_2SO_4$.

Will man mehrere verschieden konzentrierte Schwefelsäurelösungen auf diese Weise titrimetrisch bestimmen, dann lässt sich die Auswertung der Titrationen vereinfachen. Wenn man nämlich die obige stöchiometrische Berechnung für den Verbrauch von 1 ml der Maßlösung durchführt, so erhält man die Beziehung:

$$1\ ml\ NaOH\text{ - Maßlösung},\ c(NaOH) = 0,1\ mol \cdot l^{-1} \mathrel{\widehat{=}} 4,9039\ mg\ H_2SO_4$$

Durch Multiplikation dieser Masse an $H_2SO_4$ mit dem gesamten Verbrauch der Maßlösung in der Einheit ml kommt man damit sofort zum Endergebnis der Bestimmung. Dieser Faktor, mit dem der Verbrauch multipliziert werden muss, ist abgesehen von der vorliegenden Verbindung auch noch von der Stoffmengenrelation der Reaktion abhängig. Beispielsweise gilt:

$$1 \text{ ml NaOH - Maßlösung}, \ c \,(\text{NaOH}) \ = \ 0{,}1 \text{ mol} \cdot l^{-1} \ \hat{=} \ 3{,}6461 \text{ mg HCl}$$

$$1 \text{ ml NaOH - Maßlösung}, \ c \,(\text{NaOH}) \ = \ 0{,}1 \text{ mol} \cdot l^{-1} \ \hat{=} \ 6{,}0052 \text{ mg HAc}$$

Titriert man umgekehrt eine Base mit einer Säure als Maßlösung, so bleibt dabei das Prinzip der stöchiometrischen Auswertung erhalten.

**Beispiel 9.3**
200 ml einer schwefelsauren Analysenlösung enthalten 167,6 mg gelöstes zweiwertiges Eisen. Wie viel ml einer $KMnO_4$ - Maßlösung mit einer Konzentration von $0{,}02 \text{ mol} \cdot l^{-1}$ müssen bei der Titration bis zum Äquivalenzpunkt zugefügt werden? Bei diesem Reaktionstyp handelt es sich um eine Redoxtitration, speziell um eine *manganometrische* Bestimmung (*Manganometrie*).

*Gesucht:* $V_L \,(\text{KMnO}_4)$         *Gegeben:* $V_L \,(\text{Fe}^{2+})$ , $m \,(\text{Fe}^{2+})$ , $c \,(\text{KMnO}_4)$

*Lösung:*

Da das $KMnO_4$ vollständig dissoziiert ist, lautet die Reaktionsgleichung:

$$\text{MnO}_4^- \ + \ 5 \,\text{Fe}^{2+} \ + \ 8 \,\text{H}^+ \ \rightleftharpoons \ \text{Mn}^{2+} \ + \ 5 \,\text{Fe}^{3+} \ + \ 4 \,\text{H}_2\text{O}$$

Daraus folgt die hier relevante Stoffmengenrelation:

$$\frac{n_R \,(\text{MnO}_4^-)}{n_R \,(\text{Fe}^{2+})} \ = \ \frac{1}{5} \qquad \Rightarrow \qquad n_R \,(\text{MnO}_4^-) \ = \ \frac{1}{5} \, n_R \,(\text{Fe}^{2+})$$

Dabei gilt:

$$n_R \,(\text{Fe}^{2+}) \ = \ \frac{m_R \,(\text{Fe}^{2+})}{M \,(\text{Fe}^{2+})} \ = \ \frac{0{,}1676 \text{ g}}{55{,}845 \text{ g} \cdot \text{mol}^{-1}} \ = \ 0{,}0030 \text{ mol}$$

Und damit:

$$V_L \,(\text{KMnO}_4) \ = \ \frac{0{,}0030 \,\text{mol}}{5 \cdot 0{,}02 \text{ mol} \cdot l^{-1}} \ = \ 0{,}0300 \,l$$

*Ergebnis:*

Bis zum Äquivalenzpunkt müssen 30,0 ml der Maßlösung zugefügt werden.

Nach der Stoffmengenrelation gilt generell, s. auch Beispiel 9.2:

$$1 \text{ ml KMnO}_4\text{-Maßlösung}, \ c(\text{KMnO}_4) = 0,02 \text{ mol} \cdot l^{-1} \mathrel{\hat{=}} 5,5845 \text{ mg Fe}^{2+}$$

Bei den komplexometrischen Bestimmungen von mehrwertigen Metallkationen kommen Lösungen von organischen Komplexbildnern, so genannte *Komplexone*, zur Anwendung. In vielen Fällen handelt es sich dabei um Ethylendiamintetraessigsäure (EDTE, engl. EDTA), die mit mehrwertigen Metallkationen, unabhängig von deren Ionenladung, sehr stabile Komplexe ($K_B$ ist groß) im Stoffmengenverhältnis 1 : 1 bilden kann. Dieses Molekül enthält chemisch gebunden 4 Sauerstoff- und 2 Stickstoffatome, die mit einem Metallkation Komplexbindungen eingehen können. Das Komplexion bildet sich dabei stets aus einem Metallkation und einem Molekül der EDTA als Ganzes, wobei das Kation von dem organischen Molekül räumlich umgeben wird. Die EDTA ist zugleich eine vierwertige Säure mit demnach vier $pK_S$-Werten und kann deshalb auch durch die Kurzform $H_4Y$ beschrieben werden, wobei das Anion $Y^{4-}$ das Grundgerüst des Moleküls darstellt.

$$
H_4Y \quad \mathrel{\hat{=}} \qquad
\begin{array}{ccc}
\text{HOOC}-\text{CH}_2 & & \text{CH}_2-\text{COOH} \\
\diagdown & & \diagup \\
& \text{N}-\text{CH}_2-\text{CH}_2-\text{N} & \\
\diagup & & \diagdown \\
\text{HOOC}-\text{CH}_2 & & \text{CH}_2-\text{COOH}
\end{array}
$$

Je nach dem pH-Wert der Lösung liegt sie also beispielsweise als $H_2Y^{2-}$ oder auch $HY^{3-}$ vor. Wegen der besseren Löslichkeit in Wasser wird sie in Form des Dinatriumsalzes $Na_2H_2Y \cdot 2\,H_2O$ eingesetzt. Die bei den komplexometrischen Bestimmungen verwendeten Metallindikatoren sind ebenfalls Komplexbildner.

**Beispiel 9.4**
Zur komplexometrischen Bestimmung von Calcium neben Magnesium wird zu einem Volumen von 100 ml eines Grundwassers so viel Natronlauge gegeben, bis ein pH-Wert von etwa 12 eingestellt ist. Bei diesem pH-Wert wird das gelöste Magnesium quantitativ als Hydroxid ausgefällt. Danach wird die Analysenlösung mit dem Indikator Calconcarbonsäure versetzt und mit einer EDTA-Maßlösung der Konzentration $0,1 \text{ mol} \cdot l^{-1}$ bis zum Farbumschlag von Rot nach Blau titriert. Der Verbrauch beträgt 5,45 ml. Wie groß war dann die Massenkonzentration der Calciumionen? (Bei pH = 12 liegt die EDTA überwiegend als Anion $Y^{4-}$ vor.)

*Gesucht:* $\beta\,(Ca^{2+})$       *Gegeben:* $V_L\,(Ca^{2+})$ , $c\,(EDTA) = c\,(Y^{4-})$ , $V_L\,(Y^{4-})$

*Lösung:*

Die Reaktionsgleichung lautet:

$$Ca^{2+} \;+\; Y^{4-} \;\rightleftharpoons\; \left[CaY\right]^{2-}$$

Daraus folgt die einfache Stoffmengenrelation:

$$n_R\,(Ca^{2+}) \;=\; n_R\,(Y^{4-})$$

Mit dem Titrationsverbrauch folgt:

$$n_R\,(Y^{4-}) = V_L\,(Y^{4-}) \cdot c\,(Y^{4-})$$

$$= 0{,}00545\;l \cdot 0{,}1\;mol \cdot l^{-1} = 0{,}000545\;mol$$

Und damit:

$$n_R\,(Ca^{2+}) = 0{,}000545\;mol$$

Für die Massenkonzentration gilt dann:

$$\beta\,(Ca^{2+}) \;=\; M\,(Ca^{2+}) \cdot c\,(Ca^{2+}) \;=\; \frac{M\,(Ca^{2+}) \cdot n_R\,(Ca^{2+})}{V_L\,(Ca^{2+})}$$

$$= \frac{40{,}078\;g \cdot mol^{-1} \cdot 0{,}000545\;mol}{0{,}100\;l} = 218{,}43\;mg \cdot l^{-1}$$

*Ergebnis:*

Die Massenkonzentration der Calciumionen betrug $218{,}43\;mg \cdot l^{-1}$.

Da die Bildung der Komplexionen aus Metallkationen und der EDTA immer im Stoffmengenverhältnis 1 : 1 erfolgt, gilt für die Auswertung generell:

1 ml EDTA - Maßlösung, $c\,(EDTA) = 0{,}1\;mol \cdot l^{-1} \;\hat{=}\; 10^{-4}$ mol Metallionen

Speziell bei $Ca^{2+}$ ergibt sich somit:

1 ml EDTA - Maßlösung, $c\,(EDTA) = 0{,}1\;mol \cdot l^{-1} \;\hat{=}\; 4{,}0078$ mg $Ca^{2+}$

**Beispiel 9.5**

In einer wässrigen Lösung von Kaliumchlorid soll die Konzentration der Chlorid-ionen durch eine Fällungstitration nach *Mohr* bestimmt werden. Zu diesem Zweck werden 30 ml der Chloridlösung mit 2 ml einer Kaliumchromatlösung als Indikator versetzt und mit $AgNO_3$ - Maßlösung der Konzentration 0,1 mol · l$^{-1}$ titriert. Der Äquivalenzpunkt ist erreicht, wenn die Farbe der Analysenlösung von Gelb nach Rotbraun umschlägt. Berechnen Sie $c$ (Cl$^-$), wenn der Verbrauch an Maßlösung bis zum Äquivalenzpunkt 26,3 ml beträgt.

*Gesucht:* $c$ (Cl$^-$)      *Gegeben:* $V_L$ (Cl$^-$) , $c$ (AgNO$_3$) , $V_L$ (AgNO$_3$)

*Lösung:*

Die Fällungstitration verläuft nach der Reaktionsgleichung:

$$Ag^+ + Cl^- \; \rightleftharpoons \; AgCl \downarrow$$

Die Analysenlösung ist zunächst durch das $K_2CrO_4$ gelb gefärbt. Bei Erreichen des Äquivalenzpunktes wird dann das Löslichkeitsprodukt von $Ag_2CrO_4$ überschritten, so dass sich ein rotbrauner Niederschlag von Silberchromat bildet. Dadurch ist die Analysenlösung ebenfalls rotbraun gefärbt. Damit diese Fällung auch den Äquivalenzpunkt anzeigt, müssen der Konzentrationsbereich der Chloridionen und die zugefügte Indikatormenge aufeinander abgestimmt sein. Die Stoffmengenrelation lautet dann:

$$n_R \, (Cl^-) = n_R \, (Ag^+)$$

Da das $AgNO_3$ vollständig dissoziiert ist, gilt bei dem Titrationsverbrauch:

$$n_R \, (Ag^+) = V_L \, (Ag^+) \cdot c \, (Ag^+) = 0{,}0263 \, l \cdot 0{,}1 \, mol \cdot l^{-1} = 0{,}00263 \, mol$$

Damit folgt:

$$c \, (Cl^-) = \frac{n_R \, (Cl^-)}{V_L \, (Cl^-)} = \frac{0{,}00263 \, mol}{0{,}030 \, l} = 87{,}67 \, mmol \cdot l^{-1}$$

*Ergebnis:*

Die gesuchte Stoffmengenkonzentration beträgt $c$ (Cl$^-$) = 87,67 mmol · l$^{-1}$.

# 9.3 Übungsaufgaben

**9.3-1**   In einem Heilwasser soll der Sulfatgehalt gravimetrisch bestimmt werden. Dazu wird ein Volumen von 100 ml des Untersuchungswassers nach einer geeigneten Vorbehandlung zum Sieden erhitzt und dann tropfenweise mit heißer Bariumchloridlösung im Überschuss versetzt. Der entstandene Niederschlag wird nach dem Erkalten mit einem zuvor konstant geglühten Porzellanfiltertiegel abfiltriert und mit wenig destilliertem Wasser chloridfrei gewaschen. Anschließend wird der Tiegel bei etwa 800 $^{\circ}$C geglüht und nach dem Erkalten gewogen. Die Gesamtmasse beträgt 14,7642 g, der leere Tiegel wog 14,4841 g. Welchen Wert hat in diesem Heilwasser die Massenkonzentration des Sulfats?

**9.3-2**   Ein Produktionsabwasser hat vor der notwendigen Abwasserbehandlung einen hohen Bleigehalt. Zu seiner gravimetrischen Bestimmung wird die Analysenlösung mit verdünnter Schwefelsäure versetzt, wobei Bleisulfat ausfällt. Der Niederschlag wird mit einem Filtertiegel abfiltriert, mit destilliertem Wasser gewaschen und bei 110 $^{\circ}$C getrocknet. Danach wird der Filtertiegel in einem elektrischen Ofen auf 600 $^{\circ}$C bis zur Gewichtskonstanz erhitzt. Mit einer Analysenwaage wird dann die Masse des wieder erkalteten Niederschlags zu 367,4 mg bestimmt. Mit wie viel destilliertem Wasser durfte der Niederschlag höchstens gewaschen werden, damit der allein dadurch bedingte Fehler der gravimetrischen Bestimmung nicht mehr als maximal 2 % beträgt? Für das Bleisulfat gilt: $pK_L = 7{,}86$.

**9.3-3**   Eine Masse von 3,394 g des Doppelsalzes $KMgCl_2 \cdot x\, H_2O$ wird in Wasser gelöst, anschließend wird das gelöste Magnesium als Magnesiumammoniumphosphat ($MgNH_4PO_4$) gefällt. Der Niederschlag wird mit einem Porzellanfiltertiegel abfiltriert, gewaschen und getrocknet, und danach in einem elektrischen Ofen bei einer Temperatur von ca. 900 $^{\circ}$C in die Wägeform Magnesiumdiphosphat ($Mg_2P_2O_7$) überführt. Nach dem Erkalten wird seine Masse mit einer Analysenwaage zu 1,558 g bestimmt. Geben Sie die vollständige chemische Formel des eingewogenen kristallwasserhaltigen Doppelsalzes an.

**9.3-4**   Die Zusammensetzung eines Werkstücks aus Aluminiumbronze (Kupfer-Aluminium-Legierung) soll analytisch überprüft werden. Dazu wird eine Probe des Werkstücks eingewogen und mit Salpetersäure in Lösung gebracht. Aus dieser Lösung werden die Kupferionen durch eine Elektrolyse an einer Platinkathode metallisch abgeschieden und gewogen. Das Ergebnis der elektrogravimetrischen Bestimmung ergibt 1,4823 g Kupfer. Danach wird das gelöste Aluminium mit überschüssiger Ammoniaklösung als Hydroxid gefällt, der Niederschlag wird abfiltriert, gewaschen und getrocknet. Die sich anschließende Veraschung bei 1200 $^{\circ}$C überführt das Hydroxid in das Oxid, dessen Masse nach dem Erkalten zu 346,7 mg bestimmt wird.

a)  Wie viel g Probe wurden eingewogen?

b)  Wie groß ist die prozentuale Zusammensetzung der Bronze?

**9.3-5**  Zu der wässrigen Lösung von 1,280 g einer Mischung der beiden Halogenide Natriumbromid und Kaliumiodid wird zunächst verdünnte Salpetersäure und dann so viel Silbernitratlösung gegeben, bis ein geringer Überschuss an Silbernitrat vorliegt. Dadurch werden die Halogenidionen quantitativ als Silberbromid bzw. Silberiodid ausgefällt. Der Niederschlag der Silberhalogenide, der abfiltriert, gewaschen und danach bei 130 °C getrocknet wird, wiegt 2,211 g. Wie viel g NaBr und wie viel g KI lagen in der Ausgangsmischung vor? (Hinweis: Zur Lösung der Aufgabe werden zunächst vier Bestimmungsgleichungen aufgestellt und dann in geeigneter Weise kombiniert.)

**9.3-6**  Ein Volumen von 70 ml einer wässrigen Essigsäurelösung wird mit destilliertem Wasser auf 100 ml verdünnt und nach Zugabe von 4 Tropfen einer Phenolphthaleinlösung als Indikator mit NaOH - Maßlösung der Konzentration $0,2 \, mol \cdot l^{-1}$ titriert. Dabei ist der Äquivalenzpunkt erreicht, wenn die Farbe der Analysenlösung von Farblos nach schwach Rosa umschlägt. Welcher pH - Wert liegt am Äquivalenzpunkt vor, wenn das addierte Volumen der Indikatorlösung vernachlässigt und an der Bürette ein Titrationsverbrauch von 39,5 ml abgelesen wird? Der $pK_S$ - Wert der Essigsäure beträgt 4,75, und der $pK_W$ - Wert ist 14,00.

**9.3-7**  10 ml 5 %ige Natronlauge mit $\rho_{L,20}$ (NaOH, 5 %) $= 1,054 \, g \cdot ml^{-1}$ werden mit destilliertem Wasser auf 100 ml verdünnt. Nach Zugabe einiger Tropfen Methylrotlösung als Indikator wird dann die Analysenlösung unter Rühren mit HCl - Maßlösung der Konzentration $0,5 \, mol \cdot l^{-1}$ titriert. Am Äquivalenzpunkt schlägt die Farbe der Lösung durch den Indikator von Gelb nach Rot um.

a)  Wie viel ml Maßlösung werden bis zum Äquivalenzpunkt verbraucht?

b)  Welcher pH - Wert liegt vor, wenn die Analysenlösung um 10 % übertitriert wird? Das geringe Volumen der hinzugefügten Indikatorlösung soll dabei vernachlässigt werden.

**9.3-8**  In dem verunreinigten Salz Ba(OH)$_2 \cdot$ 8 H$_2$O soll der Bariumgehalt maßanalytisch bestimmt werden. Dafür steht als Maßlösung nur eine Natronlauge zur Verfügung. 4,2 g des Salzes werden in ca. 100 ml Wasser gelöst und die Lösung dann vorsichtig mit 20 ml 10 %iger Schwefelsäure der Dichte $\rho_{L,20}$ (H$_2$SO$_4$, 10 %) $= 1,066 \, g \cdot ml^{-1}$ versetzt. Nach dem Umschütteln des Reaktionsgefäßes ist die Lösung noch stark sauer. Bei der sich anschließenden Titration mit der NaOH - Maßlösung der Konzentration $1 \, mol \cdot l^{-1}$ werden 17,8 ml verbraucht. Wie groß ist der Massenanteil von Barium in der reinen Verbindung und in dem verunreinigten Salz?

**9.3-9**  Ein Feststoffgemisch besteht aus den Verbindungen Kaliumhydroxid und Calciumhydroxid. Von diesem Gemisch werden 250 mg in Wasser gelöst und mit HCl - Maßlösung der Konzentration $0,1 \, mol \cdot l^{-1}$ gegen Methylorange als Indikator titriert. Der Titrationsverbrauch ist exakt 53 ml. Berechnen Sie die prozentualen Massenanteile der beiden Hydroxide.

**9.3-10** Eine wässrige Lösung enthält die beiden Salze NaOH und $Na_2CO_3$. Zu ihrer Bestimmung werden davon 30 ml nach Zusatz von einigen Tropfen Methylorangelösung als Indikator mit einer HCl - Maßlösung der Konzentration $0,1 \ mol \cdot l^{-1}$ titriert. Der Titrationsverbrauch bis zum Äquivalenzpunkt beträgt 42,4 ml. In einer zweiten Probe von ebenfalls 30 ml wird der Carbonatanteil mit neutraler Bariumchloridlösung gefällt. Die durch das ausgefällte $BaCO_3$ getrübte Analysenlösung wird anschließend gegen den Indikator Phenolphthalein mit einer $H_2C_2O_4$ - Maßlösung der Konzentration $0,05 \ mol \cdot l^{-1}$ bis zur Entfärbung des Indikators titriert. Dabei beträgt der Titrationsverbrauch 17,6 ml. Welche prozentualen Massenanteile der beiden Natriumsalze liegen in der Ausgangslösung vor?

**9.3-11** Eine schwefelsaure Lösung des Salzes Natriumoxalat ($Na_2C_2O_4$) wird bei einer Temperatur von ca. 80 °C mit einer $KMnO_4$ - Maßlösung der Konzentration $0,02 \ mol \cdot l^{-1}$ titriert. Das Erreichen des Äquivalenzpunktes ist daran zu erkennen, dass ein geringfügiger Überschuss der intensiv rotviolett gefärbten Maßlösung (maximal 1 Tropfen) der Analysenlösung eine schwach rotviolette Färbung erteilt. Durch diese geringe Übertitration ist in der Manganometrie kein Zusatz eines Fremdindikators erforderlich, der deswegen bedingte Fehler im Verbrauch kann im Normalfall vernachlässigt werden. Wie viel mg des Salzes Natriumoxalat haben vorgelegen, wenn der Titrationsverbrauch bis zum Äquivalenzpunkt 36,51 ml beträgt?

**9.3-12** In dem in reinem Zustand hellblauen Hydrat $FeSO_4 \cdot 7 \ H_2O$ wird durch teilweise Oxidation Fe (III) gebildet, weshalb das Salz schon bei einem geringen Anteil von dreiwertigem Eisen eine hellgrüne Farbe annimmt. Um dabei den Massenanteil von Fe (III) zu bestimmen, wird zunächst eine schwefelsaure Lösung des Salzes hergestellt. Von dieser Lösung wird ein Probevolumen entnommen und mit $KMnO_4$ - Maßlösung der Konzentration $0,02 \ mol \cdot l^{-1}$ bis zum Äquivalenzpunkt titriert. An der Bürette wird ein Verbrauch von 33,51 ml abgelesen. In einer zweiten Probe desselben Volumens wird das dreiwertige Eisen reduziert, die anschließende Titration ergibt einen Verbrauch von 36,02 ml. Wie groß ist in dem Salz der prozentuale Massenanteil von Fe (III) an dem Gesamtgehalt von Eisen?

**9.3-13** Die Verbindung Mangan (IV) - oxid wurde als ein anorganisches Präparat hergestellt und soll auf seine Reinheit hin untersucht werden. Dazu werden 365,7 mg des Präparates mit einer Mischung aus 100 ml einer Oxalsäurelösung, $c(H_2C_2O_4) = 0,05 \ mol \cdot l^{-1}$, und 20 ml einer verdünnten Schwefelsäure in der Wärme behandelt. Dabei wird das Mn (IV) quantitativ zu Mn (II) reduziert. Die überschüssige Oxalsäure wird mit $KMnO_4$ - Maßlösung der Konzentration $0,02 \ mol \cdot l^{-1}$ zurücktitriert. Berechnen Sie bei einem Verbrauch von 25,98 ml den Anteil von $MnO_2$ am Präparat.

**9.3-14** Zur Herstellung einer $KBrO_3$ - Maßlösung werden in einem Messkolben mit Wasser 2,7834 g Kaliumbromid gelöst, danach wird der Messkolben mit Wasser auf 1 l aufgefüllt. Anschließend werden 50 ml einer wässrigen Lösung von dreiwertigem Antimon mit 20 ml konzentrierter Salzsäure sowie 2 Tropfen einer Lösung von Methylorange als Indikator versetzt. Die Analysenlösung wird bei ca. 60 °C langsam mit der $KBrO_3$ - Maßlösung titriert, wobei Sb (III) zu Sb (V) oxidiert und $KBrO_3$ zu $Br^-$ reduziert wird. Am Äquivalenzpunkt reagiert dann das Bromid mit dem nicht mehr verbrauchten Kaliumbromat zu elementarem Brom (Symproportionierung), das den Indikator oxidiert und auf diese Weise entfärbt. Welche Konzentration der Ausgangslösung an Sb (III) liegt vor, wenn der Titrationsverbrauch 36,76 ml beträgt?

**9.3-15** Um eine Iod - Maßlösung herstellen zu können, werden ca. 13 g Iod in einem Messkolben in Kaliumiodidlösung gelöst und anschließend mit Wasser auf ein Volumen von 1 l aufgefüllt. Diese Lösung hat ungefähr die Konzentration $c(I_2) = 0,05 \text{ mol} \cdot l^{-1}$. Zur Bestimmung ihres genauen Gehalts werden 138,5 mg analysenreines Arsen (III) - oxid eingewogen und danach in 10 ml Natronlauge der Konzentration $1 \text{ mol} \cdot l^{-1}$ gelöst. Da in der stark basischen Lösung der Luftsauerstoff As (III) zu As (V) oxidieren kann, werden deswegen sofort 12 ml Schwefelsäure der Konzentration $0,5 \text{ mol} \cdot l^{-1}$ hinzugegeben. Nach Verdünnung auf ca. 200 ml werden dann noch 2 g Natriumhydrogencarbonat hinzugefügt, wodurch die Analysenlösung schwach basisch wird (s. Kap. 6.3-5 e). Die vorliegende arsenige Säure wird nach Zugabe von 2 ml einer Stärkelösung als Indikator mit der Iodlösung titriert, wobei Arsensäure und Iodid entstehen. Der Äquivalenzpunkt ist erreicht, wenn die Blaufärbung der Analysenlösung bestehen bleibt. Wie groß ist die Konzentration der Iod -Maßlösung, wenn der Titrationsverbrauch 27,44 ml beträgt? Geben Sie auch den so genannten *Titer* an. Allgemein ist der Titer einer Maßlösung der Faktor, mit dem die theoretische Konzentration $c(X)_{Soll}$ eines Stoffes X multipliziert werden muss, um die tatsächliche Konzentration $c(X)_{Ist}$ zu erhalten.

**9.3-16** 256,5 mg Cyclohexanol ($C_6H_{11}OH$) werden mit 373,7 mg Kaliumdichromat zu Cyclohexanon ($C_6H_{10}O$) umgesetzt. Zu der Reaktionslösung werden dann 30 ml einer stark salzsauren Kaliumiodidlösung der Konzentration $0,2 \text{ mol} \cdot l^{-1}$ gegeben, wodurch mit überschüssigem $K_2Cr_2O_7$ Iod gebildet wird. Dieses Iod wird jetzt mit einer $Na_2S_2O_3$ - Maßlösung titriert, wobei $Na_2S_4O_6$ und $I^-$ entstehen. Berechnen Sie den relativen Umsatz von Cyclohexanol, wenn der Titrationsverbrauch der Maßlösung bis zum Äquivalenzpunkt 37,47 ml und $c(Na_2S_2O_3) = 0,1 \text{ mol} \cdot l^{-1}$ betragen.

**9.3-17** Um den Gehalt einer schwach sauren Nickellösung zu bestimmen, werden zunächst 100 ml mit Ammoniaklösung bis zur Bildung des Nickelamminkomplexes (Blaufärbung) versetzt. Danach werden 5 ml EDTA - Lösung der Konzentration $0,1 \text{ mol} \cdot l^{-1}$ sowie eine Indikator-Puffer-Tablette zugegeben. Diese enthält den Metallindikator Eriochromschwarz T und einen Teil des Puffergemisches (Ammoniak-Ammoniumchlorid-Puffer). Bei einem $pH$ - Wert von ungefähr 11 wird jetzt der Überschuss an EDTA mit einer $ZnSO_4$ - Maßlösung der Konzentration $0,01 \, mol \cdot l^{-1}$ bis zum Farbumschlag von Grün nach Rot titriert. Diese Titrationsart in der *Komplexometrie* wird als *Rücktitration* bezeichnet. Dabei beträgt der Titrationsverbrauch 33,96 ml. Welche Massenkonzentration an $Ni^{2+}$ liegt damit in der Nickelsalzlösung vor?

**9.3-18**  Eine Portion der Masse 450 mg $MgSO_4 \cdot 7 \, H_2O$ wird in ca. 100 ml Wasser gelöst. Nach Zugabe von 1 ml konzentrierter Ammoniaklösung und einer Indikator-Puffer-Tablette (s. vorige Übungsaufgabe) wird die Analysenlösung bei einem $pH$ - Wert von 10 mit EDTA - Maßlösung der Konzentration $0,1 \, mol \cdot l^{-1}$ bis zum Farbumschlag von Rot nach Grün titriert. Welcher Titrationsverbrauch liegt am Äquivalenzpunkt vor?

**9.3-19**  Wird zu gelöst vorliegendem Cyanid eine Lösung des Ions $Ni^{2+}$ zugegeben, so wird das sehr stabile Komplexion $\left[Ni(CN)_4\right]^{2-}$ gebildet. Bei einer Nickellösung im Überschuss kann nach der Komplexbildung das nicht komplex gebundene Nickel durch Titration mit EDTA - Maßlösung bestimmt werden. Eine Lösung von Natriumcyanid wird mit 15 ml Nickelsulfatlösung der Konzentration $0,1 \, mol \cdot l^{-1}$ und einigen Tropfen einer Murexidlösung als Indikator versetzt. Mit einem Ammoniak-Ammoniumchlorid-Puffer wird ein $pH$ - Wert von 10 eingestellt. Diese Analysenlösung wird mit EDTA - Maßlösung der Konzentration $0,1 \, mol \cdot l^{-1}$ bis zu einem Farbumschlag von Gelb nach Violett titriert, wobei 13,08 ml verbraucht werden. Berechnen Sie die Masse des Natriumcyanids.

**9.3-20**  Ein Volumen von 50 ml salpetersaure Lösung mit dem $pH$ - Wert 2 enthält 175,2 mg Natriumbromid. Die Probe wird auf ca. 100 ml verdünnt und mit einigen Tropfen einer 1 %igen Eosinlösung als Indikator versetzt. Die Analysenlösung wird dann mit Silbernitrat-Maßlösung der Konzentration $0,1 \, mol \cdot l^{-1}$ bis zum Farbumschlag von Rosa nach Rot titriert. Bei einer geringfügigen Überschreitung des Äquivalenzpunktes wird das ausgefallene Silberbromid durch überschüssige Silberionen positiv aufgeladen, wodurch Eosinanionen adsorbiert werden können. Die damit verbundene Deformation seiner Elektronenhülle erklärt den Farbwechsel. Wie viel ml der Maßlösung wurden bei der Titration verbraucht?

# 10 Gleichgewichte bei Gasen

Ein gasförmiger Stoff kann entweder als *ideales* oder als *reales* Gas vorliegen. Bei einem idealen Gas ist der Abstand zwischen den Gasteilchen (Atome, Moleküle) so groß, dass die gegenseitigen Anziehungskräfte zwischen den Teilchen vernachlässigt werden können. Dies ist weitgehend der Fall, wenn die Teilchen relativ klein sind wie z.B. bei Gasen wie Wasserstoff, Helium, Stickstoff oder Sauerstoff. Außerdem muss dabei der Druck niedrig sein und gleichzeitig die Temperatur weit über dem Siedepunkt des jeweiligen Stoffes liegen. Denn nur dann können die Teilchen als Punkte angenommen werden, die keine Ausdehnung haben und sich im Gasraum frei bewegen. Ihre kinetische Energie ist die Ursache für den Gasdruck, der z.B. auf eine Gefäßwand wirkt. Bei einem realen Gas können die gegenseitigen Anziehungskräfte zwischen den Gasteilchen nicht mehr vernachlässigt werden, und die in den folgenden Kapiteln aufgestellten Gleichungen müssen in dem Fall mit entsprechenden Korrekturen versehen werden.

## 10.1 Gasgesetze

Die folgenden Gesetzmäßigkeiten gelten für ideale Gase und beschreiben für eine bestimmte Gasmenge den Zusammenhang von Druck, Volumen und Temperatur. Nach einem Gesetz von *Boyle-Mariotte* sind bei gleich bleibender Stoffmenge und einer konstanten Temperatur der Druck $p$ und das Volumen $V$ eines Gases zueinander umgekehrt proportional.

> Boyle-Mariottesches Gesetz:
> Bei einer bestimmten Gasmenge ist für eine gleich bleibende Temperatur das Produkt aus dem Druck und dem Volumen des Gases konstant.

$$p \sim \frac{1}{V} \qquad \Rightarrow \qquad p \cdot V = \text{konstant} \qquad (10.1)$$

Steht demnach ein Gas unter dem Druck $p_1$ und nimmt es dabei das Volumen $V_1$ ein, und wird dann bei gleich bleibender Gasmenge und Temperatur der Druck $p_2$ mit dem Volumen $V_2$ eingestellt, so gilt nach Gl. (10.1):

$$p_1 \cdot V_1 = p_2 \cdot V_2 \qquad (10.2)$$

Als Einheiten für den Gasdruck werden häufig 1 bar = 1000 mbar oder auch 1 hPa = 1 mbar verwendet, wobei hPa Hektopascal bedeutet.

**Beispiel 10.1**
Gasförmiger Stickstoff steht unter einem Druck von 1040,6 mbar und nimmt dabei ein Volumen von 350 cm$^3$ ein. Um wie viel mbar muss der Druck verringert werden, damit sich das Volumen bei gleicher Temperatur auf 420 cm$^3$ erhöht?

*Gesucht:* $p_2$                                      *Gegeben:* $p_1$ , $V_1$ , $V_2$

*Lösung:*

Nach Gl. (10.2) gilt:

$$p_2 = \frac{p_1 \cdot V_1}{V_2} = \frac{1040{,}6 \text{ mbar} \cdot 350 \text{ cm}^3}{420 \text{ cm}^3} = 867{,}2 \text{ mbar}$$

*Ergebnis:*

Der Druck des Stickstoffs muss um 173,4 mbar verringert werden.

Die Temperaturabhängigkeit eines Gasvolumens bei gleich bleibendem Druck und die Temperaturabhängigkeit eines Gasdruckes bei gleich bleibendem Volumen werden in den Gesetzen von *Gay-Lussac* beschrieben.

---

1. Gay-Lussacsches Gesetz:
Bei einer bestimmten Gasmenge ist bei konstantem Druck das Gasvolumen proportional zu der Temperatur. Wird dabei die Temperatur um 1 °C erhöht, dann nimmt das Volumen um 1/273,15 des Volumens bei 0 °C zu.

Danach gilt also für eine konstante Gasmenge bei konstantem Druck, wenn das Gas z.B. in den beiden Zuständen 1 und 2 vorliegt:

$$V \sim T \quad \Rightarrow \quad \frac{V}{T} = \text{konstant} \quad \Rightarrow \quad \frac{V_1}{T_1} = \frac{V_2}{T_2} \tag{10.3}$$

In den vorstehenden Gleichungen ist $T$ die thermodynamische Temperatur in der Einheit Kelvin (K) mit folgender Beziehung zur Celsiusskala:

$$T = T_0 + \vartheta \tag{10.4}$$

Dabei bedeutet $\vartheta$ die Temperatur in der Einheit Grad Celsius und $T_0$ die thermodynamische Temperatur bei $\vartheta = 0\,°C$ mit $T_0 = 273{,}15$ K. Mit dem Gasvolumen $V_0$ bei $0\,°C$ und damit am Nullpunkt der Celsiusskala folgt bei konstantem Druck mit Gl. (10.4) nach Gay-Lussac:

$$V = V_0 \cdot (1 + \frac{\vartheta}{273{,}15\,°C}) = V_0 \cdot \frac{273{,}15\,°C + \vartheta}{273{,}15\,°C} = V_0 \cdot \frac{T}{T_0} \tag{10.5}$$

---

**2. Gay-Lussacsches Gesetz:**
Bei einer bestimmten Gasmenge ist bei konstantem Volumen der Gasdruck proportional zu der Temperatur. Wird dabei die Temperatur um $1\,°C$ erhöht, so nimmt der Druck um $1/273{,}15$ des Druckes $p_0$ bei $0\,°C$ zu.

---

Für die konstante Stoffmenge eines Gases, dessen Volumen ebenfalls konstant gehalten wird, gilt demnach in den beiden Zuständen 1 und 2:

$$p \sim T \quad \Rightarrow \quad \frac{p}{T} = \text{konstant} \quad \Rightarrow \quad \frac{p_1}{T_1} = \frac{p_2}{T_2} \tag{10.6}$$

Ein Druck $p$ folgt damit der Beziehung:

$$p = p_0 \cdot (1 + \frac{\vartheta}{273{,}15\,°C}) = p_0 \cdot \frac{T}{T_0} \tag{10.7}$$

**Beispiel 10.2**

Ein Volumen von 150 cm$^3$ Sauerstoff hat eine Temperatur von 26 °C. Auf welchen Wert steigt das Volumen, wenn bei gleich bleibendem Druck die Temperatur auf 35 °C erhöht wird?

*Gesucht:* $V_2$                                                            *Gegeben:* $V_1$ , $\vartheta_1$ , $\vartheta_2$

*Lösung:*

In Gl. (10.3) muss jeweils die absolute Temperatur nach Gl. (10.4) eingesetzt werden, so dass gilt:

$$V_2 = \frac{V_1 \cdot T_2}{T_1} = \frac{150 \text{ cm}^3 \cdot 308{,}15 \text{ K}}{299{,}13 \text{ K}} = 154{,}51 \text{ cm}^3$$

*Ergebnis:*

Das Volumen des Gases Sauerstoff steigt auf den Wert von 154,51 cm$^3$.

**Beispiel 10.3**

Eine abgemessene Gasmenge steht bei einer Temperatur von 25 °C unter einem Druck von 1020 mbar. Welchen Druck nimmt sie bei 0 °C ein, wenn ihr Volumen konstant bleibt?

*Gesucht:* $p_0$                                                            *Gegeben:* $p$ , $T$ , $T_0$

*Lösung:*

Nach Gl. (10.3) gilt:

$$p_0 = \frac{p \cdot T_0}{T} = \frac{1020 \text{ mbar} \cdot 273{,}15 \text{ K}}{298{,}15 \text{ K}} = 934{,}47 \text{ mbar}$$

*Ergebnis:*

Die Gasmenge steht bei 0 °C unter einem Druck von 934,47 mbar.

Während in den bisher behandelten Gesetzen stets eine Zustandsgröße konstant gehalten werden muss, können in der Zustandsgleichung idealer Gase Druck, Volumen und Temperatur gleichzeitig variiert werden.

## 10.2 Zustandsgleichung idealer Gase

Um eine Beziehung zu erhalten, die den Zusammenhang zwischen allen drei Zustandsgrößen Druck, Volumen und Temperatur beschreibt, werden die Gesetze von Boyle-Mariotte und Gay-Lussac entsprechend zusammengefasst. Eine bestimmte Menge eines idealen Gases befindet sich in dem Zustand 1 mit den Zustandsgrößen $p_1$, $V_1$ und $T_1$. Unter Beibehaltung der Temperatur (*isotherme* Zustandsänderung) wird dann das System zunächst in den Übergangszustand ÜZ gebracht, es gilt:

$$p_1 \,,\, V_1 \,,\, T_1 \quad \rightarrow \quad p_2 \,,\, V_{\text{ÜZ}} \,,\, T_1$$

Da $T$ = konstant ist, lautet dafür das Boyle-Mariottesche Gesetz:

$$p_1 \cdot V_1 = p_2 \cdot V_{\text{ÜZ}} \quad \Rightarrow \quad V_{\text{ÜZ}} = \frac{p_1 \cdot V_1}{p_2} \tag{10.8}$$

Anschließend wird der Druck des Systems konstant gehalten (*isobare* Zustandsänderung, bei einer *isochoren* Zustandsänderung wird das Volumen konstant gehalten) und der Zustand 2 eingestellt.

$$p_2 \,,\, V_{\text{ÜZ}} \,,\, T_1 \quad \rightarrow \quad p_2 \,,\, V_2 \,,\, T_2$$

Da jetzt $p$ = konstant ist, lautet dafür das 1. Gay-Lussacsche Gesetz:

$$\frac{V_{\text{ÜZ}}}{T_1} = \frac{V_2}{T_2} \quad \Rightarrow \quad V_{\text{ÜZ}} = \frac{V_2 \cdot T_1}{T_2} \tag{10.9}$$

Setzt man die beiden Gln. (10.8) und (10.9) gleich, dann kommt man mit Gl. (10.10) zur *Zustandsgleichung idealer Gase*, die auch als *ideales Gasgesetz* bezeichnet wird.

$$\frac{p_1 \cdot V_1}{T_1} = \frac{p_2 \cdot V_2}{T_2} = \text{konstant} \tag{10.10}$$

Die Größe der Konstanten in dieser Gleichung ist von der jeweiligen Stoffmenge des Gases abhängig. Die Zustandsgleichung idealer Gase muss bei einer gegebenen Gasmenge für jeden Zustand gültig sein, also auch für den Normzustand. Nach einem Gesetz von Avogadro (s. Kap. 3.6) haben für ein ideales Gas X mit der Stoffmenge $n(X)$ = 1 mol bei vorliegen des

Normaldrucks $p_n = 1,01325$ bar und der Temperatur $T_n = 273,15$ K die Volumina aller idealer Gase den gleichen Wert. Dabei handelt es sich um das molare Normvolumen $V_{m,n}$ (X) $= 22,414$ l $\cdot$ mol$^{-1}$. Damit lautet dann die Zustandsgleichung für 1 mol eines beliebigen idealen Gases:

$$\frac{p_1 \cdot V_1}{T_1} = \frac{p_n \cdot V_{m,n}}{T_n} = \text{konstant} \qquad (10.11)$$

Die Konstante lässt sich mit den bekannten Zustandsgrößen des Ausdrucks $p_n \cdot V_{m,n} / T_n$ berechnen, der für alle idealen Gase gleich groß ist.

$$\frac{p_n \cdot V_{m,n}}{T_n} = \frac{1,01325 \text{ bar} \cdot 22,414 \text{ l} \cdot \text{mol}^{-1}}{273,15 \text{ K}} = 0,083145 \frac{\text{bar} \cdot \text{l}}{\text{K} \cdot \text{mol}}$$

Diese Größe wird als *allgemeine* oder *molare Gaskonstante R* bezeichnet, wobei nach einer Umrechnung verschiedene Einheiten möglich sind.

$$R = 0,083145 \frac{\text{bar} \cdot \text{l}}{\text{K} \cdot \text{mol}} = 8,3145 \frac{\text{J}}{\text{K} \cdot \text{mol}}$$

Aus Gl. (10.11) wird dadurch für den betreffenden Zustand:

$$p \cdot V = R \cdot T \qquad (10.12)$$

Weil bei einem idealen Gas die Stoffmenge 1 mol mit dem einheitlichen Volumen von 22,414 l in die molare Gaskonstante eingeht, muss bei vorliegen von $n$ mol eines Gases diese Konstante mit $n$ multipliziert werden. Damit lautet die endgültige Form der Zustandsgleichung idealer Gase:

$$p \cdot V = n \cdot R \cdot T \qquad (10.13)$$

Indem man $n$ durch $m/M$ ersetzt, ergibt sich:

$$p \cdot V = \frac{m \cdot R \cdot T}{M} \qquad (10.14)$$

Mit Gl. (10.14) lässt sich die molare Masse eines Gases experimentell bestimmen. Allerdings sind die damit erhaltenen Werte nicht sehr genau, weil mit steigender Masse der Atome oder Moleküle beim Gaszustand zunehmend Abweichungen vom idealen Verhalten auftreten und damit die Gültigkeit der verwendeten Gleichung nicht mehr gegeben ist.

**Beispiel 10.4**

Eine Stahlflasche mit einem Volumen von 50 l enthält bei 18 °C und einem Druck von 200 bar Wasserstoffgas. Wie groß darf die Umgebungstemperatur, gemessen in Grad Celsius, werden, ohne dass der Druck 220 bar übersteigt?

*Gesucht:* $\vartheta_2$                         *Gegeben:* $V$ , $\vartheta_1$ , $p_1$ , $p_2$

*Lösung:*

Da das Volumen konstant bleibt, gilt nach Gl. (10.6):

$$T_2 = \frac{p_2 \cdot T_1}{p_1} = \frac{220 \text{ bar} \cdot 291{,}15 \text{ K}}{200 \text{ bar}} = 320{,}27 \text{ K} = 47{,}12 \text{ }^\circ\text{C}$$

*Ergebnis:*

Die Umgebungstemperatur darf höchstens auf 47,12 °C ansteigen.

**Beispiel 10.5**

Eine Masse von 3 g Helium steht bei einer Temperatur von 22 °C unter einem Druck von 1,022 bar. Berechnen Sie die molare Masse des Edelgases, wenn das Gasvolumen 18 l beträgt.

*Gesucht:* $M\,(\text{He})$                    *Gegeben:* $m\,(\text{He})$ , $\vartheta$ , $p$ , $V$

*Lösung:*

Nach Gl. (10.14) lässt sich die molare Masse berechnen.

$$M\,(\text{He}) = \frac{m\,(\text{He}) \cdot R \cdot T}{p \cdot V} = \frac{3 \text{ g} \cdot 0{,}083145 \text{ bar} \cdot \text{l} \cdot \text{K}^{-1} \cdot \text{mol}^{-1} \cdot 295{,}15 \text{ K}}{1{,}022 \text{ bar} \cdot 18 \text{ l}}$$

$$= 4{,}002 \text{ g} \cdot \text{mol}^{-1}$$

*Ergebnis:*

Die molare Masse des Edelgases Helium beträgt 4,002 g · mol$^{-1}$.

## 10.3 Gasdichte

Die Dichte eines Gases X wird generell nach Gl. (5.1) berechnet, und sie ist speziell bei Gasen stark von Druck und Temperatur abhängig.

$$\rho(X) = \frac{m(X)}{V(X)} \qquad (5.1)$$

Die Einheit der Gasdichte wird zumeist in $g \cdot l^{-1}$ oder $kg \cdot m^{-3}$ angegeben. Aus dieser Gleichung geht hervor, dass die Dichte eines idealen Gases bei konstanter Temperatur und konstantem Volumen proportional mit dem Druck steigt. Denn der Druck kann dabei nur größer werden, wenn die Anzahl der Gasteilchen größer wird und damit die Masse des Gases. Verändert sich das Gasvolumen, dann verändert sich die Gasdichte umgekehrt proportional dazu. Die Dichte eines Gases X ergibt sich mit Gl. (10.14).

$$\rho(X) = \frac{m(X)}{V(X)} = \frac{p \cdot M(X)}{R \cdot T} \qquad (10.15)$$

Für Vergleichszwecke wird die Gasdichte im Normzustand berechnet, wodurch die Stoffmenge 1 mol auf das molare Normvolumen bezogen wird. Wenn man $p_n = 1,01325$ bar und $T_n = 273,15$ K einsetzt, so erhält man mit Gl. (10.15) für das betreffende Gas die Dichte im Normzustand. Dabei ist z.B. $\rho_n(N_2) = 1,2499\ g \cdot l^{-1}$ oder $\rho_n(O_2) = 1,4277\ g \cdot l^{-1}$.

Nehmen zwei verschiedene Gase bei gleicher Temperatur und unter gleichem Druck gleich große Volumina ein, so enthalten diese nach dem Gesetz von Avogadro auch die gleiche Anzahl von Teilchen. Deshalb lässt sich das Verhältnis ihrer Dichten mit Hilfe von Gl. (10.15) angeben, und man erhält für zwei Gase $X_1$ und $X_2$ nach Kürzen:

$$\frac{\rho(X_1)}{\rho(X_2)} = \frac{M(X_1)}{M(X_2)} \qquad (10.16)$$

Demzufolge verhalten sich die beiden Gasdichten zueinander wie die molaren Massen der Gase. Wird das Gas $X_2$ als Bezugsgas definiert, so ergibt sich dadurch die *relative Gasdichte* $\rho_{rel}(X_1)$. Als Bezugsgas werden Wasserstoff oder Luft verwendet, dabei wird bei der Luft entsprechend ihrer Zusammensetzung eine mittlere molare Masse von $28,97\ g \cdot mol^{-1}$ zu

Grunde gelegt. Damit errechnet sich also beispielsweise für das Edelgas Neon mit dem Gas Wasserstoff als Bezugsgas für den Normzustand die relative Gasdichte zu:

$$\rho_{n,rel,H_2}(Ne) = \frac{\rho_n(Ne)}{\rho_n(H_2)} = \frac{0,9004 \text{ g} \cdot l^{-1}}{0,0899 \text{ g} \cdot l^{-1}} = 10,0156$$

**Beispiel 10.6**

In einer Portion des Halogens Chlor wurde bei einem Druck von 994,6 mbar eine Temperatur von 24 °C gemessen. Wie groß ist in dieser Portion die Gasdichte des Chlors?

*Gesucht:* $\rho(Cl_2)$ 　　　　　　　　　　　　　　　　　*Gegeben:* $p$ , $\vartheta$

*Lösung:*

Die Gasdichte wird nach Gl. (10.15) berechnet.

$$\rho(Cl_2) = \frac{p \cdot M(Cl_2)}{R \cdot T} = \frac{0,9946 \text{ bar} \cdot 70,906 \text{ g} \cdot mol^{-1}}{0,083145 \text{ bar} \cdot l \cdot K^{-1} \cdot mol^{-1} \cdot 297,15 \text{ K}}$$

$$= 2,854 \text{ g} \cdot l^{-1}$$

*Ergebnis:*

　　　Die Gasdichte von Chlor hat den Wert $2,854 \text{ g} \cdot l^{-1}$.

## 10.4 Gasgemische

In einem Gasgemisch, das aus verschiedenen idealen Gasen besteht, die nicht miteinander reagieren, übt jede Komponente i einen *Partialdruck* (Teildruck) $p_i$ aus. Dieser Partialdruck einer Gaskomponente ist derjenige Druck, den diese Komponente ausüben würde, wenn sie allein das gesamte Volumen des Gasgemisches einnehmen würde. Analog lässt sich für jede Komponente i ein *Partialvolumen* $V_i$ definieren. Das Partialvolumen einer Gaskomponente ist dasjenige theoretische Volumen, das diese Komponente ausfüllen würde, wenn sie allein vorliegen würde. Diese Sachverhalte wurden erstmals in einem Gesetz von *Dalton* formuliert, darin heißt es:

Daltonsches Gesetz:
Der Gesamtdruck eines idealen Gasgemisches ist gleich der Summe der Partialdrücke jeder einzelnen Gaskomponente. Dabei ergibt sich das Gesamtvolumen des Gemisches aus der Summe der Partialvolumina jeder Gaskomponente.

Bei einem Gasgemisch aus i Komponenten gilt also für den gesamten Druck und für das gesamte Volumen:

$$p_{ges} = \sum p_i \quad \text{und} \quad V_{ges} = \sum V_i$$

Werden bei einem reinen idealen Gas die Zustandsgrößen Volumen und Temperatur konstant gehalten, dann ist nach der Zustandsgleichung der sich einstellende Druck der vorliegenden Stoffmenge proportional. So wird in dem Fall z.B. bei einer Verdoppelung der Stoffmenge auch der Druck des Gases doppelt so groß. Dabei sind bei einem idealen Gas die Zustandsgrößen Druck, Volumen und Temperatur von der Art des Gases und damit der Gasteilchen unabhängig. Das bedeutet aber, dass auch bei einer idealen Gasmischung der Gesamtdruck nur von der Anzahl aller Teilchen abhängt, und ein Partialdruck $p_i$ genauso nur von der Anzahl der Teilchen der Komponente i und damit von deren Stoffmenge abhängt. Somit verhält sich der Partialdruck der Komponente i zum Gesamtdruck der Gasmischung wie die Stoffmenge der Komponente i zur Summe der Stoffmengen aller Komponenten, also zur gesamten Stoffmenge. Das letzte Verhältnis ist für eine Komponente i identisch mit deren Stoffmengenanteil $x_i$ (s. Kap. 5.4.1).

$$\frac{p_i}{p_{ges}} = \frac{n_i}{n_{ges}} = x_i \qquad (10.17)$$

Wenn jetzt bei einem reinen idealen Gas der Druck und die Temperatur konstant gehalten werden, dann ist gemäß der Zustandsgleichung das Volumen der Stoffmenge des Gases proportional. Wird unter diesen Bedingungen die Teilchenzahl (Stoffmenge) z.B. halbiert, so wird dadurch auch das Gasvolumen halb so groß. Da dies auch für eine ideale Gasmischung gelten muss, hängt das Gesamtvolumen bei $p$, $V$ = konstant nur von der

Anzahl aller Teilchen ab, und das Partialvolumen $V_i$ ist ebenfalls nur von der Teilchenzahl der Komponente i und damit von deren Stoffmenge abhängig. Deshalb verhält sich das Partialvolumen einer Komponente i zum Gesamtvolumen der Gasmischung wie die Stoffmenge dieser Komponente zur gesamten Stoffmenge. Das Verhältnis der einzelnen Partialvolumina zu dem gesamten Volumen wird aber durch den Volumenanteil $\varphi_i$ beschrieben (s. Kap. 5.4.3), so dass sich mit G. (10.17) insgesamt ergibt:

$$\frac{p_i}{p_{ges}} = \frac{V_i}{V_{ges}} = \frac{n_i}{n_{ges}} = x_i = \varphi_i \qquad (10.18)$$

Bei einem idealen Gasgemisch, das aus i Komponenten besteht, bestimmen daher sowohl der Stoffmengenanteil als auch in gleicher Weise der Volumenanteil einer betreffenden Komponente das Verhältnis des jeweiligen Partialdrucks zum Gesamtdruck.

**Beispiel 10.7**
Ein Volumen von 5 l Luft steht unter einem Druck von 1,01325 bar. Wie groß sind die Partialdrücke der Bestandteile Stickstoff und Sauerstoff, wenn deren relative Stoffmengenanteile $x_{rel}(N_2) = 78,08\,\%$ und $x_{rel}(O_2) = 20,95\,\%$ betragen?

*Gesucht:* $p(N_2)$ , $p(O_2)$

*Gegeben:* $V_{ges}(\text{Luft})$ , $p(\text{Luft})$ , $x_{rel}(N_2)$ , $x_{rel}(O_2)$

*Lösung:*

Zunächst gilt nach Gl. (5.11):

$$x(N_2) = \frac{x_{rel}(N_2)}{100\,\%} \qquad \text{und} \qquad x(O_2) = \frac{x_{rel}(O_2)}{100\,\%}$$

Da $p(\text{Luft}) = p_{ges}$ ist, lassen sich die Partialdrücke nach Gl. (10.17) berechnen.

$$p(N_2) = p(\text{Luft}) \cdot x(N_2) = 1,01325\ \text{bar} \cdot 0,7808 = 0,79115\ \text{bar}$$

$$p(O_2) = p(\text{Luft}) \cdot x(O_2) = 1,01325\ \text{bar} \cdot 0,2095 = 0,21228\ \text{bar}$$

*Ergebnis:*

Die Partialdrücke sind $p(N_2) = 0,79115$ bar und $p(O_2) = 0,21228$ bar.

Bei einer flüssigen Lösung muss das mit steigender Konzentration zunehmend reale Verhalten eines gelösten Stoffes durch seine Aktivität berücksichtigt werden. Zu diesem Zweck wird die Konzentration noch mit einem Aktivitätskoeffizienten multipliziert (s. Kap. 6.2). Wenn in einem Gasgemisch mit steigendem Druck das reale Verhalten der Gaskomponenten i nicht mehr vernachlässigt werden kann, so muss der Partialdruck einer Komponente durch deren *Fugazität* ersetzt werden. Die Fugazität einer Komponente ist der mit dem Fugazitätskoeffizienten $f_i$ korrigierte Partialdruck $p_i$. Da sich bei kleinen Drücken die Fugazität und der jeweilige Partialdruck angleichen, kann in dem Fall wieder von einem idealen Gas ausgegangen werden.

## 10.5 Gleichgewichtskonstante $K_p$

Eine reversible chemische Reaktion verläuft bis zum Erreichen eines für die Reaktion spezifischen Gleichgewichtszustandes, in dem sowohl die Reaktanten als auch die Reaktionsprodukte nebeneinander vorliegen. Das sich dabei einstellende Gleichgewicht lässt sich mit dem Massenwirkungsgesetz (s. Kap. 6.1) beschreiben. Damit erhält man für eine bestimmte chemische Reaktion eine Gleichgewichtskonstante $K_c$, die das Verhältnis der Stoffmengenkonzentrationen von Reaktanten und Produkten wiedergibt. Wenn in einem idealen Gasgemisch eine Gasreaktion abläuft, so können in der entsprechenden Gleichgewichtskonstante die Konzentrationen $c_i$ der Gaskomponenten durch deren Partialdrücke $p_i$ ersetzt werden. Denn nach der Zustandsgleichung der idealen Gase ist bei konstanter Temperatur in einem Gasgemisch der Partialdruck einer Komponente der zugehörigen Konzentration proportional.

$$p_i = \frac{n_i}{V} \cdot R \cdot T = c_i \cdot R \cdot T \qquad (10.19)$$

Die dadurch erhaltene Gleichgewichtskonstante wird als $K_p$ bezeichnet. Für die allgemeine Gasreaktion

$$\alpha \cdot A + \beta \cdot B \rightleftharpoons \gamma \cdot C + \delta \cdot D$$

gilt damit:

$$K_p = \frac{p^\gamma(C) \cdot p^\delta(D)}{p^\alpha(A) \cdot p^\beta(B)} \qquad (10.20)$$

Setzt man in diese Gleichung jeweils die Gl. (10.19) ein, so erhält man:

$$K_p = \frac{c^\gamma(C) \cdot (R \cdot T)^\gamma \cdot c^\delta(D) \cdot (R \cdot T)^\delta}{c^\alpha(A) \cdot (R \cdot T)^\alpha \cdot c^\beta(B) \, (R \cdot T)^\beta}$$

$$= \frac{c^\gamma(C) \cdot c^\delta(D)}{c^\alpha(A) \cdot c^\beta(B)} \cdot (R \cdot T)^{\gamma + \delta - \alpha - \beta}$$

Mit $\Delta v = \gamma + \delta - \alpha - \beta$ ergibt sich daraus:

$$K_p = K_c \cdot (R \cdot T)^{\Delta v} \qquad (10.21)$$

Wie aus Gl. (10.21) zu entnehmen ist, gehen die beiden Gleichgewichtskonstanten $K_p$ und $K_c$ ineinander über, wenn bei einer chemischen Reaktion die Summe der Reaktionskoeffizienten der Produkte genauso groß ist wie die Summe der Reaktionskoeffizienten der Reaktanten. Denn in dem Fall ist $\Delta v = 0$.

In einer idealen Gasmischung, in der z.B. die Reaktion

$$2\,NH_3 + 3\,Cl_2 \;\rightleftharpoons\; N_2 + 6\,HCl$$

abläuft, gilt für das Verhältnis der beiden Gleichgewichtskonstanten:

$$K_p = \frac{p(N_2) \cdot p^6(HCl)}{p^2(NH_3) \cdot p^3(Cl_2)} = K_c \cdot (R \cdot T)^2$$

**Beispiel 10.8**
Bei einer katalytischen Ammoniaksynthese werden bei 500 °C und einem Druck von 200 bar die beiden Gase Wasserstoff und Stickstoff im Stoffmengenverhältnis 3 : 1 eingesetzt. Im Reaktionsgleichgewicht liegen dann die relativen Volumenanteile $\varphi_{rel}(H_2) = 61{,}8\,\%$ und $\varphi_{rel}(N_2) = 20{,}6\,\%$ vor. Berechnen Sie für diese Gasreaktion $K_p$.

*Gesucht:* $K_p$           *Gegeben:* $\vartheta$ , $p_{ges}$ , $\varphi_{rel}(H_2)$ , $\varphi_{rel}(N_2)$

*Lösung:*

Die Reaktionsgleichung lautet:

$$N_2 + 3\,H_2 \;\rightleftharpoons\; 2\,NH_3$$

Damit folgt für $\varphi_{rel}(NH_3)$ aus den beiden gegebenen relativen Volumenanteilen ein Wert von 17,6 %. Die Gleichgewichtskonstante ergibt sich zu:

$$K_p = \frac{p^2(NH_3)}{p(N_2) \cdot p^3(H_2)}$$

Die Partialdrücke lassen sich nach Gl. (10.18) aus dem Gesamtdruck berechnen.

$$p(NH_3) = \varphi(NH_3) \cdot p_{ges} = 0,176 \cdot 200 \text{ bar} = 35,200 \text{ bar}$$

$$p(N_2) = \varphi(N_2) \cdot p_{ges} = 0,206 \cdot 200 \text{ bar} = 41,200 \text{ bar}$$

$$p(H_2) = \varphi(H_2) \cdot p_{ges} = 0,618 \cdot 200 \text{ bar} = 123,600 \text{ bar}$$

$$K_p = \frac{35,200^2 \text{ bar}^2}{41,200 \text{ bar} \cdot 123,600^3 \text{ bar}^3} = 1,593 \cdot 10^{-5} \text{ bar}^{-2}$$

*Ergebnis:*

Für die Ammoniaksynthese ergibt sich $K_p = 1,593 \cdot 10^{-5} \text{ bar}^{-2}$.

**Beispiel 10.9**
Trockene Luft besteht aus einer Reihe von Komponenten, von denen Stickstoff und Sauerstoff die Hauptkomponenten sind. Die relativen Volumenanteile betragen rund $\varphi_{rel}(N_2) = 78 \%$ und $\varphi_{rel}(O_2) = 21 \%$. Beim Erhitzen bildet sich aus diesen Elementen zunehmend Stickstoffmonoxid. Wie groß ist die relative Ausbeute $A_{rel}(NO)$, wenn die Luft auf 3000 K erhitzt wird und für $K_p = 0,0179$ gilt?

*Gesucht:* $A_{rel}(NO)$          *Gegeben:* $\varphi_{rel}(N_2)$, $\varphi_{rel}(O_2)$, $T$, $K_p$

*Lösung:*

Gemäß der Reaktionsgleichung

$$N_2 + O_2 \rightleftharpoons 2 NO$$

lautet dafür die Gleichgewichtskonstante:

$$K_p = \frac{p^2(NO)}{p(N_2) \cdot p(O_2)}$$

Nach Gl. (10.18) folgt daraus:

$$K_p = \frac{\varphi^2(NO) \cdot p_{ges}^2}{\varphi(N_2) \cdot p_{ges} \cdot \varphi(O_2) \cdot p_{ges}} = \frac{\varphi^2(NO)}{\varphi(N_2) \cdot \varphi(O_2)}$$

Durch die Reaktion entsteht Stickstoffmonoxid mit einem zunächst unbekannten Volumenanteil, der mit x bezeichnet wird. Für die Reaktion gelten die folgenden beiden Stoffmengenrelationen

$$n_R(N_2) = \frac{1}{2} n_P(NO) \quad und \quad n_R(O_2) = \frac{1}{2} n_P(NO)$$

Weil bei $p_{ges}$ = konstant der Partialdruck einer Komponente der Gasmischung der jeweiligen Stoffmenge und nach Gl. (10.18) auch dem entsprechenden Volumenanteil proportional ist, müssen im Nenner der obigen Gleichung für $K_p$ im eingestellten Gleichgewicht die beiden Volumenanteile von $N_2$ und $O_2$ jeweils um den halben Volumenanteil des entstandenen Stickstoffmonoxids vermindert werden. Damit lautet die Bestimmungsgleichung:

$$K_p = \frac{x^2}{(0,78 - 0,5 x) \cdot (0,21 - 0,5 x)}$$

Aus der quadratischen Gleichung ergibt sich x = 0,05, so dass der relative Volumenanteil $\varphi_{rel}(NO)$ = 5,00 % beträgt. Da bei idealen Gasen und bei konstantem Druck die Volumina den Stoffmengen proportional sind, ist dieser prozentuale Wert zugleich die relative Ausbeute (s. Kap. 3.8.2) der Gasreaktion.

*Ergebnis:*

Die relative Ausbeute an Stickstoffmonoxid ist $A_{rel}(NO)$ = 5,00 %.

**Beispiel 10.10**
Ein stöchiometrisches Gasgemisch von Kohlenstoffmonoxid und Wasser wird in einem geschlossenen Glasgefäß bei hoher Temperatur zur Reaktion gebracht. Dabei entstehen Kohlenstoffdioxid und Wasserstoff mit einem relativen Volumenanteil von zusammen 67 %. Berechnen Sie für die dabei vorliegende Temperatur die Gleichgewichtskonstante $K_p$.

*Gesucht:* $K_p$ $\qquad\qquad\qquad$ *Gegeben:* $\varphi_{rel}(CO_2)$ , $\varphi_{rel}(H_2)$

*Lösung:*

Die Reaktionsgleichung lautet:

$$CO + H_2O \rightleftharpoons CO_2 + H_2$$

Weil in dieser Gleichung die Reaktionskoeffizienten alle gleich groß sind, gilt für das geschlossene System:

$$\varphi_{rel}(CO) = \varphi_{rel}(H_2O) = 16,5\,\%$$

Mit Gl. (10.18) ergibt sich damit für die Gleichgewichtskonstante, da sich $p_{ges}$ dabei zu 1 kürzen lässt:

$$K_p = \frac{p(CO_2) \cdot p(H_2)}{p(CO) \cdot p(H_2O)} = \frac{\varphi(CO_2) \cdot p_{ges} \cdot \varphi(H_2) \cdot p_{ges}}{\varphi(CO) \cdot p_{ges} \cdot \varphi(H_2O) \cdot p_{ges}}$$

$$= \frac{\varphi(CO_2) \cdot \varphi(H_2)}{\varphi(CO) \cdot \varphi(H_2O)} = \frac{0,335 \cdot 0,335}{0,165 \cdot 0,165} = 4,122$$

*Ergebnis:*

Für die bei dieser Reaktion vorliegende Temperatur ist $K_p = 4,122$.

## 10.6 Übungsaufgaben

**10.6-1** Ein Volumen von 5 l Luft steht unter einem Druck von 920,4 mbar und hat eine Temperatur von 27 °C. Um wie viel steigt der Druck, wenn die Temperatur unter Beibehaltung des Volumens auf 43 °C erhöht wird?

**10.6-2** In einem Reaktionsgefäß von 25 l Inhalt befindet sich bei 20 °C und bei einem Druck von 1 bar Stickstoff. Wie viel Gas muss abgelassen werden, wenn die Temperatur um 4 °C erhöht werden und dabei der Druck konstant bleiben soll?

**10.6-3** Eine Stahlflasche mit einem Volumen von 50 l enthält bei einem Druck von 200 bar Wasserstoff, die Labortemperatur beträgt 20 °C. Welche Gasmasse wurde entnommen, wenn der Druck auf 120 bar gesunken ist?

**10.6-4** Ein geschlossener Messkolben mit einem Volumen von 2 l enthält bei einer Temperatur von 15 °C eine Masse von 2,5 g Chlorwasserstoff. Welcher Druck liegt dabei vor?

**10.6-5**  Durch Erhöhung der Temperatur wird das Volumen des Edelgases Neon, dass bei 24 °C unter einem Druck von 985 mbar steht, von 2,5 l um den Betrag von 1 l ausgedehnt. Dabei steigt der Druck auf 1020 mbar.

a) Welche Temperatur in °C ergibt sich bei dieser Zustandsänderung?

b) Welche Masse des Edelgases liegt vor?

**10.6-6**  Die Masse von 5,144 g eines idealen Gases steht bei 25 °C unter einem Druck von 998,6 mbar und nimmt ein Volumen von 4 l ein. Welche molare Masse lässt sich mit diesen Angaben berechnen?

**10.6-7**  Stickstoff hat bei 12 °C eine Gasdichte von 1,193 g · l$^{-1}$. Welcher Druck liegt dabei vor?

**10.6-8**  Welche relative Gasdichte hat Stickstoffmonoxid im Normzustand, wenn Luft als Bezugsgas verwendet wird? Luft hat eine mittlere molare Masse von 28,97 g · mol$^{-1}$.

**10.6-9**  Berechnen Sie das Volumen, das 60 g Methan ($CH_4$) bei einem Druck von 1000 hPa und einer Temperatur von 35 °C einnehmen.

**10.6-10**  Ein gasförmiges Gemisch von jeweils 5,6 g der organischen Verbindungen Ethan ($C_2H_6$), Ethen ($C_2H_4$) und Ethin ($C_2H_2$) befindet sich bei niedrigem Druck in einem Glasgefäß mit 18 l Inhalt. Berechnen Sie das Partialvolumen von Ethen.

**10.6-11**  Ein Synthesegas im Normalzustand enthält 30 % CO und 70 % $H_2$. Wie viel g CO sind in 500 l des Gases?

**10.6-12**  Bei der Darstellung von Ammoniak aus den Elementen wird ein stöchiometrisches Gemisch von Stickstoff und Wasserstoff zur Reaktion gebracht. Wie groß sind dabei die relativen Volumen- und Massenanteile der beiden Reaktanten?

**10.6-13**  Welche Masse Wasser enthalten 2 l feuchte Luft, wenn bei einem Druck von 970 mbar und 24 °C eine relative Luftfeuchtigkeit von 55,4 % vorliegt? Der Sättigungsdampfdruck des Wassers beträgt bei dieser Temperatur 29,8 mbar. Die relative Luftfeuchtigkeit ist definiert als das prozentuale Verhältnis zwischen dem aktuellen Wasserdampfdruck und dem Druck bei Wasserdampfsättigung.

**10.6-14**  Auf welches Volumen dehnen sich 10 l trockener Stickstoff aus, der bei einer Temperatur von 18 °C unter Normaldruck steht, wenn er bei dieser Temperatur mit Wasserdampf gesättigt wird? Der Sättigungsdampfdruck des Wassers liegt bei 20,6 mbar, es wird dabei ein ideales Gasgemisch angenommen.

**10.6-15**  Eine flüssige Mischung von 12,14 g 1,1,1-Trichlorethan ($CCl_3CH_3$) und von 7,84 g Tribrommethan ($CHBr_3$) wird weit über den Siedepunkt erhitzt und geht in den Dampfzustand über. Berechnen Sie die relativen Volumenanteile der beiden Verbindungen im Gasgemisch.

**10.6-16**  Die relativen Volumenanteile eines Generatorgases sind 53,0 % Stickstoff, 28,5 % Kohlenstoffmonoxid, 13,0 % Wasserstoff, 4,5 % Kohlenstoffdioxid sowie 1,0 % Methan. Welchen Wert hat die Dichte dieses Generatorgases im Normzustand?

**10.6-17**  Distickstofftetroxid ($N_2O_4$) dissoziiert bei Zufuhr von Wärmeenergie zunehmend nach der Gleichung $N_2O_4 \rightleftharpoons 2\,NO_2$. In einem Quarzgefäß mit einem Volumen von 200 ml, aus dem zuvor die Luft herausgepumt wurde, werden 584 mg $N_2O_4$ bei Normaldruck auf 32 °C erhitzt.

a) Wie groß ist der relative Dissoziationsgrad $\alpha_{rel}\,(N_2O_4)$? Der Dissoziationsgrad gibt den Anteil einer Verbindung an, der dissoziiert ist.

b) Welche Werte haben bei dieser Temperatur $K_p$ und $K_c$?

**10.6-18**  Von der Verbindung Phosphorpentachlorid ($PCl_5$) werden 2 mol in einem luftleeren Gefäß mit $V = 2$ l auf 250 °C erhitzt. Dabei zerfällt das Chlorid nach der Gleichgewichtsreaktion $PCl_5 \rightleftharpoons PCl_3 + Cl_2$. Berechnen Sie für diese Temperatur den relativen Dissoziationsgrad, wenn für die Reaktion $K_p = 1,805$ bar ist.

**10.6-19**  Bei der katalytischen Synthese von Ammoniak nach der Reaktionsgleichung $N_2 + 3\,H_2 \rightleftharpoons 2\,NH_3$ wird ein stöchiometrisches Gemisch der Reaktionsgase bei einem Druck von 100 bar auf 400 °C erhitzt. Die Ausbeute an Ammoniak beträgt dabei 25,2 %. Geben Sie $K_p$ an.

**10.6-20**  Für die Zerfallsreaktion $N_2O_4 \rightleftharpoons 2\,NO_2$ beträgt unter Normaldruck und 43 °C der relative Dissoziationsgrad 34,9 %. Wie groß ist bei konstanter Temperatur $\alpha_{rel}\,(N_2O_4)$ unter einem Druck von 750 mbar?

**10.6-21**  Calciumcarbonat zersetzt sich beim Erhitzen in Calciumoxid und Kohlenstoffdioxid. Welches Volumen an $CO_2$ entsteht bei dieser Zersetzung aus 180 g $CaCO_3$, wenn das Gas unter Normaldruck und bei 20 °C aufgefangen wird?

**10.6-22**  Ein Volumen von 50 l Propangas steht bei 25 °C unter einem Gasdruck von 1,4 bar und soll mit Luft vollständig verbrannt werden. Wie viel Luft derselben Temperatur ist bei Normaldruck dafür erforderlich? Die Luft hat einen Sauerstoffanteil von 20,95 %.

**10.6-23** Blei (II)-nitrat zerfällt beim Erhitzen in Blei (II)-oxid, Stickstoffdioxid und Sauerstoff. Wie viel g Blei (II)-nitrat werden benötigt, um auf diese Weise 20 l Stickstoffdioxid im Normzustand herstellen zu können?

**10.6-24** Zur Darstellung von Blei aus Bleiglanz (PbS) wird das Sulfid mit Sauerstoff umgesetzt. Die Reaktionsgleichung lautet:

$$2 \, PbS \; + \; 3 \, O_2 \; \rightarrow \; 2 \, PbO \; + \; 2 \, SO_2$$

Anschließend wird das gebildete Oxid mit Kohlenstoff zu elementarem Blei reduziert. Welches Volumen an Sauerstoff, der unter Normaldruck steht und eine Temperatur von 1000 °C hat, ist für die Oxidbildung bei Einsatz von 5 kg Bleiglanz und einer Ausbeute von 87,5 % erforderlich?

**10.6-25** Ein Volumen von 100 l Methan, dass bei 20 °C unter Normaldruck vorliegt, soll mit reinem Sauerstoff verbrannt werden. Zu dem Zweck steht eine 50-1-Gasflasche mit Sauerstoff zur Verfügung, die bei 20 °C einen Druck von 86,4 bar hat. Wie groß ist der Druck nach der Entnahme der notwendigen Sauerstoffmenge?

**10.6-26** Eine wässrige Lösung von Natriumchlorid wird für 1 h mit einer Stromstärke von 1,60 A elektrolysiert. Welches Volumen Chlorgas entwickelt sich dadurch bei 22 °C und einem Luftdruck von 997,5 hPa an der Anode, wenn die Stromausbeute 93,9 % beträgt?

**10.6-27** Bei der Elektrolyse einer wässrigen Schwefelsäurelösung entsteht an der Kathode Wasserstoff und an der Anode Sauerstoff. Eine Mischung dieser beiden Gase wird als Knallgas bezeichnet. Wie viel ml Knallgas im Normzustand werden dabei gebildet, wenn die Lösung 50 min bei einer Stromstärke von 775 mA elektrolysiert wird?

**10.6-28** Durch die Elektrolyse einer wässrigen Lösung von Kupfersulfat werden an der Kathode 635 mg elementares Kupfer abgeschieden. Welches Volumen an Sauerstoff wird unter normalem Luftdruck bei einer Temperatur von 23 °C an der Anode gebildet?

# 11 Lösungen der Übungsaufgaben

Wenn zur Lösung einer Übungsaufgabe mehrere Gleichungen angewendet werden müssen, so werden im vorliegenden Buch die notwendigen Rundungen bei jeder einzelnen Gleichung durchgeführt. Abhängig davon, in welcher Reihenfolge die jeweiligen Gleichungen angewendet werden, können sich diese Rundungen aber geringfügig auf das Endergebnis auswirken. So sind dadurch je nach Rechengang als Endergebnis einer bestimmten stöchiometrischen Berechnung z.B. die beiden Massen 178,229 g oder 178,233 g möglich. Dieser Sachverhalt ist generell bei der genauen Bewertung eines Ergebnisses zu berücksichtigen.

## Kapitel 3.9

**3.9-1**  a)  $Sb_2S_3 + 6\,HCl \rightarrow 2\,SbCl_3 + 3\,H_2S$

b)  $2\,As_2O_3 + 3\,C \rightarrow 4\,As + 3\,CO_2$

c)  $3\,Zn + H_2SO_3 + 6\,HCl \rightarrow 3\,ZnCl_2 + H_2S + 3\,H_2O$

Beginnen Sie die Bilanz mit dem Sauerstoffgehalt der Schwefligen Säure.

d)  $Na_2HPO_4 + NaOH + 3\,LiCl \rightarrow Li_3PO_4 + 3\,NaCl + H_2O$

e)  $2\,C_2H_2 + 5\,O_2 \rightarrow 4\,CO_2 + 2\,H_2O$

f)  $2\,C_6H_6 + 3\,O_2 \rightarrow 12\,C + 6\,H_2O$

**3.9-2**  $2\,Pb(NO_3)_2 \rightarrow 2\,PbO + 4\,NO_2 + O_2$

**3.9-3**  $3\,Fe + 4\,H_2O \rightarrow Fe_3O_4 + 4\,H_2$

**3.9-4**  $4\,FeS_2 + 11\,O_2 \rightarrow 2\,Fe_2O_3 + 8\,SO_2$

**3.9-5**  $I_2 + 6\,H_2O + 5\,Cl_2 \rightarrow 2\,HIO_3 + 10\,HCl$

Halogene treten normalerweise in Form von biatomaren Molekülen auf.

**3.9-6**  $8\,HI + H_2SO_4 \rightarrow 4\,I_2 + H_2S + 4\,H_2O$

**3.9-7**  $4\,CH_4 + O_2 \rightarrow C_2H_2 + 2\,CO + 7\,H_2$

**3.9-8**    $4\,HNO_2 + CO(NH_2)_2 \;\rightarrow\; 2\,N_2 + CO_2 + 3\,H_2O$

**3.9-9**    a)    $M(PCl_5)$              $= 208{,}239\ \mathrm{g \cdot mol^{-1}}$

b)    $M(KMnO_4)$          $= 158{,}0339\ \mathrm{g \cdot mol^{-1}}$

c)    $M(Cr_2(SO_4)_3)$      $= 392{,}180\ \mathrm{g \cdot mol^{-1}}$

d)    $M(MgSO_4 \cdot 7\,H_2O) = 246{,}474\ \mathrm{g \cdot mol^{-1}}$

e)    $M(C_6H_4(COOH)_2) = 166{,}1306\ \mathrm{g \cdot mol^{-1}}$

f)    $M((C_2H_5)_2NH)$     $=\ 73{,}1364\ \mathrm{g \cdot mol^{-1}}$

**3.9-10**   a)    $m(NH_3)\ \ = 2{,}5546\ \mathrm{g}$

b)    $m(KNO_3) = \ 0{,}2325\ \mathrm{g}$

c)    $m(Al^{3+})\ \ = 13{,}4908\ \mathrm{g}$

**3.9-11**   a)    $n(NaCl)$              $= 0{,}002\ \mathrm{mol}$

b)    $n(CuSO_4 \cdot 5\,H_2O) = 0{,}252\ \mathrm{mol}$

c)    $n(C_6H_{12}O_6)$        $= 7{,}44\ \mathrm{mol}$

**3.9-12**   a)    $N(N_2H_4) = 2{,}5292 \cdot 10^{24}$ Moleküle

b)    $N(OF_2)\ \ = 5{,}781 \cdot 10^{23}$ Moleküle

c)    $N(C_{14}H_{10}) = 1{,}32 \cdot 10^{19}$ Moleküle

**3.9-13**   a)    $n(MnSO_4) = 1{,}71\ \mathrm{mol}$

b)    $n(Cr_2S_3)\ \ = 70{,}8\ \mathrm{mmol}$

c)    $n(K_2SO_3) = 1{,}271\ \mathrm{mmol}$

**3.9-14**   $N(Br) = 4{,}0950 \cdot 10^{24}$ Atome

**3.9-15**   Zur Lösung wird das Ergebnis von Gl. (3.1) in Gl. (3.2) eingesetzt.

$$M(\text{Metall}) = 207{,}358\ \mathrm{g \cdot mol^{-1}}$$

Bei dem Metall handelt es sich um Blei. Die geringfügige Abweichung des Ergebnisses von der tabellierten molaren Masse $M(Pb)$ ergibt sich aus den notwendigen Rundungen.

**3.9-16**   Nach den Angaben der Aufgabe liegt das Gas im Normzustand vor. Zur Lösung wird das Ergebnis von Gl. (3.4) in Gl. (3.1) eingesetzt.

$$N(H_2S) = 1{,}99 \cdot 10^{22}\ \text{Moleküle}$$

**3.9-17**   $m(CH_3Cl) = 3{,}029\ \mathrm{g}$

**3.9-18**   Zur Lösung wird das Ergebnis von Gl. (3.1) in Gl. (3.4) eingesetzt.

$$V_{m,n}\,(\text{Gas}) = 22{,}111 \cdot \text{mol}^{-1}$$

**3.9-19**   a)   $m_A\,(\text{Fe}) = 9{,}273 \cdot 10^{-23}\,\text{g}$
      b)   $m_A\,(\text{Cl}) = 5{,}887 \cdot 10^{-23}\,\text{g}$
      c)   $m_A\,(\text{Sb}) = 2{,}0219 \cdot 10^{-22}\,\text{g}$

**3.9-20**   $m_A\,(\text{Metall}) = 1{,}0885 \cdot 10^{-22}\,\text{g} = 65{,}549\,\text{u}$

**3.9-21**   $m_A\,(\text{Gas}) = 6{,}64 \cdot 10^{-24}\,\text{g}$

Da das spezielle Normvolumen des Gases nicht bekannt ist, muss hier der allgemeine Wert $V_{m,n} = 22{,}4\,\text{mol} \cdot 1^{-1}$ verwendet werden (s. Kap. 3.6). Mit Gl. (3.4) ergibt sich die Stoffmenge für Gl. (3.2), und mit der dadurch erhaltenen molaren Masse des Gases kann dann seine absolute Atommasse berechnet werden.

**3.9-22**   a)   $m_M\,(\text{NaF})$       $= 6{,}972 \cdot 10^{-23}\,\text{g}$    $= 41{,}985\,\text{u}$
      b)   $m_M\,(\text{Na}_2\text{CO}_3) = 1{,}7600 \cdot 10^{-22}\,\text{g}$    $= 105{,}99\,\text{u}$
      c)   $m_M\,(\text{FeCl}_3)$     $= 2{,}6935 \cdot 10^{-22}\,\text{g}$    $= 162{,}20\,\text{u}$

Die Abweichungen der hier berechneten Molekülmassen von den mit den Werten der Tabelle A 2 erhaltenen Molekülmassen ergeben sich aus den jeweils notwendigen Rundungen.

**3.9-23**   a)   $m_M\,(\text{H}_3\text{PO}_4)$     $= \phantom{00}97{,}9951\,\text{u}$
      b)   $m_M\,(\text{C}_2\text{H}_5\text{OH}) = \phantom{00}46{,}0682\,\text{u}$
      c)   $m_M\,(\text{K}_2\text{Cr}_2\text{O}_7) = 294{,}1846\,\text{u}$

**3.9-24**   a)   $m_A\,(\text{S}) \phantom{0} = 5{,}325 \cdot 10^{-23}\,\text{g}$
      b)   $m_A\,(\text{Cd}) = 1{,}8668 \cdot 10^{-22}\,\text{g}$
      c)   $m_A\,(\text{Be}) = 1{,}4965 \cdot 10^{-23}\,\text{g}$

**3.9-25**   a)   $M_r\,(\text{CoCl}_2 \cdot 6\,\text{H}_2\text{O}) = 237{,}930$
      b)   $M_r\,(\text{C}_6\text{Cl}_5\text{OH}) \phantom{00} = 266{,}337$
      c)   $M_r\,(\text{Al(OH)}_3) \phantom{00} = \phantom{0}78{,}0034$

**3.9-26**   $U_{rel}\,(\text{SiO}_2) = 93{,}300\,\%$          $A_{rel}\,(\text{Si}) = 93{,}300\,\%$

Umsatz und Ausbeute haben hierbei identische Zahlenwerte, da bei dieser Reaktion das Stoffmengenverhältnis von gebildetem Silicium zu im reagierenden Quarz gebundenem Silicium 1 : 1 beträgt, siehe dazu auch das Kap. 4.3. Nach den Gln. (3.9) und (3.11) gilt im vorliegenden Fall:

$$U(SiO_2) = \frac{n_0(SiO_2) - n(SiO_2)}{n_0(SiO_2)} = \frac{n(Si)}{n_{max}(Si)} = A(Si)$$

**3.9-27**  $m(C_6H_6) = 78{,}971\ g$    Es gilt: $n_{max}(C_6H_5NO_2) = n_0(C_6H_6)$

**3.9-28**  $m(H_2) = 2{,}407\ g$    Es gilt: $n_{max}(H_2) = n_0(Zn)$

**3.9-29**  $m(FeCl_3) = 262{,}933\ g$

Mit Gl. (3.9) wird unter Verwendung von Gl. (3.2) zunächst die Stoffmenge $n_0(Fe)$ berechnet, die identisch mit der Stoffmenge $n_{max}(FeCl_3)$ ist. Da Umsatz und Ausbeute bei dieser Reaktion den gleichen Zahlenwert haben (siehe hierzu auch die Lösung von Übungsaufgabe 3.9-26), lässt sich damit $n(FeCl_3)$ nach Gl. (3.11) berechnen. Und aus der Stoffmenge ergibt sich dann die Masse.

**3.9-30**  a)  $A_{rel}(C_2H_5OH) = 72{,}060\ \%$    b)  $U_{rel}(C_2H_5Br) = 62{,}200\ \%$

Die Ausbeute der Reaktion bezieht sich auf den im Unterschuss vorliegenden Ausgangsstoff.

# Kapitel 4.4

**4.4-1**  a)  $m(O\ in\ NO_2)$              $= 83{,}2\ mg$
         b)  $m(O\ in\ Fe_3O_4)$            $= 82{,}9409\ g$
         c)  $m(O\ in\ Na_2SO_4 \cdot 10\ H_2O) = 118{,}2676\ g$

Die für c) relevante Stoffmengenrelation lautet:

$$n(O\ in\ Na_2SO_4 \cdot 10\ H_2O) = 14\ n(Na_2SO_4 \cdot 10\ H_2O)$$

**4.4-2**  a)  $m(P\ in\ PBr_3)$    $= 16{,}1373\ g$
         b)  $m(S\ in\ Co_3S_3) = 327{,}1\ mg$
         c)  $m(H\ in\ C_6H_{12}) = 10{,}0699\ g$

**4.4-3**  a)  $m(NH_4\ in\ (NH_4)_2HPO_4)$       $= 64{,}9\ mg$
         b)  $m(CH_2\ in\ (CH_2)_6N_4)$          $= 615{,}8756\ g$
         c)  $m(H_2O\ in\ Co_2(SO_4)_3 \cdot 18\ H_2O) = 24{,}7529\ g$

**4.4-4**  $m(NH_4NO_3) = 45{,}7367\ g$

**4.4-5**  a)    $m(CHCl_3)$        $= 50{,}497$ g
   b)    $m(Cr_3O_3)$        $= 456{,}0$ mg
   c)    $m(Ca_3(PO_4)_2) = 97{,}985$ g

**4.4-6**  $M(\text{Vitamin B}_{12}) = 1355{,}6619$ g $\cdot$ mol$^{-1}$

**4.4-7**  $m(\text{N in HNO}_3) = 361{,}2328$ g         $w_{rel}(N) = 22{,}228$ %

**4.4-8**  $m(O) = 234{,}263$ g

**4.4-9**  $w_{rel}(Cl) = 33{,}078$ %

Für die Masse der Mischung nimmt man einen Wert an, z.B. 100 g.

**4.4-10**  $N(CH_3) = 6{,}91109 \cdot 10^{24}$ Gruppen

**4.4-11**  $m(S) = 47{,}328$ g    $w_{rel}(S)$        $= 35{,}598$ %
                 $w_{rel}(S_{gesamt}) = 26{,}293$ %

**4.4-12**  a)    $AlPO_4$
   b)    $Ag_2CO_3$
   c)    $C_4H_4S$
   d)    $K_2MnCl_6$
   e)    $VO_{2{,}5}$    $\Rightarrow$    $V_2O_5$

   Formelindizes werden überwiegend in ganzen Zahlen angegeben. Der hierbei für O zunächst erhaltene Formelindex 2,5 wird durch Multiplikation mit 2 in einen ganzzahligen Formelindex überführt. Es gibt allerdings auch Verbindungen mit gebrochenen Formelindizes.

**4.4-13**  $Al_{1{,}5}O$    $\Rightarrow$    $Al_2O_3$

**4.4-14**  a)    $Ni(NH_3)_6Cl_2$
   b)    $CH_3(CH_2)_3COOH$
   c)    $Cu_{1{,}5}(OH)(CO_3)$    $\Rightarrow$    $Cu_3(OH)_2(CO_3)_2$
   d)    $KCr(C_2O_4)_3 \cdot 3\,H_2O$
   e)    $Fe(NH_4)_2(SO_4)_2 \cdot 6\,H_2O$

**4.4-15**  a)    $w_{rel}(Cr) = 25{,}227$ % , $w_{rel}(CH_3COO) = 57{,}292$ % ,
                 $w_{rel}(H_2O) = 17{,}481$ %

   b)    $w_{rel}(H) = 2{,}130$ % , $w_{rel}(As) = 52{,}783$ % , $w_{rel}(O) = 45{,}087$ %

c)    $w_{rel}$ (Ca) = 26,692 % , $w_{rel}$ (Al) = 11,980 % ,
     $w_{rel}$ (SiO$_4$) = 61,328 %

d)    $w_{rel}$ (K) = 23,412 % , $w_{rel}$ (Br) = 47,846 % , $w_{rel}$ (O) = 28,741 %

e)    $w_{rel}$ (NH$_4$) = 27,302 % , $w_{rel}$ (SO$_4$) = 72,698 %

f)    $w_{rel}$ (C) = 77,383 % , $w_{rel}$ (H) = 5,411 % , $w_{rel}$ (NH$_2$) = 17,205 %

**4.4-16** Wegen der Signifikanz der Dezimalstellen in diesem Buch gilt zunächst:

$$n_R (Fe_2O_3) = 5536 \text{ mol}$$

a)    $m_P$ (Fe) = 618,3158 kg          b)    $m_P$ (CO$_2$) = 730,9098 kg

c)    $N$(CO) = $10^{28}$ Moleküle

**4.4-17** Die relevante Stoffmengenrelation lautet:

$$n_R (HNO_3) = \frac{8}{3} n_P (Cu(NO_3)_2)$$

Da sich das Ergebnis für 100 %ige Salpetersäure ergibt, muss es noch mit dem Faktor für die 45 %ige Säure multipliziert werden.

$$m_R (HNO_3, 45\%) = 80,6564 \text{ g} \cdot \frac{100\%}{45\%} = 179,236 \text{ g}$$

**4.4-18** $m_P$ (N$_2$) = 15,1973 g          $m_P$ (NO) = 6,5113 g

**4.4-19** Die Reaktionsgleichung lautet:

$$3 \, Co_3O_4 + 8 \, Al \rightarrow 9 \, Co + 4 \, Al_2O_3$$

Mit Hilfe der Gln. (3.11) und (3.12) wird zunächst $n_{P,max}$ (Co) berechnet. Mit der Stoffmengenrelation zwischen $n_R$ (Co$_3$O$_4$) und $n_P$ (Co) wird damit die gesuchte Masse erhalten.

Ergebnis:    $m_R$ (Co$_3$O$_4$) = 191,4338 g

**4.4-20** Die Reaktionsgleichung lautet:

$$4 \, P + 5 \, O_2 \rightarrow 2 \, P_2O_5$$

Die Massenzunahme des entstandenen Gemisches ist auf den chemisch gebundenen Sauerstoff zurückzuführen. Für seine Stoffmenge gilt:

$$n_R (O_2) = \frac{m_R (O_2)}{M(O_2)} = \frac{4,45 \text{ g}}{31,9988 \text{ g} \cdot \text{mol}^{-1}} = 0,1391 \text{ mol}$$

Gemäß der Reaktionsgleichung gilt dann die Stoffmengenrelation:

$$\frac{n_R(P)}{n_R(O_2)} = \frac{4}{5} \quad \Rightarrow \quad n_R(P) = \frac{4}{5} n_R(O_2)$$

Damit ergibt sich:

$$m_R(P) = 3,4474 \text{ g}, \text{ übrig sind noch: } m(P) = 2,9626 \text{ g}$$

Ergebnis:    $U_{rel}(P) = 53,78\%$

**4.4-21**  Die Reaktionsgleichung lautet:

$$2 CH_3OH + 2 Li \rightarrow 2 CH_3OLi + H_2$$

Nach den Angaben der Aufgabe liegt das Gas im Normzustand vor.

Ergebnis:    $V_n(H_2) = 12,359 \text{ l}$

**4.4-22**  Die Reaktionsgleichung lautet:

$$Al_2O_3 + 6 HCl \rightarrow 2 AlCl_3 + 3 H_2O$$

Danach gilt:

$$n_R(Al_2O_3) = \frac{1}{2} n_P(AlCl_3) = 0,319 \text{ mol}$$

Weil die Stoffmenge 0,319 mol einem relativen Umsatz von 76,5 % entspricht, müssen vor der Reaktion von dem $Al_2O_3$

$$0,319 \text{ mol} \cdot \frac{100\%}{76,5\%} = 0,417 \text{ mol}$$

vorhanden gewesen sein, nach der Reaktion also noch 0,098 mol.

Ergebnis:    $m(Al_2O_3) = 9,9922 \text{ g}$        $m_P(H_2O) = 17,223 \text{ g}$

**4.4-23**  Die Reaktionsgleichung lautet:

$$2 FeCl_2 + Cl_2 \rightarrow 2 FeCl_3$$

Die Gesamtmasse der entstandenen Mischung beträgt 140 g.

Ergebnis:    $w_{rel}(FeCl_2) = 34,655\%$        $w_{rel}(FeCl_3) = 65,345\%$

**4.4-24**  Die Reaktionsgleichung lautet:

$$Ca_3(PO_4)_2 + 3 H_2SO_4 \rightarrow 3 CaSO_4 + 2 H_3PO_4$$

Die relevante Stoffmengenrelation ist:

$$\frac{n_R(H_2SO_4)}{n_P(H_3PO_4)} = \frac{3}{2} \quad \Rightarrow \quad n_R(H_2SO_4) = \frac{3}{2} n_P(H_3PO_4)$$

Zunächst gilt:  $\quad m_P(H_3PO_4) = 137{,}50 \text{ kg} = 137500 \text{ g}$

Und damit:  $\quad n_R(H_2SO_4) = 2105 \text{ mol}$

Für die Masse folgt:

$$m_R(H_2SO_4, 100\%) = 206454{,}19 \text{ g} = 206{,}45419 \text{ kg}$$

Weil sich das Ergebnis für eine 100 %ige Schwefelsäure ergibt, muss es abschließend noch auf den vorliegenden Gehalt und den erreichten Umsatz umgerechnet werden.

Ergebnis:  $\quad m_R(H_2SO_4, 9\% \text{ und } 92{,}8\% \text{ Umsatz}) =$

$$206{,}45419 \text{ kg} \cdot \frac{100\% \cdot 100\%}{9\% \cdot 92{,}8\%} = 2471{,}913 \text{ kg}$$

**4.4-25**  Die Reaktionsgleichung lautet:

$$MgCO_3 \;\rightarrow\; MgO \;+\; CO_2$$

Annahme: Die Masse des Rückstandes ($MgCO_3$ + MgO) beträgt 100 g.

Dann gilt:

$$m(MgCO_3) + m(MgO) = 100 \text{ g} \quad \rightarrow \quad \text{1. Bestimmungsgleichung}$$

Für den Anteil des Magnesiums folgt:

$w_{rel}(Mg \text{ in } MgCO_3) = 28{,}826\%$  also:  $w(Mg \text{ in } MgCO_3) = 0{,}28826$
$w_{rel}(Mg \text{ in } MgO) \;\;\; = 60{,}304\%$  also:  $w(Mg \text{ in } MgO) \;\;\;\;\; = 0{,}60304$

Damit lautet dann die 2. Bestimmungsgleichung:

$$0{,}28826 \cdot m(MgCO_3) + 0{,}60304 \cdot m(MgO) = 53{,}37 \text{ g}$$

Wird die 1. in die 2. Bestimmungsgleichung eingesetzt, ergibt sich:

$$0{,}28826 \cdot (100 \text{ g} - m(MgO)) + 0{,}60304 \cdot m(MgO) = 53{,}37 \text{ g}$$

$$\Rightarrow \quad m(MgO) = 77{,}972 \text{ g}$$

Ergebnis:  Der Rückstand ist: 77,972 % MgO und 22,028 % $MgCO_3$.

**4.4-26**  Die Reaktionsgleichung lautet:

$$Cu_2S + O_2 \rightarrow 2\,Cu + SO_2$$

Es gelten die Stoffmengenrelationen:

$$n(Cu_2S \text{ in } Cu_2S \cdot Fe_2S_3) = n(Cu_2S \cdot Fe_2S_3)$$

und:

$$n_P(Cu) = 2\,n_R(Cu_2S)$$

Ergebnis:      $m_P(Cu) = 117{,}827$ kg

**4.4-27**  Die Reaktionsgleichung lautet:

$$2\,NaCl + H_2SO_4 \rightarrow 2\,HCl + Na_2SO_4$$

a)  Mit den Gln. (3.11) und (3.12) wird $n_{max}(HCl)$ berechnet.

$$n_{max}(HCl) = 2{,}105 \text{ mol}$$

Ergebnis:      $m_R(H_2SO_4, 30\,\%) = 344{,}257$ g

b)  $m(Na_2SO_4 \cdot 10\,H_2O) = 331{,}538$ g

# Kapitel 5.6

**5.6-1**  Es gilt:  $n(SO_4^{2-} \text{ in } H_2SO_4) = n(H_2SO_4)$

$n(SO_4^{2-}) \Rightarrow m(SO_4^{2-}) = 480 \text{ mg}$   ,   $\beta(SO_4^{2-}) = 9{,}600 \text{ g} \cdot l^{-1}$

**5.6-2**  $V_L \Rightarrow m_L$ , mit $w(HCl) \Rightarrow m(HCl) \Rightarrow n(HCl)$

$n(HCl) = 451{,}7$ mmol

**5.6-3**  $\beta(NaOH) = 2{,}000 \text{ g} \cdot l^{-1} \Rightarrow c(NaOH) = 0{,}050 \text{ mol} \cdot l^{-1}$

**5.6-4**  Mischungsrechnung

$w_1(KOH) = 0{,}18$ , $w_2(KOH) = 0{,}30$ , $w_{Ms}(KOH) = 0{,}25$

$m_{L,1} = 0{,}8$ kg

mit:  $m_{L,2} = m_{L,Ms} - m_{L,1}$  ergibt sich nach Gl. (5.27):

$$m_{L,Ms} = \frac{m_{L,1} \cdot (w_2(KOH) - w_1(KOH))}{w_2(KOH) - w_{Ms}(KOH)} = 1,92 \text{ kg } 25 \text{ \%ige Kalilauge}$$

**5.6-5**  Annahme: $m_L = 1000$ g

$m(LiCl) = m_L \cdot w(LiCl) \quad \Rightarrow \quad n(LiCl) = 2,831$ mol

$m_L \quad \Rightarrow \quad V_L \quad \Rightarrow \quad c(LiCl) = 3,02351 \text{ mol} \cdot l^{-1}$

**5.6-6**  Es gilt: $n(Na \text{ in } Na_2SO_4 \cdot 10\, H_2O) = 2\, n(Na_2SO_4 \cdot 10\, H_2O)$
$$= n(Na^+)$$

$M(Na_2SO_4 \cdot 10\, H_2O) = 322,194 \text{ g} \cdot mol^{-1}$

$n(Na^+) = 2 \cdot 0,093 \text{ mol} = 0,186 \text{ mol} \quad \Rightarrow \quad c(Na^+) = 1,240 \text{ mol} \cdot l^{-1}$

**5.6-7**  Es gilt: $n(N \text{ in } KNO_3) = n(KNO_3)$

$m(N \text{ in } KNO_3) = 805,4$ mg

**5.6-8**  Benötigt werden: $n(HNO_3) = V_L \cdot c(HNO_3) = 0,0003$ mol

$n(HNO_3) \quad \Rightarrow \quad m(HNO_3) = 0,0189$ g
Diese Masse soll aus der Ausgangslösung entnommen werden.

$\beta(HNO_3) \quad \Rightarrow \quad V_L = 25,2$ ml

**5.6-9**  $V(H_2O) = 562,500 \text{ ml} \quad \Rightarrow \quad m(H_2O) = 561,713$ g

**5.6-10**  $V_L \quad \Rightarrow \quad m_L = 678,956$ g

Es gilt: $m(H_2O) = m_L - m(CH_3OH) = 583,916$ g

$V(H_2O) = 584,969 \text{ ml} \qquad w_{rel}(H_2O) = 86,0\ \%$

**5.6-11**  Annahme: $V_L = 1000$ ml

$V_L \quad \Rightarrow \quad m_L = 987 \text{ g} \quad , \quad n(NH_3) \quad \Rightarrow \quad m(NH_3) = 25,5456$ g

Es gilt: $m(H_2O) = m_L - m(NH_3) = 961,454$ g

$b(NH_3) = 1,560 \text{ mol} \cdot kg^{-1}$

**5.6-12**  Es gilt: $m_L = m(K_2Cr_2O_7) + m(H_2O)$

$m_L \quad \Rightarrow \quad V_L = 515,610 \text{ ml} = 0,515610 \text{ l}$

$\beta(K_2Cr_2O_7) = 87,2753 \text{ g} \cdot l^{-1}$

$w_{rel}(K_2Cr_2O_7) = 8,26\,\%$

Annahme: $m_L = 100\,g$ , dann gilt:

$$w_{rel}(K_2Cr_2O_7) = 8,26\,\% \quad \Rightarrow \quad m(K_2Cr_2O_7) = 8,26\,g$$

$$w_{rel}(H_2O) \quad = 91,74\,\% \quad \Rightarrow \quad m(H_2O) \quad = 91,74\,g$$

Und damit:

$$x(K_2Cr_2O_7) = \frac{m(K_2Cr_2O_7)/M(K_2Cr_2O_7)}{m(K_2Cr_2O_7)/M(K_2Cr_2O_7) + m(H_2O)/M(H_2O)}$$

$$= 0,0055 \quad \Rightarrow \quad x_{rel}(K_2Cr_2O_7) = 0,55\,\%$$

**5.6-13**  Mischungsrechnung

$$w_{Ms}(H_3PO_4) = 0,15 \quad , \quad w_1(H_3PO_4) = 0,36 \quad , \quad m_{L,Ms} = 487,350\,g$$

Nach Gl. (5.28) gilt:  $m_{L,1} = \dfrac{w_{Ms}(H_3PO_4) \cdot m_{L,Ms}}{w_1(H_3PO_4)} = 203,063\,g$

Und damit:  $m(H_2O) = m_{L,Ms} - m_{L,1} = 284,287\,g$

**5.6-14**  $V(H_2O) = 192\,ml$

**5.6-15**  $m(CH_3OH) \quad \Rightarrow \quad n(CH_3OH) = 1,2359\,mol$

$V_L \quad \Rightarrow \quad m_L = 395,968\,g$

Es gilt:  $m(H_2O) = m_L - m(CH_3OH)$

$$= 395,968\,g - 39,600\,g = 356,368\,g$$

Damit folgt:  $b(CH_3OH) = 3,46804\,mol \cdot kg^{-1}$

$$\beta(CH_3OH) = 98,2080\,g \cdot l^{-1}$$

**5.6-16**  $c(NaCl) \quad \Rightarrow \quad \beta(NaCl) = 292,215\,g \cdot l^{-1}$

Aus $V_L$ und $m_L \quad \Rightarrow \quad \rho_L(NaCl) = 1185,7\,g \cdot l^{-1}$

$$w(NaCl) = \frac{\beta(NaCl)}{\rho_L(NaCl)} = 0,246 \quad \Rightarrow \quad w_{rel}(NaCl) = 24,6\,\%$$

**5.6-17**  $m_L = \dfrac{m(KCl)}{w(KCl)} = 500,00\,g$

$m\,(KCl) \quad \Rightarrow \quad n\,(KCl) = 1{,}073 \text{ mol}$

Nach dem Eindampfen folgt damit:  $m\,(H_2O) = \dfrac{n\,(KCl)}{b\,(KCl)} = 0{,}195 \text{ kg}$

Für die entstehende Lösung gilt:  $m_L\,(\text{neu}) = m\,(KCl) + m\,(H_2O)$

$$= 275 \text{ g}$$

Die Ausgangslösung mit $m_L = 500{,}00$ g muss damit so weit eingedampft werden, bis die neue Lösungsmasse den Wert $m_L\,(\text{neu}) = 275$ g erreicht hat. Die Ausgangslösung muss also um 45 % eingeengt werden.

**5.6-18**  $w\,(Pb) = \dfrac{m\,(Pb)}{m\,(\text{Probe})} = \dfrac{59{,}65 \text{ mg}}{1786000 \text{ mg}} = 33{,}40 \cdot 10^{-6} = 33{,}40 \text{ ppm}$

**5.6-19**  Mischungsrechnung

$c\,(HCl) \quad \Rightarrow \quad \beta\,(HCl) = 364{,}610 \text{ g} \cdot l^{-1}$

$w\,(HCl) = \dfrac{\beta\,(HCl)}{\rho_{L,20}\,(HCl)} = \dfrac{364{,}610 \text{ g} \cdot l^{-1}}{1157 \text{ g} \cdot l^{-1}} = 0{,}32 = w_1\,(HCl)$

$V_L \quad \Rightarrow \quad m_L = 925{,}600 \text{ g} = m_{L,1}$

$m_{L,1} = 925{,}600 \text{ g} \;,\; w_1\,(HCl) = 0{,}32 \;,\; w_{Ms}\,(HCl) = 0{,}20$

Nach Gl. (5.28) gilt dann, siehe dazu auch Beispiel 5.26:

$$m\,(H_2O) = \dfrac{m_{L,1} \cdot (w_1\,(HCl) - w_{Ms}\,(HCl))}{w_{Ms}\,(HCl)} = 555{,}360 \text{ g}$$

$m\,(H_2O) \quad \Rightarrow \quad V\,(H_2O) = 556{,}361 \text{ ml}$

Alternativ:  Mit Gl. (5.28) zunächst $m_{L,Ms}$ berechnen, dann gilt:

$$m\,(H_2O) = m_{L,Ms} - m_{L,1}$$

**5.6-20**  Mischungsrechnung

$c\,(H_2SO_4) \quad \Rightarrow \quad \beta\,(H_2SO_4)$

$w\,(H_2SO_4) = \dfrac{\beta\,(H_2SO_4)}{\rho_{L,20}\,(H_2SO_4)} = \dfrac{1471{,}170 \text{ g} \cdot l^{-1}}{1764 \text{ g} \cdot l^{-1}} = 0{,}83$

$w_1\,(H_2SO_4) = 0{,}83 \;,\; w_2\,(H_2SO_4) = 0{,}32 \;,\; w_{Ms}\,(H_2SO_4) = 0{,}40$

Nach Gl. (5.30) gilt für das Verhältnis der zu vermischenden Massen:

$$\frac{m_{L,1}}{m_{L,2}} = \frac{w_{Ms}(H_2SO_4) - w_2(H_2SO_4)}{w_1(H_2SO_4) - w_{Ms}(H_2SO_4)} = 0,19$$

Daraus folgt:  $m_{L,1} = 0,19 \cdot m_{L,2}$    mit:  $m_{L,1} + m_{L,2} = m_{L,Ms}$

Und damit:  $0,19 \cdot m_{L,2} + m_{L,2} = m_{L,Ms}$

$$1,19 \, m_{L,2} = m_{L,Ms} \quad \Rightarrow \quad m_{L,2} = \frac{m_{L,Ms}}{1,19} = \frac{1000 \text{ g}}{1,19} = 840,34 \text{ g}$$

$$m_{L,1} = m_{L,Ms} - m_{L,2} = 1000 \text{ g} - 840,34 \text{ g} = 159,66 \text{ g}$$

**5.6-21**  Es gibt eine Ausgangslösung (Index A) und eine neue Lösung (Index N). Benötigt werden:

$$\beta_N(NaOH) \quad \Rightarrow \quad m_N(NaOH) = 2,000 \text{ g}$$

Diese Masse wird aus der Ausgangslösung entnommen. Dafür gilt:

$$w_A(NaOH) = \frac{m_A(NaOH)}{m_{L,A}}$$

Mit $m_N(NaOH) = m_A(NaOH)$ und $m_{L,A} = V_{L,A} \cdot \rho_{L,A,20}(NaOH)$ folgt:

$$V_{L,A} = \frac{m_A(NaOH)}{w_A(NaOH) \cdot \rho_{L,A,20}(NaOH)} = 8,203 \text{ ml}$$

**5.6-22**  $w(CH_2Cl_2) = 640 \text{ ppb} = 640 \cdot 10^{-9}$

Annahme: $m_L = 1000$ g , dann gilt:

$$m(CH_2Cl_2) = m_L \cdot w(CH_2Cl_2) = 1000 \text{ g} \cdot 640 \cdot 10^{-9} = 640 \cdot 10^{-6} \text{ g}$$

$$V_L = \frac{m_L}{\rho_{L,18}(Abwasser)} = 974,659 \text{ ml} = 974,659 \cdot 10^{-6} \text{ m}^3$$

$974,659 \cdot 10^{-6}$ m$^3$ enthalten $640 \cdot 10^{-6}$ g , also enthält ein Volumen von 2000 m$^3$ damit 1313,280 g.

**5.6-23**  Es gilt:  $m(H_2O) = m_L - m(NaHSO_4) = 220,00$ g

**5.6-24**  $V_L \quad \Rightarrow \quad m_L = 693,825$ g

Es gilt:  $m(NH_3) = m_L \cdot w(NH_3) = 69,383$ g

$m(\text{NH}_3) \quad \Rightarrow \quad n(\text{NH}_3) = 4,0741 \text{ mol}$

$c(\text{NH}_3) = 5,6194 \text{ mol} \cdot l^{-1} \quad \Rightarrow \quad \beta(\text{NH}_3) = 95,7006 \text{ g} \cdot l^{-1}$

Alternativ: $\beta(\text{NH}_3) = \rho_{L,20}(\text{NH}_3) \cdot w(\text{NH}_3)$ , $c(\text{NH}_3) = \dfrac{\beta(\text{NH}_3)}{M(\text{NH}_3)}$

**5.6-25** $c(\text{KNO}_3) \quad \Rightarrow \quad n(\text{KNO}_3) \quad \Rightarrow \quad m(\text{KNO}_3) = 30,3310 \text{ g}$

$V_L \quad \Rightarrow \quad m_L = 219,600 \text{ g}$

$w(\text{KNO}_3) = \dfrac{m(\text{KNO}_3)}{m_L} = 0,138 \quad \Rightarrow \quad w_{rel}(\text{KNO}_3) = 13,8\,\%$

Annahme: $m_L = 100 \text{ g}$ , dann gilt:

$w_{rel}(\text{KNO}_3) = 13,8\,\% \quad \Rightarrow \quad m(\text{KNO}_3) = 13,8 \text{ g}$

$w_{rel}(\text{H}_2\text{O}) \quad = 86,2\,\% \quad \Rightarrow \quad m(\text{H}_2\text{O}) \quad = 86,2 \text{ g}$

Und damit:

$x(\text{KNO}_3) = \dfrac{m(\text{KNO}_3)/M(\text{KNO}_3)}{m(\text{KNO}_3)/M(\text{KNO}_3) + m(\text{H}_2\text{O})/M(\text{H}_2\text{O})}$

$= 0,0277 \quad \Rightarrow \quad x_{rel}(\text{KNO}_3) = 2,77\,\%$

Alternativ: Mit Gl. (5.19) wird zunächst der Stoffmengenanteil berechnet. Dafür gilt:

$$m(\text{H}_2\text{O}) = m_L - m(\text{KNO}_3)$$

Danach ergibt sich mit Gl. (5.12a) $w(\text{KNO}_3)$.

**5.6-26** $c(\text{CrCl}_3) \quad \Rightarrow \quad n(\text{CrCl}_3) = 0,010 \text{ mol}$

$n(\text{Cl in CrCl}_3) = 3\,n(\text{CrCl}_3) = 0,030 \text{ mol}$

$m(\text{Cl in CrCl}_3) = 1,064 \text{ g}$

$c(\text{MgCl}_2) \quad \Rightarrow \quad n(\text{MgCl}_2) = 0,012 \text{ mol}$

$n(\text{Cl in MgCl}_2) = 2\,n(\text{MgCl}_2) = 0,024 \text{ mol}$

$m(\text{Cl in MgCl}_2) = 0.851 \text{ g}$

$m(\text{Cl, gesamt}) = 1,915 \text{ g}$

**5.6-27** Es gibt eine Ausgangslösung (Index A) und eine neue Lösung (Index N). Benötigt werden:

$$c_N(HCl) \quad \Rightarrow \quad n_N(HCl) \quad \Rightarrow \quad m_N(HCl) = 19{,}142\ g$$

Diese Masse wird aus der Ausgangslösung entnommen. Dafür gilt:

$$w_A(HCl) = \frac{m_A(HCl)}{m_{L,A}}$$

Mit $m_N(HCl) = m_A(HCl)$ und $m_{L,A} = V_{L,A} \cdot \rho_{L,A,20}(HCl)$ folgt:

$$V_{L,A} = \frac{m_A(HCl)}{w_A(HCl) \cdot \rho_{L,A,20}(HCl)} = 68{,}121\ ml$$

Annahme: $m_L = 1000\ g$, dann gilt:

$$m_A(HCl) = m_{L,A} \cdot w_A(HCl) = 250\ g \quad \Rightarrow \quad n_A(HCl) = 6{,}857\ mol$$

$$m(H_2O) = m_{L,A} - m_A(HCl) = 750\ g \quad \Rightarrow \quad n_A(H_2O) = 41{,}632\ mol$$

Ergebnis:    $x_{rel,A}(HCl) = 14{,}1\ \%$

**5.6-28** $V(H_2O) \quad \Rightarrow \quad m(H_2O) = 399{,}280\ g$

$$m_L = m(NH_4Cl) + m(H_2O) = 479{,}280\ g$$

$$w(NH_4Cl) = \frac{m(NH_4Cl)}{m_L} = 0{,}167 \quad \Rightarrow \quad w_{rel}(NH_4Cl) = 16{,}7\ \%$$

**5.6-29** $m_L = m(HAc) + m(H_2O) = 448{,}930\ g$

$$w(HAc) = \frac{m(HAc)}{m_L} = 0{,}222 \quad \Rightarrow \quad w_{rel}(HAc) = 22{,}2\ \%$$

$$m_L \quad \Rightarrow \quad V_L = 436{,}702\ ml$$

$$\beta(HAc) = \rho_{L,20}(HAc) \cdot w(HAc) = 1028\ g \cdot l^{-1} \cdot 0{,}222 = 228{,}22\ g \cdot l^{-1}$$

$$c(HAc) = \frac{\beta(HAc)}{M(HAc)} = 3{,}800\ mol \cdot l^{-1}$$

**5.6-30** $M((NH_4)_2Fe(SO_4)_2 \cdot 6H_2O) = 392{,}138\ g \cdot mol^{-1}$

Die chemische Formel $(NH_4)_2Fe(SO_4)_2 \cdot 6H_2O$ wird jetzt im weiteren Verlauf des Lösungsweges kurz mit dem Wort „Verbindung" bezeichnet.

$m$ (Verbindung)    $\Rightarrow$    $n$ (Verbindung) = 0,026 mol

$n\,(\mathrm{NH_4}$ in Verbindung) = $2\,n$ (Verbindung) = 0,052 mol = $n\,(\mathrm{NH_4^+})$

$$\beta\,(\mathrm{NH_4^+}) = \frac{m\,(\mathrm{NH_4^+})}{V_\mathrm{L}} = \frac{n\,(\mathrm{NH_4^+}) \cdot M\,(\mathrm{NH_4^+})}{V_\mathrm{L}} = 9{,}380\ \mathrm{g \cdot l^{-1}}$$

$n\,(\mathrm{Fe}$ in Verbindung) = $n$ (Verbindung) = 0,026 mol = $n\,(\mathrm{Fe^{2+}})$

$$\beta\,(\mathrm{Fe^{2+}}) = \frac{m\,(\mathrm{Fe^{2+}})}{V_\mathrm{L}} = \frac{n\,(\mathrm{Fe^{2+}}) \cdot M\,(\mathrm{Fe^{2+}})}{V_\mathrm{L}} = 14{,}520\ \mathrm{g \cdot l^{-1}}$$

$n\,(\mathrm{SO_4}$ in Verbindung) = $2\,n$ (Verbindung) = 0,052 mol = $n\,(\mathrm{SO_4^{2-}})$

$$\beta\,(\mathrm{SO_4^{2-}}) = \frac{m\,(\mathrm{SO_4^{2-}})}{V_\mathrm{L}} = \frac{n\,(\mathrm{SO_4^{2-}}) \cdot M\,(\mathrm{SO_4^{2-}})}{V_\mathrm{L}} = 49{,}953\ \mathrm{g \cdot l^{-1}}$$

## Kapitel 6.6

**6.6-1**    Reaktionsgleichung und Gleichgewichtskonstante lauten:

$$\mathrm{PCl_5} \rightarrow \mathrm{PCl_3} + \mathrm{Cl_2} \quad \Rightarrow \quad K_\mathrm{c} = \frac{c\,(\mathrm{PCl_3}) \cdot c\,(\mathrm{Cl_2})}{c\,(\mathrm{PCl_5})}$$

Aus der Reaktionsgleichung folgt die Stoffmengenrelation:

$$n_\mathrm{R}\,(\mathrm{PCl_5}) = n_\mathrm{P}\,(\mathrm{PCl_3}) = n_\mathrm{P}\,(\mathrm{Cl_2})$$

mit $n_\mathrm{R}\,(\mathrm{PCl_5})$ = 0,184 · 2 mol = 0,368 mol

Da das Reaktionsvolumen für alle drei Verbindungen gleich ist, gilt auch:

$$c_\mathrm{R}\,(\mathrm{PCl_5}) = c_\mathrm{P}\,(\mathrm{PCl_3}) = c_\mathrm{P}\,(\mathrm{PCl_3})$$

mit $c_\mathrm{R}\,(\mathrm{PCl_5}) = \dfrac{n_\mathrm{R}\,(\mathrm{PCl_5})}{V\,\text{(gesamt)}} = \dfrac{0{,}368\ \text{mol}}{2\ \text{l}} = 0{,}184\ \mathrm{mol \cdot l^{-1}}.$

Die Konzentrationen im eingestellten Gleichgewicht sind demnach:

$$c\,(\mathrm{PCl_3}) = c_\mathrm{P}\,(\mathrm{PCl_3}) \qquad\qquad c\,(\mathrm{Cl_2}) = c_\mathrm{P}\,(\mathrm{Cl_2})$$

$$c\,(\mathrm{PCl_5}) = c_0\,(\mathrm{PCl_5}) - c_\mathrm{R}\,(\mathrm{PCl_5})$$

Und damit: $K_c = \dfrac{0,184\ \text{mol} \cdot \text{l}^{-1} \cdot 0,184\ \text{mol} \cdot \text{l}^{-1}}{1\ \text{mol} \cdot \text{l}^{-1}\ -\ 0,184\ \text{mol} \cdot \text{l}^{-1}} = 0,041\ \text{mol} \cdot \text{l}^{-1}$

**6.6-2**  a)  Mit Gl. (5.3), $V_L$ = konstant und Kürzen von $V_L$ ergibt sich:

$$K_c = \frac{c\,(CH_3OOC_2H_5) \cdot c\,(H_2O)}{c\,(C_2H_5OH) \cdot c\,(CH_3COOH)} = \frac{n\,(CH_3OOC_2H_5) \cdot n\,(H_2O)}{n\,(C_2H_5OH) \cdot n\,(CH_3COOH)}$$

$n\,(CH_3COOC_2H_5)$ wird jetzt durch x ersetzt, außerdem gilt:

$$n_R\,(C_2H_5OH) = n_R\,(CH_3COOH) = n_P\,(CH_3COOC_2H_5) = n_P\,(H_2O)$$

Damit folgt:    $4 = \dfrac{x^2}{(1,3\ \text{mol}\ -\ x) \cdot (0,5\ \text{mol}\ -\ x)}$

Nach Umstellung der quadratischen Gleichung in die nachfolgende Normalform führt deren Lösung zu zwei mathematischen Ergebnissen.

$x^2 - 2,4\,x + 0,867\ \text{mol} = 0$    $\Rightarrow$    $x_1 = 1,957\ \text{mol}$

$x_2 = 0,443\ \text{mol}$

Da theoretisch höchstens 0,5 mol Ester entstehen können, ist nur $x_2$ ein stöchiometrisch sinnvolles Ergebnis. Für den relativen Umsatz gilt dann nach den Gln. (3.9) und (3.10):

$$U_{rel}\,(CH_3COOH) = 88,6\ \%$$

b)    $U_{rel}\,(CH_3COOH) = 94,7\ \%$

**6.6-3**    Nach Gl. (6.7) ergibt sich:

$$I = 0,5 \cdot (c\,(Ca^{2+}) \cdot z^2\,(Ca^{2+}) + c\,(Cl^-) \cdot z^2\,(Cl^-))$$

Es gilt:  $c\,(Ca^{2+}) = c\,(CaCl_2)$    und    $c\,(Cl^-) = 2\,c\,(CaCl_2)$

Und damit:

$$I = 0,5 \cdot (c\,(CaCl_2) \cdot 2^2 + 2\,c\,(CaCl_2) \cdot 1^2) = 3\,c\,(CaCl_2)$$

Ergebnis:  $c\,(CaCl_2) = \dfrac{0,15\ \text{mol} \cdot \text{l}^{-1}}{3} = 0,05\ \text{mol} \cdot \text{l}^{-1}$

**6.6-4**    $\lg c\,(H_3O^+) = -pH$    $\Rightarrow$    $c\,(H_3O^+) = 10^{-pH} = 10^{-3,78}\ \text{mol} \cdot \text{l}^{-1}$

$c\,(H_3O^+) = 10^{0,22} \cdot 10^{-4}\ \text{mol} \cdot \text{l}^{-1} = 1,66 \cdot 10^{-4}\ \text{mol} \cdot \text{l}^{-1}$

$$pOH = pK_W - pH = 14{,}26 - 3{,}78 = 10{,}48$$

$$\lg c\,(OH^-) = -pOH \quad \Rightarrow \quad c\,(OH^-) = 10^{-pOH}$$

$$c\,(OH^-) = 10^{-10{,}48}\ mol \cdot l^{-1} = 10^{0{,}52} \cdot 10^{-11}\ mol \cdot l^{-1}$$

$$= 3{,}31 \cdot 10^{-11}\ mol \cdot l^{-1}$$

**6.6-5**  Es gilt:

$$K_W^a = f\,(H_3O^+) \cdot f\,(OH^-) \cdot K_W$$

In der gegebenen Lösung von Natriumchlorid kann wegen der relativ geringen Konzentrationen der Oxonium- und Hydroxidionen ihr Ioneneinfluss auf die gesamte Ionenstärke der Lösung gegenüber dem des gelösten Salzes vernachlässigt werden. Daher ist nach Gl. (6.7):

$$I = 0{,}5 \cdot (c\,(Na^+) \cdot z^2\,(Na^+) + c\,(Cl^-) \cdot z^2\,(Cl^-))$$

$$= 0{,}5 \cdot (0{,}05 \cdot 1^2 + 0{,}05 \cdot 1^2)\ mol \cdot l^{-1} = 0{,}05\ mol \cdot l^{-1}$$

Nach Gl. (6.9) ergibt sich dann:

$$\lg f\,(H_3O^+) = \lg f\,(OH^-) = -\frac{0{,}5 \cdot 1^2 \cdot \sqrt{0{,}05}}{1 + \sqrt{0{,}05}} = -0{,}0914$$

Daraus folgt:  $f\,(H_3O^+) = f\,(OH^-) = 0{,}81$

Ergebnis:  $K_W^a = 0{,}81^2 \cdot 10^{-14}\ mol^2 \cdot l^{-2} = 0{,}66 \cdot 10^{-14}\ mol^2 \cdot l^{-2}$

**6.6-6**  Weil es sich bei der Salpetersäure um eine starke Säure handelt, gilt mit Gl. (6.28):

$$pH = -\lg c_0\,(HNO_3)$$

Es gibt eine Ausgangslösung (Index A) und eine neue Lösung (Index N).

a)  $n_{0,A}\,(HNO_3) = V_{L,A} \cdot c_{0,A}\,(HNO_3) = 0{,}005\ l \cdot 0{,}2\ mol \cdot l^{-1}$

$$= 0{,}001\ mol$$

Da die Stoffmenge für die Ausgangslösung wie für die neu hergestellte Lösung dieselbe ist, folgt daher:

$$n_{0,N}\,(HNO_3) = n_{0,A}\,(HNO_3)$$

Und damit:

$$c_{0,N}\,(HNO_3) = \frac{n_{0,N}\,(HNO_3)}{V_{L,N}} = \frac{0{,}001\ mol}{0{,}100\ l} = 0{,}010\ mol \cdot l^{-1}$$

$$\Rightarrow \quad pH = 2$$

b) $m_{0,A}(HNO_3) = V_{L,A} \cdot \beta_{0,A}(HNO_3) = 0,0015\,l \cdot 30\ g \cdot l^{-1}$

$$= 0,0450\ g$$

Analog zu a) folgt:

$$m_{0,N}(HNO_3) = m_{0,A}(HNO_3)$$

Und damit:

$$c_{0,N}(HNO_3) = \frac{n_{0,N}(HNO_3)}{V_{L,N}} = \frac{m_{0,N}(HNO_3)}{V_{L,N} \cdot M(HNO_3)}$$

$$= \frac{0,0450\ g}{0,100\,l \cdot 63,0128\ g \cdot mol^{-1}} = 0,0071\ mol \cdot l^{-1}$$

$$\Rightarrow \qquad pH = 2,15$$

c) $m_{0,A}(HNO_3) = m_{L,A} \cdot w_A(HNO_3)$ \qquad mit Gl. (5.2):

$$= V_{L,A} \cdot \rho_{L,A,20}(HNO_3) \cdot w_A(HNO_3)$$

$$= 0,0001\,l \cdot 1115\ g \cdot l^{-1} \cdot 0,20 = 0,0223\ g$$

Analog zu b) folgt:

$$m_{0,N}(HNO_3) = m_{0,A}(HNO_3)$$

Und damit:

$$c_{0,N}(HNO_3) = \frac{n_{0,N}(HNO_3)}{V_{L,N}} = \frac{m_{0,N}(HNO_3)}{V_{L,N} \cdot M(HNO_3)}$$

$$= \frac{0,0223\ g}{0,100\,l \cdot 63,0128\ g \cdot mol^{-1}} = 0,0035\ mol \cdot l^{-1}$$

$$\Rightarrow \qquad pH = 2,46$$

**6.6-7** Nach Gl. (6.36) gilt:

$$pH = 0,5 \cdot (pK_S - \lg c_0(HY)) \quad \Rightarrow \quad pK_S = \frac{pH + 0,5\ \lg c_0(HY)}{0,5}$$

$$pK_S = \frac{3,2 - 0,5}{0,5} = 5,4 \qquad \Rightarrow \qquad K_S = 10^{-5,4}\ mol \cdot l^{-1}$$

Der Protolysegrad ist dann nach Gl. (6.27):

$$\alpha = \sqrt{\frac{10^{-5,4}\ mol \cdot l^{-1}}{10^{-1}\ mol \cdot l^{-1}}} = 10^{-2,2} = 0,0063 \qquad \Rightarrow \qquad \alpha_{rel} = 0,63\ \%$$

**6.6-8**  $c_0(NH_4Br) = \dfrac{\beta_0(NH_4Br)}{M(NH_4Br)} = \dfrac{m_0(NH_4Br)}{M(NH_4Br) \cdot V_L} = 0{,}015 \ mol \cdot l^{-1}$

mit $c_0(NH_4^+) = c_0(NH_4Br)$, da das Salz vollständig dissoziiert ist.

Nach Gl. (6.36) gilt:    $pH = 0{,}5 \cdot (9{,}25 - \lg 0{,}015) = 5{,}54$

Und mit Gl. (6.16):    $pOH = 14{,}00 - 5{,}54 = 8{,}46$

$c(OH^-) = 10^{-pOH} = 10^{-8{,}46} \ mol \cdot l^{-1} = 10^{0{,}54} \cdot 10^{-9} \ mol \cdot l^{-1}$

Ergebnis:  $c(OH^-) = 3{,}47 \cdot 10^{-9} \ mol \cdot l^{-1}$

**6.6-9**    Wegen der vollständigen Dissoziation gilt zunächst:

$$c_0(CN^-) = c_0(KCN)$$

1. Variante:

Nach Gl. (6.27):  $K_B = \alpha^2 \cdot c_0(CN^-) = 0{,}05^2 \cdot 0{,}01 \ mol \cdot l^{-1}$

$$= 2{,}51 \cdot 10^{-5} \ mol \cdot l^{-1}$$

2. Variante:

Die Reaktionsgleichung lautet:

$$CN^- + H_2O \ \rightleftharpoons \ HCN + OH^-$$

Bei Vernachlässigung der Autoprotolyse des Wassers ist daher nach Erreichen des Gleichgewichtes:

$$c(HCN) = c(OH^-)$$

mit:        $c(HCN) = c_P(HCN)$  und  $c(OH^-) = c_P(OH^-)$

Der Protolysegrad $\alpha_{rel}$ bedeutet ja, dass 5 % von 0,01 mol $\cdot l^{-1}$ reagiert haben. Damit gilt nach Gl. (6.37):

$$K_B = \frac{0{,}0005^2 \ mol^2 \cdot l^{-2}}{0{,}01 \ mol \cdot l^{-1}} = 10^{-4{,}60} \ mol \cdot l^{-1} = 2{,}51 \cdot 10^{-5} \ mol \cdot l^{-1}$$

**6.6-10**  Nach Gl. (6.27) ist:

$$K_S = \alpha^2 \cdot c_0(HAc) = 0{,}012^2 \cdot 0{,}15 \ mol \cdot l^{-1} = 2{,}14 \cdot 10^{-5} \ mol \cdot l^{-1}$$

Und mit Gl. (6.36):

$$pH = 0{,}5 \cdot (4{,}67 - \lg 0{,}15) = 0{,}5 \cdot (4{,}67 + 0{,}82) = 2{,}75$$

**6.6-11**  Salpetrige Säure ist eine mittelstarke Säure, so dass zunächst die Konzentration $c(H_3O^+)$ nach Gl. (6.33) berechnet werden muss.

$$c(H_3O^+) = 0,0031 \text{ mol} \cdot l^{-1} \qquad \Rightarrow \qquad pH = 2,51$$

Und mit Gl. (6.16): $pOH = 14,00 - 2,51 = 11,49$

$$c(OH^-) = 10^{-pOH} = 10^{-11,49} \text{ mol} \cdot l^{-1} = 10^{0,51} \cdot 10^{-12} \text{ mol} \cdot l^{-1}$$

Ergebnis: $c(OH^-) = 3,24 \cdot 10^{-12} \text{ mol} \cdot l^{-1}$

**6.6-12**  Das Hexaquaion des Aluminiums reagiert nach der folgenden chemischen Gleichung als Kationensäure.

$$\left[Al(H_2O)_6\right]^{3+} + H_2O \;\rightleftharpoons\; \left[Al(H_2O)_5OH\right]^{2+} + H_3O^+$$

Es gilt: $c_0\left(\left[Al(H_2O)_6\right]^{3+}\right) = c_0(AlCl_3)$

Und damit:

$$c_0(AlCl_3) = \frac{m_0(AlCl_3)}{M(AlCl_3) \cdot V_L} = 0,0281 \text{ mol} \cdot l^{-1}$$

Nach Gl. (6.36) folgt mit $pK_S = 4,85$:

$$pH = 0,5 \cdot (4,85 - \lg 0,0281) = 0,5 \cdot (4,85 + 1,55) = 3,20$$

**6.6-13**  Auch in Gegenwart der Salzsäure muss für die Essigsäure stets ihre Säurekonstante erfüllt sein, so dass sich der gesuchte $pH$-Wert daraus ergibt. Sie lautet:

$$K_S = \frac{c(Ac^-) \cdot c(H_3O^+)}{c(HAc)} \qquad \Rightarrow \qquad c(H_3O^+) = \frac{K_S \cdot c(HAc)}{c(Ac^-)}$$

Für die Gleichgewichtskonzentration $c(HAc)$ gilt:

$$c(HAc) = c_0(HAc) - c_R(HAc)$$

Weil es sich bei der Essigsäure um eine schwache Säure handelt, deren Protolyse zudem noch durch die starke Säure HCl zurückgedrängt wird, kann in der vorstehenden Gleichung $c_R(HAc)$ vernachlässigt werden, und damit ist dann näherungsweise:

$$c(HAc) = c_0(HAc)$$

Aus der Elektroneutralitätsbedingung folgt in der Lösung für die Ionen die Beziehung:

$$c(H_3O^+) = c(Ac^-) + c(Cl^-) + c(OH^-)$$

Da in sauren Lösungen $c(\text{OH}^-)$ vernachlässigt werden kann, und außerdem bei der starken Säure

$$c(\text{Cl}^-) = c_0(\text{HCl})$$

ist, ergibt sich dadurch aus der Beziehung für die Elektroneutralität:

$$c(\text{Ac}^-) = c(\text{H}_3\text{O}^+) - c_0(\text{HCl})$$

Damit lässt sich jetzt die Konzentration $c(\text{H}_3\text{O}^+)$ aus der Säurekonstanten der Essigsäure berechnen, denn es gilt:

$$c(\text{H}_3\text{O}^+) = \frac{K_S \cdot c_0(\text{HAc})}{c(\text{H}_3\text{O}^+) - c_0(\text{HCl})}$$

Die Normalform dieser quadratischen Gleichung lautet:

$$c^2(\text{H}_3\text{O}^+) - c_0(\text{HCl}) \cdot c(\text{H}_3\text{O}^+) - K_S \cdot c_0(\text{HAc}) = 0$$

Weil nur eine positive Lösung der Gleichung stöchiometrisch sinnvoll ist, lautet das Ergebnis:

$$c(\text{H}_3\text{O}^+) = +\frac{c_0(\text{HCl})}{2} + \sqrt{\left(\frac{c_0(\text{HCl})}{2}\right)^2 + K_S \cdot c_0(\text{HAc})}$$

Für die Mischung werden dann die Ausgangskonzentrationen der beiden Säuren berechnet.

$c_0(\text{HAc}) = 0{,}007 \text{ mol} \cdot l^{-1}$      $c_0(\text{HCl}) = 0{,}0003 \text{ mol} \cdot l^{-1}$

Und damit:

$c(\text{H}_3\text{O}^+) = 10^{-3{,}27} \text{ mol} \cdot l^{-1}$      $\Rightarrow$      $pH = 3{,}27$

Eine reine Essigsäure der Konzentration $c_0(\text{HAc}) = 0{,}007 \text{ mol} \cdot l^{-1}$ hätte nach Gl. (6.36) einen $pH$-Wert von 3,45.

**6.6-14** Die Protolyse der beiden Basen wird durch die folgenden Reaktionsgleichungen beschrieben.

$$\text{NH}_3 + \text{H}_2\text{O} \rightleftharpoons \text{NH}_4^+ + \text{OH}^-$$

$$\text{CN}^- + \text{H}_2\text{O} \rightleftharpoons \text{HCN} + \text{OH}^-$$

Nach den Reaktionsgleichungen gilt für die umgesetzten Anteile:

$$c_P(\text{NH}_4^+) = c_P(\text{OH}^-) \quad \text{und} \quad c_P(\text{HCN}) = c_P(\text{OH}^-)$$

Wird die Autoprotolyse des Wassers vernachlässigt, so sind alle durch Reaktion gebildeten Konzentrationen identisch mit den Gleichgewichtskonzentrationen, und es folgt:

$$c(OH^-) = c(NH_4^+) + c(HCN)$$

In diese Gleichung werden jetzt die Ausdrücke mit den beiden Basekonstanten eingesetzt.

$$c(OH^-) = \frac{K_{B,1} \cdot c(NH_3)}{c(OH^-)} + \frac{K_{B,2} \cdot c(CN^-)}{c(OH^-)}$$

Weil es sich in beiden Fällen jeweils um eine schwache Base handelt, ist näherungsweise:

$$c(NH_3) = c_0(NH_3) \quad \text{und} \quad c(CN^-) = c_0(CN^-)$$

Wegen der vollständigen Dissoziation ist $c_0(CN^-) = c_0(NaCN)$, so dass damit folgt:

$$c(OH^-) = \sqrt{K_{B,1} \cdot c_0(NH_3) + K_{B,2} \cdot c_0(CN^-)}$$

Mit den Werten der Aufgabe ergibt sich:

$$c(OH^-) = 10^{-2,85} \text{ mol} \cdot l^{-1} \quad \Rightarrow \quad pOH = 2,85$$

Nach Gl. (6.16) gilt dann:

$$pH = 14,00 - 2,85 = 11,15$$

**6.6-15** Das Natriumhydrogensulfat diossoziiert vollständig nach der Gleichung:

$$NaHSO_4 \rightarrow Na^+ + HSO_4^- \qquad \text{mit } c_0(NaHSO_4) = c_0(HSO_4^-)$$

$HSO_4^-$ ist eine mittelstarke Säure. $\qquad \Rightarrow \qquad pH = 2,20$

**6.6-16** Für die Neutralisation gilt: $NH_3 + HCl \rightarrow NH_4Cl$

Wegen $n_0(NH_3) = n_0(HCl) = 0,0005$ mol verläuft die Neutralisation vollständig, weshalb anschließend eine Lösung der Säure $NH_4^+$ vorliegt, die nach folgender Gleichung protolysiert:

$$NH_4^+ + H_2O \rightleftharpoons NH_3 + H_3O^+$$

Dabei ist dann $c_0(NH_4^+) = \dfrac{0,0005 \text{ mol}}{0,0525 \text{ l}} = 0,0095$ mol $\cdot l^{-1}$

Und nach Gl. (6.36):

$$pH = 0,5 \cdot (9,25 - \lg 0,0095) = 5,64$$

**6.6-17**  a)  Die zweistufige Neutralisation verläuft nach der Reaktionsgleichung:

$$H_3PO_4 + 2\,NaOH \rightarrow Na_2HPO_4 + 2\,H_2O$$

Daraus folgt die Stoffmengenrelation:

$$\frac{n_R(H_3PO_4)}{n_R(NaOH)} = \frac{1}{2} \quad \Rightarrow \quad n_R(NaOH) = 2\,n_R(H_3PO_4)$$

$$n_R(H_3PO_4) = V_L(H_3PO_4) \cdot c(H_3PO_4)$$

$$= 0{,}250\,l \cdot 0{,}1\,mol \cdot l^{-1} = 0{,}025\,mol$$

$$n_R(NaOH) = 0{,}050\,mol$$

$$V_L(NaOH) = \frac{n_R(NaOH)}{c(NaOH)} = \frac{0{,}050\,mol}{0{,}4\,mol \cdot l^{-1}} = 0{,}125\,l = 125\,ml$$

b)  Das Neutralisationsprodukt $Na_2HPO_4$ ist vollständig dissoziiert:

$$Na_2HPO_4 \rightarrow 2\,Na^+ + HPO_4^{2-}$$

Analog Gl. (6.48) ist:

$$pH = \frac{1}{2} \cdot (pK_{S,2} + pK_{S,3}) = 0{,}5 \cdot (7{,}21 + 12{,}32) = 9{,}77$$

c)  Das Neutralisationsprodukt $NaH_2PO_4$ ist vollständig dissoziiert:

$$NaH_2PO_4 \rightarrow Na^+ + H_2PO_4^-$$

Analog Gl. (6.48) ist:

$$pH = \frac{1}{2} \cdot (pK_{S,1} + pK_{S,2}) = 0{,}5 \cdot (2{,}16 + 7{,}21) = 4{,}69$$

**6.6-18**  Die Reaktionsgleichung lautet  $NaOH + HCl \rightarrow NaCl + H_2O$

mit der Stoffmengenrelation:  $n_R(NaOH) = n_R(HCl)$

Mit den Gln. (3.2), (5.13) und (5.2) folgt:

$$n_R(HCl) = \frac{m_R(HCl)}{M(HCl)} = \frac{w(HCl) \cdot m_L}{M(HCl)} = \frac{w(HCl) \cdot V_L \cdot \rho_{L,20}(HCl)}{M(HCl)}$$

$$= \frac{0{,}2 \cdot 10\,ml \cdot 1{,}098\,g \cdot ml^{-1}}{36{,}4609\,g \cdot mol^{-1}} = 0{,}0602\,mol = n_R(NaOH)$$

$$n\,(\text{NaOH}) = n_0\,(\text{NaOH}) - n_\text{R}\,(\text{NaOH})$$

$$= 0{,}1000\ \text{mol} - 0{,}0602\ \text{mol} = 0{,}0398\ \text{mol}$$

$$c\,(\text{NaOH}) = \frac{0{,}0398\ \text{mol}}{0{,}110\ \text{l}} = 0{,}3618\ \text{mol} \cdot \text{l}^{-1} = 10^{-0{,}44}\ \text{mol} = c\,(\text{OH}^-)$$

$$p\text{H} = 14{,}17 - 0{,}44 = 13{,}73$$

**6.6-19** Schwefelsäure ist in der ersten Protolysestufe eine starke Säure und in der zweiten Protolysestufe eine mittelstarke Säure.

$$H_2SO_4 + H_2O \;\rightleftharpoons\; HSO_4^- + H_3O^+ \qquad pK_{S,1} < 0$$

$$HSO_4^- + H_2O \;\rightleftharpoons\; SO_4^{2-} + H_3O^+ \qquad pK_{S,2} = 1{,}92$$

Im eingestellten Gleichgewicht muss $K_{S,2}$ erfüllt sein, also ist:

$$c\,(H_3O^+) = \frac{K_{S,2} \cdot c\,(HSO_4^-)}{c\,(SO_4^{2-})} \qquad (a)$$

Wird die Autoprotolyse des Wassers vernachlässigt, so lautet die Elektroneutralitätsbedingung:

$$c\,(H_3O^+) = c\,(HSO_4^-) + 2\,c\,(SO_4^{2-}) \qquad (b)$$

Für die Konzentration der Schwefelsäure gilt:

$$c\,(H_2SO_4) = c\,(HSO_4^-) + c\,(SO_4^{2-}) \qquad (c)$$

Durch Subtraktion (b - c) wird $c\,(HSO_4^-)$ eliminiert. Danach wird Gl. (c) mit 2 multipliziert und das Ergebnis von Gl. (b) subtrahiert. Die Ergebnisse der Rechenoperationen werden jetzt in Gl. (a) eingesetzt.

$$c\,(H_3O^+) = \frac{K_{S,2} \cdot (2\,c\,(H_2SO_4) - c\,(H_3O^+))}{c\,(H_3O^+) - c\,(H_2SO_4)}$$

Diese quadratische Gleichung hat die stöchiometrisch sinnvolle Lösung:

$$c\,(H_3O^+) = -\frac{K_{S,2} - c\,(H_2SO_4)}{2} +$$

$$\sqrt{\left(\frac{K_{S,2} - c\,(H_2SO_4)}{2}\right)^2 + K_{S,2} \cdot 2\,c\,(H_2SO_4)}$$

$$c\,(H_3O^+) = 0{,}0145\ \text{mol} \cdot \text{l}^{-1} \qquad \Rightarrow \qquad p\text{H} = 1{,}84$$

**6.6-20**  In der Pufferlösung ist vor der ersten Neutralisationsreaktion:

$$c_0 \, (\text{HAc}) = 0{,}8 \text{ mol} \cdot l^{-1} \qquad\qquad c_0 \, (\text{NaOH}) = 0{,}4 \text{ mol} \cdot l^{-1}$$

Nach dieser Neutralisation gilt:  $c \, (\text{HAc}) = c \, (\text{Ac}^-) = 0{,}4 \text{ mol} \cdot l^{-1}$

Das Reaktionsvolumen für die erneute Neutralisation beträgt 0,058 l. Damit gilt nach Gl. (6.54):

$$pH = 4{,}88 + \lg \frac{0{,}345 - 0{,}014}{0{,}345 + 0{,}014} = 4{,}88 - 0{,}04 = 4{,}84$$

**6.6-21**  Die Reaktionsgleichung für die Neutralisation lautet:

$$\text{HCOOH} + \text{NaOH} \;\rightarrow\; \text{HCOONa} + \text{H}_2\text{O}$$

Damit folgt die Stoffmengenrelation:

$$n_R \, (\text{HCOOH}) = n_R \, (\text{NaOH}) = n_0 \, (\text{NaOH}) = n_P \, (\text{HCOONa})$$

Mit $n_0 \, (\text{HCOOH}) = 0{,}005$ mol und $n_0 \, (\text{NaOH}) = 0{,}002$ mol ergibt sich für das Gleichgewicht:

$$n \, (\text{HCOOH}) = 0{,}005 \text{ mol} - 0{,}002 \text{ mol} = 0{,}003 \text{ mol}$$

$$\Rightarrow \quad c \, (\text{HCOOH}) = \frac{0{,}003 \text{ mol}}{0{,}070 \text{ l}} = 0{,}043 \text{ mol} \cdot l^{-1}$$

$$n \, (\text{HCOONa}) = 0{,}002 \text{ mol} \qquad \text{mit} \quad n \, (\text{HCOONa}) = n \, (\text{HCOO}^-)$$

$$\Rightarrow \quad c \, (\text{HCOO}^-) = \frac{0{,}002 \text{ mol}}{0{,}070 \text{ l}} = 0{,}029 \text{ mol} \cdot l^{-1}$$

$$pH = pK_S + \lg \frac{c \, (\text{B})}{c \, (\text{S})} \qquad \Rightarrow \qquad pK_S = pH - \lg \frac{c \, (\text{B})}{c \, (\text{S})}$$

$$pK_S = 3{,}58 - \lg \frac{0{,}029}{0{,}043} = 3{,}75 \qquad \Rightarrow \qquad K_S = 1{,}78 \cdot 10^{-4} \text{ mol} \cdot l^{-1}$$

**6.6-22**  Die Reaktionsgleichung lautet

$$\text{NaHS} + \text{NaOH} \;\rightarrow\; \text{Na}_2\text{S} + \text{H}_2\text{O}$$

mit der Stoffmengenrelation:  $n_R \, (\text{NaHS}) = n_R \, (\text{NaOH}) = n_P \, (\text{Na}_2\text{S})$

$$n_R \, (\text{NaOH}) = V_L \, (\text{NaOH}) \cdot c \, (\text{NaOH})$$

$$= 0{,}0150 \text{ l} \cdot 0{,}5 \text{ mol} \cdot l^{-1} = 0{,}0075 \text{ mol}$$

Für die gegebene Masse von NaHS gilt:

$$n_0\,(\text{NaHS}) = \frac{m_0\,(\text{NaHS})}{M\,(\text{NaHS})} = \frac{0{,}420\ \text{g}}{56{,}0627\ \text{g}\cdot\text{mol}^{-1}} = 0{,}0075\ \text{mol}$$

Damit verläuft die Neutralisation von NaHS vollständig. Die Frage nach dem $p$H-Wert der entstandenen Lösung ist also identisch mit der Frage nach dem $p$H-Wert einer Lösung des gebildeten $Na_2S$, aus dem in einer vollständigen Dissoziation die Base $S^{2-}$ entsteht, folglich gilt:

$$c_0\,(S^{2-}) = \frac{n_0\,(S^{2-})}{V_L} = \frac{0{,}0075\ \text{mol}}{0{,}090\ l} = 0{,}0833\ \text{mol}\cdot l^{-1}$$

Der Baseexponent von $S^{2-}$ ergibt sich aus Gl. (6.23):

$$pK_B = 14{,}00 - 12{,}92 = 1{,}08$$

Da diese Base danach mittelstark ist, muss der $p$H-Wert der Lösung über Gl. (6.34) berechnet werden.

$$c\,(OH^-) = 10^{-1{,}29}\ \text{mol}\cdot l^{-1} \qquad \Rightarrow \qquad p\text{H} = 14{,}00 - 1{,}29 = 12{,}71$$

**6.6-23**  Es läuft die folgende Neutralisationsreaktion ab:

$$\text{NaAc} + \text{HCl} \;\rightarrow\; \text{HAc} + \text{NaCl}$$

Der $p$H-Wert der neutralisierten Lösung hängt dann vom Säure-Base-Gleichgewicht der Konzentrationen von HAc und $Ac^-$ ab, für das mit der Beziehung $pK_S = 14{,}00 - 9{,}25 = 4{,}75$ gilt:

$$p\text{H} = pK_S + \lg\frac{c\,(Ac^-)}{c\,(\text{HAc})} \qquad \Rightarrow \qquad \lg\frac{c\,(Ac^-)}{c\,(\text{HAc})} = -0{,}21$$

$$\Rightarrow \qquad \frac{c\,(Ac^-)}{c\,(\text{HAc})} = 0{,}62$$

Da es nur ein Gesamtvolumen gibt, gilt dieses Verhältnis ebenso für die Stoffmengen im Gleichgewicht.

$$\frac{n\,(Ac^-)}{n\,(\text{HAc})} = 0{,}62 \quad \text{mit}\ \ n\,(\text{HAc}) = x \quad \text{und}\quad n\,(Ac^-) = n_0\,(Ac^-) - x$$

Und damit:  $x = \dfrac{0{,}2\ \text{mol}}{1{,}62} = 0{,}12\ \text{mol}$

Die Stoffmenge x, also die durch die Neutralisation gebildete Stoffmenge von HAc, ist dabei identisch mit $n_R\,(\text{HCl})$:  $x = n\,(\text{HAc}) = n_R\,(\text{HCl})$

Und damit: $V_L\,(\text{HCl}) = \dfrac{n_R\,(\text{HCl})}{c\,(\text{HCl})} = 120$ ml

**6.6-24**  Die Reaktionsgleichung für die Neutralisation lautet

$$\text{Na}_2\text{CO}_3 + \text{HCl} \;\rightarrow\; \text{NaHCO}_3 + \text{NaCl}$$

mit der Stoffmengenrelation:

$$n_R\,(\text{Na}_2\text{CO}_3) = n_R\,(\text{HCl}) = n_P\,(\text{NaHCO}_3)$$

$$n_R\,(\text{Na}_2\text{CO}_3) = 0{,}150\;1 \cdot 0{,}5\;\text{mol} \cdot 1^{-1} = 0{,}075\;\text{mol}$$

$$n_R\,(\text{HCl}) = 0{,}050\;1 \cdot 1{,}5\;\text{mol} \cdot 1^{-1} = 0{,}075\;\text{mol}$$

Da die Neutralisation somit vollständig verläuft, wird der $p$H - Wert der Lösung des gebildeten Ampholyten $\text{NaHCO}_3$ nach Gl. (6.48) berechnet.

$$p\text{H} = 0{,}5 \cdot (6{,}52 + 10{,}40) = 8{,}46$$

Wäre die Stoffmenge $n_R\,(\text{HCl})$ doppelt so groß, dann würde das Natriumcarbonat zweistufig neutralisiert werden, und die Reaktionsgleichung dafür würde lauten:

$$\text{Na}_2\text{CO}_3 + 2\,\text{HCl} \;\rightarrow\; \text{H}_2\text{CO}_3 + 2\,\text{NaCl}$$

**6.6-25**  a)  Für die reagierende Stoffmenge an HY gilt:

$$n_R\,(\text{HY}) = 0{,}3 \cdot n_0\,(\text{HY}) = 0{,}0003\;\text{mol}$$

Damit ist nach der Reaktion:

$$n\,(\text{HY}) = n_0\,(\text{HY}) - n_R\,(\text{HY}) = 0{,}0007\;\text{mol}$$

Die Neutralisationsgleichung lautet:

$$\text{HY} + \text{KOH} \;\rightarrow\; \text{KY} + \text{H}_2\text{O}$$

Daraus folgt:

$$n_R\,(\text{HY}) = n_R\,(\text{KOH}) = n_P\,(\text{KY}) = 0{,}0003\;\text{mol}$$

Das addierte Volumen der Kalilauge beträgt dann:

$$V_L\,(\text{KOH}) = \dfrac{n_R\,(\text{KOH})}{c\,(\text{KOH})} = \dfrac{0{,}0003\;\text{mol}}{0{,}025\;\text{mol} \cdot 1^{-1}} = 0{,}012\;1$$

Das gebildete Kaliumsalz soll vollständig dissoziiert sein, wodurch nach der Neutralisation gilt:

$$c\,(\mathrm{HY}) = \frac{0{,}0007\ \mathrm{mol}}{0{,}112\ \mathrm{l}} = 0{,}0063\ \mathrm{mol}\cdot\mathrm{l}^{-1}\quad\text{und}$$

$$c\,(\mathrm{Y}^-) = \frac{0{,}0003\ \mathrm{mol}}{0{,}112\ \mathrm{l}} = 0{,}0027\ \mathrm{mol}\cdot\mathrm{l}^{-1}$$

$$p\mathrm{H} = pK_S + \lg\frac{c\,(\mathrm{Y}^-)}{c\,(\mathrm{HY})} = 5{,}20 + \lg\frac{0{,}0027}{0{,}0063} = 4{,}83$$

b) $p\mathrm{H} = 5{,}20$         c) $p\mathrm{H} = 5{,}57$

**6.6-26** Die Beziehung zwischen $K_S^{\mathrm{a}}$ und $K_S$ lautet:

$$K_S^{\mathrm{a}} = \frac{f\,(\mathrm{Ac}^-)\cdot f\,(\mathrm{H_3O}^+)}{f\,(\mathrm{HAc})}\cdot K_S$$

Je nach Ionenstärke der Lösung werden dabei die Aktivitätskoeffizienten nach den Gln. (6.8) oder (6.9) berechnet.

a) Die Konzentrationen von $\mathrm{Ac}^-$ und $\mathrm{H_3O}^+$ ergeben sich bei der Essigsäure unter Vernachlässigung der Autoprotolyse des Wassers mit der Gl. (6.35):

$$c\,(\mathrm{Ac}^-) = c\,(\mathrm{H_3O}^+) = 10^{-3{,}03}\ \mathrm{mol}\cdot\mathrm{l}^{-1}$$

Die Ionenstärke ist nach Gl. (6.7) ebenfalls $I = 10^{-3{,}03}\ \mathrm{mol}\cdot\mathrm{l}^{-1}$. Für die Aktivitätskoeffizienten erhält man dann nach Gl. (6.8):

$$\lg f\,(\mathrm{H_3O}^+) = \lg f\,(\mathrm{Ac}^-) = -0{,}5\cdot 1^2\cdot\sqrt{10^{-3{,}03}} = -0{,}0153$$

Damit folgt: $f\,(\mathrm{H_3O}^+) = f\,(\mathrm{Ac}^-) = 0{,}965$

Da HAc keine Ladung trägt, kann $f\,(\mathrm{HAc})$ näherungsweise 1 gesetzt werden, und es ergibt sich:

$$K_S^{\mathrm{a}} = 0{,}965^2\cdot 10^{-4{,}75}\ \mathrm{mol}\cdot\mathrm{l}^{-1} = 1{,}66\cdot 10^{-5}\ \mathrm{mol}\cdot\mathrm{l}^{-1}$$

b) Bei der Berechnung der Ionenstärke nach Gl. (6.7) können wegen der Konzentrationsverhältnisse die durch die Protolyse der Essigsäure entstandenen Ionen gegenüber den Ionen des Elektrolyten $\mathrm{Na_2SO_4}$ vernachlässigt werden. Für die Ionenstärke der Lösung gilt demnach:

$$I = 0{,}5\cdot(c\,(\mathrm{Na}^+)\cdot z^2\,(\mathrm{Na}^+) + c\,(\mathrm{SO_4^{2-}})\cdot z^2\,(\mathrm{SO_4^{2-}}))$$
$$= 0{,}5\cdot(2\cdot 0{,}02\cdot 1^2 + 0{,}02\cdot 2^2) = 0{,}06\qquad\text{in}\ \mathrm{mol}\cdot\mathrm{l}^{-1}$$

Die Aktivitätskoeffizienten werden daher nach Gl. (6.9) berechnet.

$$\lg f(H_3O^+) = \lg f(Ac^-) = -\frac{0,5 \cdot 1^2 \cdot \sqrt{0,06}}{1 + \sqrt{0,06}} = -0,0984$$

Damit folgt: $f(H_3O^+) = f(Ac^-) = 0,797$

$K_S^a = 0,797^2 \cdot 10^{-4,75}$ mol $\cdot$ l$^{-1}$ = $1,12 \cdot 10^{-5}$ mol $\cdot$ l$^{-1}$

**6.6-27** Die Reaktionsgleichung für die Neutralisation lautet:

$$Ca(OH)_2 + 2\,HCl \;\rightarrow\; CaCl_2 + 2\,H_2O$$

Für die hier relevante Stoffmengenrelation gilt:

$$\frac{n_R(Ca(OH)_2)}{n_R(HCl)} = \frac{1}{2} \quad \Rightarrow \quad n_R(HCl) = 2\,n_R(Ca(OH)_2)$$

$$n_R(Ca(OH)_2) = 0,006 \text{ mol} \quad \Rightarrow \quad n_R(HCl) = 0,012 \text{ mol}$$

$$c(HCl) = \frac{n_R(HCl)}{V_L} = \frac{\beta(HCl)}{M(HCl)} = \frac{\rho_{L,20}(HCl) \cdot w(HCl)}{M(HCl)}$$

Damit folgt: $V_L = \dfrac{n_R(HCl) \cdot M(HCl)}{\rho_{L,20}(HCl) \cdot w(HCl)} = 2,7$ ml

**6.6-28** Die Neutralisation verläuft nach folgender Gleichung:

$$NH_3 + HCl \;\rightarrow\; NH_4Cl$$

Da am Äquivalenzpunkt das Salz Ammoniumchlorid vorliegt, das vollständig dissoziiert ist, wird dabei also nach dem $pH$-Wert einer Lösung der schwachen Säure $NH_4^+$ gefragt. Es gilt: $c_0(NH_4^+) = c_0(NH_4Cl)$

Nach Gl. (6.23) ist: $pK_S = 14 - 4,75 = 9,25$

Damit ergibt sich mit Gl. (6.36):

$$pH = 0,5 \cdot (9,25 - \lg 0,5) = 4,78$$

**6.6-29** Nach Gl. (6.46) gilt näherungsweise unabhängig von der Konzentration:

$$pH = 0,5 \cdot (14 + 9,25 - 9,25) = 7,00$$

**6.6-30** Die Neutralisation verläuft nach der Reaktionsgleichung:

$$H_2C_2O_4 + 2\,NaOH \;\rightarrow\; Na_2C_2O_4 + 2\,H_2O$$

Die hier relevante Stoffmengenrelation lautet:

$$\frac{n_R(H_2C_2O_4)}{n_R(NaOH)} = \frac{1}{2} \quad \Rightarrow \quad n_R(NaOH) = 2\,n_R(H_2C_2O_4)$$

$$n_R(H_2C_2O_4) = \frac{m_R(H_2C_2O_4)}{M(H_2C_2O_4)} = \frac{6{,}5\ g}{90{,}0348\ g\cdot mol^{-1}} = 0{,}0722\ mol$$

$$n_R(NaOH) = 0{,}1444\ mol \quad \Rightarrow \quad m_R(NaOH) = 5{,}7756\ g$$

Da $K_B$ von $HC_2O_4^-$ sehr viel kleiner ist als $K_B$ von $C_2O_4^{2-}$, kann die Lösung näherungsweise wie die eines einwertigen Protolyten behandelt werden (s. Kap. 6.3.5 c). Es gilt:

$$c_0(C_2O_4^{2-}) = c_0(H_2C_2O_4) = \frac{0{,}0722\ mol}{0{,}200\ l} = 0{,}361\ mol\cdot l^{-1}$$

Nach Gl. (6.39) folgt damit:

$$pH = pK_W - 0{,}5\cdot(pK_B - \lg c_0(C_2O_4^{2-}))$$

$$pH = 14 - 0{,}5\cdot(9{,}79 + 0{,}44) = 8{,}89$$

**6.6-31**  Das gesuchte Verhältnis ergibt sich aus der 3. Stabilitätskonstanten.

$$\frac{c([Cu(NH_3)_3]^{2+})}{c([Cu(NH_3)_2]^{2+})} = K_{B,3}\cdot c(NH_3)$$

a) 7,41 : 1          b) 741,31 : 1

Demnach nimmt dabei die Konzentration des höher komplexierten Ions zu, wenn die Ammoniakkonzentration größer wird.

**6.6-32**  Die Stabilitätskonstanten der 4 Cyanokomplexe von $Cd^{2+}$ lauten:

$$K_{B,1} = \frac{c([CdCN]^+)}{c(Cd^{2+})\cdot c(CN^-)} \qquad K_{B,2} = \frac{c([Cd(CN)_2]^0)}{c([CdCN]^+)\cdot c(CN^-)}$$

$$K_{B,3} = \frac{c([Cd(CN)_3]^-)}{c([Cd(CN)_2]^0)\cdot c(CN^-)} \qquad K_{B,4} = \frac{c([Cd(CN)_4]^{2-})}{c([Cd(CN)_3]^-)\cdot c(CN^-)}$$

Aufgrund der Konzentrationsverhältnisse und der Stabilität der Komplexe gilt in guter Näherung:

$$c(NH_3) = c_{tot}(NH_3)$$

Die gesuchten Konzentrationen werden aus der nachfolgenden Bilanzgleichung berechnet.

$$c_{tot}(Cd^{2+}) = c(Cd^{2+}) + c([CdCN]^+) + c([Cd(CN)_2]^0) +$$
$$c([Cd(CN)_3]^-) + c([Cd(CN)_4]^{2-})$$

Dabei wird zunächst $c(Cd^{2+})$ analog dem Beispiel 6.20 ermittelt.

$$c(Cd^{2+}) = 1,20 \cdot 10^{-22} \text{ mol} \cdot l^{-1}$$

Damit lässt sich jetzt die folgende Gleichung auswerten.

$$c_{tot}(Cd^{2+}) = c(Cd^{2+}) + K_{B,1} \cdot c(Cd^{2+}) \cdot c(CN^-) +$$
$$K_{B,1} \cdot K_{B,2} \cdot c(Cd^{2+}) \cdot c^2(CN^-) + c([Cd(CN)_3]^-) +$$
$$K_{B,1} \cdot K_{B,2} \cdot K_{B,3} \cdot K_{B,4} \cdot c(Cd^{2+}) \cdot c^4(CN^-)$$

Es folgt für die 3. Stufe:  $c([Cd(CN)_3]^-) = 1,86 \cdot 10^{-7} \text{ mol} \cdot l^{-1}$

Anmerkung:  Bei dieser relativ hohen Ammoniakkonzentration ist $Cd^{2+}$ zum überwiegenden Teil in der 4. Stufe komplexiert.

**6.6-33**  Es gilt der Ansatz:

$$c_{tot}(NH_3) = c(NH_3) + c([AgNH_3]^+) + 2c([Ag(NH_3)_2]^+)$$
$$= c(NH_3) + K_{B,1} \cdot c(Ag^+) \cdot c(NH_3) +$$
$$2K_{B,1} \cdot K_{B,2} \cdot c(Ag^+) \cdot c^2(NH_3)$$

Dabei wird $c(Ag^+)$ wie im Beispiel 6.20 berechnet:

$$c(Ag^+) = 6,92 \cdot 10^{-7} \text{ mol} \cdot l^{-1}$$

Mit $c(NH_3) = 0,15 \text{ mol} \cdot l^{-1}$ gilt dann:  $c_{tot}(NH_3) = 0,447 \text{ mol} \cdot l^{-1}$

**6.6-34**  Phase 1 enthält das Tetrachlormethan, Phase 2 das Wasser.

Gemäß Gl. (6.59) in Verbindung mit Gl. (5.6) gilt:

$$\frac{\beta_1(I_2)}{\beta_2(I_2)} = \frac{m_1(I_2) \cdot V_{L,2}}{m_2(I_2) \cdot V_{L,1}} = K$$

a) Nach dem Ausschütteln enthalten die 50 ml der Phase 1 an gelöstem Iod die Masse (130 mg - x), und die 500 ml der Phase 2 noch x mg Iod. Es gilt damit:

$$\frac{(130 \text{ mg} - x) \cdot 500 \text{ ml}}{x \cdot 50 \text{ ml}} = 80 \qquad \Rightarrow \quad \cdot \quad x = 14,4 \text{ mg}$$

b) Nach dem 1. Ausschütteln enthalten die 25 ml der Phase 1 an gelöstem Iod die Masse (130 mg - x), und die 500 ml der Phase 2 noch x mg Iod. Daher gilt:

$$\frac{(130 \text{ mg} - x) \cdot 500 \text{ ml}}{x \cdot 25 \text{ ml}} = 80 \qquad \Rightarrow \quad x = 26,0 \text{ mg}$$

Nach dem 2. Ausschütteln enthalten die neuen 25 ml der Phase 1 die Masse (26,0 mg - y) an gelöstem Iod, und die 500 ml von der Phase 2 dann noch y mg Iod. Daher gilt:

$$\frac{(26,0 \text{ mg} - y) \cdot 500 \text{ ml}}{y \cdot 25 \text{ ml}} = 80 \qquad \Rightarrow \quad y = 5,2 \text{ mg}$$

Es zeigt sich also, dass es effektiver ist, bei Anwendung des gleichen Gesamtvolumens an Extraktionsmittel mehrfach auszuschütteln.

**6.6-35**  Phase 1 enthält das Benzol, Phase 2 das Tetrachlormethan.

Gemäß Gl. (6.59) gilt mit Gl. (5.6):   $\dfrac{\beta_1 (S)}{\beta_2 (S)} = \dfrac{m_1 (S) \cdot V_{L,2}}{m_2 (S) \cdot V_{L,1}} = K$

Nach dem 3. Ausschütteln enthält die benzolische Phase:

$$m_1 (S) = \frac{K \cdot m_2 (S) \cdot V_{L,1}}{V_{L,2}} = \frac{1,328 \cdot 403,7 \text{ mg} \cdot 50 \text{ ml}}{400 \text{ ml}} = 67,014 \text{ mg}$$

Damit ergibt sich die gesamte <u>vor</u> dem 3. Ausschütteln in der Tetrachlormethan-Phase vorgelegene Masse des Schwefels $m_{ges} (S)$ aus der Summe der beiden Phasenanteile.

$$m_{ges} (S) = m_1 (S) + m_2 (S) = 67,014 \text{ mg} + 403,7 \text{ mg} = 470,714 \text{ mg}$$

Diese Rechnung wird sinngemäß zweimal wiederholt.

Ergebnis:   $m_0 (S) = 639,961 \text{ mg}$

Demnach ist für eine ausreichende Abtrennung des Schwefels aus der Tetrachlormethan-Phase auch bei mehrmaliger Extraktion mit Benzol der dabei gültige Verteilungskoeffizient zu gering.

## Kapitel 7.4

**7.4-1**   Die Lösung dieser Aufgabe erfolgt analog Beispiel 7.2 a.
Es gilt:  $M(PbF_2) = 245,2 \text{ g} \cdot \text{mol}^{-1}$

Ergebnis:      $K_L = 2,57 \cdot 10^{-8} \text{ mol}^3 \cdot \text{l}^{-3}$

**7.4-2**   Weil das Salz $Ag_2CrO_4$ schwer löslich ist, entspricht das vorgegebene Wasservolumen dem Lösungsvolumen. Die Auflösungsgleichung lautet:

$$(Ag_2CrO_4)_s \; \rightleftharpoons \; 2\,Ag^+ + CrO_4^{2-}$$

Für das Verhältnis der Konzentrationen gilt damit:

$$\frac{c(Ag^+)}{c(CrO_4^{2-})} = \frac{2}{1} \qquad \Rightarrow \qquad c(CrO_4^{2-}) = \frac{1}{2}c(Ag^+)$$

$$\Rightarrow \qquad c(Ag^+) \;\; = 2\,c(CrO_4^{2-})$$

Durch Einsetzen in das Löslichkeitsprodukt folgt:

$$c(Ag^+) \;\;\; = \sqrt[3]{2 \cdot K_L} \;= 10^{-3,70} \text{ mol} \cdot \text{l}^{-1}$$

$$c(CrO_4^{2-}) = \sqrt[3]{\frac{K_L}{4}} \;\;\; = 10^{-4,00} \text{ mol} \cdot \text{l}^{-1}$$

Mit Gl. (7.3):  $L = c(Ag_2CrO_{4,\,\text{gelöst}}) = c(CrO_4^{2-}) = 10^{-4,00} \text{ mol} \cdot \text{l}^{-1}$

$m(Ag_2CrO_4) = M(Ag_2CrO_4) \cdot V_L \cdot c(Ag_2CrO_{4,\,\text{gelöst}}) = 33,17 \text{ mg}$

Nicht gelöst ist dann die Masse:  966,83 mg

**7.4-3**   Die entstandene Lösung ist mit beiden Salzen gesättigt. Wegen der geringen Menge der Salze ist das Wasservolumen mit dem Lösungsvolumen identisch. Es gelten drei Bestimmungsgleichungen.

$$1.)\quad K_{L,1} = c(Ag^+) \cdot c(Cl^-)$$

$$2.)\quad K_{L,2} = c(Ag^+) \cdot c(Br^-)$$

$$3.)\quad c(Ag^+) = c(Cl^-) + c(Br^-)$$

Auflösen der 3.) Gleichung nach $c(Br^-)$, Einsetzen der 2.) Gleichung und danach Multiplizieren mit $c(Ag^+)$.

$$K_{L,2} = c^2(Ag^+) - K_{L,1} \qquad \Rightarrow \qquad c(Ag^+) = \sqrt{K_{L,1} + K_{L,2}}$$

$$= 1,41 \cdot 10^{-5} \text{ mol} \cdot \text{l}^{-1}$$

**7.4-4**   Aus dem Löslichkeitsprodukt folgt:

$$c^2(OH^-) = \frac{K_L}{c(Ca^{2+})} = \frac{10^{-5,40} \text{ mol}^3 \cdot l^{-3}}{10^{-1} \text{ mol} \cdot l^{-1}} = 10^{-4,40} \text{ mol}^2 \cdot l^{-2}$$

$$\Rightarrow \quad c(OH^-) = 10^{-2,20} \text{ mol} \cdot l^{-1}$$

$$\Rightarrow \quad c(H_3O^+) = 10^{-11,80} \text{ mol} \cdot l^{-1}$$

Für die Protolyse gilt:   $NH_4^+ + H_2O \rightleftarrows NH_3 + H_3O^+$

$$K_S = \frac{c(NH_3) \cdot c(H_3O^+)}{c(NH_4^+)} \qquad \Rightarrow \qquad c(NH_4^+) = \frac{c(NH_3) \cdot c(H_3O^+)}{K_S}$$

$$c(NH_4^+) = \frac{2,5 \text{ mol} \cdot l^{-1} \cdot 10^{-11,80} \text{ mol} \cdot l^{-1}}{10^{-9,25} \text{ mol} \cdot l^{-1}} = 10^{-2,15} \text{ mol} \cdot l^{-1}$$

mit $c(NH_4Cl) = c(NH_4^+)$ ergibt sich:

$$m(NH_4Cl) = M(NH_4Cl) \cdot V_L \cdot c(NH_4Cl) = 75,7 \text{ mg}$$

**7.4-5**   $pH = 5 \qquad \Rightarrow \qquad c(OH^-) = 10^{-9} \text{ mol} \cdot l^{-1}$

Aus dem Löslichkeitsprodukt folgt:

$$L = c(Cu^{2+}) = \frac{K_L}{c^2(OH^-)} = 2 \cdot 10^{-1} \text{ mol} \cdot l^{-1}$$

$$pH = 10 \qquad \Rightarrow \qquad L = 2 \cdot 10^{-11} \text{ mol} \cdot l^{-1}$$

**7.4-6**   Die beiden Fällungsgleichungen für die Hydroxidfällung lauten:

$$Mg^{2+} + 2 OH^- \rightleftarrows Mg(OH)_2 \downarrow$$

$$Fe^{3+} + 3 OH^- \rightleftarrows Fe(OH)_3 \downarrow$$

Für die gewünschte Eisenkonzentration (Obergrenze) ergibt sich damit aus dem entsprechenden Löslichkeitsprodukt:

$$c(OH^-) = \sqrt[3]{\frac{K_{L,2}}{c(Fe^{3+})}} = \sqrt[3]{\frac{10^{-37,3} \text{ mol}^4 \cdot l^{-4}}{10^{-6} \text{ mol} \cdot l^{-1}}} = 10^{-10,43} \text{ mol} \cdot l^{-1}$$

$$pOH = 10,43 \qquad \Rightarrow \qquad pH = 3,57$$

Am Beginn der Fällung von $Mg^{2+}$ gilt:

$$c\,(OH^-) = \sqrt{\frac{K_{L,1}}{c_0\,(Mg^{2+})}} = \sqrt{\frac{10^{-12}\ mol^3 \cdot l^{-3}}{10^{-1}\ mol \cdot l^{-1}}} = 10^{-5,5}\ mol \cdot l^{-1}$$

$$pOH = 5,5 \qquad \Rightarrow \qquad pH = 8,5$$

Ergebnis:    $pH \leq 8,5$

**7.4-7**    $\alpha\,(H) = 10^{9,45}$

Nach Gl. (7.4) gilt für MnS:

$$L = \sqrt{\frac{7 \cdot 10^{-16}\ mol^2 \cdot l^{-2} \cdot 10^{9,45}}{1^1 \cdot 1^1}} = 10^{-2,85}\ mol \cdot l^{-1}$$

Die Löslichkeit hat die Dimension einer Stoffmengenkonzentration. Mit den Gln. (3.2) und (5.3) gilt daher:

$$m\,(MnS) = V_L \cdot M\,(MnS) \cdot c\,(MnS_{gelöst})$$

$$= 0,350\ l \cdot 87,003\ g \cdot mol \cdot 10^{-2,85}\ mol \cdot l^{-1} = 0,043\ g$$

Wegen der geringen Masse ist das eingesetzte Wasservolumen identisch mit dem Lösungsvolumen.

**7.4-8**    Es gilt:  $K_L \cdot \alpha\,(H) = c\,(Pb^{2+}) \cdot c_{tot}\,(CO_3^{2-})$

Dabei ist nach der Auflösungsgleichung:  $c\,(Pb^{2+}) = c_{tot}\,(CO_3^{2-})$

Und damit:  $\alpha\,(H) = \dfrac{c^2\,(Pb^{2+})}{K_L} = \dfrac{10^{-8}\ mol^2 \cdot l^{-2}}{10^{-13,52}\ mol^2 \cdot l^{-2}} = 10^{5,52}$

$$\frac{c^2\,(H_3O^+)}{K_{S,1} \cdot K_{S,2}} + \frac{c\,(H_3O^+)}{K_{S,2}} + 1 - \alpha\,(H) = 0$$

Mit den Zahlenwerten für $\alpha\,(H)$, $K_{S,1}$ und $K_{S,2}$ lautet dann die Normalform der quadratischen Gleichung ohne Einheiten:

$$c^2\,(H_3O^+) + 10^{-6,52} \cdot c\,(H_3O^+) - 10^{-11,40} = 0$$

Als positive Lösung ergibt sich (jetzt wieder mit der Einheit):

$$c\,(H_3O^+) = 10^{-5,73}\ mol \cdot l^{-1} \qquad \Rightarrow \qquad pH = 5,73$$

**7.4-9**    $\alpha(H) = 1 + \dfrac{10^{-1,5} \text{ mol} \cdot l^{-1}}{10^{-1,92} \text{ mol} \cdot l^{-1}} = 10^{0,56}$

Damit wird nach Gl. (7.4) die Löslichkeit berechnet.

$$L = \sqrt{\frac{1 \cdot 10^{-9} \text{ mol}^2 \cdot l^{-2} \cdot 10^{0,56}}{1^1 \cdot 1^1}} = 10^{-4,22} \text{ mol} \cdot l^{-1}$$

Ergebnis:    $c(Ba^{2+}) = L = 6,03 \cdot 10^{-5} \text{ mol} \cdot l^{-1}$

**7.4-10**  a) Die Löslichkeit wird nach Gl. (7.3) berechnet.

$$L = \sqrt{10^{-12,40} \text{ mol}^2 \cdot l^{-2}} = 6,31 \cdot 10^{-7} \text{ mol} \cdot l^{-1}$$

b) $\alpha(NH_3) = 1 + K_{B,1} \cdot c(NH_3) + K_{B,1} \cdot K_{B,2} \cdot c^2(NH_3)$

$= 1 + 10^{3,20} \text{ l} \cdot mol^{-1} \cdot 10^{-1} \text{ mol} \cdot l^{-1} +$

$\qquad 10^{3,20} \text{ l} \cdot mol^{-1} \cdot 10^{3,80} \text{ l} \cdot mol^{-1} \cdot (10^{-1})^2 \text{ mol}^2 \cdot l^{-2}$

$\alpha(NH_3) = 100159$

Damit folgt nach Gl. (7.5) für die Löslichkeit:

$$L = \sqrt{10^{-12,40} \text{ mol}^2 \cdot l^{-2} \cdot 100159} = 2 \cdot 10^{-4} \text{ mol} \cdot l^{-1}$$

**7.4-11**  Die Stabilitätskonstanten der 4 Cyanokomplexe von $Zn^{2+}$ lauten:

$$K_{B,1} = \frac{c([ZnCN]^+)}{c(Zn^{2+}) \cdot c(CN^-)} \qquad\qquad K_{B,2} = \frac{c([Zn(CN)_2]^0)}{c([ZnCN]^+) \cdot c(CN^-)}$$

$$K_{B,3} = \frac{c([Zn(CN)_3]^-)}{c([Zn(CN)_2]^0) \cdot c(CN^-)} \qquad K_{B,4} = \frac{c([Zn(CN)_4]^{2-})}{c([Zn(CN)_3]^-) \cdot c(CN^-)}$$

$\alpha(CN) = 1 + K_{B,1} \cdot c(CN^-) + K_{B,1} \cdot K_{B,2} \cdot c^2(CN^-) +$

$\qquad\qquad K_{B,1} \cdot K_{B,2} \cdot K_{B,3} \cdot c^3(CN^-) +$

$\qquad\qquad K_{B,1} \cdot K_{B,2} \cdot K_{B,3} \cdot K_{B,4} \cdot c^4(CN^-)$

$\alpha(CN) = 10^{11,63}$

Damit ergibt sich nach Gl. (7.5) als Löslichkeit:

$$L = \sqrt[3]{\frac{10^{-16,70}\ mol^3 \cdot l^{-3} \cdot 10^{11,63}}{4}} = 10^{-1,89}\ mol \cdot l^{-1} = c_{tot}\,(Zn^{2+})$$

$$c\,(Zn^{2+}) = \frac{c_{tot}\,(Zn^{2+})}{\alpha\,(CN)} = \frac{10^{-1,89}\ mol \cdot l^{-1}}{10^{11,63}} = 10^{-13,52}\ mol \cdot l^{-1}$$

Die nichtkomplexierte Menge an Zinkionen ist demnach sehr gering.

**7.4-12** a) $M\,(CaF_2) = 78,0748\ g \cdot mol^{-1}$

$\beta\,(CaF_2) = 0,029\ g \cdot l^{-1}$    $\Rightarrow$    $c\,(CaF_{2,\,gelöst}) = L = 10^{-3,43}\ mol \cdot l^{-1}$

Nach der Auflösungsgleichung gilt: $c\,(Ca^{2+}) = L$  und  $c\,(F^-) = 2\,L$

$$K_L = c\,(Ca^{2+}) \cdot c^2\,(F^-) = L \cdot (2\,L)^2 = 4\,L^3 = 2,05 \cdot 10^{-10}\ mol^3 \cdot l^{-3}$$

b) $K_L^a = a\,(Ca^{2+}) \cdot a^2\,(F^-) = f\,(Ca^{2+}) \cdot c\,(Ca^2) \cdot f^2\,(F^-) \cdot c^2\,(F^-)$

$c\,(Ca^{2+}) = 10^{-3,43}\ mol \cdot l^{-1}$  und  $c\,(F^-) = 2 \cdot 10^{-3,43}\ mol \cdot l^{-1}$

Zunächst wird nach Gl. (6.7) die Ionenstärke der Lösung berechnet. Dabei kann der Beitrag der Ionen aus dem Ionenprodukt des Wassers wegen ihrer geringen Konzentration vernachlässigt werden.

$$I = 0,5 \cdot (c\,(Ca^{2+}) \cdot z^2\,(Ca^{2+}) + c\,(Cl^-) \cdot z^2\,(Cl^-))$$

$$= 0,5 \cdot (10^{-3,43} \cdot 2^2 + 2 \cdot 10^{-3,43} \cdot 1^2) = 10^{-2,95} \qquad \text{in } mol \cdot l^{-1}$$

$$I = 10^{-2,95}\ mol \cdot l^{-1} < 0,01\ mol \cdot l^{-1}$$

Die Aktivitätskoeffizienten ergeben sich damit aus Gl. (6.8).

$f\,(Ca^{2+}) = 0,86$        $f\,(F^-) = 0,96$

$K_L^a = 0,86 \cdot 10^{-3,43} \cdot 0,96^2 \cdot (10^{-3,43})^2\ mol^3 \cdot l^{-3}$

$\quad = 4,06 \cdot 10^{-11}\ mol^3 \cdot l^{-3}$

**7.4-13** Die Fällungsgleichung lautet:    $Cr^{3+} + 3\,OH^- \rightleftharpoons Cr(OH)_3 \downarrow$

Daraus folgt: $\dfrac{n_R\,(Cr^{3+})}{n_R\,(OH^-)} = \dfrac{1}{3}$    $\Rightarrow$    $n_R\,(Cr^{3+}) = \dfrac{1}{3}\,n_R\,(OH^-)$

Es gilt:  $n_R(OH^-) = n_R(KOH)$  und  $n_R(Cr^{3+}) = 2\,n_R(Cr_2(SO_4)_3)$

Und durch Einsetzen in die Stoffmengenrelation:

$$2\,n_R(Cr_2(SO_4)_3) = \frac{1}{3}\,n_R(KOH) \qquad \Rightarrow \qquad \frac{n_R(Cr_2(SO_4)_3)}{n_R(KOH)} = \frac{1}{6}$$

Da in einer Reaktionsgleichung sowohl Teilchen als auch Stoffmengen enthalten sind, ist somit das Verhältnis der Stoffmengen identisch mit dem Verhältnis der Reaktionskoeffizienten. Und durch eine abschließende Bilanzierung (s. Kap. 3.3) gelangt man dann zu der vollständigen Reaktionsgleichung.

$$Cr_2(SO_4)_3 + 6\,KOH \rightleftharpoons 2\,Cr(OH)_3\downarrow + 3\,K_2SO_4$$

**7.4-14** Als Fällungsbeginn wird derjenige $pH$-Wert definiert, bei dem das Löslichkeitsprodukt erreicht ist.

$$c(Fe^{3+}) = \frac{m(Fe^{3+})}{M(Fe^{3+})\cdot V_L} = \frac{0{,}040\ g}{55{,}845\ g\cdot mol^{-1}\cdot 10\ l} = 10^{-4{,}14}\ mol\cdot l^{-1}$$

$$K_L = c(Fe^{3+})\cdot c^3(OH^-) \qquad \Rightarrow \qquad c(OH^-) = \sqrt[3]{\frac{K_L}{c(Fe^{3+})}}$$

$$c(OH^-) = \sqrt[3]{\frac{10^{-37{,}3}\ mol^4\cdot l^{-4}}{10^{-4{,}14}\ mol\cdot l^{-1}}} = 10^{-11{,}05}\ mol\cdot l^{-1}$$

$$pH = 14{,}00 - 11{,}05 = 2{,}95$$

**7.4-15** Eine vollständige Fällung bedeutet, dass für die Fällung äquivalente Stoffmengen eingesetzt werden. Dabei spielt bei dieser Aufgabe das Reaktionsvolumen keine Rolle. Die Fällungsgleichung lautet:

$$2\,Ag^+ + CO_3^{2-} \rightleftharpoons Ag_2CO_3\downarrow$$

$$\frac{n_R(Ag^+)}{n_R(CO_3^{2-})} = \frac{2}{1} \qquad \Rightarrow \qquad n_R(CO_3^{2-}) = \frac{1}{2}\,n_R(Ag^+)$$

$$n_R(Ag^+) = n_R(AgNO_3) = \frac{m_R(AgNO_3)}{M(AgNO_3)} = 8{,}8301\ mol$$

$$n_R(CO_3^{2-}) = n_R(Na_2CO_3) = \frac{1}{2}\,n_R(AgNO_3) = 4{,}4151\ mol$$

$$m_R(Na_2CO_3) = n_R(Na_2CO_3)\cdot M(Na_2CO_3) = 467{,}950\ g$$

Da die Volumenänderung durch die Zugabe des festen Natriumcarbonats vernachlässigt werden soll, gilt in der nach der Fällung gesättigten Lösung gemäß Gl. (7.3):

$$L = \sqrt[3]{\frac{K_L}{4}} = \sqrt[3]{\frac{10^{-11,22} \; mol^3 \cdot l^{-3}}{4}} = 1{,}07 \cdot 10^{-4} \; mol \cdot l^{-1}$$

Gemäß Auflösungsgleichung ist:  $c(Ag^+) = 2\,L = 2{,}14 \cdot 10^{-4} \; mol \cdot l^{-1}$

Bezogen auf das Gesamtvolumen verbleiben in Lösung 0,1712 mol, was einer Masse von 18,4670 g Silber entspricht.

## Kapitel 8.7

**8.7-1**  a) $+7$      b) $+4$      c) $+2$      d) $+3$

**8.7-2**  a) $+2$      b) $+3$      c) $+3$      d) $+5$      e) $+3$

**8.7-3**  a) $-1$      b) $+4$      c) $-1$      d) $+3$      e) $-1$

**8.7-4**  Zum Lösungsweg s. die Beispiele 8.1 und 8.3.

Ox-Teilgleichung:   $Fe^{2+} \;\rightarrow\; Fe^{3+} + e^-$

Red-Teilgleichung:   $MnO_4^- + 8\,H^+ + 5\,e^- \;\rightarrow\; Mn^{2+} + 4\,H_2O$

Durch Multiplikation der Ox-Teilgleichung mit 5 wird die Anzahl der abgegebenen Elektronen genauso groß wie die Anzahl der aufgenommenen Elektronen. Die nachfolgende Addition ergibt dann:

$$MnO_4^- + 5\,Fe^{2+} + 8\,H^+ \;\rightleftharpoons\; Mn^{2+} + 5\,Fe^{3+} + 4\,H_2O$$

$$\downarrow \qquad\quad \downarrow \qquad\quad \downarrow \qquad\quad \downarrow \qquad\quad \downarrow$$

$$K^+ \quad 5\,SO_4^{2-} \quad 4\,SO_4^{2-} \quad SO_4^{2-} \quad 7{,}5\,SO_4^{2-} \quad K^+ \quad 0{,}5\,SO_4^{2-}$$

Wegen der Bilanz wird rechts bei den Gegenionen 0,5 $SO_4^{2-}$ addiert. Das gebildete $Fe_2(SO_4)_3$ ist elektrisch neutral, seine Ladungsbilanz lautet:

Positive Ladung:   $5 \cdot (+3) = +15$

Dafür bei Sulfat als Gegenion erforderliche negative Ladungen:

$$-\frac{|+15|}{|-2|} = -7{,}5$$

Multiplikation mit 2 ergibt dann die endgültige Reaktionsgleichung.

$$2\,KMnO_4 + 10\,FeSO_4 + 8\,H_2SO_4 \; \rightleftharpoons \; 2\,MnSO_4 + 5\,Fe_2(SO_4)_3$$
$$+ \; K_2SO_4 + 8\,H_2O$$

**8.7-5**  Im $I_2$ hat jedes Iodatom die Oxidationszahl 0, während im $HIO_3$ das Iodatom die Oxidationszahl $+5$ hat.

Entwicklung der Ox-Teilgleichung:

$$I_2 \; \rightarrow \; 2\,IO_3^- + 10\,e^-$$

$$I_2 + 6\,H_2O \; \rightarrow \; 2\,IO_3^- + 12\,H^+ + 10\,e^-$$

Red-Teilgleichung:  $Cl_2 + 2\,e^- \; \rightarrow \; 2\,Cl^-$

Durch Multiplikation der Red-Teilgleichung mit 5 wird die Anzahl der abgegebenen Elektronen genauso groß wie die Anzahl der aufgenommenen Elektronen. Die anschließende Addition ergibt dann:

$$I_2 + 5\,Cl_2 + 6\,H_2O \; \rightleftharpoons \; 2\,IO_3^- + 10\,Cl^- + 12\,H^+$$

Die Bruttoreaktionsgleichung lautet damit:

$$I_2 + 5\,Cl_2 + 6\,H_2O \; \rightleftharpoons \; 2\,HIO_3 + 10\,HCl$$

**8.7-6**  Ox-Teilgleichung:  $Fe^{2+} \; \rightarrow \; Fe^{3+} + e^-$

Red-Teilgleichung (s. Beispiel 8.2):

$$NO_3^- + 4\,H^+ + 3\,e^- \; \rightarrow \; NO + 2\,H_2O$$

Nach Multiplikation der Ox-Teilgleichung mit 3 lassen sich die beiden Teilgleichungen zur Redoxgleichung addieren.

$$3\,Fe^{2+} + NO_3^- + 4\,H^+ \; \rightleftharpoons \; 3\,Fe^{3+} + NO + 2\,H_2O$$

$$\downarrow \qquad \downarrow \qquad \downarrow \qquad \downarrow \qquad \downarrow$$

$$3\,SO_4^{2-} \quad H^+ \quad 2\,SO_4^{2-} \quad 3\,SO_4^{2-} \quad 9\,SO_4^{2-} \quad H^+ \quad 0{,}5\,SO_4^{2-}$$

Wegen der Bilanz wird rechts bei den Gegenionen $0{,}5\,SO_4^{2-}$ addiert. Das gebildete $Fe_2(SO_4)_3$ ist eine elektrisch neutrale Verbindung, so dass seine Ladungsbilanz lautet:

Positive Ladung:  $3 \cdot (+3) = +9$

Dafür bei Sulfat als Gegenion erforderliche negative Ladungen:

$$-\frac{|+9|}{|-2|} = -4{,}5$$

$$3\,FeSO_4 + HNO_3 + 2\,H_2SO_4 \;\rightleftharpoons\; 1{,}5\,Fe_2(SO_4)_3 + NO$$
$$+ \; 0{,}5\,H_2SO_4 + 2\,H_2O$$

$$\Downarrow$$

$$3\,FeSO_4 + HNO_3 + 1{,}5\,H_2SO_4 \;\rightleftharpoons\; 1{,}5\,Fe_2(SO_4)_3 + NO$$
$$+ \; 2\,H_2O$$

Durch Multiplikation mit 2 erhält man ganze Reaktionskoeffizienten.

$$6\,FeSO_4 + 2\,HNO_3 + 3\,H_2SO_4 \;\rightleftharpoons\; 3\,Fe_2(SO_4)_3 + 2\,NO$$
$$+ \; 4\,H_2O$$

**8.7-7**  Nach Feststellung der Redoxsysteme werden die Oxidationszahlen ermittelt. Danach wird die Redoxgleichung aus den Teilgleichungen abgeleitet.

a) $Cr_2O_7^{2-} + 6\,Cl^- + 14\,H^+ \;\rightleftharpoons\; 2\,Cr^{3+} + 3\,Cl_2 + 7\,H_2O$

b) $2\,MnO_4^- + 5\,NO_2^- + 6\,H^+ \;\rightleftharpoons\; 2\,Mn^{2+} + 5\,NO_3^- + 3\,H_2O$

c) $BrO_3^- + 3\,As^{3+} + 6\,H^+ \;\rightleftharpoons\; Br^- + 3\,As^{5+} + 3\,H_2O$

d) $ClO_3^- + 6\,Br^- + 6\,H^+ \;\rightleftharpoons\; 3\,Br_2 + Cl^- + 3\,H_2O$

**8.7-8**  a) $PbO_2 + 4\,HCl \;\rightleftharpoons\; PbCl_2 + Cl_2 + 2\,H_2O$

b) $Sn + 4\,HNO_3 \;\rightleftharpoons\; SnO_2\downarrow + 4\,NO_2 + 2\,H_2O$

c) $2\,KMnO_4 + 5\,H_2O_2 + 3\,H_2SO_4 \;\rightleftharpoons\; 2\,MnSO_4 + 5\,O_2$
$$+ \; K_2SO_4 + 8\,H_2O$$

d) $K_2Cr_2O_7 + 3\,H_2S + 4\,H_2SO_4 \;\rightleftharpoons\; Cr_2(SO_4)_3 + 3\,S\downarrow$
$$+ \; K_2SO_4 + 7\,H_2O$$

**8.7-9**  Im $NH_3$ hat der Stickstoffatom die Oxidationszahl - 3, im $N_2$ haben die beiden Stickstoffatome jeweils die Oxidationszahl 0. Und die beiden Sauerstoffatome haben im $O_2$ jeweils die Oxidationszahl 0, im $H_2O$ hat das Sauerstoffatom dann die Oxidationszahl - 2.

Ox-Teilgleichung:   $2\,NH_3 \;\rightarrow\; N_2 + 6\,H^+ + 6\,e^-$

Red-Teilgleichung:   $O_2 + 4\,H^+ + 4\,e^- \;\rightarrow\; 2\,H_2O$

Vor der sich anschließenden Addition zur Redoxgleichung wird die Ox-Teilgleichung mit 2 und die Red-Teilgleichung mit 3 multipliziert.

$$4\,NH_3 + 3\,O_2 + 12\,H^+ \;\rightleftharpoons\; 2\,N_2 + 12\,H^+ + 6\,H_2O$$

Damit lautet die endgültige Reaktionsgleichung:

$$4\,NH_3 + 3\,O_2 \;\rightleftharpoons\; 2\,N_2 + 6\,H_2O$$

**8.7-10**  Im Anion $S_2O_3^{2-}$ hat ein Atom Schwefel die Oxidationszahl $+2$, im Anion $SO_4^{2-}$ hat Schwefel die Oxidationszahl $+6$.

Entwicklung der Ox-Teilgleichung:

$$S_2O_3^{2-} \rightarrow 2\,SO_4^{2-} + 8\,e^-$$

$$S_2O_3^{2-} + 5\,H_2O \rightarrow 2\,SO_4^{2-} + 8\,e^-$$

$$S_2O_3^{2-} + 5\,H_2O \rightarrow 2\,SO_4^{2-} + 10\,H^+ + 8\,e^-$$

Red-Teilgleichung:  $Cl_2 + 2\,e^- \rightarrow 2\,Cl^-$

Die Red-Teilgleichung wird mit 4 multipliziert, dann erfolgt die Addition zur Redoxgleichung.

$$S_2O_3^{2-} + 4\,Cl_2 + 5\,H_2O \rightleftharpoons 2\,SO_4^{2-} + 8\,Cl^- + 10\,H^+$$

**8.7-11**  Im Chlorat hat das Chloratom die Oxidationszahl $+5$, im Perchlorat die Oxidationszahl $+7$, und im Chlorid die Oxidationszahl $-1$. Bei der Redoxreaktion handelt es sich also um eine Disproportionierung.

Ox-Teilgleichung:  $ClO_3^- + H_2O \rightarrow ClO_4^- + 2\,H^+ + 2\,e^-$

Red-Teilgleichung:  $ClO_3^- + 6\,H^+ + 6\,e^- \rightarrow Cl^- + 3\,H_2O$

Die Ox-Teilgleichung wird mit 3 multipliziert, dann wird addiert.

$$4\,ClO_3^- + 6\,H^+ + 3\,H_2O \rightleftharpoons 3\,ClO_4^- + Cl^- + 6\,H^+ + 3\,H_2O$$

Da es sich dabei stets um Kaliumsalze handelt, lautet damit die endgültige Reaktionsgleichung:

$$4\,KClO_3 \rightleftharpoons 3\,KClO_4 + KCl$$

**8.7-12**  Im Kaliumchlorat hat das Element Chlor die Oxidationszahl $+5$, in der Salzsäure die Oxidationszahl $-1$, und im elementaren Chlor die Oxidationszahl $0$. Somit liegt eine Symproportionierung vor.

Ox-Teilgleichung:  $2\,Cl^- \rightarrow Cl_2 + 2\,e^-$

Entwicklung der Red-Teilgleichung:

$$2\,ClO_3^- + 10\,e^- \rightarrow Cl_2$$

$$2\,ClO_3^- + 10\,e^- \rightarrow Cl_2 + 6\,H_2O$$

$$2\,ClO_3^- + 12\,H^+ + 10\,e^- \rightarrow Cl_2 + 6\,H_2O$$

Die Ox-Teilgleichung wird mit 5 multipliziert, dann wird addiert.

$$2\,ClO_3^- + 10\,Cl^- + 12\,H^+ \rightleftharpoons 6\,Cl_2 + 6\,H_2O$$

Da eine chemische Reaktionsgleichung definitionsgemäß den kleinstmöglichen Umsatz beschreibt, müssen sämliche Reaktionskoeffizienten noch durch 2 dividiert werden.

$$ClO_3^- + 5\,Cl^- + 6\,H^+ \; \rightleftharpoons \; 3\,Cl_2 + 3\,H_2O$$

**8.7-13** Im Ethanol hat das Kohlenstoffatom der alkoholischen Gruppe die Oxidationszahl - 1, durch die Oxidation erhält es in der entstandenen Aldehydgruppe die Oxidationszahl + 1.

Ox-Teilgleichung:  $CH_3CH_2OH \;\rightarrow\; CH_3CHO + 2\,H^+ + 2\,e^-$

Red-Teilgleichung:  $Cr_2O_7^{2-} + 14\,H^+ + 6\,e^- \;\rightarrow\; 2\,Cr^{3+} + 7\,H_2O$

Nach Multiplikation der Ox-Teilgleichung mit 3 können die beiden Teilgleichungen zur Redoxgleichung addiert werden.

$$3\,CH_3CH_2OH + Cr_2O_7^{2-} + 14\,H^+ \;\rightleftharpoons\; 3\,CH_3CHO + 2\,Cr^{3+}$$
$$+ 6\,H^+ + 7\,H_2O$$

Mit den vorliegenden Gegenionen aus der Schwefelsäure (s. dazu auch das Beispiel 8.1) folgt:

$$3\,CH_3CH_2OH + K_2Cr_2O_7 + 4\,H_2SO_4 \;\rightleftharpoons\; 3\,CH_3CHO$$
$$+ Cr_2(SO_4)_3 + K_2SO_4 + 7\,H_2O$$

**8.7-14** Bei der Verbindung Nitrobenzol handelt es sich um ein sauerstoffhaltiges Oxidationsmittel, so dass damit bei der Redoxreaktion im sauren Milieu Wasser entsteht. Im Nitrobenzol hat Stickstoff die Oxidationszahl + 4, im Anilin die Oxidationszahl - 2.

Ox-Teilgl.:  $Sn + 4\,HCl \;\rightarrow\; SnCl_4 + 4\,H^+ + 4\,e^-$

Red-Teilgl.:  $C_6H_5NO_2 + 6\,H^+ + 6\,e^- \;\rightarrow\; C_6H_5NH_2 + 2\,H_2O$

Zunächst wird die Ox-Teilgleichung mit 1,5 multipliziert, dann erfolgt die Addition.

$$C_6H_5NO_2 + 1{,}5\,Sn + 6\,HCl \;\rightleftharpoons\; C_6H_5NH_2 + 1{,}5\,SnCl_4$$
$$+ 2\,H_2O$$

Um ganze Reaktionskoeffizienten zu erhalten, wird die Gleichung noch mit 2 multipliziert.

$$2\,C_6H_5NO_2 + 3\,Sn + 12\,HCl \;\rightleftharpoons\; 2\,C_6H_5NH_2 + 1{,}5\,SnCl_4$$
$$+ 4\,H_2O$$

**8.7-15** Im Toluol hat das Kohlenstoffatom in der Methylgruppe die Oxidationszahl - 3, in der Aldehydgruppe des Benzaldehyds die Oxidationszahl + 1.

Ox-Teilgl.:   $C_6H_5CH_3 + H_2O \rightarrow C_6H_5CHO + 4\,H^+ + 4\,e^-$

Red-Teilgl.:   $MnO_2 + 4\,H^+ + 2\,e^- \rightarrow Mn^{2+} + 2\,H_2O$

Die Red-Teilgleichung wird mit 2 multipliziert, dann erfolgt die Addition.

$$C_6H_5CH_3 + 2\,MnO_2 + 8\,H^+ + H_2O \rightleftharpoons C_6H_5CHO$$
$$+ 2\,Mn^{2+} + 4\,H^+ + 4\,H_2O$$

Mit den vorliegenden Gegenionen aus der Schwefelsäure (s. dazu auch das Beispiel 8.1) ergibt sich:

$$C_6H_5CH_3 + 2\,MnO_2 + 2\,H_2SO_4 \rightleftharpoons C_6H_5CHO + 2\,MnSO_4$$
$$+ 3\,H_2O$$

**8.7-16** In verdünnten Lösungen, in denen $a\,(H_2O) = 1\ \text{mol} \cdot l^{-1}$ ist, geht der Aktivitätskoeffizient $f$ gegen 1, so dass im Grenzfall wieder $a = c$ wird.

a) $E = E^0\,(Cr_2O_7^{2-}/Cr^{3+}) + \dfrac{0{,}059\ \text{V}}{5} \cdot \lg \dfrac{c\,(Cr_2O_7^{2-}) \cdot c^{14}\,(H^+)}{c^2\,(Cr^{3+})}$

b) $E = E^0\,(SO_3^{2-}/S_2O_3^{2-}) + \dfrac{0{,}059\ \text{V}}{4} \cdot \lg \dfrac{c^2\,(SO_3^{2-})}{c\,(S_2O_3^{2-}) \cdot c^6\,(OH^-)}$

c) $E = E^0\,(ClO^-/Cl^-) + \dfrac{0{,}059\ \text{V}}{2} \cdot \lg \dfrac{c\,(ClO^-)}{c\,(Cl^-) \cdot c^2\,(OH^-)}$

d) $E = E^0\,(BrO_3^-/Br_2) + \dfrac{0{,}059\ \text{V}}{10} \cdot \lg \dfrac{c^2\,(BrO_3^-) \cdot c^{12}\,(H^+)}{p\,(Br_2)}$

**8.7-17** Nach Gl. (8.6) gilt:

$$pH = -\dfrac{0{,}149\ \text{V}}{0{,}059\ \text{V}} = 2{,}525$$

Bei der starken Säure ist $c\,(Cl^-) = c\,(HCl)$, womit folgt:

$$c\,(Cl^-) = 10^{-2{,}525}\ \text{mol} \cdot l^{-1} = 0{,}003\ \text{mol} \cdot l^{-1}$$

**8.7-18** Die Elektrodenreaktion lautet:

$$Zn \rightleftharpoons Zn^{2+} + 2\,e^-$$

Nach Gl. (8.4) gilt dann in Verbindung mit Tabelle 8.1:

$$E\,(Zn^{2+}/Zn) \,=\, -\,0,76\,V \,+\, \frac{0,059\,V}{2} \cdot lg\,0,0025 \,=\, -\,0,837\,V$$

**8.7-19**   Für die Verbindung $AgNO_3$ gilt zunächst:   $c\,(AgNO_3) = c\,(Ag^+)$

Die *EMK* der Konzentrationskette ergibt sich bei 288,15 K zu:

$$EMK \,=\, \Delta E \,=\, E_1\,(Ag^+/Ag) \,-\, E_2\,(Ag^+/Ag) \,=\, +\,0,057\,V \cdot lg\,\frac{0,05}{0,001}$$

$$=\, 96,9\,mV$$

Die Ionenstärken der beiden Elektrolytlösungen lassen sich mit Gl. (6.7) zu $0,05\,mol \cdot l^{-1}$ bzw. $0,001\,mol \cdot l^{-1}$ berechnen. Daraus folgen dann mit den Gln. (6.8) bzw. (6.9) die Aktivitätskoeffizienten.

$$f_1\,(Ag^+) = 0,81 \qquad f_2\,(Ag^+) = 0,96$$

Damit lässt sich jetzt die *EMK* berechnen.

$$EMK \,=\, \Delta E \,=\, +\,0,057\,V \cdot lg\,\frac{f_1\,(Ag^+) \cdot c_1\,(Ag^+)}{f_2\,(Ag^+) \cdot c_2\,(Ag^+)} \,=\, 92,6\,mV$$

**8.7-20**   Der potenzialbildende Redoxvorgang lautet:

$$Ag \,\rightleftarrows\, Ag^+ \,+\, e^-$$

Nach Gl. (8.4) gilt dann in Verbindung mit Tabelle 8.1:

$$lg\,c\,(Ag^+) \,=\, \frac{0,582\,V \,-\, 0,80\,V}{0,059\,V} \,=\, -\,3,695$$

Daraus folgt:   $c\,(Ag^+) = 10^{-3,695}\,mol \cdot l^{-1}$

Nach der Auflösungsgleichung

$$(Ag_2CrO_4)_s \,\rightleftarrows\, 2\,Ag^+ \,+\, CrO_4^{2-}$$

gilt für die Konzentrationen:

$$\frac{c\,(Ag^+)}{c\,(CrO_4^{2-})} \,=\, \frac{2}{1} \qquad \Rightarrow \qquad c\,(CrO_4^{2-}) \,=\, \frac{1}{2}\,c\,(Ag^+)$$

Und damit:   $K_L \,=\, c^2\,(Ag^+) \cdot c\,(CrO_4^{2-}) \,=\, \frac{1}{2} \cdot c^3\,(Ag^+)$

$$=\, 4,11 \cdot 10^{-12}\,mol^3 \cdot l^{-3}$$

**8.7-21** Bei 293,15 K ergibt sich entsprechend Gl. (8.6):

$$pH = \frac{0,212 \text{ V}}{0,058 \text{ V}} = 3,655$$

Für diesen $pH$-Wert folgt mit Gl. (6.36):

$$3,655 = 0,5 \cdot (pK_S - \lg 0,01) \qquad \Rightarrow \qquad pK_S = 5,310$$

**8.7-22** Das Redoxgleichgewicht wird durch folgende Gleichung beschrieben:

$$Mn^{2+} + 4\,H_2O \; \rightleftarrows \; MnO_4^- + 8\,H^+ + 5\,e^-$$

Mit den Angaben der Aufgabe lautet die Nernstsche Gleichung:

$$+1,35 \text{ V} = +1,51 \text{ V} + \frac{0,059 \text{ V}}{5} \cdot \lg \frac{10^{-2} \cdot (10^{-1,8})^8}{c(Mn^{2+})}$$

$$\lg c(Mn^{2+}) = -\frac{(+1,35 - 1,51 + 0,194) \cdot 5 \text{ V}}{0,059 \text{ V}} = -2,88$$

$$c(Mn^{2+}) = 10^{-2,88} \text{ mol} \cdot l^{-1} = 1,32 \cdot 10^{-3} \text{ mol} \cdot l^{-1}$$

**8.7-23** Gemäß Tabelle 8.2 und Beispiel 8.1 lautet die Redoxgleichung:

$$K_2Cr_2O_7 + 6\,FeSO_4 + 7\,H_2SO_4 \; \rightleftarrows \; Cr_2(SO_4)_3 + 3\,Fe_2(SO_4)_3$$
$$+ K_2SO_4 + 7\,H_2O$$

Wegen der relativen Lage der Standardpotenziale der beteiligten beiden Redoxsysteme liegt das Reaktionsgleichgewicht sehr weit auf der rechten Seite der Gleichung. Daher kann der Umsatz als quasi vollständig betrachtet werden. Die für den Umsatz relevante Stoffmengenrelation ist:

$$\frac{n_R(K_2Cr_2O_7)}{n_R(FeSO_4)} = \frac{1}{6} \qquad \Rightarrow \qquad n_R(K_2Cr_2O_7) = \frac{1}{6}\,n_R(FeSO_4)$$

$$n_R(FeSO_4) = \frac{m_R(FeSO_4)}{M(FeSO_4)} = \frac{0,900 \text{ g}}{151,9076 \text{ g} \cdot mol^{-1}} = 0,006 \text{ mol}$$

$$n_R(K_2Cr_2O_7) = 0,001 \text{ mol}$$

$$V_L = \frac{n_R(FeSO_4)}{c(FeSO_4)} = 50 \text{ ml}$$

**8.7-24** Der Redoxvorgang lautet:

$$Cu + 2\,Ag^+ \; \rightleftarrows \; Cu^{2+} + 2\,Ag$$

Für die Spannung gilt:  $U = \Delta E = E\,(Ag^+/Ag) - E\,(Cu^{2+}/Cu)$

Mit Tabelle 8.1 folgt dann:

$$\lg c\,(Cu^{2+}) = -\frac{(+0,43 - 0,80 + 0,118 + 0,34) \cdot 2\ V}{0,059\ V} = -2,98$$

$$c\,(Cu^{2+}) = 10^{-2,98}\ mol \cdot l^{-1} = 1,05 \cdot 10^{-3}\ mol \cdot l^{-1}$$

**8.7-25**  Die *EMK* der Konzentrationskette ergibt sich bei 287,15 K zu:

$$EMK = \Delta E = E_1\,(Cu^{2+}/Cu) - E_2\,(Cu^{2+}/Cu)$$

$$EMK = \frac{R \cdot T}{z \cdot F} \cdot \lg \frac{c_1\,(Cu^{2+})}{c_2\,(Cu^{2+})}$$

$$0,060\ V = \frac{+0,057\ V}{2} \cdot \lg \frac{0,4}{c_2\,(Cu^{2+})} \qquad \Rightarrow \qquad \lg c_2\,(Cu^{2+}) = -2,61$$

$$c_2\,(Cu^{2+}) = 2,45 \cdot 10^{-3}\ mol \cdot l^{-1}$$

**8.7-26**  Die ablaufenden Teilvorgänge lauten:

Ox-Teilgleichung:    $Sn^{2+} \qquad \rightarrow \quad Sn^{4+} + 2\,e^-$

Red-Teilgleichung:  $Fe^{3+} + e^- \rightarrow \quad Fe^{2+}$

Die Redoxpotenziale folgen aus der Nernstschen Gleichung.

$$E\,(Sn^{4+}/Sn^{2+}) = +0,15\ V + \frac{0,059\ V}{2} \cdot \lg \frac{c\,(Sn^{4+})}{c\,(Sn^{2+})}$$

$$E\,(Fe^{3+}/Fe^{2+}) = +0,77\ V + 0,059\ V \cdot \lg \frac{c\,(Fe^{3+})}{c\,(Fe^{2+})}$$

$$= +0,77\ V + \frac{0,059\ V}{2} \cdot \lg \frac{c^2\,(Fe^{3+})}{c^2\,(Fe^{2+})}$$

Im Redoxgleichgewicht ist $E\,(Sn^{4+}/Sn^{2+}) = E\,(Fe^{3+}/Fe^{2+})$. Die beiden Nernstschen Gleichungen können deswegen gleichgesetzt werden, und die dadurch entstandene Gleichung wird nach den logarithmischen Ausdrücken aufgelöst. Daher gilt:

$$\lg \frac{c\,(Sn^{4+})}{c\,(Sn^{2+})} - \lg \frac{c^2\,(Fe^{3+})}{c^2\,(Fe^{2+})} = \frac{(+0,77 - 0,15) \cdot 2\ V}{0,059\ V}$$

Mit $\lg \dfrac{c\,(\mathrm{Sn}^{4+})}{c\,(\mathrm{Sn}^{2+})}$ - $\lg \dfrac{c^2\,(\mathrm{Fe}^{3+})}{c^2\,(\mathrm{Fe}^{2+})}$ = $\lg \dfrac{c\,(\mathrm{Sn}^{4+})\cdot c^2\,(\mathrm{Fe}^{2+})}{c\,(\mathrm{Sn}^{2+})\cdot c^2\,(\mathrm{Fe}^{3+})}$ = $\lg K_c$

folgt: $\lg K_c = 21{,}02 \qquad \Rightarrow \qquad K_c = 10^{21{,}02}$

Der Verlauf der Reaktion kann somit als vollständig betrachtet werden.

**8.7-27**  Für die Reaktion ergibt das Massenwirkungsgesetz:

$$K_c = \frac{c\,(\mathrm{Fe}^{3+})}{c\,(\mathrm{Fe}^{2+})\cdot c\,(\mathrm{Ag}^{+})}$$

Da eine Gleichgewichtskonstante eigentlich auf der Basis der Aktivitäten der Reaktionspartner berechnet werden muss, und dabei die Aktivität des reinen Stoffes Ag gleich 1 gesetzt wird, erscheint seine Konzentration für den Fall $a = c$ in $K_c$ nicht mehr.

Die potenzialbildenden Teilvorgänge lauten:

Ox-Teilgleichung:  $\mathrm{Fe}^{2+} \qquad \rightarrow \quad \mathrm{Fe}^{3+} + \mathrm{e}^{-}$

Red-Teilgleichung:  $\mathrm{Ag}^{+} + \mathrm{e}^{-} \rightarrow \quad \mathrm{Ag}$

Nach der Nernstschen Gleichung ergeben sich folgende Redoxpotenziale:

$$E\,(\mathrm{Fe}^{3+}/\mathrm{Fe}^{2+}) = +0{,}77\ \mathrm{V} + 0{,}059\ \mathrm{V}\cdot\lg\frac{c\,(\mathrm{Fe}^{3+})}{c\,(\mathrm{Fe}^{2+})}$$

$$E\,(\mathrm{Ag}^{+}/\mathrm{Ag}) = +0{,}80\ \mathrm{V} + 0{,}059\ \mathrm{V}\cdot\lg c\,(\mathrm{Ag}^{+})$$

Im eingestellten Redoxgleichgewicht gilt:

$$+0{,}77\ \mathrm{V} + 0{,}059\ \mathrm{V}\cdot\lg\frac{c\,(\mathrm{Fe}^{3+})}{c\,(\mathrm{Fe}^{2+})} = +0{,}80\ \mathrm{V} + 0{,}059\ \mathrm{V}\cdot\lg c\,(\mathrm{Ag}^{+})$$

$$\lg K_c = \lg\frac{c\,(\mathrm{Fe}^{3+})}{c\,(\mathrm{Fe}^{2+})\cdot c\,(\mathrm{Ag}^{+})} = \frac{+0{,}80\ \mathrm{V} - 0{,}77\ \mathrm{V}}{0{,}059\ \mathrm{V}} = 0{,}508$$

$K_c = 3{,}22\ \mathrm{l\cdot mol}^{-1}$    Die Redoxreaktion verläuft somit unvollständig.

**8.7-28**  Die *EMK* der Konzentrationskette ergibt sich bei 295,15 K zu:

$$EMK = \Delta E = E_1\,(\mathrm{Ag}^{+}/\mathrm{Ag}) - E_2\,(\mathrm{Ag}^{+}/\mathrm{Ag})$$

$$EMK = \frac{R\cdot T}{z\cdot F}\cdot\lg\frac{c_1\,(\mathrm{Ag}^{+})}{c_2\,(\mathrm{Ag}^{+})}$$

$$0,565 \text{ V} = + 0,0586 \text{ V} \cdot \lg \frac{0,01}{c_2 \, (Ag^+)} \qquad \Rightarrow \qquad \lg c_2 \, (Ag^+) = -11,64$$

$$K_L = c \, (Ag^+) \cdot c \, (Br^-) = 10^{-11,64} \text{ mol} \cdot l^{-1} \cdot 0,2 \text{ mol} \cdot l^{-1}$$

$$= 4,58 \cdot 10^{-13} \text{ mol}^2 \cdot l^{-2}$$

**8.7-29** $EMK = \Delta E = E \, (H^+/H_2) - E \, (Zn^{2+}/Zn)$

Mit den Gln. (8.4) und (8.6) folgt in Verbindung mit Tabelle 8.1:

$$0,101 \text{ V} = -0,059 \cdot pH \text{ V} + 0,76 \text{ V} - \frac{0,059 \text{ V}}{2} \cdot \lg 0,01$$

$$\Rightarrow \qquad pH = 12,169$$

$$K_W = c \, (H_3O^+) \cdot c \, (OH^-) = 10^{-12,169} \text{ mol} \cdot l^{-1} \cdot 10^{-1,824} \text{ mol} \cdot l^{-1}$$

$$= 10^{-13,993} \text{ mol}^2 \cdot l^{-2}$$

**8.7-30** Weil die *EMK* zu Beginn 1,10 V beträgt und $c \, (Cu^{2+}) = c \, (Zn^{2+})$ ist, muss die Anfangskonzentration nach der Definition der Standardpotenziale in Tabelle 8.1 in beiden Fällen 1 mol $\cdot$ l$^{-1}$ sein. Aufgrund der Reaktionsgleichung $Zn + Cu^{2+} \rightleftarrows Zn^{2+} + Cu$ gilt für den Umsatz:

$$n_R \, (Cu^{2+}) = n_P \, (Zn^{2+})$$

Demnach muss durch den Umsatz die Stoffmenge der Zinkionen um den selben Betrag gestiegen sein, um den die Stoffmenge der Kupferionen gesunken ist.

$$c \, (Cu^{2+}) = \frac{\beta \, (Cu^{2+})}{M \, (Cu^{2+})} = \frac{0,0635 \text{ g} \cdot l^{-1}}{63,546 \text{ g} \cdot \text{mol}^{-1}} = 0,001 \text{ mol} \cdot l^{-1}$$

Und damit:   $c \, (Zn^{2+}) = 1,999 \text{ mol} \cdot l^{-1}$

$$\beta \, (Zn^{2+}) = M \, (Zn^{2+}) \cdot c \, (Zn^{2+}) = 65,409 \text{ g} \cdot \text{mol}^{-1} \cdot 1,999 \text{ mol} \cdot l^{-1}$$

$$= 130,753 \text{ g} \cdot l^{-1}$$

$$EMK = \Delta E = E \, (Cu^{2+}/Cu) - E \, (Zn^{2+}/Zn)$$

$$= + 0,34 \text{ V} + \frac{0,059 \text{ V}}{2} \cdot \lg 0,001 + 0,76 \text{ V} - \lg 1,999$$

$$= 0,7115 \text{ V}$$

**8.7-31**  $EMK = \Delta E = E\,(\text{Hg}_2^{2+}/\text{Hg}) \ - \ E\,(\text{H}^+/\text{H}_2)$

$$= +\,0{,}246\ \text{V} \ + \ 0{,}059 \cdot p\text{H}\ \text{V} \ = \ 0{,}423\ \text{V}$$

**8.7-32**  Für die Kalilauge gilt:

$$c\,(\text{H}_3\text{O}^+) = \frac{K_L}{c\,(\text{OH}^-)} = \frac{10^{-14{,}35}\ \text{mol}^2 \cdot \text{l}^{-2}}{0{,}001\ \text{mol} \cdot \text{l}^{-1}} = 10^{-11{,}35}\ \text{mol} \cdot \text{l}^{-1}$$

$$EMK = \Delta E = E_1\,(\text{H}^+/\text{H}_2) \ - \ E_2\,(\text{H}^+/\text{H}_2)$$

$$0{,}573\ \text{V} = -\,0{,}057 \cdot p\text{H}\,(\text{HCl})\ \text{V} \ + \ 0{,}057 \cdot 11{,}35\ \text{V}$$

$$p\text{H}\,(\text{HCl}) = \frac{0{,}573\ \text{V}\ -\ 0{,}647\ \text{V}}{-\,0{,}057\ \text{V}} = 1{,}298$$

$$c\,(\text{HCl}) = 0{,}050\ \text{mol} \cdot \text{l}^{-1}$$

**8.7-33**  $EMK = \Delta E = E\,(\text{Ag}^+/\text{Ag}) \ - \ E\,(\text{H}^+/\text{H}_2)$

Mit Tabelle 8.1 folgt:

$$0{,}885\ \text{V} = +\,0{,}80\ \text{V} \ + \ 0{,}059 \cdot \lg 0{,}01\ \text{V} \ + \ 0{,}059 \cdot p\text{H}\ \text{V}$$

$$p\text{H} = \frac{0{,}885\ \text{V}\ -\ 0{,}80\ \text{V}\ +\ 0{,}118\ \text{V}}{0{,}059\ \text{V}} = 3{,}44$$

Für diesen $p\text{H}$-Wert ergibt sich nach Gl. (6.36):

$$3{,}44 = 0{,}5 \cdot (pK_S \ - \ \lg 0{,}01) \qquad \Rightarrow \qquad K_S = 10^{-4{,}88}\ \text{mol} \cdot \text{l}^{-1}$$

**8.7-34**  $t = \dfrac{m\,(\text{X}) \cdot z \cdot F}{I \cdot M\,(\text{X})} = \dfrac{15000\ \text{g} \cdot 2 \cdot 96500\ \text{C} \cdot \text{mol}^{-1}}{1000\ \text{C} \cdot \text{s}^{-1} \cdot 63{,}546\ \text{g} \cdot \text{mol}^{-1}} = 45557{,}5\ \text{s}$

Da die Stromstärke während der Elektrolyse konstant bleiben soll, ist die berechnete Zeit der Stromausbeute von 92 % proportional. Bei 100 % ergibt sich somit:

$$t\,(100\ \%) = \frac{45557{,}5\ \text{s} \cdot 100\ \%}{92\ \%} = 49519{,}0\ \text{s}$$

Ergebnis:    13 h  45 min  19 s

**8.7-35**  Kathodenvorgang:    $2\ \text{H}^+ \ + \ 2\ \text{e}^- \ \rightarrow \ \text{H}_2$

Anodenvorgang:    $4\ \text{OH}^- \ \rightarrow \ \text{O}_2 \ + \ 2\ \text{H}_2\text{O} \ + \ 4\ \text{e}^-$

Die Addition der beiden Teilvorgänge zum Gesamtvorgang erfolgt analog den Redox-Teilgleichungen. 1 $\text{H}^+$ und 1 $\text{OH}^-$ bilden dabei jeweils 1 $\text{H}_2\text{O}$.

Gesamtvorgang:    $2\,H_2O \rightarrow 2\,H_2 + O_2$

Somit gilt:    $\dfrac{n_P(H_2)}{n_P(O_2)} = \dfrac{2}{1}$    $\Rightarrow$    $n_P(H_2) = 2\,n_P(O_2)$

Mit Tabelle 3.1 und Gl. (3.4) folgt:

$$n_P(O_2) = \frac{V_n(O_2)}{V_{m,n}(O_2)} = \frac{0{,}56\,l}{22{,}393\,l \cdot mol^{-1}} = 0{,}025\,mol$$

$n_P(H_2) = 0{,}050\,mol$

$V_n(H_2) = 22{,}430\,l \cdot mol^{-1} \cdot 0{,}050\,mol = 1{,}122\,l$

Ein Gemisch, das aus den Gasen Wasserstoff und Sauerstoff besteht, wird als Knallgas bezeichnet. Die bei erhöhter Temperatur explosionsartige Umsetzung dieser beiden Gase führt zur Bildung von Wasser.

**8.7-36**  Kathodenvorgang:    $Al^{3+} + 3\,e^- \rightarrow Al$

$Q = I \cdot t = 100000\,C \cdot s^{-1} \cdot 1\,h \cdot 3600\,s \cdot h^{-1} = 360000000\,C$

Nach Gl. (8.8) gilt:

$$m(Al) = \frac{360000000\,C \cdot 26{,}9815\,g \cdot mol^{-1}}{3 \cdot 96500\,C \cdot mol^{-1}} = 33552\,g = 33{,}552\,kg$$

Durch die Stromausbeute von 93,5 % verringert sich die elektrolytisch abgeschiedene Masse des Aluminiums.

$$m(Al) = \frac{33{,}552\,kg \cdot 93{,}5\,\%}{100\,\%} = 31{,}371\,kg$$

**8.7-37**  Kathodenvorgang:    $Cu^{2+} + 2\,e^- \rightarrow Cu$

Anodenvorgang:    $4\,OH^- \rightarrow O_2 + 2\,H_2O + 4\,e^-$

$U = \Delta E = E(O_2/OH^-) - E(Cu^{2+}/Cu)$

$$E(O_2/OH^-) = +0{,}40\,V + \frac{0{,}059\,V}{4} \cdot lg\,\frac{1}{(10^{-7})^4} + 0{,}52\,V$$

$$= +1{,}333\,V$$

$$E(Cu^{2+}/Cu) = +0{,}34\,V + \frac{0{,}059\,V}{2} \cdot lg\,0{,}05$$

$$= +0{,}302\,V \qquad\qquad \Rightarrow \qquad U = 1{,}031\,V$$

**8.7-38**  Nach Gl. (8.10) gilt:

$$I = \frac{80\ \text{g} \cdot 1 \cdot 96500\ \text{C} \cdot \text{mol}^{-1}}{18000\ \text{s} \cdot 107{,}8682\ \text{g} \cdot \text{mol}^{-1}} = 4{,}0\ \text{C} \cdot \text{s}^{-1} = 4{,}0\ \text{A}$$

**8.7-39**  a)  Bei einer 100 %igen Stromausbeute würden abgeschieden:

$$m\,(\text{Ni}) = \frac{2{,}3\ \text{C} \cdot \text{s}^{-1} \cdot 1200\,\text{s} \cdot 58{,}6934\ \text{g} \cdot \text{mol}^{-1}}{2 \cdot 96500\ \text{C} \cdot \text{mol}^{-1}} = 0{,}8\ \text{g}$$

Tatsächliche Stromausbeute:  $\dfrac{0{,}720 \cdot 100\,\%}{0{,}8\ \text{g}} = 90\,\%$

b)  $1\ \mu\text{m} = 10^{-6}\ \text{m} = 10^{-4}\ \text{cm}$

$V\,(\text{Ni}) = 80\ \text{cm}^2 \cdot 10 \cdot 10^{-4}\ \text{cm} = 0{,}08\ \text{cm}^3$

$\rho\,(\text{Ni}) = \dfrac{m\,(\text{Ni})}{V\,(\text{Ni})} = \dfrac{0{,}720\ \text{g}}{0{,}08\ \text{cm}^3} = 9{,}000\ \text{g} \cdot \text{cm}^{-3}$

**8.7-40**  Weil das Kupfersulfat vollständig dissoziiert ist, gilt:

$n_1\,(\text{Cu}^{2+}) = V_\text{L} \cdot c_1\,(\text{Cu}^{2+}) = 0{,}300\ \text{l} \cdot 0{,}50\ \text{mol} \cdot \text{l}^{-1} = 0{,}150\ \text{mol}$

$m_1\,(\text{Cu}^{2+}) = n_1\,(\text{Cu}^{2+}) \cdot M\,(\text{Cu}^{2+}) = 9{,}532\ \text{g}$

Nach dem 1. Faradayschen Gesetz werden abgeschieden:

$$m_2\,(\text{Cu}^{2+}) = \frac{5\ \text{C} \cdot \text{s}^{-1} \cdot 5400\,\text{s} \cdot 63{,}546\ \text{g} \cdot \text{mol}^{-1}}{2 \cdot 96500\ \text{C} \cdot \text{mol}^{-1}} = 8{,}9\ \text{g}$$

Die Differenz der beiden Massen verbleibt in Lösung.

$m_1\,(\text{Cu}^{2+}) - m_2\,(\text{Cu}^{2+}) = 0{,}632\ \text{g}$

Nach der Elektrolyse ist somit:

$$c\,(\text{Cu}^{2+}) = \frac{\beta\,(\text{Cu}^{2+})}{M\,(\text{Cu}^{2+})} = \frac{m\,(\text{Cu}^{2+})}{M\,(\text{Cu}^{2+}) \cdot V_\text{L}} = 0{,}033\ \text{mol} \cdot \text{l}^{-1}$$

**8.7-41**  Es gelten die folgenden Gleichungen:

Elektr. Arbeit:    $W = P \cdot t$    Einheit:  Watt $\cdot$ Sekunde (W $\cdot$ s)

Elektr. Leistung:  $P = U \cdot I$    Einheit:  Watt = Volt $\cdot$ Ampere (V $\cdot$ A)

Daraus folgt:    $W = U \cdot I \cdot t$

Nach Gl. (8.10) gilt:

$$I \cdot t = \frac{m(X) \cdot z \cdot F}{M(X)} \qquad \Rightarrow \qquad W = \frac{U \cdot m(X) \cdot z \cdot F}{M(X)}$$

$$W = \frac{1,2 \text{ V} \cdot 800 \text{ g} \cdot 6 \cdot 96500 \text{ C} \cdot \text{mol}^{-1}}{93,1262 \text{ g} \cdot \text{mol}^{-1}} = 5968674,8 \text{ V} \cdot \text{C}$$

Mit 1 Volt $= \dfrac{1 \text{ Joule}}{1 \text{ Coulomb}}$ und 1 Joule (J) $=$ 1 Watt $\cdot$ 1 Sekunde (W $\cdot$ s) er-

gibt sich die Einheitengleichung:   V $\cdot$ C $=$ W $\cdot$ s (Wattsekunde)

Es folgt noch die Umrechnung in kWh.

$$W = 5968674,8 \text{ W} \cdot \text{s} \cdot \frac{1 \text{ kW}}{1000 \text{ W}} \cdot \frac{1 \text{ h}}{3600 \text{ s}} = 1,658 \text{ kWh}$$

$$W = \frac{1,658 \text{ kWh} \cdot 100\,\%}{92,5\,\%} = 1,792 \text{ kWh}$$

**8.7-42** a) Kathodenvorgang:    $2 \text{ H}^+ + 2 \text{ e}^- \rightarrow \text{H}_2$

Anodenvorgang:    $4 \text{ OH}^- \rightarrow \text{O}_2 + 2 \text{ H}_2\text{O} + 4 \text{ e}^-$

$$m(\text{H}_2) = \frac{1 \text{ C} \cdot \text{s}^{-1} \cdot 600 \text{ s} \cdot 2,0158 \text{ g} \cdot \text{mol}^{-1}}{2 \cdot 96500 \text{ C} \cdot \text{mol}^{-1}} = 0,0063 \text{ g}$$

$$m(\text{O}_2) = \frac{1 \text{ C} \cdot \text{s}^{-1} \cdot 600 \text{ s} \cdot 31,9988 \text{ g} \cdot \text{mol}^{-1}}{2 \cdot 96500 \text{ C} \cdot \text{mol}^{-1}} = 0,0497 \text{ g}$$

b) $n(\text{H}_2) = \dfrac{0,0063 \text{ g}}{2,0158 \text{ g} \cdot \text{mol}^{-1}} = 0,0031 \text{ mol}$

$n(\text{O}_2) = 0,0016 \text{ mol}$

$n(\text{H}_2) : n(\text{O}_2) = 1,9375 : 1 \qquad \Rightarrow \qquad 2 : 1$

**8.7-43** a) Der grundlegende Kathodenvorgang ist:    $\text{Au}^{3+} + 3 \text{ e}^- \rightarrow \text{Au}$

$1 \text{ µm} = 10^{-6} \text{ m} = 10^{-4} \text{ cm}$

$V(\text{Au}) = 56 \text{ cm}^2 \cdot 8 \cdot 10^{-4} \text{ cm} = 4,48 \cdot 10^{-2} \text{ cm}^3$

Mit der Dichte folgt:   $m(\text{Ni}) = 0,8646 \text{ g}$

$1 \text{ dm}^2 = 100 \text{ cm}^2 \qquad \Rightarrow \qquad I = 67,2 \text{ mA}$

$$t = \frac{m(X) \cdot z \cdot F}{I \cdot M(X)} = \frac{0{,}8646 \text{ g} \cdot 3 \cdot 96500 \text{ C} \cdot \text{mol}^{-1}}{0{,}0672 \text{ C} \cdot \text{s}^{-1} \cdot 196{,}9666 \text{ g} \cdot \text{mol}^{-1}} = 18910{,}5 \text{ s}$$

Ergebnis:    5 h  15 min  10,5 s

b)  Siehe auch Lösung zu Übungsaufgabe 8.7-41.

$$W = U \cdot I \cdot t = 1 \text{ V} \cdot 0{,}067 \text{ C} \cdot \text{s}^{-1} \cdot 18910{,}5 \text{ s} = 1270{,}8 \text{ V} \cdot \text{C}$$

$$= 1270{,}8 \text{ W} \cdot \text{s}$$

$$W = 1270{,}8 \text{ W} \cdot \text{s} \cdot \frac{1 \text{ kW}}{1000 \text{ W}} \cdot \frac{1 \text{ h}}{3600 \text{ s}} = 3{,}5 \cdot 10^{-4} \text{ kWh}$$

**8.7-44**  Das Elektrodenpotenzial des Redoxsystems $Zn^{2+}/Zn$ muss während der Elektrolyse stets positiver sein als das Elektrodenpotenzial des Redoxsystems $H^{+}/H_2$. Da die Konzentration der Zinkionen durch die Elektrolyse abnimmt, wird auch das Potenzial von $Zn^{2+}/Zn$ kleiner. Am Ende der Elektrolyse müssen im betrachteten Grenzfall die beiden Elektrodenpotenziale gleich groß sein.

$$c(ZnSO_4) = \frac{\beta(ZnSO_4)}{M(ZnSO_4)} = \frac{2{,}1 \text{ g} \cdot \text{l}^{-1}}{161{,}4716 \text{ g} \cdot \text{mol}^{-1}}$$

$$= 0{,}0130 \text{ mol} \cdot \text{l}^{-1} = c(Zn^{2+})$$

$$E(Zn^{2+}/Zn) = -0{,}76 \text{ V} + 0{,}0295 \text{ V} \cdot \lg 0{,}0130 = -0{,}8156 \text{ V}$$

$$E(H^{+}/H_2) = -0{,}8156 \text{ V} = -0{,}059 \cdot pH \text{ V} - 0{,}65 \text{ V}$$

$$pH = 2{,}807$$

**8.7-45**  Siehe auch Lösung zu Übungsaufgabe 8.7-41.

Es gilt:  $z = 1$

In Gl. (8.10) ergibt sich $I \cdot t$ aus der geleisteten elektrischen Arbeit $W$.

$$W = U \cdot I \cdot t \quad \Rightarrow \quad I \cdot t = \frac{W}{U}$$

$$I \cdot t = \frac{2 \text{ kWh}}{10 \text{ V}} = \frac{2 \text{ kWh} \cdot 10 \text{ C}}{10 \text{ J}} = \frac{2 \text{ kWh} \cdot 10 \text{ C}}{10 \text{ W} \cdot \text{s}}$$

$$= \frac{2 \text{ kWh} \cdot 10 \text{ C}}{10 \text{ W} \cdot \text{s}} \cdot \frac{1000 \text{ W}}{1 \text{ kWh}} \cdot \frac{3600 \text{ s}}{1 \text{ h}} = 7200000 \text{ C}$$

$$m\,(\text{KMnO}_4) = \frac{7200000\ \text{C} \cdot 158{,}0339\ \text{g} \cdot \text{mol}^{-1}}{1 \cdot 96500\ \text{C} \cdot \text{mol}^{-1}} = 11791\ \text{g}$$

$$= 11{,}791\ \text{kg}$$

**8.7-46** Nach dem 2. Faradayschen Gesetz gilt:

$$\frac{m\,(\text{Cu})}{m\,(\text{Ag})} = \frac{M\,(\text{Cu}_{eq})}{M\,(\text{Ag}_{eq})} \qquad \Rightarrow \qquad m\,(\text{Cu}) = \frac{M\,(\text{Cu}_{eq}) \cdot m\,(\text{Ag})}{M\,(\text{Ag}_{eq})}$$

$$M\,(\text{Cu}_{eq}) = \frac{63{,}546\ \text{g} \cdot \text{mol}^{-1}}{2} = 31{,}773\ \text{g} \cdot \text{mol}^{-1}$$

$$M\,(\text{Ag}_{eq}) = \frac{107{,}8682\ \text{g} \cdot \text{mol}^{-1}}{1} = 107{,}8682\ \text{g} \cdot \text{mol}^{-1}$$

$$m\,(\text{Cu}) = \frac{35{,}453\ \text{g} \cdot \text{mol}^{-1} \cdot 3{,}653\ \text{g}}{107{,}8682\ \text{g} \cdot \text{mol}^{-1}} = 1{,}0760\ \text{g}$$

**8.7-47** Anodenvorgang:    $2\ \text{Br}^- \ \rightarrow \ \text{Br}_2 + 2\ e^-$

$$I \cdot t = 1\ \text{A} \cdot 90\ \text{min} = 1\ \text{C} \cdot \text{s}^{-1} \cdot 90\ \text{min} \cdot \frac{60\ \text{s}}{1\ \text{min}} = 5400\ \text{C}$$

$$m\,(\text{Br}_2) = \frac{5400\ \text{C} \cdot 159{,}808\ \text{g} \cdot \text{mol}^{-1}}{2 \cdot 96500\ \text{C} \cdot \text{mol}^{-1}} = 4{,}5\ \text{g}$$

$$\frac{m\,(\text{Br}_2)}{m\,(\text{Me})} = \frac{M\,(\text{Br}_{2,eq})}{M\,(\text{Me}_{eq})} \qquad \Rightarrow \qquad M\,(\text{Me}_{eq}) = \frac{M\,(\text{Br}_{2,eq}) \cdot m\,(\text{Me})}{m\,(\text{Br}_2)}$$

$$M\,(\text{Me}_{eq}) = 31{,}784\ \text{g} \cdot \text{mol}^{-1}$$

**8.7-48** Kathode: $2\,\text{H}^+ + 2\,e^- \ \rightarrow \ \text{H}_2$ \qquad Anode: $2\,\text{Cl}^- \ \rightarrow \ \text{Cl}_2 + 2\,e^-$

$$M\,(\text{H}_{2,\,eq}) = \frac{M\,(\text{H}_2)}{z\,(\text{H}_2)} = \frac{2{,}0158\ \text{g} \cdot \text{mol}^{-1}}{2} = 1{,}0079\ \text{g} \cdot \text{mol}^{-1}$$

$$M\,(\text{Cl}_{2,\,eq}) = \frac{M\,(\text{Cl}_2)}{z\,(\text{Cl}_2)} = \frac{70{,}906\ \text{g} \cdot \text{mol}^{-1}}{2} = 35{,}453\ \text{g} \cdot \text{mol}^{-1}$$

$$m\,(\text{H}_2) = \frac{M\,(\text{H}_{2,eq}) \cdot m\,(\text{Cl}_2)}{M\,(\text{Cl}_{2,\,eq})} = \frac{1{,}0079\ \text{g} \cdot \text{mol}^{-1} \cdot 0{,}250\ \text{g}}{35{,}453\ \text{g} \cdot \text{mol}^{-1}} = 0{,}0071\ \text{g}$$

$$n(H_2) = \frac{m(H_2)}{M(H_2)} = \frac{0,0071\ g}{2,0158\ g \cdot mol^{-1}} = 0,0035\ mol$$

Diese Stoffmenge an $H_2$ ist aus der doppelten Stoffmenge von $H^+$ - Ionen hervorgegangen, die jetzt von der ursprünglich vorgelegenen Stoffmenge abgezogen werden muss.

$$n(H^+) = 0,02\ mol\ -\ 0,0070\ mol\ =\ 0,0130\ mol \qquad \Rightarrow \qquad pH = 1,488$$

**8.7-49**   Kathodenvorgang:     $2\,H^+ + 2\,e^- \rightarrow H_2$

Anodenvorgang:          $4\,OH^- \rightarrow O_2 + 2\,H_2O + 4\,e^-$

Die Addition der beiden Teilvorgänge zum Gesamtvorgang erfolgt analog den Redox-Teilgleichungen. 1 $H^+$ und 1 $OH^-$ bilden dabei jeweils 1 $H_2O$.

Gesamtvorgang:     $2\,H_2O \rightarrow 2\,H_2 + O_2$

Danach gilt z.B. für die Sauerstoffentwicklung:

$$\frac{n_R(H_2O)}{n_P(O_2)} = \frac{2}{1} \qquad \Rightarrow \qquad n_P(O_2) = \frac{1}{2}\,n_R(H_2O)$$

300 g der 20 %igen Lösung enthalten:

$$m(Na_2SO_4) = m_L \cdot w(Na_2SO_4) = 300\ g \cdot 0,20 = 60\ g$$

Für die 30 %ige Lösung gilt:   $m_L = \dfrac{60\ g}{0,30} = 200\ g$

Die Differenz von 100 g $H_2O$ wird elektrolytisch zersetzt.

$$n_R(H_2O) = \frac{100\ g}{18,0152\ g \cdot mol^{-1}} = 5,5509\ mol$$

$$n_P(O_2) = 0,5 \cdot 5,5509\ mol = 2,7755\ mol$$

$$m_P(O_2) = 31,9988\ g \cdot mol^{-1} \cdot 2,7755\ mol = 88,8127\ g$$

Nach Gl. (8.10) gilt:

$$t = \frac{88,8127\ g \cdot 4 \cdot 96500\ C \cdot mol^{-1}}{6\ C \cdot s^{-1} \cdot 31,9988\ g \cdot mol^{-1}} = 178557,2\ s$$

Ergebnis:     49 h 35 min 57,2 s

Legt man dabei die Entwicklung von Wasserstoff zugrunde, so kommt man unter Berücksichtigung der Rundungen zum selben Ergebnis.

**8.7-50**  Nach der Nernstschen Gleichung gilt zu Beginn:

$$E\,(Cu^{2+}/Cu) = +0{,}281\ V \quad und \quad E\,(Ag^+/Ag) = +0{,}682\ V$$

Zunächst wird demnach nur Silber abgeschieden, bis der Potenzialwert des Redoxsystems für das Kupfer erreicht ist.

$$+0{,}281\ V = +0{,}80\ V + 0{,}059\ V \cdot \lg c\,(Ag^+)$$

$$\frac{+0{,}281\ V - 0{,}80\ V}{+0{,}059\ V} = \lg c\,(Ag^+) \quad \Rightarrow \quad c\,(Ag^+) = 10^{-8{,}80}\ mol \cdot l^{-1}$$

# Kapitel 9.3

**9.3-1**  Die Fällungsgleichung lautet:  $Ba^{2+} + SO_4^{2-} \rightleftharpoons BaSO_4 \downarrow$

$$\frac{n\,(SO_4\ in\ BaSO_4)}{n\,(BaSO_4)} = \frac{1}{1} \quad \Rightarrow \quad n\,(SO_4\ in\ BaSO_4) = n\,(BaSO_4)$$

$$n\,(BaSO_4) = \frac{m\,(BaSO_4)}{M\,(BaSO_4)} = \frac{0{,}2801\ g}{233{,}390\ g \cdot mol^{-1}} = 0{,}0012\ mol$$

$$m\,(SO_4\ in\ BaSO_4) = 0{,}0012\ mol \cdot 96{,}063\ g \cdot mol^{-1} = 0{,}1153\ g$$

$$\beta\,(SO_4^{2-}) = \frac{0{,}1153\ g}{0{,}100\ l} = 1{,}1530\ g \cdot l^{-1}$$

**9.3-2**  Der Maximalfehler bedeutet, dass im Waschwasser eine gesättigte Lösung vorliegt. Dazu muss aber angenommen werden, dass die Einstellung des heterogenen Gleichgewichtes momentan erfolgt, was sicherlich praktisch nicht der Fall ist. Außerdem muss dabei eigentlich noch berücksichtigt werden, dass der Wert eines Löslichkeitsproduktes auch von der Korngröße des Niederschlages abhängt.

2 % sind 7,348 mg PbSO$_4$

$$L = \sqrt{K_L} = \sqrt{10^{-7{,}86}\ mol^2 \cdot l^{-2}} = 10^{-3{,}93}\ mol \cdot l^{-1}$$

Die Löslichkeit eines Stoffes ist gleichzeitig eine Stoffmengenkonzentration, folglich gilt:

$$\beta\,(PbSO_4) = M\,(PbSO_4) \cdot c\,(PbSO_4)$$

$$= 303{,}3\ g \cdot mol^{-1} \cdot 10^{-3{,}93}\ mol \cdot l^{-1} = 35{,}63\ mg \cdot l^{-1}$$

$$V_L = \frac{m(PbSO_4)}{\beta(PbSO_4)} = \frac{7,348 \text{ mg}}{35,63 \text{ mg} \cdot l^{-1}} = 0,206 \text{ l} = 206 \text{ ml}$$

**9.3-3** Für das Magnesiumdiphosphat gilt die Stoffmengenrelation:

$$n(Mg \text{ in } Mg_2P_2O_7) = 2\,n(Mg_2P_2O_7)$$

$$= \frac{2 \cdot 1,558 \text{ g}}{222,5534 \text{ g} \cdot mol^{-1}} = 0,0140 \text{ mol}$$

Und damit für das Doppelsalz:

$$n(Mg \text{ in } KMgCl_2 \cdot x \, H_2O) = 0,0140 \text{ mol}$$

Nach der bis auf das Kristallwasser bekannten Formel ist daher:

$n(Mg) = 0,0140 \text{ mol} \qquad 0,3403 \text{ g}$

$n(K) \;\; = 0,0140 \text{ mol} \qquad 0,5474 \text{ g}$

$n(Cl) = 0,0280 \text{ mol} \qquad 0,993 \text{ g}$

Für die Masse des Kristallwassers ergibt sich dann:

$$3,394 \text{ g} - 0,5474 \text{ g} - 0,3403 \text{ g} - 0,993 \text{ g} = 1,513 \text{ g}$$

$$n(H_2O) = \frac{m(H_2O)}{M(H_2O)} = \frac{1,513 \text{ g}}{18,0152 \text{ g} \cdot mol^{-1}} = 0,0840 \text{ mol}$$

Für das Verhältnis der Stoffmengen in der Formel gilt damit:

$$\frac{n(H_2O)}{n(Mg)} = \frac{0,0840 \text{ mol}}{0,0140 \text{ mol}} = \frac{6}{1} \qquad \Rightarrow \qquad KMgCl_2 \cdot 6\,H_2O$$

**9.3-4** Die Reaktionsgleichung für die Bildung des Oxids lautet:

$$2\,Al(OH)_3 \;\rightarrow\; Al_2O_3 + 3\,H_2O$$

Daraus ergibt sich die Stoffmengenrelation:

$$\frac{n(Al \text{ in } Al_2O_3)}{n(Al_2O_3)} = \frac{2}{1} \qquad \Rightarrow \qquad n(Al \text{ in } Al_2O_3) = 2\,n(Al_2O_3)$$

a)  $n(Al_2O_3) = \dfrac{0,3467 \text{ g}}{101,9612 \text{ g} \cdot mol^{-1}} = 0,0034 \text{ mol}$

$n(Al \text{ in } Al_2O_3) = 0,0068 \text{ mol}$

$m(Al \text{ in } Al_2O_3) = 0,0068 \text{ mol} \cdot 26,9815 \text{ g} \cdot mol^{-1} = 0,1835 \text{ g}$

Damit ergibt sich insgesamt für die Probe:   1,6658 g

b)   $w_{rel}(Cu) = \dfrac{1{,}4823 \text{ g} \cdot 100\,\%}{1{,}6658 \text{ g}} = 88{,}98\,\%$

$w_{rel}(Al) = \dfrac{0{,}1835 \text{ g} \cdot 100\,\%}{1{,}6658 \text{ g}} = 11{,}02\,\%$

**9.3-5**   Es gilt:   $n(NaBr) = n(AgBr)$   und   $n(KI) = n(AgI)$

Die vier Bestimmungsgleichungen lauten:

(a)   $\dfrac{m(NaBr)}{M(NaBr)} = \dfrac{m(AgBr)}{M(AgBr)}$

(b)   $\dfrac{m(KI)}{M(KI)} = \dfrac{m(AgI)}{M(AgI)}$

(c)   $m(NaBr) + m(KI) = 1{,}280 \text{ g}$

(d)   $m(AgBr) + m(AgI) = 2{,}211 \text{ g}$

Wegen der Übersichtlichkeit werden im Weiteren die Einheiten bis zum Ergebnis weggelassen.

Aus (a):   $m(NaBr) = 0{,}548 \cdot m(AgBr)$

Mit (c):   $1{,}280 - m(KI) = 0{,}548 \cdot m(AgBr)$

Aus (b):   $m(KI) = 0{,}7071 \cdot m(AgI)$

Damit ergibt sich mit (d):

$m(KI) = 0{,}7071 \cdot (2{,}211 - m(AgBr)) = 1{,}563 - 0{,}7071 \cdot m(AgBr)$

Gleichung (c) wird jetzt nach $m(KI)$ aufgelöst und darin $m(NaBr)$ durch den Ausdruck $0{,}548 \cdot m(AgBr)$ ersetzt. Damit ist dann $m(AgBr)$ noch die einzige Variable.

$1{,}280 - 0{,}548 \cdot m(AgBr) = 1{,}563 - 0{,}7071 \cdot m(AgBr)$

Daraus folgt:   $m(AgBr) = 1{,}780 \text{ g}$

Aus (a) ergibt sich:

$m(NaBr) = \dfrac{1{,}780 \text{ g} \cdot 102{,}894 \text{ g} \cdot mol^{-1}}{187{,}772 \text{ g} \cdot mol^{-1}} = 0{,}975 \text{ g}$

Mit (d):    $m\,(\text{AgI}) = 2,211\ \text{g} - 1,780\ \text{g} = 0,431\ \text{g}$

Aus (b):    $m\,(\text{KI}) = \dfrac{0,431\ \text{g} \cdot 166,0028\ \text{g} \cdot \text{mol}^{-1}}{234,7727\ \text{g} \cdot \text{mol}^{-1}} = 0,305\ \text{g}$

Alkalihalogenide:    $0,975\ \text{g} + 0,305\ \text{g} = 1,280\ \text{g}$

Silberhalogenide:    $1,780\ \text{g} + 0,431\ \text{g} = 2,211\ \text{g}$

**9.3-6**    Die Reaktionsgleichung lautet

$$\text{HAc} + \text{NaOH} \;\rightarrow\; \text{NaAc} + \text{H}_2\text{O}$$

mit der Stoffmengenrelation:    $n_\text{P}\,(\text{NaAc}) = n_\text{R}\,(\text{NaOH})$

$n_\text{R}\,(\text{NaOH}) = V_\text{L}\,(\text{NaOH}) \cdot c\,(\text{NaOH})$

$\qquad = 0,0395\ \text{l} \cdot 0,2\ \text{mol} \cdot \text{l}^{-1} = 0,0079\ \text{mol}$

$n_\text{P}\,(\text{NaAc}) = n_\text{P}\,(\text{Ac}^-) \quad \Rightarrow \quad c\,(\text{Ac}^-) = \dfrac{0,0079\ \text{mol}}{0,100\ \text{l}} = 10^{-1,102}\ \text{mol} \cdot \text{l}^{-1}$

Nach Gl. (6.39) gilt:

$p\text{H} = pK_\text{W} - 0,5 \cdot (pK_\text{B} - \lg c_0\,(\text{Ac}^-))$

$\qquad = 14,00 - 0,5 \cdot (9,25 + 1,102) = 8,824$

**9.3-7**    a)  Die Reaktionsgleichung lautet

$$\text{NaOH} + \text{HCl} \;\rightarrow\; \text{NaCl} + \text{H}_2\text{O}$$

mit der Stoffmengenrelation:    $n_\text{R}\,(\text{HCl}) = n_\text{R}\,(\text{NaOH})$

Es gilt:

$n_\text{R}\,(\text{NaOH}) = V_\text{L}\,(\text{NaOH}) \cdot c\,(\text{NaOH}) = \dfrac{V_\text{L}\,(\text{NaOH}) \cdot \beta\,(\text{NaOH})}{M\,(\text{NaOH})}$

$\qquad = \dfrac{V_\text{L}\,(\text{NaOH}) \cdot \rho_{\text{L},20}\,(\text{NaOH}, 5\,\%) \cdot w\,(\text{NaOH})}{M\,(\text{NaOH})}$

$\qquad = \dfrac{0,010\ \text{l} \cdot 1,054\ \text{g} \cdot \text{ml}^{-1} \cdot 0,05 \cdot 1000\ \text{ml}}{39,9971\ \text{g} \cdot \text{mol}^{-1} \cdot 1\ \text{l}} = 0,0132\ \text{mol}$

$V_\text{L}\,(\text{HCl}) = \dfrac{n_\text{R}\,(\text{HCl})}{c\,(\text{HCl})} = \dfrac{0,0132\ \text{mol}}{0,5\ \text{mol} \cdot \text{l}^{-1}} = 0,0264\ \text{l} = 26,4\ \text{ml}$

b)  $+ 10\,\% \,\hat{=}\, + 2{,}64$ ml $\,\hat{=}\, + 0{,}00132$ mol HCl - Maßlösung

Diese Stoffmenge an HCl ist durch die Übertitration in der bei Erreichen des Äquivalenzpunktes neutralisierten Analysenlösung vorhanden. Für die starke Säure gilt, bezogen auf das gesamte Lösungsvolumen:

$$c\,(\mathrm{HCl}) = \frac{0{,}00132\ \mathrm{mol}}{0{,}100\ \mathrm{l}\, +\, 0{,}0264\ \mathrm{l}\, +\, 0{,}00264\ \mathrm{l}} = 10^{-1{,}990}\ \mathrm{mol}\cdot\mathrm{l}^{-1}$$

$$p\mathrm{H} = 1{,}990$$

**9.3-8**  Die Reaktionsgleichung für die unvollständige Neutralisation lautet:

$$\mathrm{Ba(OH)_2} + \mathrm{H_2SO_4} \;\rightarrow\; \mathrm{BaSO_4} + 2\,\mathrm{H_2O}$$

Die chemische Gleichung für die Reaktion der überschüssigen Schwefelsäure mit der Natronlauge (Säure-Base-Titration) lautet:

$$\mathrm{H_2SO_4} + 2\,\mathrm{NaOH} \;\rightarrow\; \mathrm{Na_2SO_4} + 2\,\mathrm{H_2O}$$

Die durch die Titrationsreaktion verbrauchte Stoffmenge $n_\mathrm{R}\,(\mathrm{H_2SO_4})$ ergibt sich aus der Differenz der Ausgangsstoffmenge $n_0\,(\mathrm{H_2SO_4})$ und der für die Neutralisation benötigten Stoffmenge $n_\mathrm{N}\,(\mathrm{H_2SO_4})$.

$$n_\mathrm{R}\,(\mathrm{H_2SO_4}) = n_0\,(\mathrm{H_2SO_4}) \,-\, n_\mathrm{N}\,(\mathrm{H_2SO_4})$$

$$n_0\,(\mathrm{H_2SO_4}) = V_\mathrm{L}\,(\mathrm{H_2SO_4})\cdot c_0\,(\mathrm{H_2SO_4}) = \frac{V_\mathrm{L}\,(\mathrm{H_2SO_4})\cdot \beta_0\,(\mathrm{H_2SO_4})}{M\,(\mathrm{H_2SO_4})}$$

$$= \frac{V_\mathrm{L}\,(\mathrm{H_2SO_4})\cdot \rho_\mathrm{L,20}\,(\mathrm{H_2SO_4},10\,\%)\cdot w\,(\mathrm{H_2SO_4})}{M\,(\mathrm{H_2SO_4})}$$

$$= \frac{0{,}020\ \mathrm{l}\cdot 1{,}066\ \mathrm{g}\cdot\mathrm{ml}^{-1}\cdot 0{,}1\cdot 1000\ \mathrm{ml}}{98{,}078\ \mathrm{g}\cdot\mathrm{mol}^{-1}\cdot 1\ \mathrm{l}} = 0{,}022\ \mathrm{mol}$$

Für die Titrationsreaktion gilt die Stoffmengenrelation:

$$\frac{n_\mathrm{R}\,(\mathrm{H_2SO_4})}{n_\mathrm{R}\,(\mathrm{NaOH})} = \frac{1}{2} \qquad \Rightarrow \qquad n_\mathrm{R}\,(\mathrm{H_2SO_4}) = \frac{1}{2}\,n_\mathrm{R}\,(\mathrm{NaOH})$$

$$n_\mathrm{R}\,(\mathrm{NaOH}) = 0{,}0178\ \mathrm{l}\cdot 1\ \mathrm{mol}\cdot\mathrm{l}^{-1} = 0{,}0178\ \mathrm{mol}$$

$$n_\mathrm{R}\,(\mathrm{H_2SO_4}) = 0{,}0089\ \mathrm{mol}$$

Und damit:  $n_\mathrm{N}\,(\mathrm{H_2SO_4}) = 0{,}022\ \mathrm{mol}\, -\, 0{,}0089\ \mathrm{mol} = 0{,}0131\ \mathrm{mol}$

Nach der Reaktionsgleichung für die Neutralisation ist:

$$n\,(\mathrm{Ba(OH)_2}) \;=\; n_\mathrm{N}\,(\mathrm{H_2SO_4}) \;=\; n\,(\mathrm{Ba\ im\ Gemisch})$$

$$m\,(\mathrm{Ba\ im\ Gemisch}) \;=\; n\,(\mathrm{Ba\ im\ Gemisch}) \cdot M\,(\mathrm{Ba})$$

$$= 0{,}0131\ \mathrm{mol} \cdot 137{,}327\ \mathrm{g \cdot mol^{-1}} = 1{,}7990\ \mathrm{g}$$

Im $\mathrm{Ba(OH)_2 \cdot 8\,H_2O}$:     $w_\mathrm{rel}\,(\mathrm{Ba}) = 43{,}53\,\%$

In dem Gemisch:     $w_\mathrm{rel}\,(\mathrm{Ba}) = 42{,}83\,\%$

**9.3-9**   Die beiden Bestimmungsgleichungen sind:

(a)    $m\,(\mathrm{KOH}) \;+\; m\,(\mathrm{Ca(OH)_2}) = 0{,}250\ \mathrm{g}$

(b)    $n\,(\mathrm{KOH}) \;+\; 2\,n\,(\mathrm{Ca(OH)_2}) = 0{,}0053\ \mathrm{mol}$

Mit (a) gilt auch:

(c)    $n\,(\mathrm{KOH}) \cdot M\,(\mathrm{KOH}) \;+\; n\,(\mathrm{Ca(OH)_2}) \cdot M\,(\mathrm{Ca(OH)_2}) = 0{,}250\ \mathrm{g}$

Gleichung (b) wird nach $n\,(\mathrm{KOH})$ aufgelöst.

(d)    $n\,(\mathrm{KOH}) = 0{,}0053\ \mathrm{mol} - 2\,n\,(\mathrm{Ca(OH)_2})$

Gleichung (d) wird in (c) eingesetzt und die damit entstandene Gleichung nach $n\,(\mathrm{Ca(OH)_2})$ aufgelöst.

$n\,(\mathrm{Ca(OH)_2}) = 0{,}0012\ \mathrm{mol}$     $\Rightarrow$     $m\,(\mathrm{Ca(OH)_2}) = 88{,}9\ \mathrm{mg}$

$m\,(\mathrm{KOH}) = 161{,}1\ \mathrm{mg}$

$w_\mathrm{rel}\,(\mathrm{Ca(OH)_2}) = 35{,}56\,\%$     $w_\mathrm{rel}\,(\mathrm{KOH}) = 64{,}44\,\%$

**9.3-10**  Mit der HCl - Maßlösung läuft insgesamt folgende Bruttoreaktion ab:

$$\mathrm{NaOH} \;+\; \mathrm{Na_2CO_3} \;+\; 3\,\mathrm{HCl} \;\rightarrow\; 3\,\mathrm{NaCl} \;+\; \mathrm{H_2CO_3} \;+\; \mathrm{H_2O}$$

Die entstandene Kohlensäure zerfällt zu ca. 99 % in $\mathrm{CO_2}$ und $\mathrm{H_2O}$.

Für die umgesetzen Stoffmengen folgt bei einem Verbrauch von 42,4 ml:

(a)    $n_\mathrm{R}\,(\mathrm{NaOH}) \;+\; 2\,n_\mathrm{R}\,(\mathrm{Na_2CO_3}) = n_\mathrm{R}\,(\mathrm{HCl}) = 0{,}00424\ \mathrm{mol}$

Bei der zweiten Titration gilt bei einem Verbrauch von 17,6 ml:

(b)    $n_\mathrm{R}\,(\mathrm{NaOH}) = 2\,n_\mathrm{R}\,(\mathrm{H_2C_2O_4}) = 2 \cdot 0{,}00088\ \mathrm{mol} = 0{,}00176\ \mathrm{mol}$

Mit diesem Ergebnis ergibt sich nach Gleichung (a):

$$n_\mathrm{R}\,(\mathrm{Na_2CO_3}) = \frac{0{,}00424\ \mathrm{mol} - 0{,}00176\ \mathrm{mol}}{2} = 0{,}00124\ \mathrm{mol}$$

Nach Berechnung der molaren Massen erhält man schließlich für die beiden Proben:

$$m_R \, (NaOH) = 70{,}39 \, \text{mg} \qquad \Rightarrow \qquad w_{rel} \, (NaOH) = 34{,}88 \, \%$$

$$m_R \, (Na_2CO_3) = 131{,}43 \, \text{mg} \qquad \Rightarrow \qquad w_{rel} \, (Na_2CO_3) = 65{,}12 \, \%$$

Würde man bei der Titration der zweiten Probe mit Maßlösungen von einer starken Säure wie z.B. HCl oder $H_2SO_4$ titrieren, so würde sich dabei das durch Fällung gebildete $BaCO_3$ zum Teil wieder auflösen.

**9.3-11**  Die Bruttogleichung der Redoxreaktion lautet:

$$2 \, KMnO_4 \; + \; 5 \, Na_2C_2O_4 \; + \; 8 \, H_2SO_4 \; \rightleftharpoons \; 2 \, MnSO_4 \; + \; 10 \, CO_2$$

$$+ \; 5 \, Na_2SO_4 \; + \; K_2SO_4 \; + \; 8 \, H_2O$$

Für die Auswertung ist nur die folgende Stoffmengenrelation relevant:

$$\frac{n_R \, (KMnO_4)}{n_R \, (Na_2C_2O_4)} = \frac{2}{5} \qquad \Rightarrow \qquad n_R \, (Na_2C_2O_4) = \frac{5}{2} \, n_R \, (KMnO_4)$$

Bei einem Verbrauch von 36,51 ml gilt:

$$n_R \, (KMnO_4) = 0{,}036511 \cdot 0{,}02 \, \text{mol} \cdot l^{-1} = 0{,}00073 \, \text{mol}$$

$$n_R \, (Na_2C_2O_4) = 0{,}00183 \, \text{mol}$$

$$m_R \, (Na_2C_2O_4) = 0{,}00183 \, \text{mol} \cdot 133{,}9986 \, \text{g} \cdot \text{mol}^{-1} = 0{,}2452 \, \text{g}$$

$$= 245{,}2 \, \text{mg}$$

**9.3-12**  Durch die erste Titration wird Fe (II) bestimmt.

$$MnO_4^- \; + \; 5 \, Fe^{2+} \; + \; 8 \, H^+ \; \rightleftharpoons \; Mn^{2+} \; + \; 5 \, Fe^{3+} \; + \; 4 \, H_2O$$

Daraus folgt die hier relevante Stoffmengenrelation:

$$\frac{n_R \, (MnO_4^-)}{n_R \, (Fe^{2+})} = \frac{1}{5} \qquad \Rightarrow \qquad n_R \, (Fe^{2+}) = 5 \, n_R \, (MnO_4^-)$$

Mit $n_R \, (MnO_4^-) = n_R \, (KMnO_4)$ gilt bei einem Verbrauch von 33,51 ml:

$$n_R \, (MnO_4^-) = V_L \, (MnO_4^-) \cdot c \, (MnO_4^-)$$

$$= 0{,}033511 \cdot 0{,}02 \, \text{mol} \cdot l^{-1} = 0{,}00067 \, \text{mol}$$

$$n_R \, (Fe^{2+}) = 0{,}00335 \, \text{mol} \qquad \Rightarrow \qquad m_R \, (Fe^{2+}) = 186{,}1 \, \text{mg}$$

Durch die Reduktion des Fe (III) wird mit der nachfolgenden Titration die gesamte Stoffmenge des gelösten Eisens bestimmt.

$$n_R (MnO_4^-) = 0,036021 \cdot 0,02 \ mol \cdot l^{-1} = 0,00072 \ mol$$

$$n_R (Fe^{2+}) = 0,00360 \ mol \qquad \Rightarrow \qquad m_R (Fe^{2+}) = 201,0 \ mg$$

$$m_R (Fe^{3+}) = 201,0 \ mg - 186,1 \ mg = 14,9 \ mg$$

Der Massenanteil von Fe (III) am Gesamteisengehalt macht 7,41 % aus.

**9.3-13** Die Auswertung der Titration erfolgt wie in 9.3-11. Für einen Titrations-verbrauch von 25,98 ml ergibt sich damit:

$$n_R (MnO_4^-) = 0,025981 \cdot 0,02 \ mol \cdot l^{-1} = 0,00052 \ mol$$

$$n_R (Na_2C_2O_4) = 0,00130 \ mol$$

Die bei der Reduktion von Mangan (IV)-oxid verbrauchte Stoffmenge an Oxalsäure folgt dann aus der Differenz zwischen der Ausgangsstoffmenge und der bei der Titration verbrauchten Stoffmenge.

$$n (H_2C_2O_4) = n_0 (H_2C_2O_4) - n_N (H_2C_2O_4)$$

$$n_0 (H_2C_2O_4) = 0,1001 \cdot 0,05 \ mol \cdot l^{-1} = 0,005 \ mol$$

Und damit:  $n (H_2C_2O_4) = 0,005 \ mol - 0,00130 \ mol = 0,00370 \ mol$

Die Reduktion von $MnO_2$ verläuft gemäß nachfolgender Bruttoreaktions-gleichung.

$$MnO_2 + H_2C_2O_4 + H_2SO_4 \ \rightleftharpoons \ MnSO_4 + 2 \ CO_2 + 2 \ H_2O$$

Die relevante Stoffmengenrelation lautet:

$$\frac{n_R (MnO_2)}{n_R (H_2C_2O_4)} = \frac{1}{1} \qquad \Rightarrow \qquad n_R (MnO_2) = n_R (H_2C_2O_4)$$

$$n_R (MnO_2) = 0,00370 \ mol \qquad \Rightarrow \qquad m_R (MnO_2) = 321,7 \ mg$$

Der Massenanteil von $MnO_2$ am Präparat beträgt 87,97 %.

**9.3-14** Die Reaktionsgleichung in Ionenform lautet:

$$BrO_3^- + 3 \ Sb^{3+} + 6 \ H^+ \ \rightleftharpoons \ Br^- + 3 \ Sb^{5+} + 3 \ H_2O$$

Daraus folgt die Stoffmengenrelation:

$$\frac{n_R (BrO_3^-)}{n_R (Sb^{3+})} = \frac{1}{3} \qquad \Rightarrow \qquad n_R (Sb^{3+}) = 3 \ n_R (BrO_3^-)$$

Mit $n_R(BrO_3^-) = n_R(KBrO_3)$ gilt bei einem Verbrauch von 36,76 ml:

$$c(BrO_3^-) = \frac{n_R(BrO_3^-)}{V_L(BrO_3^-)} = \frac{\beta(BrO_3^-)}{M(BrO_3^-)}$$

$$\Rightarrow \quad n_R(BrO_3^-) = \frac{\beta(BrO_3^-) \cdot V_L(BrO_3^-)}{M(BrO_3^-)}$$

$$n_R(Sb^{3+}) = \frac{3 \cdot 2{,}7834 \text{ g} \cdot l^{-1} \cdot 0{,}03676 \text{ l}}{127{,}902 \text{ g} \cdot mol^{-1}} = 0{,}00240 \text{ mol}$$

$$c(Sb^{3+}) = \frac{0{,}00240 \text{ mol}}{0{,}050 \text{ l}} = 48{,}0 \text{ mmol} \cdot l^{-1}$$

**9.3-15** Für die Auflösung gilt die Reaktionsgleichung

$$As_2O_3 + 6\,NaOH \rightarrow 2\,Na_3AsO_3 + 3\,H_2O$$

mit der Stoffmengenrelation:

$$\frac{n_R(As_2O_3)}{n_P(Na_3AsO_3)} = \frac{1}{2} \quad \Rightarrow \quad n_P(Na_3AsO_3) = 2\,n_R(As_2O_3)$$

Durch das Ansäuern entsteht arsenige Säure, die mit der Iod - Maßlösung titriert wird. Dafür lautet die Redoxgleichung in Ionenform:

$$AsO_3^{3-} + I_2 + H_2O \rightleftharpoons AsO_4^{3-} + 2\,I^- + 2\,H^+$$

Daraus folgt die Stoffmengenrelation:

$$\frac{n_R(AsO_3^{3-})}{n_R(I_2)} = \frac{1}{1} \quad \Rightarrow \quad n_R(I_2) = n_R(AsO_3^{3-}) = 2\,n_R(As_2O_3)$$

$$n_R(I_2) = \frac{2 \cdot m_R(As_2O_3)}{M(As_2O_3)} = \frac{2 \cdot 0{,}1385 \text{ g}}{197{,}8414 \text{ g} \cdot mol^{-1}} = 0{,}0014 \text{ mol}$$

Bei einem Verbrauch von 27,44 ml ergibt sich:

$$c(I_2) = \frac{0{,}0014 \text{ mol}}{0{,}02744 \text{ l}} = 0{,}05102 \text{ mol} \cdot l^{-1}$$

$$t = \frac{c(I_2)_{Ist}}{c(I_2)_{Soll}} = \frac{0{,}05102 \text{ mol} \cdot l^{-1}}{0{,}05 \text{ mol} \cdot l^{-1}} = 1{,}02040$$

Mit der mit dem Arsen (III) - oxid eingestellten Iod - Maßlösung können generell *iodometrische* Bestimmungen durchgeführt werden.

**9.3-16**  Die Redoxgleichung für die Titration lautet in Ionenform:

$$2\,S_2O_3^{2-} + I_2 \;\rightleftharpoons\; S_4O_6^{2-} + 2\,I^-$$

Demnach gilt:

$$\frac{n_R(S_2O_3^{2-})}{n_R(I_2)} = \frac{2}{1} \qquad \Rightarrow \qquad n_R(I_2) = \frac{1}{2}\,n_R(S_2O_3^{2-})$$

Für einen Verbrauch von 33,47 ml folgt:

$$n_R(I_2) = \frac{0{,}03347\,1 \cdot 0{,}1\,mol \cdot l^{-1}}{2} = 0{,}00167\,mol$$

Diese Stoffmenge $I_2$ ist aus der Redoxreaktion mit $K_2Cr_2O_7$ entstanden.

$$Cr_2O_7^{2-} + 6\,I^- + 14\,H^+ \;\rightleftharpoons\; 2\,Cr^{3+} + 3\,I_2 + 7\,H_2O$$

$$\frac{n_R(Cr_2O_7^{2-})}{n_P(I_2)} = \frac{1}{3} \qquad \Rightarrow \qquad n_R(Cr_2O_7^{2-}) = \frac{1}{3}\,n_P(I_2)$$

Iod geht in die Titrationsreaktion als Reaktant ein, während es bei der Reaktion mit dem $K_2Cr_2O_7$ als Produkt vorliegt.

$$n_R(Cr_2O_7^{2-}) = \frac{0{,}00167\,mol}{3} = 0{,}00056\,mol$$

Die Differenz zwischen der eingewogenen Stoffmenge $K_2Cr_2O_7$ und dieser durch die Reaktion mit $I^-$ verbrauchten Stoffmenge hat am Anfang mit dem Cyclohexanol reagiert.

$$n(Cr_2O_7^{2-}) = 0{,}00127\,mol - 0{,}00056\,mol = 0{,}00071\,mol$$

Cyclohexanol wurde durch Kaliumdichromat zu Cyclohexanon oxidiert.

$$Cr_2O_7^{2-} + 3\,C_6H_{11}OH + 8\,H^+ \;\rightleftharpoons\; 2\,Cr^{3+} + 3\,C_6H_{10}O$$
$$+ 7\,H_2O$$

$$\frac{n(Cr_2O_7^{2-})}{n(C_6H_{11}OH)} = \frac{1}{3} \qquad \Rightarrow \qquad n(C_6H_{11}OH) = 3\,n(Cr_2O_7^{2-})$$

$$n(C_6H_{11}OH) = 0{,}00213\,mol$$

Nach der Reaktion waren also noch vorhanden:

$$n_0(C_6H_{11}OH) - n(C_6H_{11}OH) = 0{,}0026\,mol - 0{,}00213\,mol$$
$$= 0{,}00047\,mol$$

Die Berechnung des Umsatzes erfolgt nach den Gln. (3.9) und (3.10).

$$U_{rel}(C_6H_{11}OH) = \frac{0{,}0026\ mol\ -\ 0{,}00047\ mol}{0{,}0026\ mol} \cdot 100\,\% = 81{,}92\,\%$$

**9.3-17** Bei $pH = 11$ liegt die EDTA überwiegend als Anion $Y^{4-}$ vor. Die Zinkionen reagieren mit der EDTA nach der folgenden Reaktionsgleichung.

$$Zn^{2+} + Y^{4-} \rightleftharpoons [ZnY]^{2-}$$

$$n_R(Y^{4-}) = n_R(Zn^{2+})$$

Bei einem Titrationsverbrauch von 33,96 ml ergibt sich:

$$n_R(Zn^{2+}) = 0{,}03396\ l \cdot 0{,}01\ mol \cdot l^{-1} = 0{,}00034\ mol = n_R(Y^{4-})$$

Die Differenz zwischen der Ausgangsstoffmenge $n_0(Y^{4-})$ und der Stoffmenge $n_R(Y^{4-})$ hat zu Beginn mit $Ni^{2+}$ reagiert.

$$Ni^{2+} + Y^{4-} \rightleftharpoons [NiY]^{2-}$$

$$n(Ni^{2+}) = n(Y^{4-}) = 0{,}0005\ mol\ -\ 0{,}00034\ mol = 0{,}00016\ mol$$

$$\beta(Ni^{2+}) = \frac{n(Ni^{2+}) \cdot M(Ni^{2+})}{V_L(Ni^{2+})} = 93{,}9\ mg \cdot l^{-1}$$

**9.3-18** Es gilt: $n(Mg\ in\ MgSO_4 \cdot 7\,H_2O) = n(MgSO_4 \cdot 7\,H_2O) = 0{,}002\ mol$

Die Reaktionsgleichung für die Titration lautet:

$$Mg^{2+} + HY^{3-} \rightleftharpoons [MgY]^{2-} + H^+$$

$$n_R(HY^{3-}) = n_R(Mg^{2+}) = 0{,}002\ mol$$

Für den Titrationsverbrauch ergibt sich damit:

$$V_L(HY^{3-}) = \frac{0{,}002\ mol}{0{,}1\ mol \cdot l^{-1}} = 0{,}020\ l \qquad \Rightarrow \qquad 20\ ml$$

**9.3-19** Bei $pH = 10$ liegt die EDTA überwiegend als Anion $HY^{3-}$ vor. Die nicht im Cyanokomplex gebundenen Nickelionen setzen sich mit EDTA um.

$$Ni^{2+} + HY^{3-} \rightleftharpoons [NiY]^{2-} + H^+$$

$$n_R(Ni^{2+}) = n_R(HY^{3-})$$

Bei einem Titrationsverbrauch von 13,08 ml folgt damit:

$$n_R(HY^{3-}) = 0{,}01308\ l \cdot 0{,}1\ mol \cdot l^{-1} = 0{,}00131\ mol = n_R(Ni^{2+})$$

Die Differenz zwischen der Ausgangsstoffmenge $n_0\,(\mathrm{Ni}^{2+})$ und der durch Titration ermittelten Stoffmenge $n_R\,(\mathrm{Ni}^{2+})$ hat mit dem Cyanid reagiert.

$$n\,(\mathrm{Ni}^{2+}) = 0{,}0015 \text{ mol} - 0{,}00135 \text{ mol} = 0{,}00015 \text{ mol}$$

Weil die Stabilität des Komplexes $\left[\mathrm{Ni(CN)_4}\right]^{2-}$ sehr groß ist, können die im Komplexgleichgewicht vorliegenden freien Cyanidionen bei dieser Berechnung vernachlässigt werden. Daher kann die Stoffmenge $n\,(\mathrm{Ni}^{2+})$ die vierfache Stoffmenge an $\mathrm{CN}^-$ binden.

$$\mathrm{Ni}^{2+} + 4\,\mathrm{CN}^- \ \rightleftharpoons \ \left[\mathrm{Ni(CN)_4}\right]^{2-}$$

$$\frac{n\,(\mathrm{Ni}^{2+})}{n\,(\mathrm{CN}^-)} = \frac{1}{4} \qquad \Rightarrow \qquad n\,(\mathrm{CN}^-) = 4\,n\,(\mathrm{Ni}^{2+})$$

$$n\,(\mathrm{CN}^-) = 0{,}00060 \text{ mol} = n\,(\mathrm{NaCN}) \qquad \Rightarrow \qquad n\,(\mathrm{NaCN}) = 61{,}74 \text{ mg}$$

**9.3-20** Die Fällungstitration verläuft nach der Reaktionsgleichung:

$$\mathrm{Ag}^+ + \mathrm{Br}^- \ \rightleftharpoons \ \mathrm{AgBr}\!\downarrow$$

$$n_R\,(\mathrm{Ag}^+) = n_R\,(\mathrm{Br}^-) = 0{,}0017 \text{ mol}$$

$$V_L\,(\mathrm{Ag}^+) = \frac{0{,}0017 \text{ mol}}{0{,}1 \text{ mol}\cdot\mathrm{l}^{-1}} = 0{,}0170 \text{ l} \qquad \Rightarrow \qquad 17{,}0 \text{ ml}$$

# Kapitel 10.6

**10.6-1** Nach Gl. (10.6) gilt:

$$p_2 = \frac{T_2\cdot p_1}{T_1} = \frac{316{,}15 \text{ K}\cdot 920{,}4 \text{ mbar}}{300{,}15 \text{ K}} = 969{,}46 \text{ mbar}$$

**10.6-2** Nach Gl. (10.3) gilt:

$$V_2 = \frac{T_2\cdot V_1}{T_1} = \frac{297{,}15 \text{ K}\cdot 25 \text{ l}}{293{,}15 \text{ K}} = 25{,}34 \text{ l}$$

Die Differenz $V_2 - V_1 = 0{,}34$ l muss abgelassen werden.

**10.6-3** Die Differenz beträgt $\Delta p = 80$ bar, dafür gilt analog Gl. (10.14):

$$m\,(\mathrm{H}_2) = \frac{\Delta p\cdot V\cdot M\,(\mathrm{H}_2)}{R\cdot T} = \frac{80 \text{ bar}\cdot 50 \text{ l}\cdot 2{,}0158 \text{ g}\cdot\mathrm{mol}^{-1}}{0{,}083145 \text{ bar}\cdot\mathrm{l}\cdot\mathrm{K}^{-1}\cdot\mathrm{mol}^{-1}\cdot 293{,}15 \text{ K}}$$

$$m(\mathrm{H}_2) = 330{,}812\,\mathrm{g}$$

**10.6-4**  Nach Gl. (10.14) gilt:

$$p = \frac{m(\mathrm{HCl}) \cdot R \cdot T}{V \cdot M(\mathrm{HCl})} = \frac{2{,}5\,\mathrm{g} \cdot 0{,}083145\,\mathrm{bar} \cdot \mathrm{l} \cdot \mathrm{K}^{-1} \cdot \mathrm{mol}^{-1} \cdot 288{,}15\,\mathrm{K}}{2\,\mathrm{l} \cdot 36{,}461\,\mathrm{g} \cdot \mathrm{mol}^{-1}}$$

$$= 821{,}4\,\mathrm{mbar}$$

**10.6-5**  Nach Gl. (10.10) gilt:

a) $\;T_2 = \dfrac{p_2 \cdot V_2 \cdot T_1}{p_1 \cdot V_1} = \dfrac{1020\,\mathrm{mbar} \cdot 3{,}5\,\mathrm{l} \cdot 297{,}15\,\mathrm{K}}{985\,\mathrm{mbar} \cdot 2{,}5\,\mathrm{l}} = 430{,}79\,\mathrm{K}$

$$= 157{,}64\,^{\circ}\mathrm{C}$$

b) $\;m(\mathrm{Ne}) = \dfrac{p \cdot V \cdot M}{R \cdot T} = \dfrac{0{,}985\,\mathrm{bar} \cdot 2{,}5\,\mathrm{l} \cdot 20{,}1797\,\mathrm{g} \cdot \mathrm{mol}^{-1}}{0{,}083145\,\mathrm{bar} \cdot \mathrm{l} \cdot \mathrm{K}^{-1} \cdot \mathrm{mol}^{-1} \cdot 297{,}15\,\mathrm{K}}$

$$= 2{,}011\,\mathrm{g}$$

Die Verwendung von $p_2, V_2$ und $T_2$ führt zum selben Ergebnis.

**10.6-6**  Mit Gl. (10.14) folgt:  $\;M(\mathrm{X}) = \dfrac{m(\mathrm{X}) \cdot R \cdot T}{p \cdot V}$

$$M(\mathrm{X}) = \frac{5{,}144\,\mathrm{g} \cdot 0{,}083145\,\mathrm{bar} \cdot \mathrm{l} \cdot \mathrm{K}^{-1} \cdot \mathrm{mol}^{-1} \cdot 298{,}15\,\mathrm{K}}{0{,}9986\,\mathrm{bar} \cdot 4\,\mathrm{l}}$$

$$= 31{,}924\,\mathrm{g} \cdot \mathrm{mol}^{-1}$$

Wie ein Vergleich mit Tabelle A 2 zeigt, handelt es sich bei dem Gas um molekularen Sauerstoff.

**10.6-7**  Gemäß Gl. (10.15) ergibt sich:

$$p = \frac{1{,}193\,\mathrm{g} \cdot \mathrm{l}^{-1} \cdot 0{,}083145\,\mathrm{bar} \cdot \mathrm{l} \cdot \mathrm{K}^{-1} \cdot \mathrm{mol}^{-1} \cdot 285{,}15\,\mathrm{K}}{28{,}0134\,\mathrm{g} \cdot \mathrm{mol}^{-1}}$$

$$= 1{,}010\,\mathrm{bar}$$

**10.6-8**  Zunächst werden die einzelnen Gasdichten nach Gl. (10.15) berechnet.

$$\rho_{\mathrm{n}}(\mathrm{NO}) = \frac{p_{\mathrm{n}} \cdot M(\mathrm{NO})}{R \cdot T_{\mathrm{n}}} = \frac{1{,}01325\,\mathrm{bar} \cdot 30{,}0061\,\mathrm{g} \cdot \mathrm{mol}^{-1}}{0{,}083145\,\mathrm{bar} \cdot \mathrm{l} \cdot \mathrm{K}^{-1} \cdot \mathrm{mol}^{-1} \cdot 273{,}15\,\mathrm{K}}$$

$\rho_n$ (NO) = 1,339 g $\cdot$ l$^{-1}$

$$\rho_n \text{ (Luft)} = \frac{1,01325 \text{ bar} \cdot 28,97 \text{ g} \cdot \text{mol}^{-1}}{0,083145 \text{ bar} \cdot \text{l} \cdot \text{K}^{-1} \cdot \text{mol}^{-1} \cdot 273,15 \text{ K}} = 1,292 \text{ g} \cdot \text{l}^{-1}$$

$\rho_{n,\text{rel,Luft}}$ (NO) = 1,036

Gl. (10.16) führt zum selben Ergebnis.

**10.6-9**    Das Volumen wird nach Gl. (10.14) berechnet.

$$V = \frac{m(\text{CH}_4) \cdot R \cdot T}{M(\text{CH}_4) \cdot p} = \frac{60 \text{ g} \cdot 0,083145 \text{ bar} \cdot \text{l} \cdot \text{K}^{-1} \cdot \text{mol}^{-1} \cdot 308,15 \text{ K}}{16,0423 \text{ g} \cdot \text{mol}^{-1} \cdot 1,000 \text{ bar}}$$

$$= 95,826 \text{ l}$$

**10.6-10**    $n(\text{C}_2\text{H}_6) = 0,1862$ mol          $n(\text{C}_2\text{H}_4) = 0,1996$ mol

$n(\text{C}_2\text{H}_2) = 0,2151$ mol          $n_{\text{ges}} = 0,6009$ mol

Für Ethen ergibt sich nach Gl. (10.18):

$$\frac{V(\text{C}_2\text{H}_4)}{V_{\text{ges}}} = \frac{n(\text{C}_2\text{H}_4)}{n_{\text{ges}}} \qquad \Rightarrow \qquad V(\text{C}_2\text{H}_4) = \frac{0,1996 \text{ mol} \cdot 18 \text{ l}}{0,6009 \text{ mol}}$$

$$= 5,9790 \text{ l}$$

**10.6-11**    Die gesamte Stoffmenge eines idealen Gasgemisches lässt sich nach der Gl. (10.13) berechnen.

$$n_{\text{ges}} = \frac{p_{n,\text{ges}} \cdot V_{n,\text{ges}}}{R \cdot T_n} = \frac{1,01325 \text{ bar} \cdot 500 \text{ l}}{0,083145 \text{ bar} \cdot \text{l} \cdot \text{K}^{-1} \cdot \text{mol}^{-1} \cdot 273,15 \text{ K}}$$

$$= 22,307 \text{ mol}$$

Nach Gl. (10.18):    $n(\text{CO}) = \varphi(\text{CO}) \cdot n_{\text{ges}} = 0,30 \cdot 22,307$ mol

$n(\text{CO}) = 6,692$ mol          $\Rightarrow$          $m(\text{CO}) = 187,444$ g

**10.6-12**    Die Reaktionsgleichung lautet    $\text{N}_2 + 3\,\text{H}_2 \rightleftharpoons 2\,\text{NH}_3$

mit der Stoffmengenrelation:    $\dfrac{n_R(\text{N}_2)}{n_R(\text{H}_2)} = \dfrac{1}{3}$

Bei einem Gasgemisch ist nach Gl. (10.18) der Stoffmengenanteil $x_i$ einer Komponente i identisch mit ihrem Volumenanteil $\varphi_i$. Annahme:

$n_R(\text{N}_2) = 1$ mol und $n_R(\text{H}_2) = 3$ mol          $\Rightarrow$          $n_{\text{ges}} = 4$ mol

$$x(N_2) = \frac{n_R(N_2)}{n_{ges}} = \frac{1\ mol}{4\ mol} = 0,25 \qquad \Rightarrow \qquad \varphi_{rel}(N_2) = 25\ \%$$

$$x(H_2) = \frac{n_R(H_2)}{n_{ges}} = \frac{3\ mol}{4\ mol} = 0,75 \qquad \Rightarrow \qquad \varphi_{rel}(H_2) = 75\ \%$$

$$m_R(N_2) = n(N_2) \cdot M(N_2) = 1\ mol \cdot 28,0134\ g \cdot mol^{-1} = 28,0134\ g$$

$$m_R(H_2) = n(H_2) \cdot M(H_2) = 3\ mol \cdot 2,0158\ g \cdot mol^{-1} = 6,0474\ g$$

$$m_{ges} = 34,0608\ g \quad \Rightarrow \quad w(N_2) = 0,8225 \quad \Rightarrow \quad w_{rel}(N_2) = 82,25\ \%$$

$$\Rightarrow \quad w(H_2) = 0,1775 \quad \Rightarrow \quad w_{rel}(H_2) = 17,75\ \%$$

**10.6-13** Analog Gl. (10.18) gilt für die feuchte Luft:

$$\varphi(H_2O) = \frac{p(H_2O)}{p_{ges}} = \frac{29,8\ mbar \cdot 0,554}{970\ mbar} = 0,017$$

$$V(H_2O) = \varphi(H_2O) \cdot V_{ges} = 0,017 \cdot 2\ l = 0,034\ l$$

Und mit Gl. (10.14):

$$m(H_2O) = \frac{M(H_2O) \cdot p(H_2O) \cdot V(H_2O)}{R \cdot T}$$

$$= \frac{18,0152\ g \cdot mol^{-1} \cdot 0,01651\ bar \cdot 0,034\ l}{0,083145\ bar \cdot l \cdot K^{-1} \cdot mol^{-1} \cdot 297,15\ K} = 4,09\ mg$$

**10.6-14** Es gilt:  $p_{ges} = p(N_2) + p(H_2O) = 1013,25\ mbar + 20,6\ mbar$

$$= 1033,85\ mbar$$

$$\frac{V(H_2O)}{V_{ges}} = \frac{p(H_2O)}{p_{ges}}$$

$$V(H_2O) = \frac{p(H_2O) \cdot (V(N_2) + V(H_2O))}{p_{ges}}$$

$$= \frac{20,6\ mbar \cdot (10\ l + V(H_2O))}{1033,85\ mbar} \qquad \Rightarrow \qquad V(H_2O) = 0,20\ l$$

$$V_{ges} = 10,20\ l$$

**10.6-15**  $m(CCl_3CH_3) = 12,14\ g \qquad \Rightarrow \qquad n(CCl_3CH_3) = 0,091\ mol$

$$m(CHBr_3) = 7,84\ g \qquad \Rightarrow \qquad n(CHBr_3) = 0,031\ mol$$

$$\varphi(CCl_3CH_3) = \frac{n(CCl_3CH_3)}{n_{ges}} = \frac{0,091\ mol}{0,122\ mol} = 0,746$$

$$\varphi(CHBr_3) = \frac{n(CHBr_3)}{n_{ges}} = \frac{0,031\ mol}{0,122\ mol} = 0,254$$

$$\varphi_{rel}(CCl_3CH_3) = 74,6\ \%\qquad\qquad \varphi_{rel}(CHBr_3) = 25,4\ \%$$

**10.6-16** Bei einem idealen Gasgemisch sind Stoffmengenanteil und Volumenanteil identisch. Deswegen geht man von der Stoffmenge $n_{ges} = 1$ mol aus und berechnet den Anteil der Bestandteile nach Gl. (10.18):

$$n(N_2) = 0,530\ mol \qquad\Rightarrow\qquad m(N_2) = 14,8471\ g$$

$$n(CO) = 0,285\ mol \qquad\Rightarrow\qquad m(CO) = 7,9829\ g$$

$$n(H_2) = 0,130\ mol \qquad\Rightarrow\qquad m(H_2) = 0,2621\ g$$

$$n(CO_2) = 0,045\ mol \qquad\Rightarrow\qquad m(CO_2) = 1,9804\ g$$

$$n(CH_4) = 0,010\ mol \qquad\Rightarrow\qquad m(CH_4) = 0,1604\ g$$

$$m_{ges} = 25,2329\ g$$

Im Normzustand beträgt das Volumen der Stoffmenge 1 mol eines jeden idealen Gasgemisches 22,414 l (s. Kap. 3.6). Damit gilt:

$$\rho_n(\text{Generatorgas}) = \frac{25,2329\ g}{22,414\ l} = 1,1258\ g \cdot l^{-1}$$

**10.6-17** a) Zunächst gilt nach Gl. (10.13) für die gesamte Stoffmenge:

$$n_{ges} = \frac{p \cdot V}{R \cdot T} = \frac{1,01325\ bar \cdot 0,2\ l}{0,083145\ bar \cdot l \cdot K^{-1} \cdot mol^{-1} \cdot 305,15\ K} = 0,008\ mol$$

Weil ein Dissoziationsgrad mit $\alpha$ bezeichnet wird, liegt deswegen von der Ausgangsstoffmenge $n_0(N_2O_4)$ der Anteil $\alpha \cdot n_0(N_2O_4)$ dissoziiert vor, während der Anteil $n_0(N_2O_4) - \alpha \cdot n_0(N_2O_4)$ undissoziiert ist. Nach der Reaktionsgleichung gilt:

$$\frac{n_R(N_2O_4)}{n_P(NO_2)} = \frac{1}{2} \qquad\Rightarrow\qquad n_P(NO_2) = 2\,n_R(N_2O_4)$$

Da der reagierte Anteil identisch mit dem dissoziierten Anteil ist, folgt:

$$n_P(NO_2) = 2 \cdot \alpha \cdot n_0(N_2O_4) \qquad \text{mit } n_0(N_2O_4) = 0,0063\ mol$$

Damit ergibt sich für die gesamte Stoffmenge die Bilanz:

$$n_{ges} = n_0(N_2O_4) - \alpha \cdot n_0(N_2O_4) + 2 \cdot \alpha \cdot n_0(N_2O_4)$$

$$= n_0(N_2O_4) + \alpha \cdot n_0(N_2O_4)$$

$$\alpha = \frac{n_{ges} - n_0(N_2O_4)}{n_0(N_2O_4)} = \frac{0,008 \text{ mol} - 0,0063 \text{ mol}}{0,0063 \text{ mol}} = 0,2698$$

$$\alpha_{rel} = 26,98 \%$$

b) $K_p = \dfrac{p^2(NO_2)}{p(N_2O_4)}$      Mit den Ergebnissen von a) folgt:

$$n(NO_2) = 2 \cdot \alpha \cdot n_0(N_2O_4)$$

$$n(N_2O_4) = n_0(N_2O_4) - \alpha \cdot n_0(N_2O_4) = n_0(N_2O_4) \cdot (1 - \alpha)$$

$$n_{ges} = n_0(N_2O_4) + \alpha \cdot n_0(N_2O_4) = n_0(N_2O_4) \cdot (1 + \alpha)$$

$$\frac{p(NO_2)}{p_{ges}} = \frac{n(NO_2)}{n_{ges}} = \frac{2 \cdot \alpha}{1 + \alpha} \quad \Rightarrow \quad p(NO_2) = \frac{2 \cdot \alpha \cdot p_{ges}}{1 + \alpha}$$

$$\frac{p(N_2O_4)}{p_{ges}} = \frac{n(N_2O_4)}{n_{ges}} = \frac{1 - \alpha}{1 + \alpha} \quad \Rightarrow \quad p(N_2O_4) = \frac{(1 - \alpha) \cdot p_{ges}}{1 + \alpha}$$

$$K_p = \frac{(2 \cdot \alpha \cdot p_{ges})^2 \cdot (1 + \alpha)}{(1 + \alpha)^2 \cdot (1 - \alpha) \cdot p_{ges}} = \frac{4 \cdot \alpha^2 \cdot p_{ges}}{1 - \alpha^2}$$

$$= \frac{4 \cdot 0,2698^2 \cdot 1,01325 \text{ bar}}{1 - 0,2698^2} = 0,3182 \text{ bar}$$

$$K_c = \frac{K_p}{(R \cdot T)^{\Delta v}} \quad \text{mit } \Delta v = 1 \quad \Rightarrow \quad K_c = 0,013 \text{ mol} \cdot l^{-1}$$

**10.6-18**  Da $\Delta v = 1$ ist:

$$K_c = \frac{1,805 \text{ bar}}{0,083145 \text{ bar} \cdot l \cdot K^{-1} \cdot mol^{-1} \cdot 523,15 \text{ K}} = 4,15 \cdot 10^{-2} \text{ mol} \cdot l^{-1}$$

Die folgenden Bestimmungsgleichungen ergeben sich analog der Lösung zu Übungsaufgabe 10.6-17.

$$n(PCl_3) = \alpha \cdot n_0(PCl_5) \qquad n(Cl_2) = \alpha \cdot n_0(PCl_5)$$

$$n(PCl_5) = n_0(PCl_5) \cdot (1 - \alpha)$$

$$K_c = \frac{c\,(PCl_3) \cdot c\,(Cl_2)}{c\,(PCl_5)} = \frac{\dfrac{\alpha^2 \cdot n_0^2\,(PCl_5)}{V^2}}{\dfrac{n_0\,(PCl_5) \cdot (1 - \alpha)}{V}}$$

Mit den Zahlenwerten für $K_c$, $n_0\,(PCl_5)$ und $V$ ergibt sich als Lösung der quadratischen Gleichung für $\alpha$:

$$\alpha = 0{,}1840 \qquad \Rightarrow \qquad \alpha_{rel} = 18{,}40\,\%$$

**10.6-19** $\quad K_p = \dfrac{p^2\,(NH_3)}{p\,(N_2) \cdot p^3\,(H_2)} \quad , \quad p_{ges} = p\,(NH_3) + p\,(N_2) + p\,(H_2)$

$$\frac{n\,(N_2)}{n\,(H_2)} = \frac{1}{3} \quad \Rightarrow \quad \frac{p\,(N_2)}{p\,(H_2)} = \frac{1}{3} \quad \Rightarrow \quad p\,(N_2) = \frac{1}{3}\,p\,(H_2)$$

$$p_{ges} = p\,(NH_3) + \frac{1}{3}\,p\,(H_2) + p\,(H_2) = p\,(NH_3) + \frac{4}{3}\,p\,(H_2)$$

$$p\,(H_2) = \frac{3 \cdot (100\,\text{bar} - 25{,}2\,\text{bar})}{4} = 56{,}1\,\text{bar}$$

$$p\,(N_2) = 100\,\text{bar} - 25{,}2\,\text{bar} - 56{,}1\,\text{bar} = 18{,}7\,\text{bar}$$

$$K_p = \frac{25{,}2^2\,\text{bar}^2}{18{,}7\,\text{bar} \cdot 56{,}1^3\,\text{bar}^3} = 1{,}923 \cdot 10^{-4}\,\text{bar}^{-2}$$

**10.6-20** Aus den gegebenen Werten für $p_{ges}$ und $\alpha$ wird zunächst $K_p$ berechnet.

$$K_p = \frac{p^2\,(NO_2)}{p\,(N_2O_4)} \qquad \text{Mit der Lösung zu Übungsaufgabe 10.6-7b) gilt:}$$

$$p\,(NO_2) = \frac{2 \cdot \alpha \cdot p_{ges}}{1 + \alpha} \qquad \text{und} \qquad p\,(N_2O_4) = \frac{(1 - \alpha) \cdot p_{ges}}{1 + \alpha}$$

$$K_p = \frac{4 \cdot \alpha^2 \cdot p_{ges}}{1 - \alpha^2} = \frac{4 \cdot 0{,}349^2 \cdot 1{,}01325\,\text{bar}}{1 - 0{,}349^2} = 0{,}562\,\text{bar}$$

Umgekehrt lässt sich jetzt jedes $\alpha$ aus diesem $K_p$ berechnen.

$$\alpha = \sqrt{\frac{K_p}{4 \cdot p_{ges} + K_p}} = \sqrt{\frac{0{,}562\,\text{bar}}{4 \cdot 0{,}750\,\text{bar} + 0{,}562\,\text{bar}}} = 0{,}397$$

$$\alpha_{rel} = 39{,}7\,\%$$

**10.6-21**  Die Reaktionsgleichung lautet

$$CaCO_3 \rightarrow CaO + CO_2$$

mit der Stoffmengenrelation $n_p(CO_2) = n_R(CaCO_3) = n_0(CaCO_3)$.

$$n_0(CaCO_3) = 1{,}798 \text{ mol} = n_p(CO_2)$$

$$V(CO_2) = \frac{n(CO_2) \cdot R \cdot T}{p(CO_2)}$$

$$= \frac{1{,}798 \text{ mol} \cdot 0{,}083145 \text{ bar} \cdot 1 \cdot K^{-1} \cdot mol^{-1} \cdot 293{,}15 \text{ K}}{1{,}01325 \text{ bar}}$$

$$= 43{,}251 \, l$$

**10.6-22**  $n(C_3H_8) = \dfrac{p(C_3H_8) \cdot V(C_3H_8)}{R \cdot T}$

$$= \frac{1{,}4 \text{ bar} \cdot 50 \, l}{0{,}083145 \text{ bar} \cdot 1 \cdot K^{-1} \cdot mol^{-1} \cdot 298{,}15 \text{ K}} = 2{,}824 \text{ mol}$$

Reaktionsgleichung:  $C_3H_8 + 5\,O_2 \rightarrow 3\,CO_2 + 4\,H_2O$

$$\frac{n_R(C_3H_8)}{n_R(O_2)} = \frac{1}{5} \quad \Rightarrow \quad n_R(O_2) = 5\,n_R(C_3H_8) = 14{,}120 \text{ mol}$$

Zunächst wird das notwendige Volumen für reinen Sauerstoff berechnet.

$$V(O_2) = \frac{n(O_2) \cdot R \cdot T}{p}$$

$$= \frac{14{,}120 \text{ mol} \cdot 0{,}083145 \text{ bar} \cdot 1 \cdot K^{-1} \cdot mol^{-1} \cdot 298{,}15 \text{ K}}{1{,}01325 \text{ bar}}$$

$$= 345{,}453 \, l$$

$$V(\text{Luft}) = V(O_2) \cdot \frac{100\%}{20{,}95\,\%} = 1648{,}940 \, l$$

**10.6-23**  Die Gleichung für die Zerfallsreaktion lautet:

$$2\,Pb(NO_3)_2 \rightarrow 2\,PbO + 4\,NO_2 + O_2$$

$$\frac{n_R(Pb(NO_3)_2)}{n_p(NO_2)} = \frac{2}{4} \quad \Rightarrow \quad n_R(Pb(NO_3)_2) = \frac{1}{2}\,n_p(NO_2)$$

Für die Stoffmenge von Stickstoffdioxid gilt nach Gl. (10.13):

$$n(NO_2) = \frac{p_n \cdot V_n}{R \cdot T_n} = \frac{1,01325 \text{ bar} \cdot 20 \text{ l}}{0,083145 \text{ bar} \cdot l \cdot K^{-1} \cdot mol^{-1} \cdot 273,15 \text{ K}}$$

$$= 0,892 \text{ mol}$$

$$n_R(Pb(NO_3)_2) = 0,5 \cdot 0,892 \text{ mol} = 0,446 \text{ mol}$$

$$m_R(Pb(NO_3)_2) = 147,715 \text{ g}$$

**10.6-24**  $$n(PbS) = \frac{5000 \text{ g}}{239,3 \text{ g} \cdot mol^{-1}} = 20,9 \text{ mol}$$

$$\frac{n_R(PbS)}{n_R(O_2)} = \frac{2}{3} \qquad \Rightarrow \qquad n_R(O_2) = \frac{3}{2} n_R(PbS)$$

$$V(O_2) = \frac{n(O_2) \cdot R \cdot T}{p(O_2)}$$

$$= \frac{20,9 \text{ mol} \cdot 0,083145 \text{ bar} \cdot l \cdot K^{-1} \cdot mol^{-1} \cdot 1273,15 \text{ K}}{1,01325 \text{ bar}}$$

$$= 3275,191 \text{ l}$$

$$V(O_{2,ges}) = V(O_2) \cdot \frac{100\%}{87,5\%} = 3743,075 \text{ l}$$

**10.6-25**  Die Gleichung für die Oxidation mit Sauerstoff lautet:

$$CH_4 + 2 O_2 \;\rightarrow\; CO_2 + 2 H_2O$$

$$\frac{n_R(CH_4)}{n_R(O_2)} = \frac{1}{2} \qquad \Rightarrow \qquad n_R(O_2) = 2 n_R(CH_4)$$

$$n(CH_4) = \frac{p(CH_4) \cdot V(CH_4)}{R \cdot T}$$

$$= \frac{1,01325 \text{ bar} \cdot 100 \text{ l}}{0,083145 \text{ bar} \cdot l \cdot K^{-1} \cdot mol^{-1} \cdot 293,15 \text{ K}} = 4,157 \text{ mol}$$

$$p(O_2) = \frac{n(O_2) \cdot R \cdot T}{V(O_2)}$$

$$= \frac{4,157 \text{ mol} \cdot 2 \cdot 0,083145 \text{ bar} \cdot l \cdot K^{-1} \cdot mol^{-1} \cdot 293,15 \text{ K}}{50 \text{ l}}$$

$p(O_2) = 4{,}053$ bar

Der Druck ist damit auf 82,347 bar gesunken.

**10.6-26**  Nach Gl. (8.10) gilt:

$$n(Cl_2) = \frac{1{,}60 \, C \cdot s^{-1} \cdot 0{,}939 \cdot 3600 \, s}{2 \cdot 96500 \, C \cdot mol^{-1}} = 0{,}028 \text{ mol}$$

Und nach Gl. (10.13) ist damit:

$$V(Cl_2) = \frac{0{,}028 \, mol \cdot 0{,}083145 \, bar \cdot l \cdot K^{-1} \cdot mol^{-1} \cdot 295{,}15 \, K}{0{,}9975 \, bar}$$

$$= 0{,}689 \, l$$

**10.6-27**  Zu den Vorgängen an Kathode und Anode s. Übungsaufgabe 8.7-35. Die Stoffmengen der beiden gebildeten Gase werden nach Gl. (8.10) getrennt berechnet.

$$n(H_2) = \frac{0{,}775 \, C \cdot s^{-1} \cdot 0{,}939 \cdot 3000 \, s}{2 \cdot 96500 \, C \cdot mol^{-1}} = 0{,}012 \text{ mol}$$

$$n(O_2) = \frac{0{,}775 \, C \cdot s^{-1} \cdot 0{,}939 \cdot 3000 \, s}{4 \cdot 96500 \, C \cdot mol^{-1}} = 0{,}006 \text{ mol}$$

$$n_{ges} = 0{,}018 \text{ mol} \qquad \Rightarrow \qquad V_{ges} = \frac{n_{ges} \cdot R \cdot T}{p}$$

$$V_{ges} = \frac{0{,}018 \, mol \cdot 0{,}083145 \, bar \cdot l \cdot K^{-1} \cdot mol^{-1} \cdot 273{,}15 \, K}{1{,}01325 \, bar} = 0{,}403 \, l$$

**10.6-28**  Nach Übungsaufgabe 8.7-37 ist der elektrochemische Gesamtvorgang:

$$Cu^{2+} + 4 \, OH^- \rightarrow 2 \, Cu + O_2 + 2 \, H_2O$$

$$\frac{n_P(Cu)}{n_P(O_2)} = \frac{2}{1} \qquad \Rightarrow \qquad n_P(O_2) = \frac{1}{2} \, n_P(Cu)$$

$$n_P(O_2) = \frac{0{,}5 \cdot 0{,}635 \, g}{63{,}546 \, g \cdot mol^{-1}} = 0{,}005 \text{ mol}$$

$$V(O_2) = \frac{0{,}005 \, mol \cdot 0{,}083145 \, bar \cdot l \cdot K^{-1} \cdot mol^{-1} \cdot 296{,}15 \, K}{1{,}01325 \, bar}$$

$$= 122 \text{ ml}$$

# Anhang

## Tabelle A 1 Physikalische Konstanten

| Bezeichnung | Symbol | Zahlenwert | Einheit |
|---|---|---|---|
| Molare Gaskonstante | $R$ | 8,3145 | $J \cdot K^{-1} \cdot mol^{-1}$ |
| Atomare Masseneinheit | $u$ | $1,6605402 \cdot 10^{-27}$ | kg |
| Avogadro-Konstante | $N_A$ | $6,0221367 \cdot 10^{23}$ | $mol^{-1}$ |
| Elementarladung | $e$ | $1,6021773 \cdot 10^{-19}$ | C |
| Faraday-Konstante | $F$ | 96485,3383 | $C \cdot mol^{-1}$ |
| Lichtgeschwindigkeit im Vakuum | $c_0$ | 299792458 | $m \cdot s^{-1}$ |
| Molares Normvolumen eines idealen Gases | $V_{m,n}$ | 22,413996 | $l \cdot mol^{-1}$ |
| Plancksches Wirkungsquantum | $h$ | $6,6260755 \cdot 10^{-34}$ | $J \cdot s$ |
| Ruhemasse des Protons | $m_P$ | $1,6726231 \cdot 10^{-27}$ | kg |
| Ruhemasse des Neutrons | $m_n$ | $1,6749286 \cdot 10^{-27}$ | kg |
| Ruhemasse des Elektrons | $m_e$ | $9,1093897 \cdot 10^{-31}$ | kg |

## Tabelle A 2 Relative Atommassen häufiger Elemente

Die angegebenen Werte entsprechen den natürlichen Nuklidzusammensetzungen der Elemente und sind identisch mit den von der International Union of Pure and Applied Chemistry (IUPAC) veröffentlichten Zahlenwerten. Zu der Tabelle s. auch Kap. 3.5.

| Name | Symbol | Relative Atommasse | Name | Symbol | Relative Atommasse |
|---|---|---|---|---|---|
| Aluminium | Al | 26,9815 | Mangan | Mn | 54,9380 |
| Antimon | Sb | 121,760 | Molybdän | Mo | 95,94 |
| Argon | Ar | 39,946 | Natrium | Na | 22,9898 |
| Arsen | As | 74,9216 | Neon | Ne | 20,1797 |
| Barium | Ba | 137,327 | Nickel | Ni | 58,6934 |
| Beryllium | Be | 9,0122 | Palladium | Pd | 106,42 |
| Bismut | Bi | 208,9804 | Phosphor | P | 30,9738 |
| Blei | Pb | 207,2 | Platin | Pt | 195,084 |
| Bor | B | 10,811 | Quecksilber | Hg | 200,59 |
| Brom | Br | 79,904 | Radon | Rn | 222,0176 |
| Cadmium | Cd | 112,411 | Rubidium | Rb | 85,4678 |
| Cäsium | Cs | 132,9055 | Sauerstoff | O | 15,9994 |
| Calcium | Ca | 40,078 | Schwefel | S | 32,065 |
| Cer | Ce | 140,116 | Selen | Se | 78,96 |
| Chlor | Cl | 35,453 | Silber | Ag | 107,8682 |
| Chrom | Cr | 51,9961 | Silicium | Si | 28,0855 |
| Eisen | Fe | 55,845 | Stickstoff | N | 14,0067 |
| Fluor | F | 18,9984 | Strontium | Sr | 87,62 |
| Gold | Au | 196,9666 | Tellur | Te | 127,60 |
| Helium | He | 4,0026 | Thallium | Tl | 204,3833 |
| Iod | I | 126,9045 | Titan | Ti | 47,867 |
| Kalium | K | 39,0983 | Uran | U | 238,0289 |
| Kobalt | Co | 58,9332 | Vanadium | V | 50,9415 |
| Kohlenstoff | C | 12,0107 | Wasserstoff | H | 1,0079 |
| Krypton | Kr | 83,798 | Wolfram | W | 183,84 |
| Kupfer | Cu | 63,546 | Xenon | Xe | 131,293 |
| Lithium | Li | 6,941 | Zink | Zn | 65,409 |
| Magnesium | Mg | 24,3050 | Zinn | Sn | 118,710 |

## Tabelle A 3  Das Griechische Alphabet

| Griechischer Buchstabe | | Name des Buchstabens | Griechischer Buchstabe | | Name des Buchstabens |
|---|---|---|---|---|---|
| A | α | Alpha | N | ν | Ny |
| B | β | Beta | Ξ | ξ | Xi |
| Γ | γ | Gamma | O | o | Omikron |
| Δ | δ | Delta | Π | π | Pi |
| E | ε | Epsilon | P | ρ | Rho |
| Z | ζ | Zeta | Σ | σ | Sigma |
| H | η | Eta | T | τ | Tau |
| Θ | ϑ | Theta | Y | υ | Ypsilon |
| I | ι | Jota | Φ | φ | Phi |
| K | κ | Kappa | X | χ | Chi |
| Λ | λ | Lambda | Ψ | ψ | Psi |
| M | μ | My | Ω | ω | Omega |

Am Wortende wird der Buchstabe Sigma mit ς bezeichnet.

# Literatur

Deutsches Institut für Normung e.V.
DIN-Taschenbuch 22, *Einheiten und Begriffe für physikalische Größen*, 8. Aufl., Beuth Verlag, Berlin 1999

Riedel, E.
*Anorganische Chemie*, 6. Aufl., de Gruyter Verlag, Berlin/New York 2004

Hollemann, A.F., Wiberg, E.
*Lehrbuch der Anorganischen Chemie*, 101. Aufl., de Gruyter Verlag, Berlin 1995

Beyer, H.
*Lehrbuch der Organischen Chemie*, 24. Aufl., Hirtzel Verlag, Stuttgart 2004

Vollhardt, K.P.C., Schore, N.E.
*Organische Chemie*, 4. Aufl., Wiley-VCH 2005

Harris, D. C.
*Lehrbuch der Quantitativen Analyse*, Springer Verlag, Berlin 2002

Jander, G., Jahr, K.F.
*Maßanalyse*, 16. Aufl., de Gruyter Verlag, Berlin 2003

Hillebrand, U.
*Erläuterungen zur Statistik in der Analytik*, Shaker Verlag, Aachen 2000

Otto, M.
*Analytische Chemie*, Wiley-VCH 2006

Küster, F.W., Thiel, A.
*Rechentafeln für die Chemische Analytik*, 105. Aufl., de Gruyter Verlag 2002

# Index